创造首钢芯 造福全人类

The creation of Shougang chip for the benefit of mankind

U0314826

【取向硅钢产品】 取向硅钢产品质量瞄准世界企业水平，产品定位于高磁感取向硅钢，目前已具备0.15~0.35mm规格产品（含激光刻痕）的生产能力。

■ **高磁感取向硅钢** 高磁感取向硅钢以其优异的电磁性能而著称，可用于叠铁芯与卷铁芯变压器制造，用它制作的变压器产品具有空载损耗低、噪声小、变压器设计灵活等特点，广泛应用于各种大、中型变压器与节能型变压器的制造。

■ **细化磁畴取向硅钢** 以高磁感取向硅钢为原料，表面采用激光刻痕技术用以细化磁畴，其铁损性能更加优异，在保持磁感基本不变的前提下可比刻痕前铁损低一个牌号。它可应用于各种大、中型变压器、节能型变压器及电抗器的制造。

【无取向硅钢产品】 无取向硅钢经过产品研发和市场开拓，目前形成四大系列的产品体系。

■ **通用产品** 具有高磁感等特征，主要应用于家电、EI行业和中小电机，产品适用范围广，用途多，能够满足高速冲床冲压的特点，加工效率高。

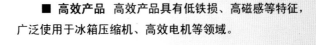

■ **高效产品** 高效产品具有低铁损、高磁感等特征，广泛使用于冰箱压缩机、高效电机等领域。

■ **消除应力退火产品** 针对用于铁芯做700℃以上退火工艺的用户开发的退火后具有铁损低特点的产品，为用户节约了成本，提高了产品效率。

■ **中频薄带产品** 为满足用户个性化和一些特殊用途等领域的使用要求，厚度规格最薄可做到0.2mm，最厚可做到1mm。同时具备高频下低铁损产品的开发生产能力。

地 址：河北省迁安市西部工业区 邮 编：064404 电 话：0315-7708476/7706337 传 真：0315-7706098 网 址：Http:www.sgqg.com 邮 箱：ggxs@sgqg.com

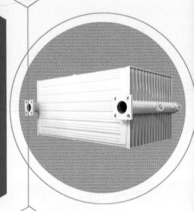
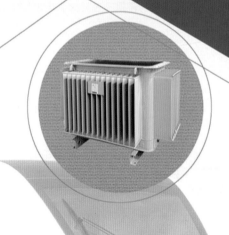

智者远见·赢天下——核心竞争力

　　取向电工钢被誉为钢铁中的"工艺品"，是电力工业发展中的重要原材料之一。硅钢生产工艺复杂，过程控制严谨，做好硅钢需经过长时间的技术积累与工艺不断的完善，目前我公司已初步具备生产硅钢的能力。我公司经过15年的精心打造，变压器综合配套产业已趋于完善，我们在稳固国内市场的基础上，放眼于国际市场，为未来发展带来广阔的市场空间。为此，我们愿与同行及客户建立战略性合作，共谋发展，为中国的电力发展贡献力量。

节能环保 - 取向电工钢

北京大正恒通金属科技有限公司
Beijing Dazheng Hengtong Metallic Technology Co.,Ltd.

北京大正恒通金属科技有限公司是一家以设计、研发、制造成套精密金属带材生产装备为主的高新技术企业。

公司拥有一支经验丰富、专业配套齐全的科技队伍。这支以教授级高级工程师苗德纯为首的设计研发团队曾先后设计制造国内第一台具有世界先进水平的30辊轧机（最小成品厚度为0.001mm）以及具有独创性的14辊轧机和结构先进合理的20辊轧机。先后荣获北京市科学技术一等奖和北京市科技进步三等奖等多项奖励。

现已研发投产的12辊、14辊及20辊轧机，其可轧制的金属材料品种和型号琳琅满目、种类繁多，包括有有色金属及合金、精密合金、无取向硅钢、取向硅钢以及不锈钢等，其带材规格涵盖0.001~2mm×50~1300mm范围内的各种不同精度等级、不同金属性能的高端金属精密带材，广泛应用于机械、电子、通讯、汽车、航空、航天、军工等领域。另外，还配套研发了与轧制带材生产相适应的各类辅机，其中有带材连续光亮卧式退火机组、连续光亮立式退火机组、连续除油清洗机组以及平整机、拉弯矫直机组等精整设备。

近年来已有近70台套设备在国内外运转，其中有于2011年在苏州投产的可成卷轧制0.03~0.3mm×300~350mm极薄高精度冷轧取向硅钢的DZ-400型20辊轧机，由此开创了我国用国产装备冷轧生产高端（宽度大于300mm）极薄取向硅钢的先河，其轧机性能可与国外同类轧机相媲美。另外，可轧制0.2~2.0mm×700~1300mm带材的DZ-1450mm 20辊轧机已投入生产。

公司地址: 北京市通州区经济开发区东区创益西二路9号　　　　　　　　邮编: 101106

电　话: 010-89562990　　　**手　机:** 13901163723　　　**传真:** 010-61518743

公司网址: www.dzhtmetal.com　　　　　　　　　**E-mail:** dzht@dzhtmetal.com

DZM

北京大正恒通金属科技有限公司

Beijing Dazheng Hengtong Metallic Technology Co.,Ltd.

图1: DZ-1450mm20辊轧机

图2: 生产运行中的DZ-1450mm20辊轧机

图3: DZ-1400型12辊轧机

图4: DZ-1450mm20辊轧机进出口段设备

图5: DZ系列20辊轧机、14辊轧机

图6: DZ-1450mm20辊轧机

图7: DZ系列立式连续光亮热处理机组

图8: DZ系列卧式连续光亮热处理机组

细纯 (CE-PURE®) 陶瓷

——为钢带连续热处理服务的技术

中硅细纯（CE-PURE®）辊道是陶瓷制品，应用于钢带连续热处理设备中，如硅钢带热处理线、镀锌炉和各类退火线等。由中硅所开发的这种艺术性产品代表着热处理钢带达到高质量要求的最终解决方案。

产品特点：

中硅辊道的特性使热处理钢带有更好的质量和最优的生产。

*钢带表面质量得到提高。

使用中硅辊道防止氧化物粘附在钢带上。成品上的斑点和质量品质降低就会得到避免，从而减少您的运作成本。

*中硅辊道更容易安装

细纯（CE-PURE®）陶瓷的线膨胀系数极低（0.6×10^{-6} / ℃），使我们的辊道有很高的热震稳定性。这允许快速安装辊道而不必等到窑炉完全冷却。这种快速更换的结果是您的生产产量得到了提高。

*增加抵抗变形的能力

热稳定性高的材料避免在长时间工作后辊道的任何变形。这就保证钢带在炉子中的传送正确定位。

*降低能耗

当使用中硅的水冷辊道时，由于轴套的绝热性，可以降低冷却水的流速。耗能减少意味着辊道的投资回报增多。

*灵活性与钢带宽度

钢带宽度的任何变更均不会有任何印记，因为在辊道表面没有任何磨损。

*减少驱动问题

当使用中硅辊道时，轴承的温度明显降低。这意味着允许较少的润滑并避免驱动问题。

*维护减少

中硅辊道最大优点之一是减少重新磨削和清理，因此可以节省可观的炉子辊道维护的成本。

结论：细纯（CE-PURE®）陶瓷辊能极大地推动中国有关行业的技术进步：

在金属带材（如硅钢、不锈钢和镀锌铁板）热处理炉中代替石墨辊和陶瓷涂层辊作为炉底辊使用，可有效地解决氧化和积瘤问题，使用寿命延长，而且可提高热处理温度以提高金属带材的档次和质量。

辊道规格参数：

细纯（CE-PURE®）陶瓷：

化学成分：SiO_2 >99.6%

结晶度：

白硅石/白石英 <2%

物理性质：		热特性：	
计算密度	1.9kg/dm³	260℃	0.36 kcal h⁻¹ m⁻¹ ℃
表面孔积率	≥13.0%	540℃	0.51 kcal h⁻¹ m⁻¹ ℃
线膨胀系数	0.6×10^{-6} / ℃	815℃	0.64 kcal h⁻¹ m⁻¹ ℃
断裂模数	20N·mm²	1090℃	0.88 kcal h⁻¹ m⁻¹ ℃

联系电话：13701544673   电子邮箱：jimzhou6@sina.com

LONY 朗尼

照明 高效节能 降低企业生产成本

四川朗尼照明科技有限公司

　　四川朗尼照明科技有限公司是国内以研发、生产和销售"第四代"新型光源、高频无极荧光灯、等离子投光灯等高科技产品为主的知名光源企业之一，已被四川省科学技术厅评定为高新技术企业。公司具有自主知识产权的著名品牌"宝石牌"已经在国内申请了七项专利，并通过3C、CE、UL、KE等国际认证。

工厂

公路

教室

隧道

第四代高频无极荧光灯

　　20世纪90年代以来，人类致力于"第四代"新型光源高频无极荧光灯的研发，由于其独特的发光原理，使其具有了高效节能、绿色环保、超长使用寿命、无频闪、显色性好等特点，并已逐渐在世界范围内形成了取代传统光源的趋势。与各类传统电光源相比，高频无极荧光灯的节电率高达40%~75%，目前已广泛应用于市政道路、隧道、工矿、商场、广场、学校、运动场馆、码头等场所，真正达到了节能环保的目的，是世界照明领域的一场革命。高频无极荧光灯是利用H型放电原理制成的新型光源，其结构由高频发生器、功率耦合线圈、无极荧光灯管三部分组成。高频发生器产生的高频能量通过功率耦合线圈耦合到灯管内的等离子体中，激发等离子体并通过荧光粉转换发光。

地址：成都市二环路北一段10号万科加州湾1-3-618
电话：13980909279（赵先生）　传真：028-87683330

Creates Wonders for Silicon World

图1：济南银丰硅制品有限责任公司厂区图

济南银丰硅制品有限责任公司（济南银丰化工）创立于1995年，致力于硅溶胶、金属硅粉、金属硅与其他硅制品的研发、生产及销售。创立二十年来，济南银丰一直以"成为中国硅制品行业的领跑者，为世界硅行业发展提供优质原材料"为目标，并专注于以下四个关键性的优势：

（1）从报价到生产的迅捷反应
（2）高水准的用户支持
（3）提供产品应用方案
（4）提供产品增值服务。

在过去的20年中，济南银丰一直生产并为国内外各行业客户供应优质硅溶胶。

在硅钢表面涂层行业中，硅溶胶作为绝缘涂料的配合材料，对降低硅钢叠片引起的涡流起着重要的作用。硅溶胶由于其本身具有的优异性质，能够提高产品的结合性、耐磨性及耐污染性。通过与众多硅钢表面涂层制造企业，以及与相关学术机构的互动沟通，济南银丰积累了大量的硅钢表面涂层专业知识，并掌握了硅溶胶在硅钢表面涂层中的应用知识。

济南银丰致力于为国内外客户提供高质量的硅溶胶产品和应用解决方案，成为国内外客户的可靠合作伙伴。

济南银丰硅制品有限责任公司

网址：http://www.silicon-china.com
地址：山东济南化工产业园舜兴路中段
服务电话：400-6017-122
总经理电话：13905316580
国内销售部：0531-85600541 85604298
E-mail：yfsilicon@126.com
国际销售部：0531-62313502
E-mail：silicon@silicon-china.com

银丰硅钢涂层用硅溶胶参数

主要参数	JN-20II	JN-30L	SW-20
平均粒径 nm	6~8	10~20	10~20
w% 氧化硅	19~21	29~31	19~21
w% 氧化钠	0.6~0.7	≤0.28	≤0.05
pH 值	9~11	9~10	2~4
黏度 mPa·s	<5	<5	<5
密度 g/cm³	1.13~1.14	1.19~1.21	1.12~1.14
外观	澄清透明	澄清透明	澄清透明

表：银丰硅钢涂层用硅溶胶主要参数

银丰质量控制

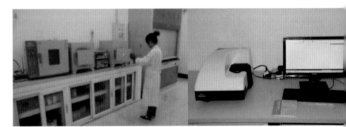

图2：银丰实验室　　　　　图3：MALVERN激光粒度分析仪

济南银丰投资建设了具有齐全检测仪器的实验室，包括坎德拉电镜扫描仪、马尔文PSA、美国ThermoICP-OES光谱仪及其他先进的检测仪器，济南银丰现在拥有所有相关测试项目的内部测试能力。质量管理严格按照ISO9000标准在每一个关键点进行，包括原料，工艺，半成品，成品和发货前等环节。

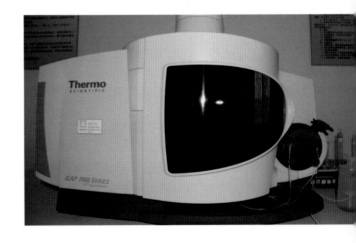

图4：Thermo ICAP 7000 系列 ICP-OES 光谱仪

2015

ESCSM 第十三届中国电工钢学术年会

论文集

中国金属学会电工钢分会 编

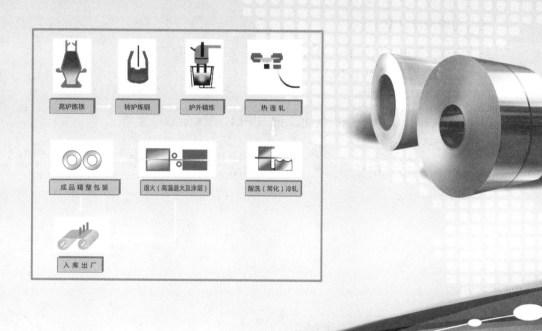

高炉炼铁 — 转炉炼钢 — 炉外精炼 — 热连轧

成品精整包装 — 退火（高温退火及涂层）— 酸洗（常化）冷轧

入库出厂

北京

冶金工业出版社

2015

内 容 提 要

《第十三届中国电工钢学术年会论文集》共录用论文 50 篇，其内容包括取向电工钢生产技术、无取向电工钢生产技术、综述与设备、检测与应用四个部分。

本届年会论文反映了近三年来我国电工钢生产与技术进步的情况以及发展中存在的不足。本论文集可供从事电工钢生产、研究、教育、设计、营销和管理等人员学习参考。

本届年会由中国金属学会电工钢分会主办，山东以利奥林电力科技有限公司协办。

图书在版编目（CIP）数据

第十三届中国电工钢学术年会论文集/中国金属学会电工钢分会编 . —北京：冶金工业出版社，2015. 7
ISBN 978-7-5024-6981-8

Ⅰ . ①第… Ⅱ . ①中… Ⅲ . ①电工钢—中国—学术会议—文集
Ⅳ . ①TM275-53

中国版本图书馆 CIP 数据核字（2015）第 135673 号

出 版 人 谭学余
地 址 北京市东城区嵩祝院北巷 39 号 邮编 100009 电话 （010）64027926
网 址 www. cnmip. com. cn 电子信箱 yjcbs@ cnmip. com. cn
责任编辑 李培禄 于昕蕾 美术编辑 吕欣童 版式设计 孙跃红
责任校对 王永欣 责任印制 李玉山
ISBN 978-7-5024-6981-8
冶金工业出版社出版发行；各地新华书店经销；三河市双峰印刷装订有限公司印刷
2015 年 7 月第 1 版，2015 年 7 月第 1 次印刷
210mm×297mm；18. 25 印张；4 彩页；603 千字；282 页
180. 00 元
冶金工业出版社 投稿电话 （010）64027932 投稿信箱 tougao@cnmip. com. cn
冶金工业出版社营销中心 电话 （010）64044283 传真 （010）64027893
冶金书店 地址 北京市东四西大街 46 号（100010） 电话 （010）65289081（兼传真）
冶金工业出版社天猫旗舰店 yjgycbs. tmall. com
（本书如有印装质量问题，本社营销中心负责退换）

前　言

在"十二五"规划收官之年，我们迎来了第十三届中国电工钢学术年会的召开。

近三年来，我国电工钢产业发生了巨大的变化，有喜有忧，电工钢产业紧跟时代步伐，全面适应中国经济新常态，创新驱动，增强电工钢产业发展的活力，积极化解产能过剩矛盾，大力开发高端产品，调整品种结构及提升产品质量，改善市场环境，共同遵守诚信，认真执行标准，创新科技进步等，特别是在电工钢学术交流方面取得了明显的效果及成果。

本次年会是我国电工钢产业最高级别的学术交流盛会，也是电工钢上下游产业链互动的舞台。电工钢业界人士和相关工作者将紧紧围绕电工钢生产、新工艺、新技术、新设备、质量攻关、产品研发、测试及涂层技术等专业领域开展广泛的学术交流。同时，还邀请了国内外相关专家、学者作专题报告。

本次年会得到了各委员单位的大力支持，以及电工钢生产、科研、应用、设备、原材料、贸易、教育、传媒等相关单位的通力协作，内容涉及取向电工钢生产技术、无取向电工钢生产技术、综述与设备、检测与应用等多方面，涵盖面较广。大会就取向电工钢及无取向电工钢生产技术两个主题进行交流。

由于论文征集、编辑出版工作量大，如有疏忽和错误，敬请谅解。

编委会
2015 年 7 月

目　录

取向电工钢生产技术

无取向电工钢生产技术

综述与设备

检测与应用

取向电工钢生产技术

QUXIANG DIANGONGGANG

SHENGCHAN JISHU

低温热轧取向电工钢中的高斯织构演变

杨佳欣，黎世德，李长一，郭小龙，石文敏

（国家硅钢工程技术研究中心，湖北　武汉　430080）

摘　要：采用低温热轧工艺（≤1300℃）试制3%Si取向电工钢，得到了强烈的高斯织构和较优的磁性能。利用X射线织构分析技术对主要工序的样品进行了研究。结果发现，在脱碳退火试样中出现了以{310}⟨001⟩为主的η织构，而在其热轧织构和常化织构中并未发现特别之处。这表明，与{111}⟨112⟩织构一样，η也是有利的初次再结晶织构，二次再结晶后获得高强度的高斯织构得益于较强的{310}⟨001⟩织构组分，而η织构的形成得益于适当的常化制度。

关键词：取向电工钢；二次再结晶；高斯织构；磁性

The Evolution of Goss Texture of Grain Oriented Electrical Steel with Slab Reheating at Low Temperature

Yang Jiaxin, Li Shide, Li Changyi, Guo Xiaolong, Shi Wenmin

（National Engineering Research Center for Silicon Steel, Wuhan　430080, China）

Abstract：The 3% Si grain oriented electrical steel was produced by low-temperature hot rolling, leading to the sharp Goss texture and well magnetic properties. And X-ray diffraction technology was used to investigate the formation procedure. The results show that the η texture consisted of {310}⟨001⟩ is leading in the decarbonized samples, while the hot-rolling and normalizing textures are not special. It shows that η texture is favorable primary recrystallization texture which is the same as {111}⟨112⟩, the sharp Goss texture is obtained after secondary recrystallization due to the intensive {310}⟨001⟩ texture component, the formation of η texture benefits from the suitable normalizing process.

Key words：grain oriented electrical steel; secondary recrystallization; goss texture; magnetic properties

1　引言

α-Fe 基体的 ⟨001⟩ 方向是最易磁化方向，利用这一特性，人们开发了具有高斯织构（{110}⟨001⟩）的取向电工钢，用作高级别变压器的铁芯材料。早在20世纪50年代，邓恩就详细地研究了高斯织构的演变规律，发现高斯织构起源于热轧板的次表层粗大形变晶粒内部各形变带之间的过渡带处，次表层的高斯晶粒在冷轧基体中最先发生回复和再结晶，这些晶粒经过后续的处理会继承下来[1,2]。

取向电工钢中的高斯织构是在二次再结晶高温退火后形成的，二次再结晶是晶粒的异常长大。广为人知的晶粒的异常长大理论有 Harase 等提出的重合位置点阵 CSL（coincident site lattice boundaries）理论[3]和 Hayakawa 等提出的高能晶界（high-energy boundaries）理论[4]。这两个理论均认为某一类特殊的晶界是导致高斯晶粒异常长大的原因，均不能解释所有的现象，也没有达成统一认识，本工作试探讨高斯织构在低温热轧取向电工钢主要工序中的演变过程及其形成机制。

2　试验材料与方法

试验钢的化学成分为：C 0.040%～0.060%，Si 3.15%～3.30%，Mn 0.08%～0.20%。工艺流程是：将50kg 的钢锭进行开坯→在不高于1300℃下加热保温→五道次轧制成2.30mm 厚度的热轧板→迅速冷却到室温

→按三种制度常化：（1）1000℃×60s+100℃水淬火；（2）1050℃×30s+100℃水淬火；（3）1050℃×60s+100℃水淬火→一次冷轧至0.285mm→脱碳退火（涂氧化镁隔离涂层）→二次再结晶高温退火。

在试样完成二次再结晶退火后，进行轧向的$P_{1.7/50}$和B_{800}测量，试样尺寸为30mm×300mm，每组三片试样，测量结果的平均值作为最终分析结果（表1），最后进行试样的织构分析。对于较厚的热轧板和常化板，定义厚度层$S=1-2\Delta T/T$（ΔT为磨削量，T为试样的厚度），进行了逐层织构磨制、逐层织构测定。织构测定是在D/MAX 2500PC型X射线衍射仪上用Mo靶进行的。为了计算ODF，首先测定（110）、（200）、（211）三张不完整极图，经各种修正后再用级数展开法计算晶体的三维取向分布函数（ODF）。

表1 各工艺成品的磁性能

样品组别	$P_{1.7/50}/\mathrm{W \cdot kg^{-1}}$	B_{800}/T
1 号	1.236	1.858
2 号	1.192	1.882
3 号	1.155	1.888

3 结果及分析

图1是热轧板不同S层ODF Phi2=0°和Phi2=45°截面图。由图1可见，热轧板$S=0.9$至$S=0.5$厚

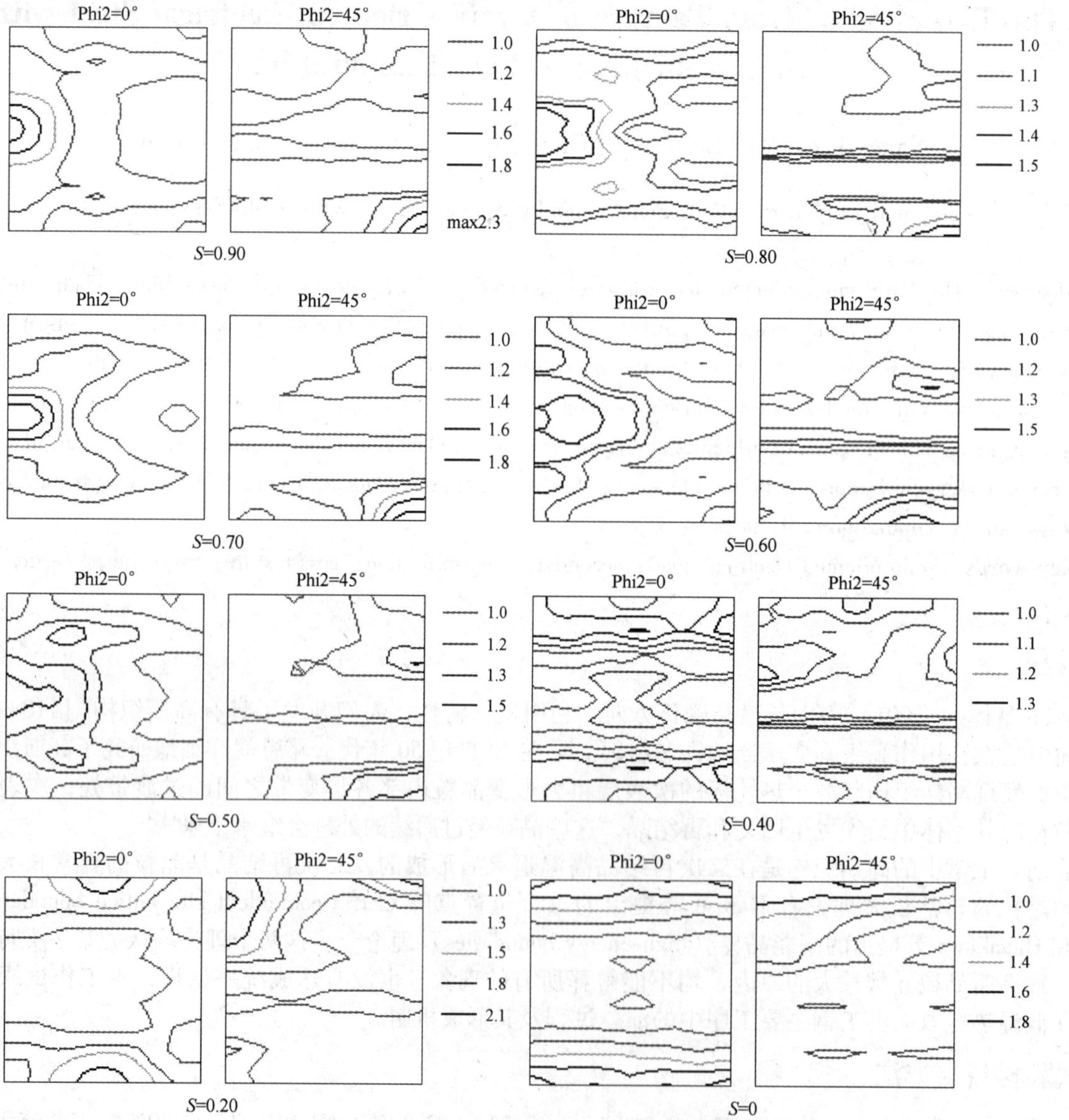

图1 热轧板试样各层ODF Phi2=0°和Phi2=45°截面图

度区域内部存在较强的高斯织构，在 $S=0.9$ 和 $S=0.7$ 厚度处高斯织构强度高且位向准确，由表面沿钢板厚度方向靠近钢板中心逐渐出现 $\{112\}\langle111\rangle$、$\{100\}\langle001\rangle$、$\{112\}\langle110\rangle$ 和 $\{118\}\langle110\rangle$ 等织构组分，没有高斯织构。

经过不同的常化工艺退火的热轧试样各层的织构见图 2 ~ 图 4。可见，经过工艺 1（950℃ ×60s）常化的 1 号试样各层的织构保留了热轧织构的特点，即在由表至内一定的厚度区域内仍然存在较强的高斯织构。但是，当温度提高到 1050℃（2 号和 3 号试样）时高斯织构减弱，即随着常化的进行和常化温度的提高，钢板中的织构有如下特点：未进行常化的热轧板内外织构强度和织构梯度均最大、高斯织构最强，经 950℃ ×60s 常化的试样的内外织构强度和高斯织构的强度次之，经过 1000℃ 常化的两个试样的内外织构强度和织构梯度均较小。可见，常化首先是一种织构的均匀化的过程，实际上，这个过程存在着微观组织上的一系列变化。

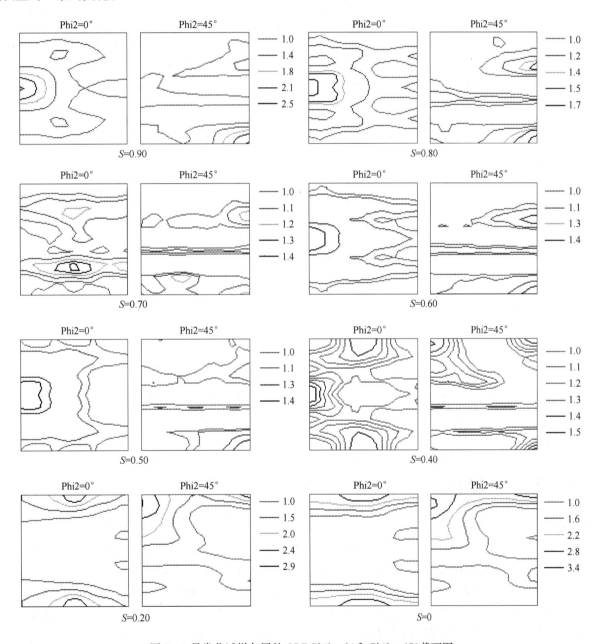

图 2　1 号常化试样各层的 ODF Phi2 = 0° 和 Phi2 = 45° 截面图

从图 5 热轧板和常化板内 $\{110\}$ 面比例的比较可见，热轧板进行常化后，钢板 $\{110\}$ 面比例的梯度明显减小，1000℃ 常化的 1 号试样除 $S=0.9$ 和 $S=0.8$ 两测量面 $\{110\}$ 面比例明显升高外，其余各测量面均降低或变化不大。而热轧板经 1050℃ 常化后，$\{110\}$ 面比例的梯度进一步减小，其中，相比于 2

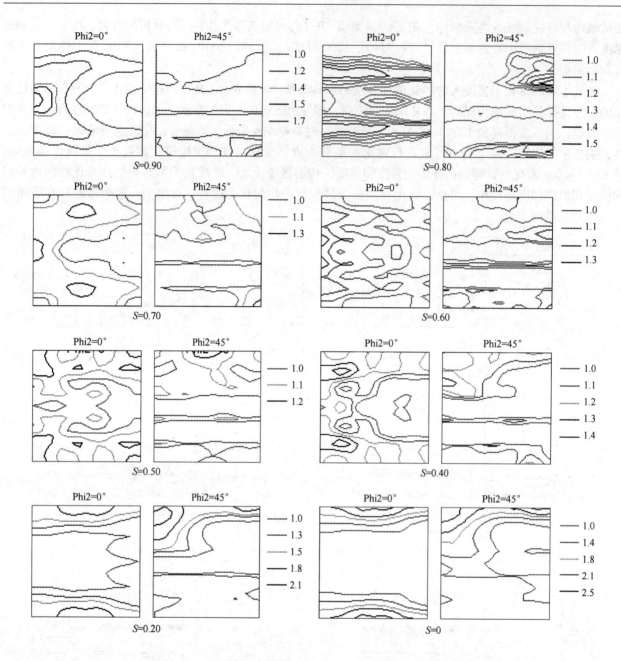

图 3　2 号常化试样各层的 ODF Phi2 = 0° 和 Phi2 = 45° 截面图

号常化板，3 号常化板各测量层 ｛110｝ 面比例的梯度更趋微小。

由图 6 所示的各脱碳退火试样的 ODF Phi2 = 0° 和 Phi2 = 45° 截面图可见，1 号试样存在 ｛111｝〈112〉、｛118｝〈110〉、｛310｝〈001〉 和 ｛112｝〈5，-9，2〉 等织构，2 号试样和 3 号试样均存在 ｛310｝〈001〉、弱的 ｛118｝〈110〉 和很弱的 ｛111｝〈112〉 等织构。由于研究试样的成分、工艺除常化温度不同外，其他条件均相同，故而可以认为常化温度是影响脱碳退火织构乃至二次再结晶退火织构的主要因素。因此可以说，对于本钢种，常化是促成 ｛310｝〈001〉 形成的重要因素，换言之，｛310｝〈001〉 的形成需要较高的常化温度。

图 7 为 1 号、2 号和 3 号试样二次再结晶织构的 Phi2 = 0° 和 Phi2 = 45° ODF 截面图。由图可见，各成品试样的织构均为高斯织构，但强度明显不同，1 号试样高斯织构强度最低，2 号较高，3 号最高。这表明，较高的热轧板常化温度有利于最终产品在二次再结晶后形成强烈的高斯织构。

4　讨论

关于二次再结晶织构与冷轧前热轧板内织构的关系，已有很多研究。有学者认为，热轧板表层具有

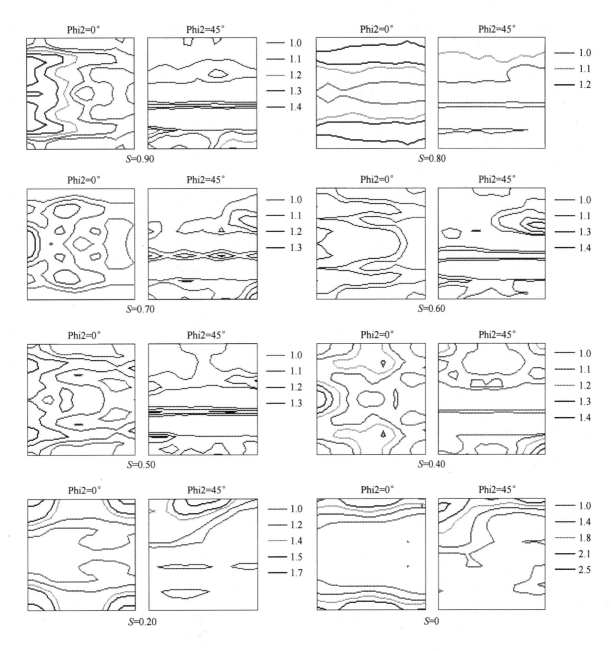

图4　3号常化试样各层的 ODF Phi2 = 0°和 Phi2 = 45°截面图

大的高斯取向的再结晶晶粒，由于在高温下进行大压下率的热轧时发生了动态再结晶以及表层有剪切带形成，所以在表层形成尖锐的高斯织构，这种组织对高斯织构的发展有强烈的影响[2]。部分学者更进一步详细地总结了高斯晶粒的产生，认为 Goss 取向晶粒最早起源于热轧板的次表层（距表面 1/5 ~ 1/4 厚度处最强），并且该晶粒的二次晶核发源于粗大形变晶粒内部各形变带之间的过渡带处，次表层的高斯晶粒在冷轧基体中最先发生回复和再结晶，这些晶粒经过后续的处理会继承下来[5]。

松尾宗次和酒井知彦等用侵蚀斑和 X 射线法研究 AlN + MnS 的高温高磁感取向电工钢热轧板证明[6]：（1）沿板厚方向 1/5 ~ 1/4 处的过渡层中存在大量细小网状碳

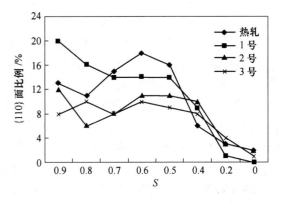

图5　热轧板和常化板内 {110} 面比例

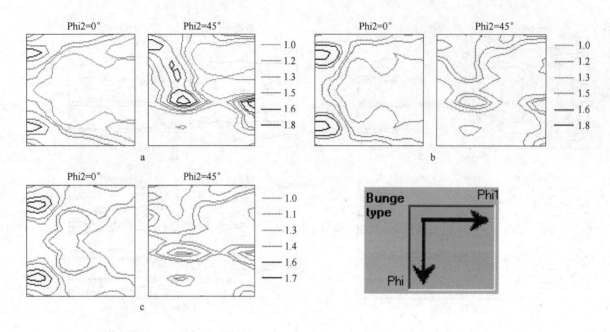

图6　退火试样的 Phi2 = 0°和 Phi2 = 45°的 ODF 截面图

a—1 号试样；b—2 号试样；c—3 号试样

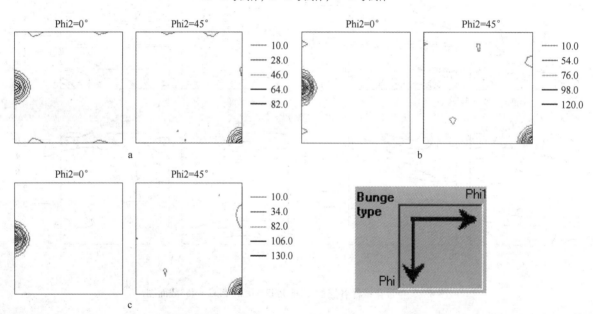

图7　各成品试样 Phi2 = 0°和 Phi2 = 45°的 ODF 截面图

a—1 号试样；b—2 号试样；c—3 号试样

化物，即珠光体，珠光体之间为伸长的较粗大的铁素体区，其中存在位向准确的{110}⟨001⟩晶粒，{110}极密度最强。较粗大的铁素体晶粒在以后冷轧时更易滑移，因为滑移受晶界限制程度减小。在这些晶粒周围为许多小晶粒（由 γ→α 相变引起的）和细小第二相质点。这些小晶粒主要为{111}⟨112⟩或{554}⟨225⟩位向。（2）中心层为伸长的铁素体晶粒和较粗大的碳化物及第二相质点，主要位向为{011}⟨110⟩和{112}⟨110⟩，其中存在少数位向不准确的{110}⟨001⟩晶粒。（3）沿板厚方向由剪切应变所引起的转动是从{110}⟨001⟩绕横向往{001}⟨110⟩位向逐步转动90°的过程。（4）过渡层（细小析出物和细小晶粒）是二次再结晶发源地，中心层（粗大析出物和粗大晶粒）是被二次再结晶吞并的地区。

　　酒井知彦等研究 AlN + MnS 的高温高磁感取向电工钢热轧板时发现，将热轧板常化后从表面研磨掉约30%，去掉表面脱碳层和过渡层后就不能发生二次再结晶，B_{800}急剧降低，经两次中等压下率冷轧时二次再结晶也不完全。该研究认为，位向准确的{110}〈001〉晶粒存在于常化板表层约30%厚度区域，该晶粒即二次再结晶晶核，即二次晶核起源于常化板的次表层[7]。

对于常化工艺的作用，现在较普遍的观点是，常化使较不稳定的氮化物（如 Si₃N₄ 和细小 AlN）固溶，冷到约为900℃淬在100℃水中的冷却过程中，通过相变产生的应变能和氮的固溶度差别，在高位错密度的细小亚结构区（相变区）析出许多细小 AlN，促使一次大压下率冷轧和脱碳退火后{554}〈225〉组成（即约{111}〈112〉组成）加强和初次晶粒更细小均匀，在(110)[001]二次晶核周围细小 AlN 和{554}〈225〉为主的小晶粒，有利于二次再结晶发展和提高磁性[8]。

本研究中热轧板各厚度层的织构研究结果与上述文献［5］介绍的 AlN + MnS 方案高温高磁感取向电工钢一致，即沿板厚方向1/5～1/4处过渡层中，珠光体之间伸长的较粗大的铁素体区存在位向准确的{110}〈001〉晶粒，{110}极密度最强。同时，由图1可见，本研究中热轧板的织构沿厚度方向呈现出较大的不均匀性，这种不均匀性可能将对发展完善的二次再结晶织构产生重大影响。

同时，从以上热轧板和常化板的织构分析结果可发现如下特点：（1）未进行常化的热轧板内外织构强度和织构梯度均最大，经1000℃×60s 常化的试样的内外织构强度和织构梯度次之，经过1050℃常化的两个试样内外织构强度和织构梯度均较小；（2）{110}面强度变化也表现为上述特征，即热轧态和常化温度较低时，试样内外织构强度和织构梯度较大，常化温度高和时间较长时，试样内外{110}织构的强度和梯度较小；（3）试样内、外各层{110}织构组分强度的平均值亦以热轧板为最大，其次为常化温度较低的1号试样，再次为常化温度较高和时间较长的2号、3号试样，即{110}的总体密度趋小；（4）热轧板从 S = 0.9 到 S = 0.5 均为高斯织构，而经不同的工艺常化后，其高斯织构并未增强，反而减弱，特别是经1050℃×60s 的常化板，高斯织构几近消失；（5）经1050℃×60s 常化的3号试样在 S = 0.2 和 S = 0层存在着立方织构，而其他试样则并未发现。

图8为高磁感取向电工钢初次再结晶退火试样典型的 Phi2 = 0°和 Phi2 = 45°ODF 截面图。从图中可以看出，高磁感取向电工钢完成初次再结晶后以{111}〈112〉织构组分为主，以及少量的{111}〈110〉和{001}〈110〉，未见{110}〈001〉织构组分。

相关研究发现，在取向电工钢初次再结晶基体中，高斯取向的晶粒很少，并没有尺寸优势和集群出现。再结晶形核位置与冷轧晶粒的形变储能有关，在冷轧晶粒中，其储存能按照以下顺序逐渐增强：{001}〈110〉、{112}〈110〉、{111}〈110〉、{111}〈112〉。由

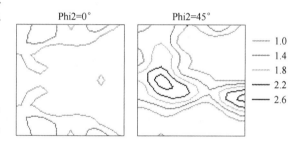

图8　高磁感取向电工钢初次再结晶退火试样的
Phi2 = 0°和 Phi2 = 45°的 ODF 截面图

于取向为{111}〈112〉的冷变形晶粒有更高的储存能，这导致{111}冷变形基体上首先发生形核和长大。因此，取向电工钢的初次再结晶退火板织构以 γ 纤维织构为主，其中{111}〈112〉织构组分最强[9]。研究表明，初次再结晶形成的{111}〈112〉多位于{110}〈001〉晶粒周围，{111}〈112〉、{111}〈110〉与{110}〈001〉之间的取向差分别是35°和45°，系大角度晶界，可以提高{110}〈001〉晶粒的晶界迁移率，有利于高温退火中高斯晶粒的异常长大[10]。因此，{111}〈112〉位向晶粒是一种重要的织构组分，取向电工钢初次再结晶后{111}〈112〉织构组分较强，有利于发展完善的二次再结晶。

但文献［11］研究认为，对于体心立方金属，Σ9重合点阵位向关系是由两位向相同晶体中的一个绕共同的〈110〉轴旋转38.9°而形成的。在取向电工钢初次再结晶组织中，{111}〈112〉位向是一个非常重要的织构组分，多位于高斯晶粒周围，且{111}〈112〉位向正是由高斯晶粒绕〈110〉轴旋转35.3°后得到的。因此，这两种位向间的关系十分接近Σ9，它在Σ9重合点阵关系所允许的偏差范围之内，可由"晶界位错"进行调整。在一定温度范围和抑制剂强度范围内，某一类型的重合点阵晶界比其他类型晶界更容易迁移。因此，Σ9型晶界对于二次再结晶形成高斯织构是一种重要的晶界。

由以上织构分析结果可见，三组试样的再结晶织构出现了以下特点：（1）经950℃低温常化后的试样初次再结晶织构成分较为复杂，除强的{111}〈112〉外，还存在{310}〈001〉、{112}〈5，-9，2〉和{118}

〈110〉等织构组分；(2) 经 1000℃较高温度常化的试样初次再结晶织构成分除{111}〈112〉外，还有强的以{310}〈001〉为主的 η-纤维织构；(3) 1 号试样与 2 号、3 号试样相比，除{111}〈112〉以外，后者有更强的{310}〈001〉等 η-纤维织构组分（{310}〈001〉与{410}〈001〉的强度和分别为 2.39 和 2.42，远高于 1 号的 1.87）；(4) 2 号、3 号试样出现了高斯织构组分，但强度较弱，1 号试样高斯织构组分强度更弱；(5) 与 2 号试样相比，3 号试样的{310}〈001〉和{111}〈112〉织构组分位向更为准确。

　　从以上初次再结晶织构的结果可见，1 号试样织构组分较复杂，{111}〈112〉最强，{310}〈001〉组分较少，而经较高温度或较长时间常化的 2 号和 3 号试样的初次再结晶织构中{310}〈001〉的强度较高，其他织构组分则较少。晶粒异常长大与初始晶粒度分布、变形量、织构和第二相粒子有关。二次再结晶的前提是晶粒正常长大的抑制，包括弥散相抑制、厚度抑制、织构抑制等，只有一般晶粒的长大被抑制时，特殊的晶粒才能有效地长大。二次再结晶的大晶粒并不来自于重新形核，而是一次再结晶中的一些特殊晶粒经过择优长大而形成的[12]。初次再结晶中出现较强的杂乱织构组分，会导致高温退火中高斯位向晶粒难以吞并和长大，因此，三组试样初次再结晶的织构差别，会导致二次再结晶织构和成品取向度出现差别。

　　初次再结晶形成的{111}〈112〉位向是一种重要的织构组分，多位于{110}〈001〉晶粒周围，且{111}〈112〉与{110}〈001〉织构构成的取向差为 35.3°，系大角晶界，可以提高{110}〈001〉晶粒的晶界迁移率，有利于高斯晶粒的异常长大[13]。因此，2 号和 3 号试样由于初次再结晶织构较单一，在高温退火中通过{110}〈001〉晶粒吞并{111}〈112〉等其他位向晶粒，形成完善的高斯织构。1 号试样由于初次再结晶织构散漫，成分复杂，在高温退火中，高斯晶核虽能吞并{111}〈112〉组分完成一定程度的长大，但可能难以吞并其他位向的晶粒，如{112}〈5，−9，2〉或{118}〈110〉，这将在一定程度上影响到成品的二次再结晶织构及磁感应强度。

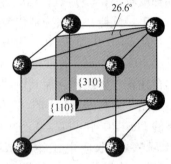

图 9　{310} 与 {110} 晶面之间的关系

　　{111}〈112〉是取向电工钢有利的初次再结晶织构，这在理论和实验上都得到了证实，本研究试验结果是个例外，这似乎超出常理。但{310}〈001〉晶粒只要"绕"着〈001〉轴"转动" 26.6°即可成为高斯晶粒，如图 9 所示，这一"转动"过程极有可能在高温退火过程中快速完成。同时，由二次再结晶织构的试验结果可见，强的{310}〈001〉+{111}〈112〉初次再结晶织构可形成高强度的高斯织构。由此可见，与{111}〈112〉位向晶粒一样，{310}〈001〉织构也是有利于发展完善二次再结晶的织构组分。

　　图 10 是 {110}、{310} 和{111}晶面的原子密度比较及{111}〈112〉和{310}〈001〉两种晶粒与{110}〈001〉之间的取向和共格关系。由图 10 可见并经计算，{110} 晶面的原子密度最大（1.414），{310} 晶面的原子密度最小（0.316），{111} 晶面的原子密度居中（0.577）。{310}〈001〉晶粒和{111}〈112〉晶粒均可与{110}〈001〉晶粒共用两个原子，并且，{310}〈001〉晶粒和{111}〈112〉晶粒只要分别绕着〈001〉和〈011〉轴"转动" 26.6°和 35.26°就可以成为高斯晶粒。

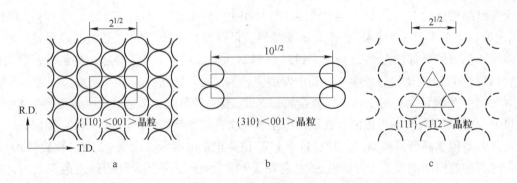

图 10　{110}、{310} 和 {111} 晶面的原子密度及晶粒之间的共格关系
a— {110} 晶面；b— {310} 晶面；c— {111} 晶面

　　至于在二次再结晶过程中为何是高斯晶粒吞并其他晶粒，而不是其他晶粒吞并高斯晶粒，原因可认为是

{110} 晶面的表面能最低，而表面能最低的原因在于 {110} 晶面的原子密度最大，原子密度大意味着稳定。

同时，从初次再结晶织构的角度来看，2 号和 3 号试样更有利于发展完善的二次再结晶的织构。同时，与 2 号试样相比，3 号试样的{310}⟨001⟩和{111}⟨112⟩织构组分位向更为准确，{118}⟨110⟩组分强度更弱，即织构更为单一，且（110）晶面比例略高，更有利于二次再结晶异常长大的完成。由此可见，高斯织构的形成主要是由其自身特性（原子密度）与高斯晶粒所处的环境（相邻晶粒即{111}⟨112⟩和{310}⟨001⟩晶粒与其之间的位向关系以及均匀弥散第二相的存在）在适宜的退火条件下（较高的退火温度、较长的保温时间和合适的保护气氛等）共同作用的结果。

由以上分析可见，本研究中高斯织构的演变规律与高温高磁感取向电工钢相似，即热轧板有较高的高斯织构组分，常化处理后高斯织构组分比例及强度降低，而在冷轧和初次再结晶退火后则进一步降低，在高温退火后，高斯晶核通过异常长大吞并其他位向的晶粒，形成单一的高斯织构，从而最终得到高强度的高斯织构和高取向度。在本研究的初次再结晶织构中出现了强的{310}⟨001⟩织构组分，这一结果区别于其他任何以 AlN 为主要抑制剂的取向电工钢钢种。由此可认为，低温热轧取向电工钢采用较高温度常化和一次轧制后，初次再结晶织构将以强的{310}⟨001⟩及{111}⟨112⟩为主要织构组分，并能在高温退火后形成完善的高斯织构。

5　结论

低温热轧取向电工钢采用合适的常化工艺后出现特殊的 η-纤维织构。冷轧、脱碳退火后，在试验钢中发现了强的{310}⟨001⟩ + {111}⟨112⟩组分的初次再结晶织构，区别于其他绝大部分取向电工钢钢种以{111}⟨112⟩组分为主的织构组成，强的{310}⟨001⟩织构组分有利于二次再结晶后获得高强度的高斯织构，从而提高成品的磁性能。

参考文献

[1] 何忠治，赵宇，罗海文. 电工钢[M]. 北京：冶金工业出版社，2012.

[2] Dunn C G. Acta Met. , 1953：163 ~ 175.

[3] Yoshitomi Y, Iwayama K, Nagashima T. Coincidence Grain Boundary and Role of Inhibitor for Secondary Recrystallization in Fe-3% Si alloy[J]. Acta Metall Materialia, 1993, 41：1577 ~ 1585.

[4] Hayakawa Y, Muraki M, Szpunar J A. The Changes of Grain Boundary Character Distribution during the Secondary Recrystallization of Electrical Steel[J]. Acta Mater, 1998, 46：1064 ~ 1073.

[5] Matsuo Munetsugu（松尾宗次）. Variation of Texture through the Thickness of Hot-Rolled Sheets of Grain Oriented Silicon Steel [J]. 1981, 67(13)：1202.

[6] Matsuo Munetsugu（松尾宗次）. Formation of Inhomogeneous Texture in Hot Rolling of Ferritic Steel[J]. Iron and Steel, 1984, 70(15)：2090 ~ 2096.

[7] Sakai Tomohiko（酒井知彦）. Effects of the Surface Hot Rolled Band on the Secondary Recrystallization in the Grain Oriented Silicon Steel[J]. Iron and Steel, 1982, 68(12)：1289 ~ 1293.

[8] Matsuo Munetsugu（松尾宗次），Sakai T, Tanino M, et al. The 6th Inter. Conf. on Texture of Materials[J]. 铁と钢, 1981, 67(5)：S-578.

[9] Park J T, Szpunar J A. Texture Development during Grain Growth in Non-oriented Electrical Steels[J]. ISIJ International, 2005, 45(5)：743 ~ 749.

[10] Lin P, Palumbo G, Harace J. Coincidence Site Lattice （CSL） Grain Boundaries and Goss Texture Development in Fe-3% Si Alloy[J]. Acta Mater., 1996(12)：4677 ~ 4683.

[11] 赵宇，何忠治. 取向硅钢二次再结晶机理研究的进展[J]. 钢铁研究学报，1991, 4(3)：79 ~ 90.

[12] 郭婧，姚志浩，董建新，等. 高温合金中晶粒异常长大及临界变形量研究进展[J]. 世界钢铁，2011, 4：38 ~ 45.

[13] 吴学亮，刘立华，史文，等. 取向硅钢初次再结晶组织织构的研究[J]. 上海金属，2010, 32 (2)：28 ~ 33.

回复处理工艺对低温铸坯加热取向电工钢的影响

李 军，赵 宇，喻晓军

（安泰科技股份有限公司功能材料事业部，北京 100081）

摘 要：本文对低温铸坯加热取向电工钢回复处理工艺进行了系统的实验室模拟研究。通过对回复工艺条件的改变，采用抑制剂分析、显微组织观察及微观结构分析等手段对回复处理工艺的工艺条件进行了研究，总结归纳出回复处理工艺对低温铸坯加热取向电工钢的工艺参数及必要性。

关键词：取向电工钢；低温板坯加热；回复处理；Cu_2S

The Influence of Recovery Treatment for Oriented Electrical Steel through Low Temperature Slab Reheating Technique

Li Jun, Zhao Yu, Yu Xiaojun

（Functional Materials Division, Antai Technology Co., Ltd., Beijing 100081, China）

Abstract：A systematicallaboratory simulation study for oriented electrical steel through low temperature slab reheating technique was carried out in this paper. By changing the condition of recovery treatment, the technological condition of recovery treatment was studied through inhibitor analysis, micro-structure observation, micro-structure analysis, etc. The technological parameter and necessity of recovery treatment for oriented electrical steel through low temperature slab reheating technique was summarized.

Key words：oriented electrical steel; low temperature slab reheating; recovery treatment; Cu_2S

1 引言

取向电工钢主要用于制作各种电力变压器、配电变压器及大型发电机定子，在电力、机械、电子工业中发挥着不可替代的重要作用。近几年，知名取向电工钢生产厂均对低温铸坯加热工艺进行了重点开发，该技术以其节能、环保及低成本特点得到了广泛应用。低温铸坯加热各工序参数的设定，将对组织变化及抑制剂演变起到关键性作用。因此，本文重点对低温铸坯加热工艺回复处理工序进行了全面研究。

2 试验方法

本文参照文献［1］中取向电工钢低温铸坯加热工艺生产实例，所用实验材料主要化学成分如表1所示。将钢锭锻造成 350mm×120mm×35mm 的板坯，板坯加热至 1250℃，保温 0.5h。热轧开轧温度为 1100℃，终轧温度大于 900℃，经过5道次轧制后热轧板厚度为 2.3mm。热轧板经第一次冷轧后在氢氮混合气氛下进行中间脱碳退火，再经 55% 压下率第二次冷轧。冷轧板经回复处理后进行高温退火处理。通过变化不同的回复处理温度，并通过与传统脱碳工艺及不采用回复处理的样品进行对比试验，采用非水溶液浸蚀萃取法[2]（SPEED 法）并结合 JEM-2000FX 透射电镜对回复退火板抑制剂的形貌及分布进行了观察，采用 LEICA DM5000M 光学金相显微镜观察回复板的金相组织，采用 SIEMENS D5000 型 X 射线衍射仪对试样 1/4 层进行织构检测。首先测量 {110}，{200} 和 {211} 三张不完整极图（Mo 靶），继而采用二步法计算取向分布函数（ODF），并根据采集数据制作取向线分布图。经过高温退火后的最佳成品

磁性能 $P_{1.7/50}$ 为 1.187W/kg，B_{800} 为 1.880T。

表1　取向电工钢的化学成分　　　　　　　　　　　　　　　　　　　　（%）

C	Si	Als	Mn	Cu	S	N
0.042	3.16	0.0094	0.066	0.50	0.015	0.0084

3　实验结果及讨论

3.1　采用回复处理的必要性分析

回复处理为冷变形造成一定的位错结构，当温度较低时这种变形结构可以保留下来，并且从力学角度来看这种结构是稳定的。如果加热变形金属，则这种力学稳定性会由于螺位错的交滑移和刃位错的攀移逐渐消失，使位错密度明显降低（相同符号位错重新排列，相反符号位错消失）。这种过程可以造成变形晶粒转变到能量较低的状态，通常被称为回复。在此过程中，位错密度明显下降，并形成小角度位错网，即形成多边形化亚结构。

再结晶是冷变形金属在加热条件下生成的一种全新的组织结构过程，这一生成过程一般涉及大角度晶界的迁移，进而消除变形结构。该过程通常包括再结晶晶核的形成和晶核的长大两个过程。再结晶这种生长过程进行到新生成的晶粒互相接触，完全或基本取代高位错密度的变形基体为止。

传统 CGO 取向电工钢生产工艺的脱碳退火工序具有两个目的：（1）降低钢中碳含量；（2）生成细小均匀的初次再结晶晶粒，为高温退火过程中二次再结晶形成准确 Goss 位向做准备。脱碳退火的气氛为 $30\% H_2 + 70\% N_2$，加湿器水温 45℃，脱碳过程主要发生在脱碳退火的前期。在流动的气氛中 CO 不断排出炉外，C 从内部不断向表面扩散。在脱碳反应的后期，钢中 Si 与水蒸气发生以下氧化反应：$Si + H_2O \rightarrow SiO_2 + H_2$，表面形成以 SiO_2 为主的致密内氧化层以保证最终高温退火形成良好的玻璃膜底层。

本实验研究通过将二次冷轧后的试样经三种不同的处理方案（即回复处理、不经回复处理、经传统工艺中脱碳退火处理），并完成相同的高温退火试验后进行最终磁性能的对比研究，说明回复处理的必要性。

图 1 为试验料经回复处理、未经回复处理、经传统 830℃ 脱碳处理后金相及取向分布函数的 $\varphi_2 = 45°$ 截面图。图 1a 经过 550℃ 回复处理后的微观组织由于回复温度较低，未出现再结晶晶粒，仍与图 1b 所示二次冷轧后的形变组织相同。图 1c 所示脱碳退火板由初次再结晶晶粒组成，晶粒为大小较均匀的等轴晶。

三种工艺的织构组分仍然延续着第二次冷轧织构的特征，均以 γ 线织构 {111}⟨112⟩、{111}⟨110⟩ 为主。由于 γ 线织构 {111}⟨112⟩、{111}⟨110⟩ 组分是初次再结晶织构的主体[3,4]，两种织构组分在经过二次冷轧后逐渐升高，{111}⟨112⟩ 组分在第二次冷轧后强度最高，{111}⟨110⟩ 组分在初次再结晶后变为最强织构组分[5]。图 1e 为冷轧织构组分，图 1d 经过 550℃ 回复退火后 {111}⟨112⟩ 的织构强度仍较强，经回复处理的试样 {111}⟨112⟩ 织构组分强于 {111}⟨110⟩ 织构组分。这是由于经过回复后，晶体结构未发生明显变化，仍然维持着冷轧态的形变组织特性，因此织构分布情况未有变化。而从图 1f 可以看出，经脱碳退火，形成初次再结晶晶粒，使 {111}⟨112⟩ 织构组分有所降低，{111}⟨110⟩ 织构组分表现更为突出，这与文献 [5] 中传统取向电工钢初次再结晶织构特征完全一致。

对三组试样进行相同的高温退火处理并经过磁性测量的结果如表 2 所示。经过回复处理的试样性能最优，未回复处理试样其次，而采用传统脱碳退火的试样性能最差。分析原因为采用回复处理可以使晶体具有较低的能量状态，可以为初次再结晶做好充分的准备工作。同时，根据一些学者的研究表明，经过回复处理工艺的最终成品比经过初次再结晶退火的最终成品具有更准确的 Goss 位向织构和更高的磁性能[3,4]。

表2　三组试样最终磁性能

性能指标 ＼ 试样编号	1（550℃回复）	2（未回复）	3（830℃脱碳）
$P_{1.7/50}$/W·kg^{-1}	1.18	1.338	1.629
B_{800}/T	1.88	1.830	1.768

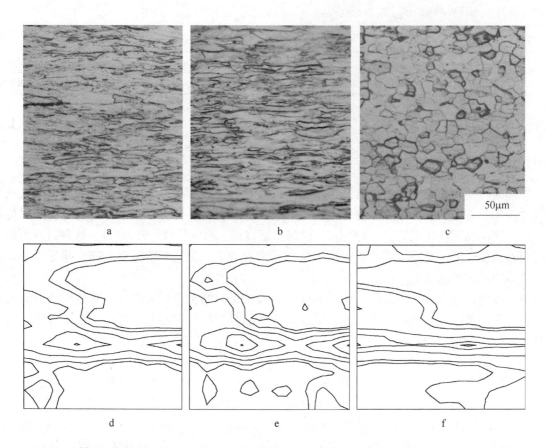

图1   试样经回复处理、未经回复处理、经传统830℃脱碳处理后金相及函数的 $\varphi_2 = 45°$ 截面图

a，d—550℃回复处理后；b，e—未经回复冷轧板；c，f—830℃脱碳处理后

经过以上分析，由于采用回复处理与脱碳退火有所不同，回复退火后的金相及织构组分发生一系列变化。因此，回复退火工艺是低温取向电工钢制造工艺中核心技术之一。为了更进一步优化回复处理工艺参数，本研究开展了对回复处理温度及析出物的研究工作。

3.2   采用不同回复处理工艺后金相及析出物分析

为了进一步研究低温取向电工钢抑制剂在回复过程中的析出行为，选取试验料经过与工艺方案1完全相同的前工序，将回复处理工艺的温度进行变化，并取样进行金相分析。具体试验方案如下：（1）试验温度为500℃，保温2min；（2）试验温度为550℃，保温2min；（3）试验温度为600℃，保温2min；（4）试验温度为650℃，保温2min。

采用不同温度回复退火工艺的试样的金相组织如图2所示。经过500℃、550℃、600℃回复退火后金相仍以冷轧变形态组织构成，由于未发生初次再结晶，试样经回复后位错密度有所降低，变形晶粒转变到能量较低的状态，并形成多边形化亚结构。当温度达到650℃时（图2d），试样发生了初次再结晶，经过大角度晶界的迁移，冷轧态组织的变形结构消失，并形成等轴形初次再结晶晶粒。经过上述观察，可以确定试样初次再结晶温度在600～650℃之间。

进一步对不同退火温度的回复板进行析出物分析得到图3，析出物形貌随温度升高有明显区别。图3a采用500℃回复处理后的析出物主要以10～20nm颗粒为主，并且弥散程度非常高。但是当温度提升到550℃时（图3b），粒子尺寸发生了改变，主要由10～40nm颗粒组成，并且分布密度有所下降。当温度继续提升到600℃、650℃时（图3c、d），析出物分布密度进一步下降，颗粒尺寸也有所增大。

根据以上分析可以看出，回复温度对析出物的影响极为重要，保证合理的析出物尺寸及分布密度才

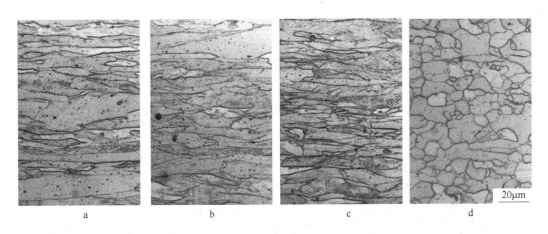

图2　采用不同温度回复退火工艺的金相组织
a—500℃回复处理；b—550℃回复处理；c—600℃回复处理；d—650℃处理

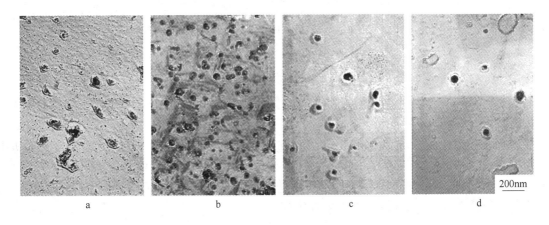

图3　试样采用不同温度回复退火工艺析出物形貌图
a—500℃回复处理；b—550℃回复处理；c—600℃回复处理；d—650℃处理

能对初次晶粒长大起到抑制作用。经过500℃回复退火得到10nm左右析出物占总量的80%，由于此类析出物颗粒较小，无法用透射电镜辨别其所属类型，分析该类析出物有可能为金属间化合物，如ε-Cu等。虽然该类析出物满足取向电工钢对抑制剂细小、弥散析出的要求，但是由于在550℃时未观察到此类析出物大量析出，说明其具有不稳定的特点，因此采用500℃回复退火不可行。由表3中回复退火析出物尺寸范围及分布密度的统计可以看出，当回复温度为500℃时，析出物分布密度过高（20.1×10^9 个/cm^2），可能会造成对晶粒抑制作用过强，对二次再结晶晶粒的反常长大造成不利影响。

表3　回复及高温退火过程中析出物尺寸范围、分布密度统计表

工　序	取样温度/℃	尺寸范围/nm	分布密度/个·cm^{-2}
	500	10~20	20.1×10^9
回　复	550	10~40	5.68×10^9
	600	30~80	1.55×10^9
	650	30~80	1.41×10^9

　　根据图4回复退火后的析出物类型分析可以看出，经过该温度处理后析出物主体为Cu$_2$S。而当回复温度超过600℃时，抑制剂分布密度呈降低趋势，同时初次再结晶发生并消耗大量的冷轧储存能。这说明Cu$_2$S经过快速升温高于600℃会造成其状态不稳定。

　　采用550℃回复退火工艺形成的析出物尺寸及分布密度与传统工艺抑制剂相当[6]，根据对成品磁性能分析可以看出该回复温度也是合理的。

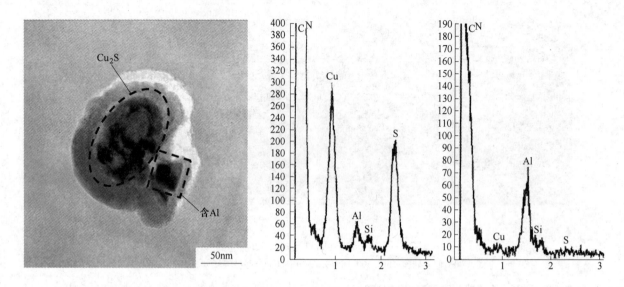

图4　回复处理试样含 Al 的 Cu_2S 析出物形貌及能谱

4　结论

（1）低温铸坯加热工艺的回复处理温度应控制在 550℃左右，回复温度的控制是低温取向电工钢制造工艺中的关键技术之一。

（2）从整个低温取向电工钢工艺分析，回复工艺起到承上启下的关键作用，回复温度会对析出物尺寸及分布密度有一定影响。

（3）采用回复处理，处理温度未达到初次再结晶温度，需要在高温退火的升温阶段完成初次再结晶，以上特点均与传统普通取向电工钢生产工艺有所不同。

参考文献

[1] Choi G S. Method for Manufacturing Oriented Electrical Steel by Heating Slab at Low Temperature：US，5653821［P］. 1997.

[2] 黒澤文夫，田口勇，松本龍太郎. 非水溶媒系電解液定電位電解エッチング法による鉄鋼中の析出物と結晶面方位の観察［J］. 日本金属学会誌，1979，43：1068～1077.

[3] Mishra S，Därmann C，Lücke K. On the Development of the Goss Texture in Iron-3％ Silicon［J］. Acta Metall，1984，32：2185.

[4] Dzubinsky M，Kovac F. Influence of Heat Cycling on Micorstructural Parameters of Fe-3％ Si Grain Oriented Steel［J］. Scirpta Mater. ，2001，5：1205～1211.

[5] Jae Young Park，Kyu Seok Han，Jong Soo Woo，et al. Influence of Primary Annealing Condition on Texture Developmentin Grain Oriented Electrical Steels［J］. Acta Mater. ，2002，50：1825～1834.

[6] 何忠治，赵宇，罗海文. 电工钢［M］. 北京：冶金工业出版社，2012.

氧化镁在取向电工钢生产中加热工艺探讨

洪泉富，郑瑜滨

（新万鑫（福建）精密薄板有限公司，福建 莆田 351200）

摘　要：取向电工钢生产中，氧化镁涂层前的钢带加热的目的是软化钢带，让钢带表面残余油渍碳化，使之易于涂层，同时恢复钢带表面 $2FeO \cdot SiO_2$ 层。本工艺是在基本达到此工艺要求，保证质量的前提下，又尽量减少炉中的加热时间，节约能源，降低生产成本。

关键词：保证质量；减少炉中的加热时间；降低生产成本

Discussion on Heating Process of Oriented Electrical Steel Coated Magnesia Production Line

Hong Quanfu, Zheng Yubin

（Xinwanxin（Fujian）Precision Sheet Co., Ltd., Putian 351200, China）

Abstract：During the production of oriented electrical steel, steel heating before Magnesium Oxide coating aims to softening strip, carbonising the grease remaining in steel strip surface, allowing easy to coat, and repairing $2FeO \cdot SiO_2$ on strip surface. This process is to find out the way to reduce the time of heating in furnace as far as possible, to save energy and reduce production cost, but it has been based on reaching the process requirements basically and ensuring the quality.

Key words：ensure the quality；reduce the time of heating in furnace；reduce production cost

1　概述

行业内的现状：由于炼钢水平提高，普通取向电工钢热轧的碳成分能控制在 $0.03\% \sim 0.04\%$ 的区间。经连续脱碳退火后，0.635mm 的中间坯碳含量值能控制在 $\leq 30 \times 10^{-6}$ 范围内，所以，在氧化镁涂层线的加热炉，都没实施 $800 \sim 850℃$ 温度区间的再脱碳退火。氧化镁涂层线的加热，较多的是用 $500 \sim 560℃$ 温度区间，钢带在炉时间 2min 的工艺（66m 炉长，走 33m/min 的速度）。我们的工艺为钢带经过 $450 \sim 520℃$ 温度区间的时间只有 0.5min。

2　试验

2.1　实施的工艺

生产线实施工艺：用 N_2 气体封炉门，炉头 N_2 气压力 16Pa，炉尾 N_2 气压力 6Pa。常用工艺速度 $30 \sim 33m/min$。炉子各段温度如表 1 所示。

表 1　氧化镁生产线炉子各加热段温度

生产线	加热段	均一段	均二段	均三段	均四段	均五段	均六段	均七段
设定温度/℃	0	450	520	0	0	0	0	0
实际温度/℃	352	450	520	370	342	304	289	267

2.2　工艺的筛选过程

早期用过加热段，均一至均四段都开通，共 5 段加热，每段设定温度都为 550℃，其优点是钢带得到软化，钢带表面残余油渍烧后碳化，表面 $2FeO \cdot SiO_2$ 层得到修复；缺点是加热的吨钢耗电为 136.98kW·h/t，能源消耗较大。

也试验过取消加热，均热进行生产，把加热段、均一至均七段都关闭，其优点是省电能的消耗；其缺点是钢带硬度高，涂层辊损伤较严重，钢带表面有油渍残存，产生氧化镁漏涂斑点，钢带表层组织较薄。

还用过设定加热段温度为 500℃，均一至均七段都关闭，其优点是省电能的消耗。钢带得到软化，钢带表面残余油渍烧后碳化，表面 $2FeO \cdot SiO_2$ 层得到部分修复；其缺点是 $2FeO \cdot SiO_2$ 表层较薄，罩式炉高温退火后形成的 Mg_2SiO_4 底层较薄，导致成品表面电阻值较低，或露晶。

现用工艺是均一段设定为 450℃，均二段设定为 520℃，其余的加热段、均三至均七段都关闭，其优点是相对省电，钢带得到软化，钢带表面残余油渍烧后碳化，表面 $2FeO \cdot SiO_2$ 表层得到修复；没明显缺点。

3　选用工艺的理论探讨和实验室试验

3.1　理论探讨

为得到良好的硅酸镁底层，要保证未涂氧化镁的钢带表面有 $2 \sim 3\mu m$ 的 SiO_2 薄膜层。最终脱碳退火后，表面层的组织为 $2FeO \cdot SiO_2$[1]。为提高底层附着性和产生较大的拉应力来改善磁性，一般希望底层较厚[2]。在罩式炉中形成硅酸镁底层的主要反应是：$2MgO + SiO_2 \rightarrow Mg_2SiO_4$[2]。从化学式里可以看出用 SiO_2 的个数与 MgO 的个数有稳定的比例关系。如果 SiO_2 的形成量不足，必然会使部分 MgO 没有参与反应，造成罩式炉高温退火后形成的 Mg_2SiO_4 底层较薄，或不均匀。

钢带在连续脱碳退火时形成的 $2FeO \cdot SiO_2$ 表层组织，在钢带实施 $0.635 \rightarrow 0.285$ 的二轧过程，钢带表面的 $2FeO \cdot SiO_2$ 层有损失。如果涂氧化镁之前的钢带退火是类似钢带脱碳退火的工艺，自然会把二轧造成的钢带表面氧化层的损失都弥补回来。现在的工艺，氧化镁涂层前的退火，应让炉膛内有少量的氧气。使炉膛内有少量的氧气，可采取的方法是：炉头、炉尾的 N_2 封锁气压不要太大。也可通入的 N_2 部分是湿气。我们现用工艺炉膛内气体的氧含量是 $(200 \sim 300) \times 10^{-6}$。

3.2　实验室实验

钢带在有少量氧气，有合适温度的条件下会对原有的 $2FeO \cdot SiO_2$ 层进行恢复，随加热时间的延长，钢带表面层组织的厚度和质量都相应增加。

探讨涂氧化镁前，退火的时间与 $2FeO \cdot SiO_2$ 表层厚度及表层质量关系的试验，我们在试验室里进行。

试验条件：取 0.285mm 的二轧钢带做试样，用马弗炉加热，加热温度都用 520℃，退火过程 N_2 保护，N_2 的流量为 16L/min。每次开马弗炉门，放样，关门的时间 2s。从试验数据可以看出：随退火时间的延长，钢带表面的 $2FeO \cdot SiO_2$ 表层厚度增加，单位面积中的表层的质量也增加。氧化镁涂层前钢带退火的时间与 $2FeO \cdot SiO_2$ 表层厚度及表层质量的关系，与硅酸镁底层质量的对应关系见表 2 和图 1。

表 2　退火的时间与 $2FeO \cdot SiO_2$ 表层厚度及表层质量的关系，与硅酸镁底层质量的对应关系

退火时间/s	0	15	30	45	60	75	90	105	120
试样双面 $2FeO \cdot SiO_2$ 表层厚度/μm	1.7	2.5	4	3.8	4.6	5	5.2		
试样双面 $2FeO \cdot SiO_2$ 表层的质量/g·m^{-2}		2.5	2.6	3.0	4.7	4.6	4.0	5.4	5.2
硅酸镁底层质量	偏薄露晶	稍薄	良好	良好	良好	良好	良好	良好	良好

注：厚度值为十个样品数据的平均值。

不同加热时间的试样，再经过涂氧化镁，烘干，然后将试样放于同一个罩式炉中。收集的试样，观

看其硅酸镁底层的质量情况，也填入表2之中。从表2可分析出：试样在520℃条件下加热30～45s，加热时间较短，且硅酸镁底层质量厚度合适，厚薄均匀，附着性也都良好。

3.3 生产验证

（1）采用本工艺，成品表面质量良好的生产验证。从2014年5月至8月，我公司用均一段设定450℃，均二段设定520℃，其余的加热段、均三至均七段都关闭的技术工艺，共生产成品6400t，表面质量的级别率见表3。

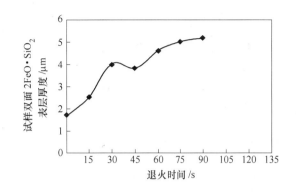

图1 试样双面2FeO·SiO₂表层厚度与退火时间的关系

表3 表面质量的级别率

时间区间	总产量/t	表面一级品质量/t	表面一级品占比率/%	表面二级品质量/t	表面二级品占比率/%	表面协议品质量/t	表面协议品占比率/%
2014年5～8月	6400	4608	72	1664	26	128	2

（2）在氧化镁涂层线钢带加热过程，用本工艺的吨钢消耗与常用工艺吨钢消耗的比较，见表4。

表4 不同加热工艺耗电情况对照表

氧化镁涂层线加热炉的温度条件	吨钢耗电量	吨钢成本	吨钢降成本
加热段和均一至均四段都开通，共5段用550℃	136.98kW·h/t	95.886元/t	新工艺比常用工艺降成本40元/t
均一段设定450℃，均二段设定520℃，其余的加热段，均三至均七段都关闭	79.68kW·h/t	55.776元/t	

4 结论

成品表面质量与很多因素有关。本试验是在正常生产的情况下，只单一研究氧化镁涂层线钢带加热工艺不同带来钢带表面2FeO·SiO₂层厚度的变化，以及不同2FeO·SiO₂表层厚度对形成硅酸镁底层质量的影响关系。本试验证实了只要钢带在450～550℃温度范围里，停留时间30～45s所形成的双面2FeO·SiO₂表层厚度约4μm，可满足氧化镁单面涂布量4.5～6g/m²在形成硅酸镁底层时所需的2FeO·SiO₂量。钢带在450～550℃温度范围里用时30～45s代替常用的用时75～90s工艺，成品表面总良好率仍可保持≥90%的水平。在氧化镁涂层线的加热环节，吨钢可节约成本40元。此工艺对年产2万吨钢普通取向电工钢的工厂，可年降成本：40元/t×20000t＝80万元。

参考文献

[1] 操作技术手册. 武钢公司.
[2] 何忠治，赵宇，罗海文. 电工钢[M]. 北京：冶金工业出版社，2012.

T2 绝缘涂层对取向电工钢表面性能影响的研究

蔡　伟，孟凡娜，洪泉富，陈　鑫

（新万鑫（福建）精密薄板有限公司，福建　莆田 351200）

摘　要：研究了磷酸二氢铝/硅溶胶的质量比值以及铬酸酐加入量对取向电工钢表面状况和铁损的影响，研究结果表明，当磷酸二氢铝/硅溶胶的质量比值为 0.96~0.92，铬酸酐加入量为 3.5% 时，钢带表面情况最好，同时钢带表面电阻最高，铁损最低。

关键词：取向电工钢；绝缘涂层

Study on the Effect of T2 Insulation Coating on the Surface Properties of Grain Oriented Electrical Steel

Cai Wei, Meng Fanna, Hong Quanfu, Chen Xin

（Xinwanxin（Fujian）Precision Sheet Co., Ltd., Putian　351200, China）

Abstract：Investigate the influence of the weight proportion of $Al(HPO_4)_3/SiO_2$ and the addition of CrO_3 on oriented electrical steel surface condition and iron loss, the results show that the weight proportion of $Al(HPO_4)_3/SiO_2$ is 0.96~0.92, and the addition of CrO_3 is 3.5%, the oriented electrical steel surface condition, the surface resistance and iron loss is best.

Key words：grain oriented electrical steel; insulating coating

1　引言

取向电工钢片是变压器铁芯的重要材料，中大型变压器铁芯的制造要求取向电工钢表面具有良好的绝缘性能及表面质量。通常取向电工钢表面都会涂覆绝缘涂层[1]。本文所涂覆的绝缘涂层为 T2 涂层。

在生产过程中发现，钢带表面涂层经常出现发白的现象，为了解决发白现象，在生产实践过程中，通常采取降低涂液密度的方式进行处理，但这种方式又带来了钢带表面电阻值低的缺陷。为了获得良好的表面质量以及优良的表面绝缘性能，本文研究了不同配比的 T2 涂液对取向电工钢表面状况、绝缘性能以及铁损的影响，并获得了最佳的工艺参数。

2　试验材料与方法

2.1　试验材料

本试验所选用的试验材料为生产线上随机选择的取向电工钢钢卷。每个钢卷约长 3km，宽 650mm。

2.2　试验方法

本试验所用的绝缘涂液为 T2 涂液。T2 涂液由磷酸二氢铝（$Al(H_2PO_4)_3$）、硅溶胶、铬酸酐、添加剂及水配置而成。T2 涂液通过辊涂法进行涂覆，涂辊压力为 1kPa。

涂覆完的钢带，经 500~650℃ 干燥炉进行干燥，随后进入 830~850℃ 拉伸退火炉进行拉伸平整并完成 T2 涂层的烧结。

处理好的钢卷，通过目测表面质量状况，并取样通过电工钢片绝缘电阻测量仪检测其表面绝缘性能，通过单片电工钢铁损测量仪检测钢带铁损，按照 GB/T 2522—2007《电工钢片（带）表面绝缘电阻涂层附着性测试方法》规定的方法检测涂层表面的附着性。

2.3 试验方案

为研究不同磷酸二氢铝/硅溶胶比值及不同铬酸酐加入量对取向电工钢表面状况、绝缘性能及铁损情况的影响，特制定如表 1 和表 2 所示的试验方案。

表 1　T2 涂层不同磷酸二氢铝/硅溶胶比例工艺参数

序　号	磷酸二氢铝/硅溶胶比值	铬酸酐占比/%
方案 1	1.04	2.5
方案 2	1.00	2.5
方案 3	0.96	2.5
方案 4	0.92	2.5
方案 5	0.88	2.5

表 2　T2 涂层不同铬酸酐加入量工艺参数

序　号	磷酸二氢铝/硅溶胶比值	铬酸酐占比/%
方案 6	1	1.5
方案 7	1	2
方案 8	1	2.5
方案 9	1	3

3　结果与讨论

3.1　不同磷酸二氢铝/硅溶胶比值对钢带表面的影响

表 3 为不同磷酸二氢铝/硅溶胶比值试样的表面情况，从表中可以看出，随着磷酸二氢铝/硅溶胶比值的降低，钢带表面发白状况逐渐好转，说明减少磷酸二氢铝的加入量，有利于改善表面发白现象。但随着磷酸二氢铝的加入量的进一步减少，钢带表面出现手感油腻的现象。这种现象产生的原因可能是，当磷酸二氢铝加入量较多时，磷酸二氢铝高温烧结时产生了较多的 Al_2O_3，造成了表面发白现象，随着磷酸二氢铝加入量的减少，Al_2O_3 产生量减少，使得发白现象得到改善。这种规律与文献［2］所描述的规律一致，但在生产实践过程中发现，控制最佳表面状态的磷酸二氢铝/硅溶胶数值范围比文献［2］所描述的范围更为狭窄。

表 3　不同磷酸二氢铝/硅溶胶比值对钢带表面的影响

序　号	磷酸二氢铝/硅溶胶	表 面 情 况
方案 1	1.04	发白
方案 2	1.00	轻微发白
方案 3	0.96	正常
方案 4	0.92	正常，光亮
方案 5	0.88	正常，手感油腻

3.2　不同磷酸二氢铝/硅溶胶数值对电阻合格率及表面附着性的影响

从图 1 可以看出，磷酸二氢铝加入量的增加，对表面绝缘电阻影响不大，所取试样表面绝缘电阻全部合格, 即绝缘电阻值≥3000Ω/cm²。但随着磷酸二氢铝加入量的增加, 表面附着性能逐渐提高, 当磷酸二氢铝/硅溶胶比值为 0.92 时, 表面附着性为 C +, 即可作为合格产品。当磷酸二氢铝/硅溶胶比值为 0.88 时, 表面附着性为 C, 说明此时 T2 涂层附着性较差。

3.3　不同铬酸酐加入量对钢带表面的影响

表 4 为不同铬酸酐加入量对钢带表面的影响, 从表中可以看出, 随着铬酸酐加入量的增加, 取向电工钢的表面质量逐步得到改善, 发黏和表面条纹的现象消失。由于本试验 T2 涂层涂覆采用辊涂法进行, 因此在初涂覆的钢带表面会形成一定程度的条纹, 钢带的运行和振动, 可以改善条纹现象。

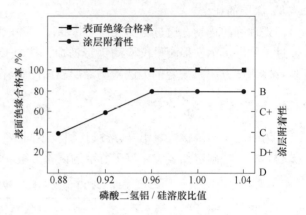

图 1　不同磷酸二氢铝/硅溶胶数值对
电阻合格率及表面附着性的影响

表 4　不同铬酸酐加入量对钢带表面的影响

序　号	铬酸酐占比/%	表　面　情　况
方案 6	1.5	发黏, 有条纹
方案 7	2.0	轻微发黏, 有条纹
方案 8	2.5	正常, 有轻微条纹
方案 9	3.0	正　常
方案 10	3.5	正　常

表 4 的结果表明, 随着铬酸酐加入量的增加, T2 涂液的流平性也随之增加, 使得条纹的改善现象更加明显。同时, 铬酸酐有改善钢带表面发黏的作用, 这种原因有相关文献作了论述[2,3]：涂层在高温干燥过程中, Cr^{6+} 被铁或亚铁离子还原成 Cr^{3+}, 磷酸二氢铝中过量的 H_3PO_4 热缩脱水成偏磷酸 HPO_3, 随后 Cr^{3+} 与 HPO_3 作用生成了难溶的 $Cr(PO_3)_3$。随着 Cr 含量的减少, 过量的 H_3PO_4 在高温将脱水为固体的 P_2O_5, P_2O_5 与水有很强的亲和力, 极易与水化合, 形成了由磷酸、偏磷酸组成的黏结物。

3.4　不同铬酸酐加入量对钢带铁损情况的影响

图 2 是不同铬酸酐加入量对铁损情况的影响曲线, 从图中可以看出, 随着铬酸酐加入量的增加, 钢卷的平均铁损呈现下降的趋势。其原因可能是, 随着铬酸酐加入量的增加 T2 涂层膜的流平性提高, 使得 T2 涂层的涂覆更加均匀。T2 涂层是一种应力涂层, 由于涂层和钢板在冷却时膨胀系数不同, T2 涂层在凝固后可以在钢板表面形成 3 ~ 5MPa 的各向拉应力, 其中在轧制方向上产生的拉应力最大, 因此 T2 涂层可以使钢板的铁损降低。当铬酸酐加入量较少时, T2 涂层在钢带表面的涂覆不均匀, 而且存在发黏的情况, 因此在钢带表面产生的拉应力也随之降低, 造成铁损提高。随着铬酸酐加入量的增加, T2 涂层涂覆的均匀性也随之增加, 使得产生的拉应力提高, 铁损降低。

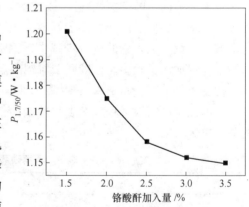

图 2　不同铬酸酐加入量对钢带铁损情况的影响

但有文献指出, 当铬酸酐加入量超过 5% 时, Cr^{6+} 无法全部转换成 Cr^{3+}, 将会对 T2 涂层造成不良影响。

4　结论

（1）磷酸二氢铝/硅溶胶数值的降低, 有利于改善钢带表面发白的现象。当磷酸二氢铝/硅溶胶为 0.88 ~ 0.96 时, 取向电工钢钢带表面情况良好。

（2）随着磷酸二氢铝/硅溶胶的降低，T2 涂层的表面附着性也逐渐降低，当磷酸二氢铝/硅溶胶为 0.92 ~ 1.04 时，T2 涂层的表面附着性合格。

（3）铬酸酐的加入有利于改善 T2 涂液流平性以及改善 T2 涂层发黏的作用。同时，随着铬酸酐加入量的增加，钢带表面铁损也会有一定程度的降低。

（4）普通取向电工钢 T2 绝缘涂层最佳的工艺配方为磷酸二氢铝/硅溶胶比值为 0.96 ~ 0.92，铬酸酐最佳加入量为 3.5%。

参考文献

［1］ 何忠治，赵宇，罗海文. 电工钢[M]. 北京：冶金工业出版社，2012.

［2］ 胡志强，张文康，光红兵，等. 取向硅钢绝缘涂层性能的研究[J]. 电工材料，2012(2):33 ~ 36.

［3］ 蒋修治. 处理条件对铬酸盐-磷酸盐转化膜特性的影响[J]. 轻合金加工技术，1994，22(1):29 ~ 34.

［4］ 赵键，肖福明，张辉宁. 绝缘涂层对高磁感取向硅钢片性能的影响[J]. 变压器，2002，39(5):25 ~ 27.

［5］ 储双杰，瞿标，戴元远，等. 硅钢绝缘涂层的研究进展[J]. 材料科学与工程，1988，16(3):49 ~ 54.

［6］ 储双杰，瞿标，戴元远，等. 无取向硅钢表面绝缘涂层[J]. 材料保护，1988，31(1):19 ~ 21.

氮含量对高磁感取向电工钢初次
再结晶行为及磁性能的影响

付　兵[1,2]，项　利[1]，王海军[1]，仇圣桃[1]

（1. 中国钢研科技集团有限公司连铸技术国家工程研究中心，北京 100081；
2. 北京科技大学冶金与生态工程学院，北京 100083）

摘　要：针对薄板坯连铸连轧流程结合同步脱碳与渗氮工艺所制备的低温 HiB 钢，采用光学显微镜、扫描电镜与 EBSD 技术等手段，系统研究了钢中氮含量对初次再结晶组织与织构以及成品磁性能的影响规律。研究结果表明，在本实验条件下，冷轧板经 835℃ 同步脱碳与渗氮处理，当钢中总氮量由 0.0055% 逐渐增加至 0.031% 时，渗氮板初次晶粒的平均尺寸由 26.85μm 逐渐减小至 18.87μm；初次晶粒尺寸的变动系数由 0.590 下降至 0.525～0.565。渗氮板初次再结晶织构类型与未渗氮处理时脱碳板的织构类型基本一致，仅织构强度发生了一定变化，但渗氮板中 $\{110\}\langle001\rangle$ 高斯织构与 γ 纤维织构的含量基本均有不同程度的增加，$\{110\}\langle112\rangle$ 黄铜织构的含量有较大幅度的减少，而 α 纤维织构与有利织构的含量均呈现波动变化，同时钢中渗氮量的变化对上述织构组分含量的变化基本无太大影响或影响规律不明显。随着钢中总氮量的逐渐增加，成品的平均磁感值基本呈现"M"形状，而平均铁损值呈现"W"形状；当钢中总氮量为 0.016% 时，成品的平均磁性能可获得最佳值，其 B_{800} 为 1.921T，$P_{1.7/50}$ 为 0.968W/kg，单片成品的最佳磁性能可达到 B_{800} 为 1.964T，$P_{1.7/50}$ 为 0.854W/kg。

关键词：高磁感取向电工钢；低温板坯加热；同步脱碳与渗氮；初次再结晶；织构；磁性能

Effects of Nitrogen Content on Primary Recrystallization Behaviors and Magnetic Properties of High Magnetic Induction Grain-oriented Electrical Steel

Fu Bing[1,2]，Xiang Li[1]，Wang Haijun[1]，Qiu Shengtao[1]

（1. National Engineering Research Center of Continuous Casting Technology，China Iron and Steel Research Institute Group，Beijing 100081，China；2. School of Metallurgical and Ecological Engineering，University of Science and Technology Beijing，Beijing　100083，China）

Abstract：Based on low-temperature high magnetic induction grain-oriented electrical steel produced by thin slab casting and rolling process with nitriding and decarburization simultaneous method，the effects of nitrogen content on primary recrystallization microstructures，textures and magnetic properties were studied by means of OM，SEM，and EBSD. When the nitrogen content is gradually increased from 0.0055% to 0.031%，it is found that the primary grain size and variation coefficient of nitriding plate is gradually reduced from 26.85μm and 0.590，to 18.87μm and 0.525 ~ 0.565，respectively. Compared with the textures of decarburization plate，textures components of nitriding plate are basically identical，and textures density have some differences. However，the volume fraction of Goss texture and γ fiber texture is increased to some extent，respectively. The volume fraction of $\{110\}\langle112\rangle$ texture is reduced greatly，but the volume fraction of α fiber texture and favorable textures is changed fluctuately. Moreover，the effect of nitrogen content on the volume fraction of above textures is not obvious，after the nitrogen is nitrided in steel. With the nitrogen content increasing, the change of average magnetic induction values (B_{800}) and core loss values ($P_{1.7/50}$) is manifested a M-shaped and W-shaped curve, respectively. When the nitrogen content is 0.016%, the average magnetic properties of final product can be obtained the best values, the B_{800} and $P_{1.7/50}$ is 1.921T and 0.968W/kg, respectively. Meanwhile, the best B_{800} and $P_{1.7/50}$ can be 1.964T and 0.854W/kg.

Key words: high magnetic induction grain-oriented electrical steel; low-temperature slab reheating; nitriding and decarburization simultaneous; primary recrystallization; texture; magnetic properties

1 引言

采用低温板坯加热代替传统高温板坯加热已成为高磁感取向电工钢（HiB）生产工艺的发展趋势[1~4]，其中获得抑制剂法低温板坯加热工艺目前已成为世界各大取向电工钢生产厂所关注的焦点技术[5~7]。采用获得抑制剂法生产 HiB 钢过程中，冶炼时可调整钢中抑制剂形成元素的含量，板坯通过低温（1100~1250℃）加热后不要求凝固过程析出的抑制剂析出相完全固溶，但热轧与常化后钢中抑制初次晶粒正常长大的固有抑制剂（AlN，MnS，Cu₂S 等）数量不足，在最终高温退火之前必须对钢板进行渗氮处理，以获得新的细小弥散状氮化物抑制剂来加强抑制能力。

目前，工业化生产与实验室试制 HiB 钢渗氮处理时可采用的渗氮方法与方式较多，在脱碳退火后采用 NH_3 进行气态非平衡渗氮已成为主流方式[4,7]。日本新日铁、中国宝钢、中国武钢与中国首钢先后均采用脱碳后渗氮处理工艺实现了 HiB 钢的工业化生产，而韩国浦项则采用同步脱碳与渗氮处理工艺也实现了 HiB 钢的大批量生产。与脱碳后渗氮处理工艺相比，采用同步脱碳与渗氮处理工艺具有生产作业线相对较短、渗氮控制条件相对简单与渗氮处理生产成本相对较低等优点[8,9]。

本文在实验室模拟薄板坯连铸连轧流程结合同步脱碳与渗氮处理工艺成功制备低温 HiB 钢的基础上，系统研究了渗氮处理后渗氮板中初次再结晶组织与织构特征，分析了钢中氮含量对初次再结晶行为包括初次晶粒的平均尺寸、晶粒尺寸的变动系数、织构组分与含量，以及成品磁性能的影响规律，以期为获得抑制剂法制造低温 HiB 钢的生产工艺设计，尤其是同步脱碳与渗氮工艺的设计提供相关参考。

2 实验材料与方法

实验钢的化学成分（质量分数,%）为：C 0.04~0.06，Si 2.90~3.30，Mn 0.2，Cu 0.02，S 0.0047，Als 0.029，N 0.0055，P 0.02，Fe 余量。模拟薄板坯连铸连轧流程（CSP 工艺）与渗氮工艺制备低温 HiB 钢的主要工序为：真空感应炉冶炼→水冷铜模浇铸（其冷却速率与漏斗型结晶器相当）→铸坯低温加热（1180℃×30min）→热轧至 2.55mm→卷取→两段式常化→酸洗→一次冷轧至 0.27mm→同步脱碳与渗氮处理→涂 MgO 隔离剂→高温退火→磁性能测量。

其中铸坯厚度为 50mm，铸坯脱模温度不低于 950℃。同步脱碳与渗氮处理工艺为：在含体积分数为 1.2%~6.3% NH_3 以及 $V(H_2)/V(N_2)=1/3$ 的湿性混合气氛中进行 835℃×3min 的同步脱碳与渗氮处理。高温退火工艺为：在 $V(N_2)/V(H_2) \geq 2/3$ 气氛中以 15℃/h 升温至 1210℃，然后在 100% 高纯 H_2 气氛下进行 1210℃×10h 净化处理，最后冷却出炉。成品尺寸为 30mm×100mm，采用 MATS-2010SA 交流磁性测量仪测量成品的磁性能。

采用 ZEISS-Axio Scope A1 光学显微镜在 ×100 倍下对渗氮板全厚度方向的低倍组织进行观察与图像采集。按照金属平均晶粒度测定方法（GB/T 6394—2002）中的直线截点法对渗氮板组织的平均晶粒尺寸 $\overline{X}$ 进行测量，为了获得较为合理与准确的平均值，随机选择 3~4 个视场进行测量，同时单个组织测量时的截点数约 500 个。

另外，为定量说明并比较不同氮含量条件下渗氮板中初次再结晶晶粒尺寸的均匀性大小，即晶粒尺寸的变动系数或变异系数，采用了晶粒尺寸的相对标准偏差 σ^* 进行表征，其数值越小，则晶粒尺寸的均匀性越好。其计算公式如下：

$$\sigma^* = \frac{\sigma}{\mu} \tag{1}$$

$$\sigma = \sqrt{\frac{1}{N} \sum_{i=1}^{N} (X_i - \mu)^2} \tag{2}$$

式中，N 为晶粒数量；X_i 为单个晶粒的尺寸，μm；μ 为总体组织中所有晶粒的平均尺寸，μm；σ 为晶粒尺寸的标准偏差，其反映了总体初次晶粒组织中单个晶粒尺寸偏离平均晶粒尺寸 μ 的程度，其数值越大，则晶粒尺寸的分散程度越大。

借助配有 EDAX OIM 电子背散射衍射（EBSD）系统的 ZEISS SUPRA 55VP 场发射扫描电子显微镜进行渗氮板全厚度方向的织构检测，单个试样随机选择 2～4 个区域进行测定，扫描步长为 3μm。测量数据采用 OIM Analysis 6.1 分析软件进行取向分布函数（ODF）分析与织构组分含量的定量统计，其中计算特定取向晶粒的体积分数时最大偏差角设定为 10°。同时，测量数据也采用该软件进行总体初次晶粒组织的晶粒尺寸分析以获取 μ 与 σ 值。

3 实验结果与分析

3.1 氮含量对初次再结晶组织的影响

冷轧板采用 835℃×3min 同步脱碳与渗氮处理，控制气氛中氨气比例很低时，钢中便可获得足够的渗氮量，即氮的渗入非常容易，同时钢中残余碳含量较低（0.0013%～0.0024%），即脱碳也比较容易，其典型的初次再结晶组织如图 1 所示。由图可知，与仅经脱碳退火处理相比，冷轧板经同步脱碳与渗氮处理后，渗氮板中初次再结晶组织未发生根本性的变化，仍为全铁素体晶粒，但初次晶粒的平均尺寸 $\overline{X}$ 与晶粒尺寸的变动系数 σ^* 出现了较大变化，同时当钢中总氮量不太高（≤0.031%）时，渗氮板表层未出现明显的尺寸更为细小的铁素体晶粒带。

总氮量/%	0.0055	0.0079	0.016	0.020	0.026	0.031
晶粒平均尺寸 $\overline{X}$/μm	26.85	22.40	20.51	20.26	19.34	18.87
晶粒尺寸的变动系数 σ^*	0.590	0.543	0.525	0.565	0.536	0.542

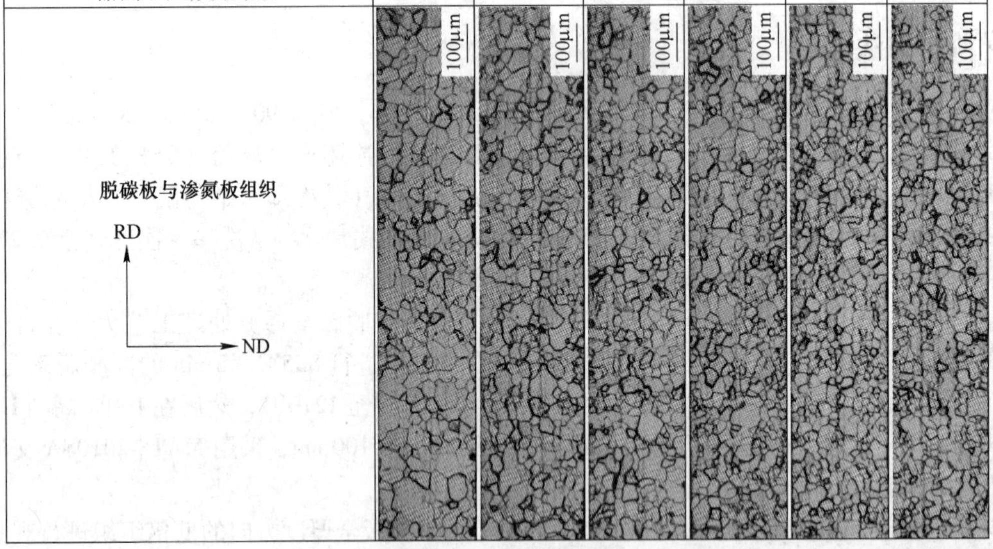

图 1　冷轧板采用 835℃×3min 同步脱碳与渗氮处理后典型的初次再结晶组织

当同步脱碳与渗氮温度为 835℃时，随着钢中总氮量由 0.0055% 逐渐增加至 0.031%，渗氮板初次晶粒的平均尺寸由 26.85μm 逐渐减小至 18.87μm；且随着渗氮量的逐渐增大，渗氮板初次晶粒平均尺寸的减小趋势逐渐放缓。渗氮处理前，即钢中总氮量为 0.0055% 时，脱碳板初次晶粒尺寸的变动系数为 0.590。渗氮处理后，当钢中总氮量处于 0.0079%～0.031% 范围时，渗氮板初次晶粒尺寸的变动系数范围为 0.525～0.565。即当脱碳温度为 835℃时，采用同步渗氮处理以增加钢中的总氮量后，渗氮板初次晶粒尺寸的变动系数均相对更小，这有利于获得相对更加均匀的初次晶粒。

3.2　氮含量对初次再结晶织构的影响

冷轧板采用835℃同步脱碳与渗氮处理后试样全厚度方向上 $\varphi_2 = 45°$ 的ODF截面图如图2所示。由图可知，未进行渗氮处理时，脱碳板初次再结晶织构以{001}⟨120⟩、{112}⟨241⟩、{114}⟨481⟩与{554}⟨225⟩为主，同时含有一定量的 α 纤维织构与 γ 纤维织构，包括{112}⟨110⟩、{114}⟨110⟩与{111}⟨110⟩、{111}⟨112⟩等，还有少量的{110}⟨001⟩高斯织构。经同步脱碳与渗氮处理后，渗氮板初次再结晶织构类型与脱碳板织构类型基本一致，仅织构强度发生了一定变化。

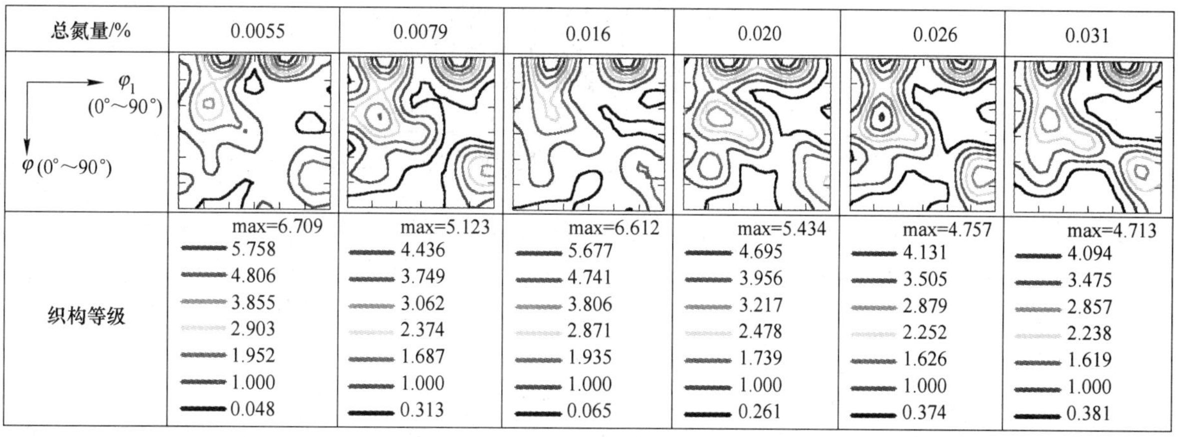

总氮量/%	0.0055	0.0079	0.016	0.020	0.026	0.031
φ_1 (0°~90°) / φ (0°~90°)						
织构等级	max=6.709 —5.758 —4.806 —3.855 —2.903 —1.952 —1.000 —0.048	max=5.123 —4.436 —3.749 —3.062 —2.374 —1.687 —1.000 —0.313	max=6.612 —5.677 —4.741 —3.806 —2.871 —1.935 —1.000 —0.065	max=5.434 —4.695 —3.956 —3.217 —2.478 —1.739 —1.000 —0.261	max=4.757 —4.131 —3.505 —2.879 —2.252 —1.626 —1.000 —0.374	max=4.713 —4.094 —3.475 —2.857 —2.238 —1.619 —1.000 —0.381

图2　冷轧板采用835℃同步脱碳与渗氮处理后全厚度试样 $\varphi_2 = 45°$ 的ODF截面图

冷轧板采用835℃同步脱碳与渗氮处理后主要初次再结晶织构的含量统计如表1所示。其中当钢中总氮量为0.016%时，渗氮板全厚度方向上特定取向晶粒的分布图如图3所示。

表1　冷轧板采用835℃同步脱碳与渗氮处理后主要初次再结晶织构的含量

织构含量/%　　总氮量/%	0.0055	0.0079	0.016	0.020	0.026	0.031
{110}⟨001⟩	0.4	0.4	1.5	1.4	0.9	1.4
{110}⟨112⟩	1.2	0.2	0.5	0.2	0.5	0.3
{112}⟨111⟩	0	0	0	0	0.6	0.1
{001}⟨010⟩	0.1	0.2	0.2	1.8	0.6	0.5
{001}⟨120⟩	5.5	5.4	7.6	4.5	5.5	5.4
{110}⟨110⟩	0.4	0.2	0	0.5	0.2	0.2
{001}⟨110⟩	0.5	0.3	0.5	0.4	0.7	0.6
{114}⟨110⟩	1.5	1.1	0.6	0.9	1	0.8
{112}⟨110⟩	1	3	1.4	1.8	1.2	1.2
{111}⟨110⟩	0.8	0.5	0.8	0.5	0.6	1.7
{111}⟨112⟩	0.8	0.6	0.6	0.6	0.5	1.2
{554}⟨225⟩	1.3	2.9	1.5	2.3	2.8	2.6
{114}⟨481⟩	7.5	6.0	7.8	4.2	7.1	5.8
{112}⟨241⟩	6.1	8.8	6.7	9.3	8.8	8.3
α 纤维织构	4.2	5.1	3.3	4.1	3.7	4.5
γ 纤维织构	2.9	4	2.9	3.4	3.9	5.5
有利织构	9.6	9.5	9.9	7.1	10.4	9.6

注：α 纤维织构与 γ 纤维织构仅限于表中所统计的特定取向之和；由于{554}⟨225⟩与{111}⟨112⟩取向差角度很小，统计 γ 纤维织构时将{554}⟨225⟩也纳入其中；有利织构指{111}⟨112⟩、{554}⟨225⟩与{114}⟨481⟩织构之和。

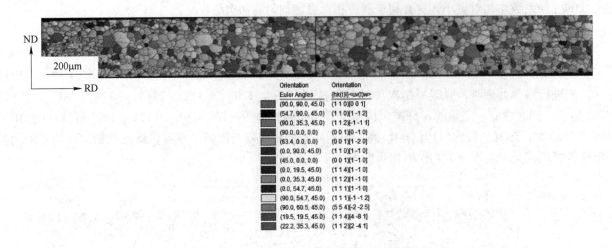

Orientation	Orientation
Euler Angles	{hk(l)l}<uv(t)w>
(90.0, 90.0, 45.0)	(1 1 0)[0 0 1]
(54.7, 90.0, 45.0)	(1 1 0)[1 -1 2]
(90.0, 35.3, 45.0)	(1 1 2)[-1 -1 1]
(90.0, 0.0, 0.0)	(0 0 1)[0 -1 0]
(63.4, 0.0, 0.0)	(0 0 1)[1 -2 0]
(0.0, 90.0, 45.0)	(1 1 0)[1 -1 0]
(45.0, 0.0, 0.0)	(0 0 1)[1 -1 0]
(0.0, 19.5, 45.0)	(1 1 4)[1 -1 0]
(0.0, 35.3, 45.0)	(1 1 2)[1 -1 0]
(0.0, 54.7, 45.0)	(1 1 1)[1 -1 0]
(90.0, 54.7, 45.0)	(1 1 1)[-1 -1 2]
(90.0, 60.5, 45.0)	(5 5 4)[-2 -2 5]
(19.5, 19.5, 45.0)	(1 1 4)[4 -8 1]
(22.2, 35.3, 45.0)	(1 1 2)[2 -4 1]

图3　钢中总氮量为0.016%时渗氮板全厚度方向上特定取向晶粒的分布图

由表1可知，与仅经脱碳退火处理相比，冷轧板经同步脱碳与渗氮处理后，渗氮板中{110}⟨001⟩高斯织构与{112}⟨241⟩织构的含量基本均有不同程度的增加，不利的{110}⟨112⟩黄铜织构的含量均有较大幅度的减少，而{001}⟨120⟩织构的含量基本未发生太大变化。同时，渗氮板中γ纤维织构的含量基本均有不同程度的增加，而α纤维织构与有利织构的含量均呈现波动变化。

此外，当钢中总氮量由0.0079%逐渐增加至0.031%时，除{110}⟨112⟩、{112}⟨111⟩（铜型织构）、{001}⟨120⟩与{112}⟨241⟩织构的含量可认为基本均未发生太大变化外，其他织构组分的含量均呈现波动变化，即钢中氮含量的变化对上述特定取向晶粒含量的影响规律并不明显。但当钢中总氮量分别为0.016%与0.026%时，渗氮板初次再结晶织构中{110}⟨001⟩、α纤维织构及有利织构的含量分别为1.5%与0.9%、3.3%与3.7%、9.9%与10.4%，即{110}⟨001⟩织构含量相对较多，α纤维织构含量相对最少，且有利织构的含量相对最多，这有利于在最终高温退火过程中高斯晶粒吞并周围其他的初次晶粒发生较为完善的二次再结晶而异常长大。

3.3　氮含量对成品磁性能的影响

采用835℃同步脱碳与渗氮处理后，成品磁性能与钢中总氮量的变化关系如图4所示。由图可知，未进行渗氮处理时，成品的平均磁感值 B_{800} 为1.857T，平均铁损值 $P_{1.7/50}$ 为1.183W/kg，同时成品磁性能的波动幅度较大。经同步脱碳与渗氮处理后，随着钢中总氮量由0.0079%逐渐增加至0.031%，成品的平均磁感值基本呈现"M"形状，而成品的平均铁损值呈现"W"形状。当钢中总氮量为0.016%时，成品的平均磁性能最为优异，其平均磁感值 B_{800} 为1.921T，平均铁损值 $P_{1.7/50}$ 为0.968W/kg，单片的最佳磁性能

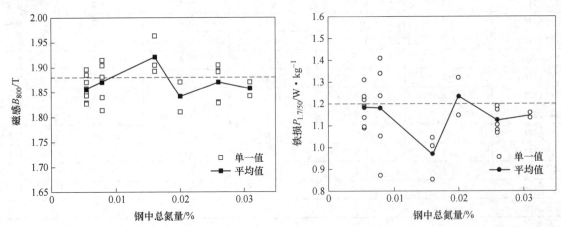

图4　同步渗氮温度为835℃时钢中总氮量对成品磁性能的影响

可达到 B_{800} 为 1.964T，$P_{1.7/50}$ 为 0.854W/kg。此外，当钢中总氮量较小时，成品磁性能的波动范围也较大，但当钢中总氮量逐渐增大后，成品磁性能的波动幅度有所降低。

脱碳板与渗氮板经高温退火后，典型成品的低倍组织如图 5 所示。由图可知，无论是否采用同步脱碳与渗氮处理，取向电工钢二次再结晶组织发展均较为完善。成品晶粒晶界呈弯曲凹凸状，晶界的光滑度较好，同时当钢中总氮量低于 0.031% 时，成品中孤岛晶粒数量较少。在不考虑极小的孤岛及边部晶粒影响下，当钢中总氮量为 0.0055% ~ 0.031% 时，成品晶粒的平均尺寸范围为 10.6 ~ 32mm；当钢中总氮量为 0.016% 时，成品获得最佳磁性能时，成品晶粒的平均尺寸约为 24.8mm。

总氮量/%	0.0055	0.0079	0.016	0.016	0.020	0.026	0.031
B_{800}/T	1.858	1.840	1.964	1.905	1.810	1.895	1.843
$P_{1.7/50}$/W·kg^{-1}	1.138	1.237	0.854	1.046	1.321	1.106	1.136

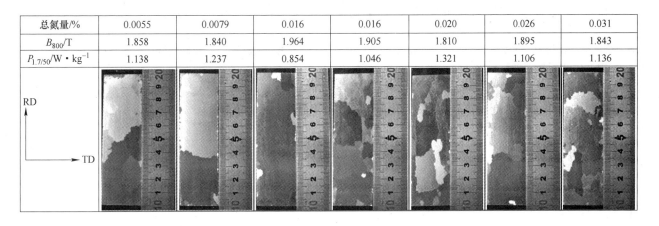

图5　采用835℃同步脱碳与渗氮处理后典型成品的低倍组织

4　结论

（1）在本实验条件下，冷轧板经 835℃ 同步脱碳与渗氮处理，当钢中总氮量由 0.0055% 逐渐增加至 0.031% 时，渗氮板初次再结晶组织均为全铁素体晶粒；初次晶粒的平均尺寸由 26.85μm 逐渐减小至 18.87μm，且随着渗氮量的逐渐增大，初次晶粒平均尺寸的减小趋势逐渐放缓；初次晶粒尺寸的变动系数由 0.590 下降至 0.525 ~ 0.565，初次晶粒尺寸的均匀性变得相对更佳。

（2）未进行渗氮处理时，脱碳板初次再结晶织构以 {001}⟨120⟩、{112}⟨241⟩、{114}⟨481⟩ 与 {554}⟨225⟩ 为主，同时含有一定量的 α 纤维织构与 γ 纤维织构，以及少量的 {110}⟨001⟩ 高斯织构。经同步脱碳与渗氮处理后，渗氮板初次再结晶织构类型与脱碳板织构类型基本一致，仅织构强度发生了一定变化。

（3）与仅经脱碳退火处理相比，冷轧板经同步脱碳与渗氮处理后，渗氮板中 {110}⟨001⟩ 高斯织构与 γ 纤维织构的含量基本均有不同程度的增加，不利的 {110}⟨112⟩ 黄铜织构的含量均有较大幅度的减少，而 α 纤维织构与有利织构的含量均呈现波动变化。当钢中总氮量由 0.0079% 逐渐增加至 0.031% 时，钢中氮含量的变化对上述特定取向晶粒含量的变化基本无太大影响或影响规律并不明显。

（4）未进行渗氮处理时，成品的平均磁感值 B_{800} 为 1.857T，平均铁损值 $P_{1.7/50}$ 为 1.183W/kg，同时磁性能的波动幅度较大。经同步脱碳与渗氮处理后，随着钢中总氮量由 0.0079% 逐渐增加至 0.031%，成品的平均磁感值基本呈现 "M" 形状，而成品的平均铁损值呈现 "W" 形状，当钢中总氮量稍高后，成品磁性能的波动幅度有所降低。

（5）当钢中总氮量为 0.016% 时，渗氮板初次晶粒的平均尺寸约为 20.51μm，晶粒尺寸的变动系数为 0.525，初次再结晶织构中 {110}⟨001⟩ 织构含量相对最多，α 纤维织构含量相对最少，且有利织构的含量相对较多，成品的平均磁性能可获得最佳值，其平均磁感值 B_{800} 为 1.921T，平均铁损值 $P_{1.7/50}$ 为 0.968W/kg，单片成品的最佳磁性能可达到 B_{800} 为 1.964T，$P_{1.7/50}$ 为 0.854W/kg，其二次晶粒的平均尺寸约为 24.8mm。

参考文献

[1] 李军，孙颖，赵宇，等. 取向硅钢低温铸坯加热技术的研发进展[J]. 钢铁，2007，42(10):72 ~ 75.

[2] Xia Z S, Kang Y L, Wang Q L. Developments in the Production of Grain-oriented Electrical Steel[J]. Journal of Magnetism and Magnetic Materials, 2008, 320(23):3229~3233.

[3] 赵宇, 李军, 董浩, 等. 国外电工钢生产技术发展动向[J]. 钢铁, 2009, 44(10):1~5.

[4] 仇圣桃, 付兵, 项利, 等. 高磁感取向硅钢生产技术与工艺的研发进展及趋势[J]. 钢铁, 2013, 48(3):1~8.

[5] Takahashi N, Suga Y, Kobayashi H. Recent Developments in Grain-oriented Silicon Steel[J]. Journal of Magnetism and Magnetic Materials, 1996, 160:98~101.

[6] Kubota T, Fujikura M, Ushigami Y. Recent Progress and Future Trend on Grain-oriented Silicon Steel[J]. Journal of Magnetism and Magnetic Materials, 2000, 215~216:69~73.

[7] 付兵, 项利, 仇圣桃, 等. 获得抑制剂法生产低温高磁感取向硅钢的抑制剂控制研究进展[J]. 过程工程学报, 2014, 14(1):173~180.

[8] 李青山, 韩赞熙, 禹宗秀, 等. 基于低温板坯加热法生产具有高磁感应强度的晶粒择优取向电工钢板的方法: 中国, CN1231001A[P]. 1999-10-06.

[9] Lee C S, Han C H, Woo J S. Method for Manufacturing High Magnetic Flux Density Grain Oriented Electrical Steel Based on Low Temperature Slab Heating Method: USA, 6451128[P]. 2002-09-17.

合金元素及温度对取向电工钢中 γ 相含量的影响

项　利[1]，付　兵[1,2]，王海军[1]，仇圣桃[1]

（1. 中国钢研科技集团有限公司连铸技术国家工程研究中心，北京 100081；

2. 北京科技大学冶金与生态工程学院，北京 100083）

摘　要：通过金相组织观察与统计以及数值拟合的方法，研究了合金元素及温度变化对 0.028% ~ 0.058% C、2.97% ~ 3.42% Si 取向电工钢中 γ 相含量的影响，量化了 C、Si、Mn 含量及温度与 γ 相含量的关系。研究结果表明，在本实验条件下，温度为 900 ~ 1250℃ 范围内，取向电工钢中 γ 相含量随温度的升高先逐渐增加，达到最大值后再逐渐减小，最大 γ 相含量所对应的温度为 1150 ~ 1200℃，同时合金元素含量的不同使得相同温度下钢中 γ 相含量相应地存在一定差别。在间断温度条件下，采用多元线性回归得到的一系列 γ 相含量拟合式的计算值与实际测定值吻合程度较好。在取向电工钢中 Mn≤0.32%、Als≤0.034% 的条件下，采用二项式回归得到的拟合式的计算值与实测值分布规律吻合程度良好，可采用该式进行热轧过程连续温度范围内 γ 相含量的大致预测。

关键词：取向电工钢；γ 相含量；合金元素；温度；预测

Effect of Temperature and Alloy Elements on γ Phase Fraction of Grain Oriented Electrical Steel

Xiang Li[1], Fu Bing[1,2], Wang Haijun[1], Qiu Shengtao[1]

(1. National Engineering Research Center of Continuous Casting Technology, China Iron and Steel Research Institute Group, Beijing 100081, China; 2. School of Metallurgical and Ecological Engineering, University of Science and Technology Beijing, Beijing 100083, China)

Abstract：The effect of temperature and alloy elements on γ phase fraction of grain-oriented electrical steel, which contained 2.97% ~ 3.42% Si and 0.028% ~ 0.058% C, were studied by microstructure observation and statistics. Furthermore, the quantitative relationships of temperature and C, Si, Mn content on γ phase fraction were also obtained by numerical fitting. The experimental results show that the γ phase fraction firstly increases with increasing temperature, reaches a maximum and then decreases at the temperature range of 900 ~ 1250℃. The temperature corresponding to the maximum γ phase fraction is about 1150 ~ 1200℃. Meanwhile, the γ phase fractions in steels at the same temperature have some differences because of the different content of various alloy elements. The verification results show that the calculated values of a series of equations, which are obtained by multiple linear regression method at the specific temperatures, agree well with the actual measured values of γ phase. In addition, the calculated values of the equation, which is obtained by binomial regression method, agree with actual measured values when the Mn and Als content is not more than 0.32% and 0.034% respectively. The latter equation can be carried out the approximate prediction of γ phase fraction during hot rolling process of grain-oriented electrical steel.

Key words：grain oriented electrical steel; γ phase fraction; alloy elements; temperature; prediction

1 引言

近年来，采用低温板坯加热技术制造取向电工钢已成为取向电工钢生产技术的发展趋势之一[1~4]。取向电工钢在低温均热（1100 ~ 1250℃）以及后续热轧过程中，处于 α + γ 两相区内，钢中 γ 相的含量及其分布将直接影响热轧与初次再结晶组织以及常化后 AlN 抑制剂的析出行为。

在取向电工钢热轧过程中，调整合适的 γ 相含量（一般认为在 20% ~ 30%），通过 γ→α 相变过程可使热轧板组织细化并呈层状分布的细形变晶粒和细小的再结晶晶粒，从而有利于在脱碳退火后形成细小均匀的初次再结晶晶粒，促进二次再结晶发展。当 γ 相含量 < 20% 时成品易出现线晶，γ 相含量 > 30% 时成品易出现细小晶粒，这都使二次再结晶不完善[5]。

在以 AlN 为主要抑制剂（0.025% ~ 0.035% Als、0.005% ~ 0.01% N）的取向电工钢均热过程中，由于 AlN 在 γ 相中的固溶度远大于其在 α 相中的固溶度，AlN 在 γ 相中能完全固溶，而在 α 相中表现为析出直至达到平衡[6,7]。通过适当增加钢中 γ 相的数量，有助于减少均热过程粗大 AlN 的析出量，而在热轧与常化时通过 γ→α 相变过程析出的细小 AlN 更多且更均匀，有利于提高钢中主抑制剂 AlN 对初次晶粒长大的抑制能力[6,8]。

取向电工钢中 γ 相含量主要由温度与成分决定。目前，关于取向电工钢中 γ 相含量的研究主要侧重于 1150℃时（γ 相含量为最大值）合金元素与 γ 相含量的关系[9~13]，而温度的变化理论上对 γ 相含量的影响也很大，但结合温度的研究却鲜有报道。此外，不同研究者所得到的取向电工钢中 γ 相含量的关系式差别较大。同时，部分研究者进行取向电工钢中 γ 相含量研究的实验条件还不明确，所获关系式的准确性以及适用性也还有待验证。

本文采用金相组织观察与统计以及数值拟合的方法，进行了不同合金元素及温度变化对取向电工钢中 γ 相含量的影响研究，量化了主要合金元素 C、Si、Mn 含量及温度与 γ 相含量的关系，以期为取向电工钢的成分与生产工艺设计、抑制剂析出的热力学与动力学计算等提供相关理论依据与参考。

2 实验材料与方法

实验材料为 C：0.028% ~ 0.058%、Si：2.97% ~ 3.42% 范围内的取向电工钢，并调整钢中 Cu、Mn、Als、N、S 等元素含量处于不同水平，其具体化学成分（质量分数）如表 1 所示。

表 1 实验钢的化学成分 （%）

编 号	C	Si	Mn	Als	Cu	N	S	Fe
1	0.030	3.04	0.11	0.020	0.42	0.0067	0.0050	余量
2	0.042	3.34	0.11	0.013	0.41	0.0059	0.0054	余量
3	0.029	3.26	0.11	0.041	0.70	0.0079	0.0052	余量
4	0.028	3.16	0.32	0.019	0.68	0.0097	0.0069	余量
5	0.044	3.42	0.26	0.028	0.13	0.0086	0.0060	余量
6	0.047	3.33	0.25	0.034	0.48	0.0094	0.0060	余量
7	0.041	3.19	0.24	0.041	0.94	0.011	0.0061	余量
8	0.058	2.97	0.53	0.052	0.51	0.0088	0.0058	余量

实验钢通过真空感应炉冶炼，模拟薄板坯连铸工艺，采用水冷铜模浇注成 50mm 的薄板坯。铸坯空冷至室温后重新加热至 1150℃并保温 10min，锻造成 φ20mm 的圆棒，经线切割后制成 φ10mm × 2mm 的圆柱试样。

采用慢速升温进行取向电工钢中 γ 相含量测定的实验研究。为了防止试样在高温加热过程中由于氧化而造成 C 含量变化，保证测试结果的准确性，将试样密封于石英真空管中。将试样以 2℃/min 的升温速率缓慢加热至设定温度（900～1250℃，每50℃为一个节点）后取出，快速砸碎真空管后采用盐水对试样进行淬火，如图1所示。由于试样小，冷却速度快，淬水时试样在极短的时间内冷却下来，来不及发生 γ→α 相变转变，水淬后钢中马氏体含量基本等于水淬前奥氏体含量。

对获得的淬火试样进行镶样，经磨制、抛光与4%硝酸酒精溶液腐蚀后制成金相试样。采用 ZEISS-Axio Scope A1 光学显微镜进行试样组织的观察，在 200× 的放大倍数下随机采集不少于30个视场的观察区域，并利用 Micro-image Analysis and Process System 软件，定量分析组织中马氏体含量。根据测定结果，采用多元线性回归与二项式回归的方法将不同合金元素含量与不同温度下 γ 相的平均含量进行拟合，获得相关的关系式。

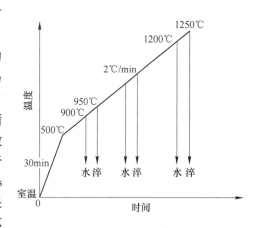

图 1　试样热处理过程的示意图

3　实验结果

实验钢在各个确定温度下 γ 相平均含量的统计计算值如表2所示。4号成分取向电工钢在不同温度下水淬后典型的金相组织如图2所示。

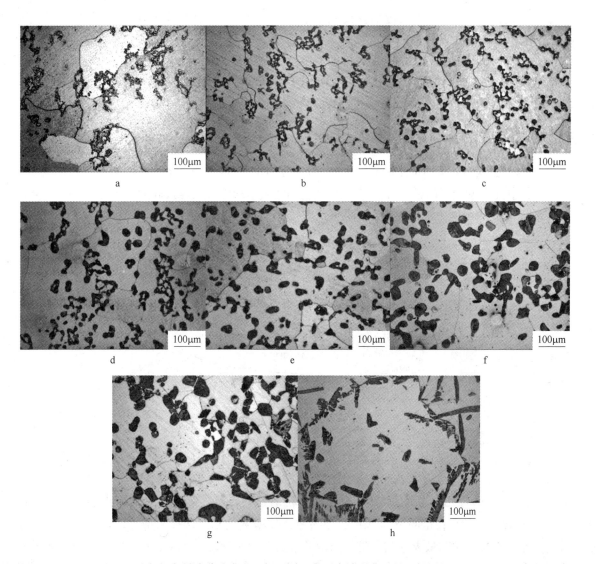

图 2　4 号成分取向电工钢不同温度下水淬后典型的金相组织

a—900℃；b—950℃；c—1000℃；d—1050℃；e—1100℃；f—1150℃；g—1200℃；h—1250℃

表 2　实验钢在各个确定温度下 γ 相平均含量的统计计算值

编 号	γ 相平均含量/%							
	900℃	950℃	1000℃	1050℃	1100℃	1150℃	1200℃	1250℃
1	6.86	8.12	12.10	12.73	16.81	17.87	18.71	11.28
2	8.60	12.09	13.24	14.10	17.61	20.41	15.66	12.91
3	5.97	8.18	9.27	12.75	17.57	21.84	18.69	14.99
4	6.21	8.94	11.49	18.36	19.08	25.75	26.90	21.62
5	10.36	12.47	13.34	14.95	18.85	20.53	16.68	15.35
6	8.35	15.04	15.43	19.43	20.39	24.60	15.38	14.36
7	10.29	16.77	18.69	24.80	26.00	27.74	26.94	10.23
8	11.90	23.29	23.90	31.44	34.78	49.30	48.12	23.51

4　分析与讨论

4.1　温度对取向电工钢中 γ 相含量的影响

由表 2 可知，在温度为 900 ~ 1250℃ 范围内，本实验条件下取向电工钢中 γ 相含量随温度的变化基本呈现倒 "C" 形状，即 γ 相含量随温度的升高先逐渐增加，达到最大值后再逐渐减小。同时，最大 γ 相含量所对应的温度为 1150 ~ 1200℃。

另外，由图 2 可知，在实验温度范围内，随着温度的升高，γ 相晶粒尺寸明显增大。这是因为随着温度的升高，C 元素的扩散速率增大，奥氏体发生类似于 Ostwald 熟化就越容易，使奥氏体晶粒尺寸发生明显长大。钢中 γ 相主要沿 α 相晶界处析出，但也存在少量 γ 相在 α 相晶内析出。

4.2　合金元素对取向电工钢中 γ 相含量的影响

目前，基本一致认为，取向电工钢中 C、Si 元素含量的变化对 γ 相含量的影响最大。根据图 3 中碳含量对 Fe-Si 相图中 α 和 γ 相线的影响可知[14]，C 元素的略微增加将极大地提高取向电工钢中 γ 相含量。而 Si 元素的增加将在较大程度上降低钢中 γ 相含量[9~11]。

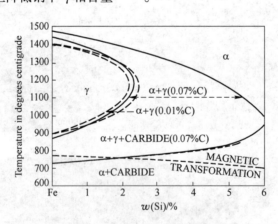

图 3　少量碳对 Fe-Si 相图中 α 和 γ 相线的影响

此外，N、Cu、Mn 等元素为奥氏体稳定化元素，随着这些元素含量的增加，A_3 点温度降低，A_4 点温度上升，从而扩大 γ 相的存在范围[15]。因此，随着奥氏体稳定化元素含量的增加，钢中开始出现 γ 相的温度会降低，γ 相增加；同时最大 γ 相含量所对应的温度会相对升高。而 Si、Al、Cr、B、Mo 等元素一般认为为铁素体稳定化元素，它们的存在会缩小钢中 γ 相的范围。实验钢中合金元素含量的不同使得相同温度下钢中 γ 相含量相应地存在一定差别，见表 2。

4.3 取向电工钢中 γ 相含量的拟合关系式

由于在不同温度下，取向电工钢 γ 相中 Al、N、S 的存在形式包括固溶态与析出物的组成元素状态，其主要影响 γ 相含量的固溶态数量较少，且难以确定。另外，由于钢中 Mn、Cu 含量较高，其主要以固溶态的形式存在，但多数实验钢中 Cu 含量偏高。因此，后续的拟合不考虑 Al、N、S、Cu 元素。

（1）采用多元线性回归的方法将不同 C、Si、Mn 元素含量（%）与不同确定温度下 γ 相含量（%）进行拟合，得到的关系式如下：

$$\gamma_{900℃}(\%) = 2.72 + 185.86[C] - 0.49[Si] \tag{1}$$

$$\gamma_{950℃}(\%) = 22.86 + 453.81[C] - 8.66[Si] \tag{2}$$

$$\gamma_{1000℃}(\%) = 40.28 + 372.18[C] - 12.58[Si] \tag{3}$$

$$\gamma_{1050℃}(\%) = 67.56 + 437.58[C] - 20.67[Si] \tag{4}$$

$$\gamma_{1100℃}(\%) = 71.16 + 425.66[C] - 20.77[Si] \tag{5}$$

$$\gamma_{1150℃}(\%) = 117.22 + 638.94[C] - 36.31[Si] \tag{6}$$

$$\gamma_{1200℃}(\%) = 170.60 + 491.71[C] - 51.91[Si] \tag{7}$$

$$\gamma_{1250℃}(\%) = 46.40 + 121.72[C] - 11.12[Si] \tag{8}$$

$$\gamma_{900℃}(\%) = 1.61 + 177.24[C] - 0.11[Si] + 0.99[Mn] \tag{9}$$

$$\gamma_{950℃}(\%) = 16.29 + 402.57[C] - 6.42[Si] + 5.86[Mn] \tag{10}$$

$$\gamma_{1000℃}(\%) = 36.42 + 342.09[C] - 11.27[Si] + 3.44[Mn] \tag{11}$$

$$\gamma_{1050℃}(\%) = 41.05 + 230.80[C] - 11.64[Si] + 23.65[Mn] \tag{12}$$

$$\gamma_{1100℃}(\%) = 53.87 + 290.83[C] - 14.88[Si] + 15.42[Mn] \tag{13}$$

$$\gamma_{1150℃}(\%) = 76.11 + 318.22[C] - 22.29[Si] + 36.69[Mn] \tag{14}$$

$$\gamma_{1200℃}(\%) = 120.24 + 98.90[C] - 34.74[Si] + 44.93[Mn] \tag{15}$$

$$\gamma_{1250℃}(\%) = 2.78 - 218.52[C] + 3.76[Si] + 38.92[Mn] \tag{16}$$

其中式（16）的拟合结果不太理想，C 元素的系数值应该为正值，Si 元素的系数值应该为负值，其原因可能是实验误差。

（2）为简化取向电工钢中 γ 相含量与 C、Si、Mn 元素含量的关系式，并考虑温度的变化对 γ 相含量的影响，采用二项式回归的方法将式（9）~式（16）近似表示如下：

$$\begin{aligned}\gamma(\%) = &(8.294 \times 10^{-4}T^2 - 1.389T + 585.789) + \\ &(-6.860 \times 10^{-3}T^2 + 14.088T - 6890.993)[C] + \\ &(-2.346 \times 10^{-4}T^2 + 3.933 \times 10^{-1}T - 166.376)[Si] + \\ &(3.733 \times 10^{-4}T^2 - 6.371 \times 10^{-1}T + 272.398)[Mn] \quad (900℃ \leqslant T < 1150℃)\end{aligned}$$

$$\begin{aligned}\gamma(\%) = &(-1.820 \times 10^{-3}T^2 + 4.058T - 2189.388) + \\ &(-9.260 \times 10^{-3}T^2 + 18.949T - 9341.476)[C] + \\ &(5.936 \times 10^{-4}T^2 - 1.308T + 699.994)[Si] + \\ &(-1.578 \times 10^{-4}T^2 + 4.593 \times 10^{-1}T - 288.713)[Mn] \quad (1150℃ \leqslant T \leqslant 1250℃)\end{aligned} \tag{17}$$

4.4 拟合结果比较与验证

采用式（1）~式（8）与式（9）~式（16）计算的实验钢在各个确定温度下 γ 相含量与实测值的比

较如图 4 所示。由图 4 可知，与实测值相比，C、Si、Mn 元素拟合式的计算值吻合程度更好，而 C、Si 元素拟合式的计算值偏差程度略大一些。

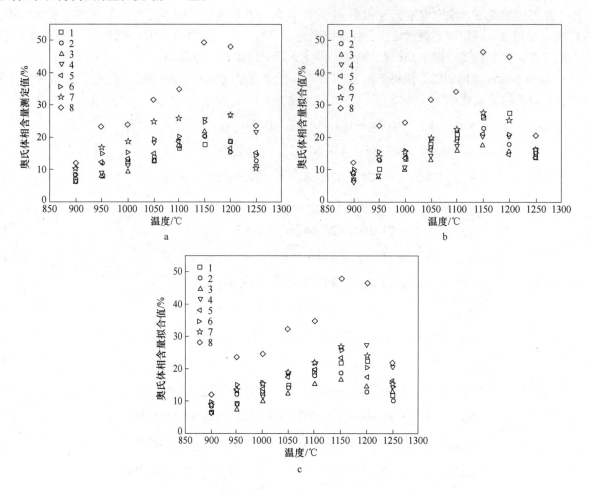

图 4　实验钢在各个确定温度下 γ 相含量的拟合计算值与实测值的比较

a—实测值；b—C、Si 元素拟合式（1）~式（8）计算值；c—C、Si、Mn 元素拟合式（9）~式（16）计算值

其他研究者所得到的 1150℃时取向电工钢中 γ 相含量与主要合金元素含量的关系式如表 3 所示，在本实验钢成分条件下，拟合式的计算值与实测值的对比结果如表 4 所示。

表 3　不同研究者所得到的 1150℃时取向电工钢中 γ 相含量与主要合金元素含量的关系式

研 究 者	γ 相含量的计算关系式	其 他 条 件
Sadayori T 等[9]	$\gamma(\%) = 64.8 + 694[C] - 23[Si]$	$[C] = 0.033\% \sim 0.066\%$，$[Si] = 3.03\% \sim 3.61\%$，但实验条件未知
岩本勝生等[10,11]	$\gamma(\%) = 67\log([C] \times 1000) - 25[Si] - 8$	$[C] = 0.01\% \sim 0.1\%$，$[Si] = 2.8\% \sim 3.8\%$，平衡状态公式
Schoen J W 等[12]	$\gamma(\%) = 64.8 + 694[C] - 23[Si] + 347[N] + 5.06\{[Cr] + [Ni] + [Cu]\}$	$[C] < 0.05\%$，$[Si] = 2.9\% \sim 3.8\%$，$[N] < 0.01\%$，$[Cr] = 0.2\% \sim 0.7\%$ 等，基于 Sadayori T 的实验研究进行扩展，但实验条件未知
裴英豪等[16]	$\gamma(\%) = 10.5 + 855[C] - 8.2[Si] + 0.7[Mn] + 865[N] - 468[Als] + 6.4[Cu]$	$[C] = 0.022\% \sim 0.040\%$，$[Si] = 3.06\% \sim 3.20\%$，$[Mn] = 0.056\% \sim 0.16\%$，$[Als] = 0.012\% \sim 0.018\%$，$[Cu] = 0.17\% \sim 0.49\%$，$[N] = 0.005\% \sim 0.0094\%$ 等，快速升温并保温 30min

表4 本实验钢1150℃时 γ 相含量的计算值与测定值的比较

编 号	测定值/%	其他拟合式计算值/%				本文拟合式计算值/%		
		Sadayori T	岩本勝生	Schoen J W	裴英豪	式（6）	式（14）	式（17）
1	17.87	15.70	14.97	20.15	10.42	26.01	21.93	21.58
2	20.41	17.13	17.26	21.25	20.74	22.78	19.06	18.27
3	21.84	9.95	8.48	16.23	0.77	17.38	16.71	17.16
4	25.75	11.55	9.96	18.36	12.60	20.37	26.32	25.34
5	20.53	16.68	16.61	20.32	15.43	21.15	23.42	21.76
6	24.60	20.83	20.78	26.52	18.85	26.34	26.01	23.79
7	27.74	19.88	20.31	28.46	15.91	27.59	26.86	24.94
8	49.30	36.74	35.90	42.38	22.65	46.44	47.81	41.55

由表4可知，在本实验条件下，实验钢1150℃时 γ 相含量的测定值与 Sadayori T、Iwamoto K、裴英豪所得关系式的计算结果相差较大，但与 Schoen J W 关系式的计算结果较为接近，尤其成分1、2、5~7的结果相差较小。同时，本文拟合的关系式（6）、式（14）与式（17）的计算值与实际测定值基本吻合，其中式（14）的吻合程度最佳，而式（6）与式（17）的吻合程度略差一些。与 Schoen J W 的关系式相比，本文拟合关系式的计算值与测定值的吻合程度更好。

另外，根据拟合式（17）计算出本实验钢900~1250℃温度范围内 γ 相含量，并与实测值进行了比较，如图5所示。由图5可知，与实测值相比，成分3与8计算的最大 γ 相含量相对偏小，成分7计算的 γ 相含量整体偏小；而其他更为典型的取向电工钢成分计算的 γ 相含量与实测值分布规律吻合程度良好，γ 相含量的最大值基本保持一致，同时最大 γ 相含量所对应的温度约为1150℃。因此，在取向电工钢成分较为合适的条件下（Mn≤0.32%、Als≤0.034%），可采用式（17）进行900~1250℃温度范围内 γ 相含量的大致预测。

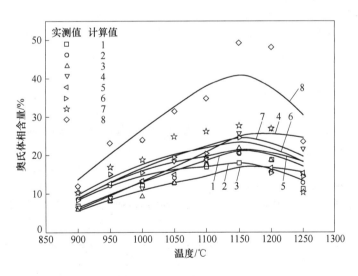

图5 本实验钢900~1250℃范围内 γ 相含量的拟合计算值与实测值的比较

需要说明的是，本文 γ 相含量测定的实验未考查塑性变形的影响。取向电工钢在多道次及大压下率的热轧过程中，塑性变形对钢中 γ 相会起到加速 γ→α 转变的作用[15]。因此，在热轧温度范围内，取向电工钢热轧过程中 γ 相含量的真实值可能会稍小于本文拟合式的计算值。

5 结论

（1）在本实验条件下，温度为900~1250℃范围内，取向电工钢中 γ 相含量随温度的变化基本呈现倒"C"形状，即 γ 相含量随温度的升高先逐渐增加，达到最大值后再逐渐减小，最大 γ 相含量所对应的温度约为 1150～1200℃；随着温度的升高，γ 相晶粒尺寸明显增大。同时，钢中合金元素含量的不同使得相同温度下 γ 相含量相应地存在一定差别。

（2）采用多元线性回归的方法得到了一系列间断温度下 C、Si、Mn 元素含量与 γ 相含量关系的拟合式，且拟合式的计算值与实际测定值吻合程度较好。其中 1150℃ 时拟合式为：

$$\gamma_{1150℃}(\%) = 117.22 + 638.94[C] - 36.31[Si]$$

$$\gamma_{1150℃}(\%) = 76.11 + 318.22[C] - 22.29[Si] + 36.69[Mn]$$

（3）采用二项式回归的方法得到了连续温度范围内 C、Si、Mn 元素含量与温度及 γ 相含量关系的拟合式：

$$\gamma(\%) = (8.294 \times 10^{-4}T^2 - 1.389T + 585.789) +$$
$$(-6.860 \times 10^{-3}T^2 + 14.088T - 6890.993)[C] +$$
$$(-2.346 \times 10^{-4}T^2 + 3.933 \times 10^{-1}T - 166.376)[Si] +$$
$$(3.733 \times 10^{-4}T^2 - 6.371 \times 10^{-1}T + 272.398)[Mn] \quad (900℃ \leqslant T < 1150℃)$$

$$\gamma(\%) = (-1.820 \times 10^{-3}T^2 + 4.058T - 2189.388) +$$
$$(-9.260 \times 10^{-3}T^2 + 18.949T - 9341.476)[C] +$$
$$(5.936 \times 10^{-4}T^2 - 1.308T + 699.994)[Si] +$$
$$(-1.578 \times 10^{-4}T^2 + 4.593 \times 10^{-1}T - 288.713)[Mn] \quad (1150℃ \leqslant T \leqslant 1250℃)$$

在取向电工钢中 Mn≤0.32%、Als≤0.034% 的条件下，拟合式的计算值与实测值分布规律吻合程度良好。

参考文献

［1］ 李军，孙颖，赵宇，等. 取向硅钢低温铸坯加热技术的研发进展［J］. 钢铁，2007，42（10）:72～75.

［2］ Xia Z S, Kang Y L, Wang Q L. Developments in the Production of Grain-oriented Electrical Steel［J］. Journal of Magnetism and Magnetic Materials, 2008, 320(23):3229～3233.

［3］ 赵宇，李军，董浩，等. 国外电工钢生产技术发展动向［J］. 钢铁，2009，44（10）:1～5.

［4］ 仇圣桃，付兵，项利，等. 高磁感取向硅钢生产技术与工艺的研发进展及趋势［J］. 钢铁，2013，48（3）:1～8.

［5］ 何忠治. 电工钢［M］. 北京：冶金工业出版社，1997.

［6］ Takahashi N, Suga Y, Kobayashi H. Recent Developments in Grain-oriented Silicon Steel［J］. Journal of Magnetism and Magnetic Materials, 1996, 160: 98～101.

［7］ Wriedt H A. Solubility Product of Aluminum Nitride in 3 Percent Silicon Iron［J］. Metallurgical and Materials Transactions A, 1980, 11(10):1731～1736.

［8］ Kubota T, Fujikura M, Ushigami Y. Recent Progress and Future Trend on Grain-oriented Silicon Steel［J］. Journal of Magnetism and Magnetic Materials, 2000, 215～216: 69～73.

［9］ Sadayori T, Iida Y, Fukuda B, et al. Developments of Grain-Oriented Silicon Steel Sheets with Low Iron Loss［J］. Kawasaki Steel Giho, 1989, 21(3):239～244.

［10］ Iwamoto K, Goto K, Kobayashi Y, et al. Preparation of Unidirectional Silicon Steel Sheet Excellent in Magnetic Property：Japan, 58-055530［P］. 1983-04-01.

［11］ Iwamoto K, Goto K, Kobayashi Y, et al. Manufacture of Grain-oriented Silicon Steel Sheet Excellent in Magnetic Property：Japan, 1-201425［P］. 1989-08-14.

［12］ Schoen J W, Dahlstrom N A, Klapheke C G. Method for Producing Silicon-Chromium Grain Oriented Electrical Steel：USA, 5702539［P］. 1997-12-30.

［13］ 裴英豪，陈其安，唐广波，等. 合金元素对取向硅钢高温组织中奥氏体含量的影响［J］. 钢铁，2010，45（9）:67～71.

［14］ Bozorth R M. Ferromagnetism. ［M］. 2nd ed. New York：IEEE Press, 1993.

［15］ 崔忠圻，覃耀春. 金属学与热处理［M］. 2 版. 北京：机械工业出版社，2007.

［16］ 裴英豪，等. TSCR 流程生产取向硅钢组织、织构及抑制剂研究［D］. 北京：钢铁研究总院，2010.

高磁感取向电工钢生产过程中碳的形态演变及其作用

董爱锋[1]，吴细毛[2]

（1. 太钢不锈钢股份有限公司技术中心，山西 太原 030003；
2. 国网辽宁电力科学研究院，辽宁 沈阳 110006）

摘　要：研究总结了碳在高磁感取向电工钢生产过程中的形态演变及其作用。在热轧过程中，碳用于扩大γ相区，发生相变，细化晶粒；在高温常化时，碳用于增大固溶氮量，控制 AlN 质点的析出；在冷轧时效过程中，碳以固溶态或碳化物形态存在，钉扎位错，细化初次晶粒；在脱碳退火过程中，碳又与水蒸气起化学反应，以 CO 气态形式从钢中去除。

关键词：取向电工钢；碳；热轧；常化；冷轧时效；脱碳退火

Form Evolvement and Role of Carbon in the Manufacturing Process of Grain Oriented Electrical Steel with High Magnetic Inductivity

Dong Aifeng[1], Wu Ximao[2]

（1. Technical Center of Taiyuan Iron and Steel（Group）Co., Ltd., Taiyuan 030003, China；
2. State Grid Liaoning Electric Power Research Institute, Shenyang 110006, China）

Abstract：Form evolvement and role of carbon in the manufacturing process of grain-oriented electrical steel with High Magnetic Inductivity was investigated：in the hot rolling, γ phase area was enlarged by carbon and then the phase change induced the grain refinement；in the normalizing annealing, the solid solubility of nitrogen was increased and the precipitation of AlN particle was controlled by carbon；in the cold rolling aging, dislocation was pinned up and the primary grain was refined by the solid solution carbon or carbide；in the decarburizing annealing, a chemical reaction was generated by carbon and water vapor and finally carbon was removed from the steel in form of CO.

Key words：grain oriented electrical steel；carbon；hot rolling；normalizing annealing；cold rolling aging；decarburizing annealing

　　碳是取向电工钢中不可缺少的重要元素之一。无论是普通取向电工钢（简称 CGO 钢）还是高磁感取向电工钢（简称 HiB 钢），钢锭中都必须含有一定数量的碳（0.03% ~ 0.08%）。高磁感取向电工钢与普通取向电工钢加工过程的差异首先在成分上，主要表现为含碳量较高并引入了 AlN、MnS 为辅助抑制剂；有时加入晶界偏析元素 Sn 或 Sb 以进一步优化磁性能。另外，冷轧道次间进行时效处理以发挥固溶碳对位错的钉扎作用，增强{111}⟨112⟩织构，促进二次再结晶的异常长大，使磁感更高。本文通过参阅大量文献，并采用扫描电镜、透射电镜等观测手段，研究总结碳在高磁感取向电工钢生产过程中不同工艺阶段的存在形态及其作用。

1　碳含量对取向电工钢性能的影响

　　通常认为碳是电工钢成品中的有害元素。由于碳的存在而产生大的晶格畸变和应力，使铁损增加。

当碳含量高于 0.02% 时，在高温退火过程中会发生相变，形成奥氏体，阻碍二次再结晶。这不仅使成品取向度降低，而且还会产生不利于磁性的细晶。

实际上，无论是普通取向电工钢还是高磁感取向电工钢，钢锭中都必须含有一定数量的碳。CGO 钢的碳含量规定为 0.03% ~ 0.05%，Hi-B 钢为 0.04% ~ 0.08%。小于 0.03% C 时，特别是小于 0.02% C 的 3.25% Si 钢已无相变（见图 1）。在以 MnS 和 AlN 作为抑制剂的 3% 取向电工钢中，碳含量对成品磁性有着显著的影响。当 C ≤ 0.026% 时，无论板坯加热温度多高都不能发生二次再结晶，磁性极低。当 C > 0.042%、锰含量大致相同时，随着碳含量的增高，板坯加热温度最低值（T_c）略有下降，磁性较高。此外，碳、锰含量还显著影响板坯加热温度。对于锰含量较高（≈0.08%）的合金，T_c 随碳含量的增高而下降。而对于含碳量较高（≈0.08%）的合金，T_c 则随锰含量的降低而下降[1]。但碳含量过高，会造成后续脱碳困难。

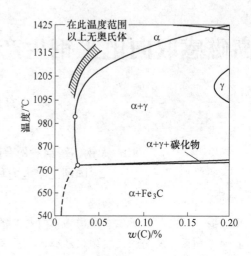

图 1　3.25% Si-Fe 合金的铁碳相图

另外，碳含量与硅含量也有密切关系。硅含量提高，碳含量也要相应提高，以保证热轧过程中有 20% ~ 30% 数量的 γ 相。1150℃ 是形成最多 γ 相数量的温度，在此温度下不同研究者找出 γ 相数量与碳和硅含量的关系式，其中最常用的关系式如表 1 所示。

表 1　γ 相数量与碳和硅含量的关系式[2]　　　　　　　　　　　　　　　　（%）

Si 含量	C 含量	γ 相计算关系式
3.03% ~ 3.61%	0.033% ~ 0.066%	$\gamma(\%) = 694(C\%) - 23(Si\%) + 64.8$
		$\gamma(\%) = 694(C\%) - 23(Si\%) + 5.06(Cr\% + Cu\% + Ni\%) + 347(N\%) + 64.8$
2.8% ~ 3.8%	0.01% ~ 0.1%	$\gamma(\%) = 671g(C\% \times 10^2) - 25(Si\%) - 8$
0.060 ≥ C% ≥ 0.088(Si%) - 0.239		$\gamma(\%) = 25\% ~ 30\%$

2　各工艺阶段碳的存在形态及其作用

钢中碳的存在形态各不相同，有固溶碳，渗碳体，TiC、NbC 等微细碳化物，但究竟是（1）哪种碳化物起主要作用呢？（2）碳化物的影响是在冷轧阶段还是在退火阶段起作用？

对这些问题的研究，主要是以低碳沸腾钢和铝镇静钢作为研究对象发展起来的。对（1）有两种观点：一种观点是固溶碳越多，{110} 织构增强而 {111} 织构减弱；另一种观点认为微细碳化物有利于形成 {111} 织构。对（2）也有两种观点，一种观点认为固溶碳或者碳化物使晶粒微观位向杂乱，织构也发生了细微变化。另一种观点认为在回复和再结晶初期对位错重新排列和晶界移动起到抑制作用。

本文对碳在取向电工钢板生产过程中不同工艺阶段的存在形态及其作用的研究，进行分类整理，现总结如下。

2.1　热轧过程碳的形态及作用

在取向电工钢热轧过程中，碳用于扩大 γ 相区，发生相变，细化晶粒[3,4]。热轧过程中，碳元素主要以固溶碳的形态存在，固溶碳和 γ 相数量多都促进热轧精轧过程中的动态再结晶。精轧时，至少最后一道应变速度 ε 与钢中碳含量的关系满足下式可使热轧板晶粒细化：

$$\varepsilon \geq \frac{330}{0.16 + C\%}$$

式中，ε 与轧辊转速 $n(r/min)$、压下率 r、轧辊半径 $R(mm)$ 和最后一道前板厚 $t_0(mm)$ 有下列关系：

$$\varepsilon = \frac{2\pi n}{60\sqrt{r}} \cdot \sqrt{\frac{R}{t_0}} \cdot \ln\left(\frac{1}{1-r}\right)$$

当碳含量不变时，ε 越大，P_{17} 越低；当 ε 不变时，碳含量越低，P_{17} 越高。当碳含量高和 γ 相数量多时，增大 ε 使细化组织的效果减小[5]。

精轧后立即喷水冷却到约550℃卷取，这可使碳化物弥散分布在晶粒内（针状 Fe_3C），有利于以后获得细小均匀的初次晶粒。另外，卷取过程中冷却的均匀性会影响热轧板中碳含量分布的均匀性，进而直接影响成品磁性的均匀性。

图2 为约2.2mm厚的 HiB 钢热轧板组织，特点是较少的表层再结晶组织；高碳造成更多的渗碳体分布在变形长条铁素体之间，即使表层发生再结晶，晶粒也是沿着轧向长成长条状，很像变形晶粒。部分奥氏体穿水时转变为马氏体说明终轧温度高，穿水冷速高及碳含量增高。

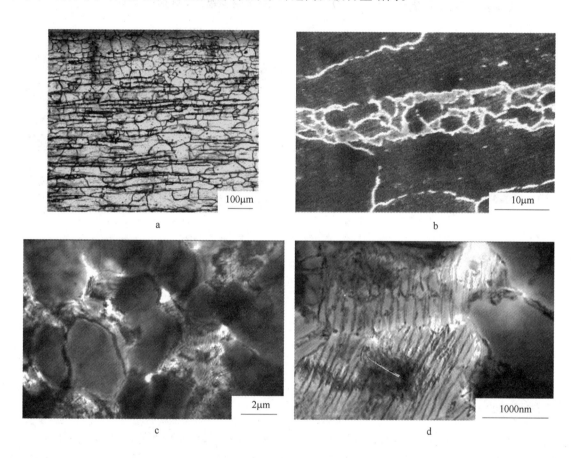

图2　低温 HiB 钢热轧板组织

a—低倍金相组织（发生部分再结晶，主体为纤维组织）；b—高倍扫描电镜组织（晶界突出部分为第二相）；c—高倍透射电镜组织（晶界处分布着片层状珠光体组织）；d—进一步放大高倍透射电镜组织（典型的片层状珠光体组织）

2.2　常化过程碳的形态及作用

以 AlN 为抑制剂的传统高温加热 HiB 钢热轧后或最后冷轧前必须在氮气下进行高温常化，以实现大量抑制剂粒子以 HiB 钢所需的充分而非常均匀分布的方式析出。HiB 钢常化的作用是：（1）使热轧板组织更均匀和再结晶晶粒数量更多。（2）升温和保温时热轧板中 Fe_3C、珠光体、Si_3N_4 和细小 AlN 固溶，淬在100℃水中后在晶粒内析出更多 $10\sim20nm$ 细小 ε-碳化物、Fe_3C、$Fe_{16}N_2$ 和 AlN。金相组织为铁素体、珠光体和马氏体。

图3 给出常化后钢板侧面的组织。对比图2a可见，常化可使热轧板表层再结晶晶粒稍有长大，再结晶晶粒比例增多。常化加热后从奥氏体和铁素体两相区的激冷过程会造成一定量的马氏体组织。常化不

会引起织构明显的变化，但使织构的锋锐程度稍有下降。

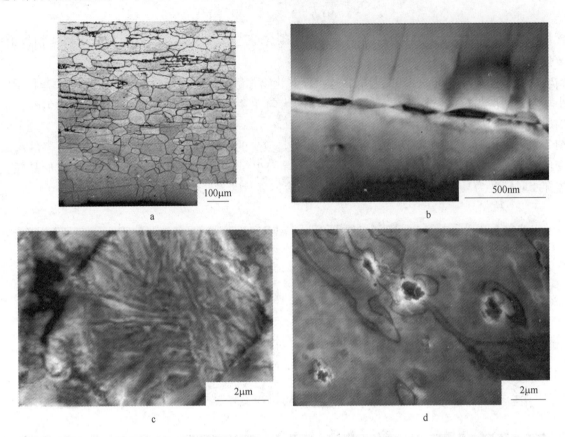

图3　低温 HiB 钢常化板组织

a—低倍金相组织（再结晶晶粒增多）；b—高倍扫描电镜组织（少量渗碳体组织）；c—高倍透射电镜组织
（观测到的条束状排列的低碳马氏体组织，同一领域内的马氏体条大致平行，领域之间位向不同，
交角60°、90°等）；d—高倍透射电镜析出物（AlN、MnS 析出物）

此外，热轧板常化后固溶的碳和氮析出物易形成不稳定第二相，使冷轧时碳和氮钉扎位错作用减弱，退火后再析出的 AlN 尺寸增大，磁性降低。因此，热轧板常化和酸洗后应尽快冷轧。

2.3　冷轧过程碳的形态及作用

HiB 钢以约87%的压下量一次冷轧。为提高组织结构的质量，常在冷轧道次间加入 150～250℃ 的短时时效处理，以调整固溶碳的分布状态，改善位错组织的稳定性，促进磁性能改善。冷轧时效的作用就是使钢中固溶碳和氮含量增多，使钢中存在的不稳定碳化物和氮化物在时效处理时固溶。

HiB 钢的高碳量使热轧板中存在大片由高含碳量奥氏体转变来的含碳渗碳体或珠光体的组织区域，造成了基体成分的不均匀性。通过常化，在晶粒内析出更多 10～20nm 细小 ε-碳化物、Fe_3C、$Fe_{16}N_2$ 和 AlN。冷轧时，这些细小析出物（主要为 ε-碳化物）、固溶碳和氮以及贝氏体都可钉扎位错，使位错密度明显增高和更快地加工硬化，再结晶生核位置增多，初次再结晶晶粒细小均匀。对低碳钢的研究证明，固溶碳促使 {110} 组分加强和 (111) 组分减弱，而细小碳化物对形成 (111) 组分有利。它们阻止位错移动，阻碍再结晶初期的位错重新排列和晶界移动。对3% Si 钢的研究证明，10～50nm 细小碳化物使脱碳退火后表层(110)[001]组分加强最明显，其次是固溶碳（见图4）和 100～300nm 针状碳化物；沿晶界析出 Fe_3C 时，表层(110)[001]组分最弱。

2.4　脱碳退火过程碳的形态及作用

HiB 钢成分设计中，碳含量更高，其作用在于：热轧时，增加 γ 相数量，使热轧板组织细化并为层状分布的细形变晶粒和小的再结晶晶粒，确保脱碳退火后初次再结晶细小均匀；常化时，保证有一定数量的 γ 相，快冷时可获得大量细小 AlN；冷轧时，碳以固溶碳和细小 ε-碳化物形态存在，起到钉扎位错的作用，使位错密度增高，加工硬化更快，退火时再结晶生核位置增多，初次晶粒细小均匀，促进二次再结晶发展。至此，碳在 HiB 钢制造过程中的使命已经完成，最终需要将其去除（脱至 0.003% 以下），以保证以后高温退火时处于单一的 α 相，发展完善的二次再结晶组织和去除钢中的硫和氮，并消除产品的磁时效。

脱碳是靠气氛中水蒸气，反应式为 $H_2O + C \rightleftharpoons H_2 + CO$。碳从内部不断向表面扩散，在流动的气氛中生成的 CO 不断排出炉外。影响脱碳速度的主要因素是温度、时间和气氛露点。随温度升高，碳的扩散系数 D 增加，

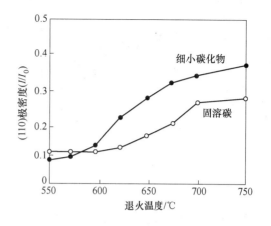

图 4　碳的形态与初次再结晶退火后表层（110）极密度的关系

脱碳速度加快。但碳在 γ 相中的 D_γ 比在 α 相中 D_α 小，因此在存在 γ 相温度下，脱碳速度减慢。此外，冷轧带厚度的平方与脱碳时间成正比。钢带减薄，脱碳速度加快，退火时间缩短。

北京钢铁研究总院罗海文根据取向电工钢脱碳退火的化学反应机理及钢带内部碳扩散动力学，建立了对电工钢动力学的数值模型，定量地描述钢带厚度、退火温度、退火气氛对脱碳的影响。模型计算结果表明，在铁素体单相区，当表面氧化没有形成致密氧化物而阻碍脱碳反应时，提高退火温度和气氛中氢气比例或气氛露点都可以加速脱碳，但以提高温度效果最明显。特别是对厚的钢带而言，提高退火温度最有效，因为厚度方向的碳扩散是脱碳的重要环节，而退火气氛影响界面处的气-固反应的动力学[6]。

3　结论

（1）与 CGO 钢相比，HiB 钢中碳含量更高，为 0.04% ~ 0.08%。HiB 钢中碳含量更高，目的是在热轧板高温常化时保证有一定数量的 γ 相，快冷时可获得大量细小的 AlN。

（2）热轧过程中，碳用于扩大 γ 相区，发生相变，细化晶粒。热轧过程中，碳元素主要以固溶碳的形态存在，固溶碳和 γ 相数量多都促进热轧精轧过程中的动态再结晶。

（3）常化过程中，水淬后在晶粒内析出更多 10 ~ 20nm 细小 ε-碳化物、Fe_3C、$Fe_{16}N_2$ 和 AlN。金相组织为铁素体、珠光体和马氏体。

（4）冷轧过程中，时效处理使钢中存在的不稳定碳化物和氮化物固溶，冷轧时，这些细小析出物（主要为 ε-碳化物）、固溶碳和氮可钉扎位错，使位错密度明显增高和更快地加工硬化，再结晶生核位置增多，初次再结晶晶粒细小均匀。

（5）脱碳退火过程中，碳与水蒸气反应生成 CO 从钢中去除，以保证以后高温退火时处于单一的 α 相，发展完善的二次再结晶组织和去除钢中的硫和氮，消除产品的磁时效。

参考文献

[1] 陈煜廉，丘渝青，刘文能. 碳对高磁感取向硅钢板坯加热温度的影响[J]. 钢铁研究学报，1984，4(2):147 ~ 153.

[2] 何忠治，赵宇，罗海文. 电工钢[M]. 北京：冶金工业出版社，2012.

[3] Fiedler H C. Grain Oriented Silicon-iron with A Unique Inhibition System for Texture Development[J]. Metallurgical Transactions A，1977，8(8):1307 ~ 1312.

[4] Lee H G，Im H B，Kim Y G. Effects of Decarburization and Normalizing Heat Treatment in Boron-silicon Iron Alloys[J]. Metallurgical Transactions A，1986，17(8):1353 ~ 1359.

[5] 橋本修，井口征夫，佐藤进. 低铁损方向性硅钢片的制造方法[P]. 日本公开特许公报，1986，昭 61-294804.

[6] 罗海文，赵宇，赵沛. 硅钢中脱碳工艺的数值模拟[J]. 电工钢，2011，85(3):30 ~ 33.

取向电工钢织构控制技术的变化及新型取向电工钢制备技术探索

杨　平，刘恭涛，刘志桥，焦懿德，秦　镜，毛卫民

（北京科技大学材料学院，北京 100083）

摘　要：通过实验室条件对几种取向电工钢制备过程中的织构进行检测，分析了不同取向电工钢的织构特征的变化，讨论了其共性规律。在此基础上，初步探索了制备连续加热低成本取向电工钢和取向高硅电工钢的可能性，展示了相关组织、织构和磁性能。这些织构控制原理对控制取向电工钢的稳定性和加速新型取向电工钢研发、促进节能减排有重要意义。

关键词：取向电工钢；织构；抑制剂；磁性能

The Research on the Texture Controlling Technology of Oriented Silicon Steel and the Exploration of New Oriented Electrical Steel Preparation Technology

Yang Ping, Liu Gongtao, Liu Zhiqiao, Jiao Yide, Qin Jing, Mao Weimin

（College of Materials, University of Science and Technology Beijing, Beijing 100083, China）

Abstract：The texture detection in the preparation of electrical steel was detected by laboratory conditions, and the texture features of different oriented electrical steel were analyzed, and the common law of the texture was discussed. Based on this, the possibility of preparing continuous heating low cost oriented electrical steel and high silicon steel is explored, and the microstructure, texture and magnetic properties are demonstrated. These texture control principle can be of important significance for controlling the stability of oriented electrical steel and accelerating the development of new oriented electrical steel, and promoting energy saving and emission reduction.

Key words：oriented electrical steel; texture; inhibitor; magnetic energy

1　引言

　　目前我国越来越多的钢铁企业可以生产出取向电工钢，取向电工钢产能过剩的现象显得突出，这一方面增加了企业间的竞争，同时也要求相关技术人员对取向电工钢的技术原理更加深入理解，对各种缺陷有效掌控，最大限度减少出现不合格产品的可能性，降低成本。另外，又要求技术人员不断开发更具竞争力的产品。目前我国钢铁企业除生产传统的高温加热 CGO 钢和 HiB 钢外，还生产中温加热、省去常化的含铜型 CGO 钢（也称俄罗斯法）和低温加热渗氮钢。检测表明，这些取向电工钢虽然都有相同的技术目标，即控制锋锐的高斯织构出现，从而得到优异的磁性能，但各工艺环节的织构特征还存在一定的差异，掌控这些织构差异对有效控制产品质量有重要意义。本文首先讨论含铜 CGO 钢和渗氮钢的组织、织构特点，然后给出实验室探索新型取向电工钢（连续加热制备低成本取向电工钢和取向高硅电工钢）的初步结果。希望对相关技术人员掌握织构控制技术、开发新型取向电工钢、实现有效节能减排有所帮助。

2 实验结果及分析

2.1 含铜 CGO 钢

含铜 CGO 钢的特点是省去热轧后的常化，采用两次冷轧法，省去二次冷轧后的单独再结晶退火；其磁性能的特点是磁感值略高于普通 CGO 钢，但略低于 HiB 钢，约为 $B_{800} = 1.85 \sim 1.88$T；其成分特点是含约 0.5% 的铜，热轧后形成一定量的 Cu_xS、MnS 粒子[1,2]。因不常化，造成一次冷轧的形变量加大，是热轧形变与约 70% 的第一次冷轧形变量的叠加，细化了晶粒，减少了高斯晶粒的数目；中间脱碳退火及第二次冷轧后不再单独再结晶退火或只回复退火，一次再结晶组织是在高温退火的缓慢升温时形成的，由此造成高温退火过程中一次再结晶完成时（约在 700℃ 以下）｛111｝织构较锋锐，不利的 ｛100｝ 取向晶粒较少。与传统 CGO 钢相比，含铜 CGO 钢虽也采用两次冷轧法，但一次再结晶后高斯晶粒的种子数低于 CGO 钢，而 ｛111｝ 织构比 CGO 钢强，不利的 ｛100｝ 织构比 CGO 钢弱。因高氮气氛，二次再结晶开始温度提高，高斯晶粒长得非常粗大，超过 HiB 钢中的最终高斯晶粒尺寸。特别应注意的是，含铜钢很适合制备薄规格取向电工钢，甚至 0.18mm 的也可制备出。

图 1 给出 2.3mm 厚含铜中温板坯加热取向电工钢热轧板，经第一次冷轧至 0.63mm 和中间完全脱碳退火后，以 71.4% 的第二次冷轧压下率冷轧至 0.18mm 的冷轧织构（图 1a），高温退火工艺为 150℃/h 加热，升至 850℃ 时的取向成像及再结晶织构（图 1b），再加热到 1000℃ 时的再结晶织构（图 1c）。此时尚未发生二次再结晶，得到很好的 ｛111｝ 织构，有利于高斯晶粒的长大。如果有一定的 ｛100｝ 织构，则降低高斯织构的锋锐度。

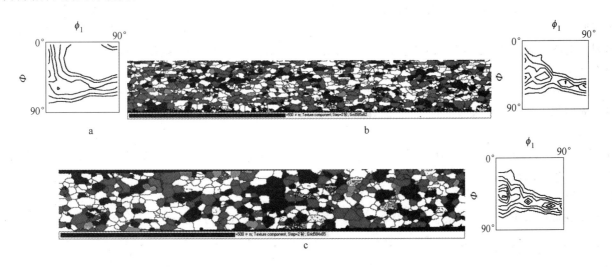

图 1　含铜钢不同阶段的组织及织构特征

a—二次冷轧织构，ODF$\phi_2 = 45°$；b—高温退火时升温至 850℃ 时的取向成像及织构，ODF$\phi_2 = 45°$；

c—高温退火时升温至 1000℃ 时的取向成像及织构，ODF$\phi_2 = 45°$

图 2 为 0.18mm 厚含铜钢在 1050℃ 保温至 20h，不同 N_2、H_2 比例下的组织和织构。图 2a、b 为 N_2：$H_2 = 9$：1 气氛下二次再结晶完善的实物照片，显示巨大的高斯晶粒；B_{800} 可达 1.95T，铁损 $P_{1.7/50}$ 为 1.66W/kg。图 2c、d 为 N_2：$H_2 = 1$：3 气氛下二次再结晶后的实物照片，可见二次再结晶不完全。B_{800} 只有 1.51T，铁损 $P_{1.7/50}$ 为 2.07W/kg。由此可见，高氮气氛下，0.18mm 薄规格含铜 CGO 钢也可顺利完成二次再结晶。含铜 CGO 钢巨大的晶粒导致铁损偏高，激光细化磁畴可非常有效地降低铁损。

2.2 低温渗氮钢

低温加热渗氮钢的特点是冷轧形变量较大，约 90%[3]；而高温加热 HiB 钢的冷轧压下量约为 87%，这个压下量的差异足以引起一次再结晶退火后及二次再结晶时的织构演变发生变化。HiB 钢的一次再结晶

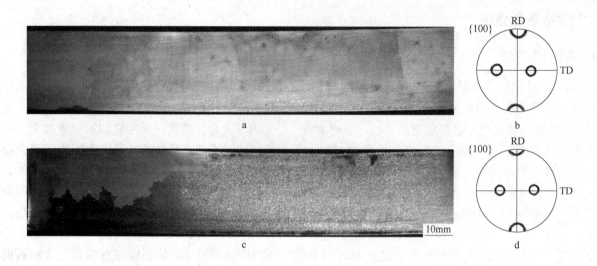

图 2   不同气氛下退火 20h 后最终样品的宏观晶粒组织和二次再结晶晶粒取向

a，b—N$_2$：H$_2$ = 9：1；c,d—N$_2$：H$_2$ = 1：3

织构是强 {111} 织构和弱{100}⟨021⟩织构，而低温薄规格渗氮钢的一次再结晶织构是较强的 {114}⟨841⟩织构和稍弱的 {111} 织构[3]。再结晶组织中高斯晶粒更少，近黄铜取向的晶粒增多。另一个差异是由于主要靠追加抑制剂，渗氮钢的一次再结晶组织比高温加热 HiB 粗大得多，大约为平均 28μm 对 10μm。大的一次再结晶晶粒尺寸需要更多的渗氮量或含氮量，比如渗氮钢的合适渗氮量约为 280μg/g，而高温 HiB 钢的合适含氮量约为 80μg/g。渗氮钢中常见的缺陷是异常长大晶粒中近黄铜取向晶粒的大量出现，造成肉眼观察二次再结晶很完善，而实际磁性能很低。近黄铜取向晶粒的频繁出现是高温 HiB 钢中不常见的。

图 3 分别给出为渗氮钢脱碳退火后的粗大晶粒尺寸及强{114}⟨841⟩织构和不完整的 {111} 织构及最终退火后的组织，磁性能可达 B$_{800}$ = 1.88T。

图 4 则给出抑制剂不足时，升温过程的组织织构变化，以及样品以 20℃/h 加热速度从 950℃ 到 1150℃，氢气气氛退火的 EBSD 取向成像结果。可见，当抑制剂不足时，表面抑制剂熟化较快，晶粒先长大，如果高斯晶粒没有在其他晶粒尺寸不超过一定尺寸时提前异常长大，则出现{114}⟨841⟩晶粒的显著长大，最终不能完成二次再结晶。{114}⟨841⟩晶粒较快的长大速度是由于它的初始晶粒尺寸较大[4]，它们来自 α 取向线形变晶粒中的再结晶形核[5~7]，这些区域的形核率低于 {111} 晶粒。

2.3   连续加热法制备低成本取向电工钢

虽然文献 [8] 提出未来连续加热下制备取向电工钢的工艺设想，但至今还很少有相关实验的报道。一般情况下，高斯晶粒发生异常长大的开始温度较高较好，生长速度越慢越好，这就需要合适的、偏强的抑制剂，因此缓慢的二次再结晶工艺既是质量的保证，也是高成本的原因。如果希望在连续加热条件下（即约 10min 退火时间以内）发生二次再结晶，显然不能有过强的抑制剂。现在的问题是高斯晶粒异常长大的最低温度是多少？最短时间是多少？这里又隐藏着一对矛盾，退火时间越长，开始二次再结晶的温度越低，所以应该寻求温度尽量低、同时时间尽量短的工作，并且时间比温度更重要。显然，这种短时间条件下制备的取向电工钢不可能有很高的磁感应强度和很低的铁损，但在磁性能达到最低国标的条件下，用接近无取向电工钢的生产成本，制备出这种低成本取向电工钢，取代目前各家企业用无取向钢生产中小变压器的现象是有意义的[8,9]。

实验室研究表明，在中低温加热热轧条件下，控制一定量的抑制剂，省去热轧板常化工艺，再采用两次轧法（而不是一次轧法），在脱碳退火后再快速加热到 1000～1050℃，10～15min 可以完成二次再结晶，性能接近最低牌号取向电工钢。图 5 给出两次冷轧为 64% 及 68%，板材厚度 0.23mm，脱碳后快速加热到 1050℃，10min、20min 后的 EBSD 取向成像组织。此时磁性能分别为 B$_{800}$ = 1.759T 和 1.790T，铁损

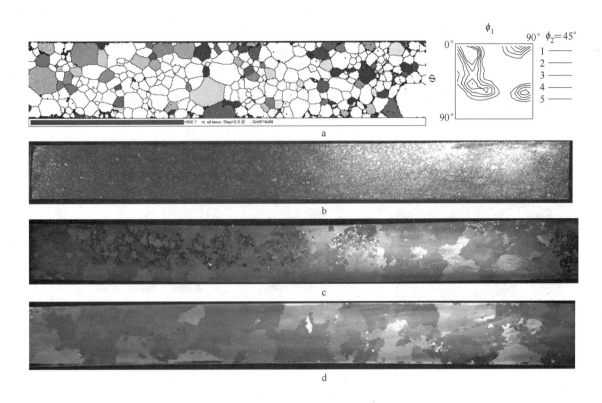

图 3　渗氮钢脱碳退火的粗晶组织（a）和不同渗氮时间对应的最终退火后的组织（b～d）

b—不渗氮，$B_{800}=1.519T$；c—渗氮 30s，$B_{800}=1.780T$；d—渗氮 60s，$B_{800}=1.882T$

$P_{1.7/50}=2.035$ 和 1.795W/kg，基本达到最低牌号取向电工钢。

图 6 给出连续加热到 1050℃时，保温 3min 和 8min 时异常长大的实物照片，图 6a 中灰色小团为异常长大晶粒，应该是高斯取向。图 6b 显示，此时二次再结晶区域超过 80%。

2.4　高硅电工钢

轧制法制备高硅电工钢的主要问题是轧制脆性问题，虽然目前因实验室轧制设备很难精确控制轧制温度，从而使采用"形变增塑"的技术理念难以有效普及，但它毕竟是可控的。接下来的问题是能否制备出取向高硅电工钢。虽然硅含量提高到 6.5% 后，磁各向异性显著降低，B_s 饱和磁感值也只有 1.80T，但还是比无取向高硅电工钢的 $B_{800}=1.30T$ 高。日本早在 20 世纪 90 年代就有取向高硅电工钢的专利，近期我国也有相关专利报道[10]，但一直未得到普及和工业规模应用。

按照 3% Si 取向电工钢的技术思想，将高硅电工钢锻坯经过 1150℃加热，热轧至 2.2mm 厚；950℃ × 2min 常化后油淬；温轧至 0.67mm 厚，温轧温度为 600～650℃；800℃退火；在 200～350℃冷轧至 0.27mm 厚。将冷轧板在 H_2+N_2 气氛中进行脱碳退火 850℃；在 750℃渗氮处理；以 15℃/h 的速度升温至 1150℃，再以 30℃/h 的速度升温至 1200℃，铁损 $P_{1.5/50}=1.24W/kg$；磁感 $B_{800}=1.59T$，显著提高了磁感。图 6 和图 7 给出实验室条件下采用渗氮法制备出的取向高硅电工钢一次再结晶和二次再结晶后的组织和织构，可见发生了异常长大，且是高斯晶粒，只是取向锋锐度还不够。

3　结语

随着人们对取向电工钢控制技术的不断认识，在取向电工钢类型不断增多的现状下，认识各种取向电工钢的组织织构特征十分重要，其实它们都是 BCC 金属材料学基础理论在实际生产中的体现。实验表明，相关技术的改进、新型取向电工钢的出现都是节能减排要求的结果，要想在生产线上制备出产品，还需要大量的工作。

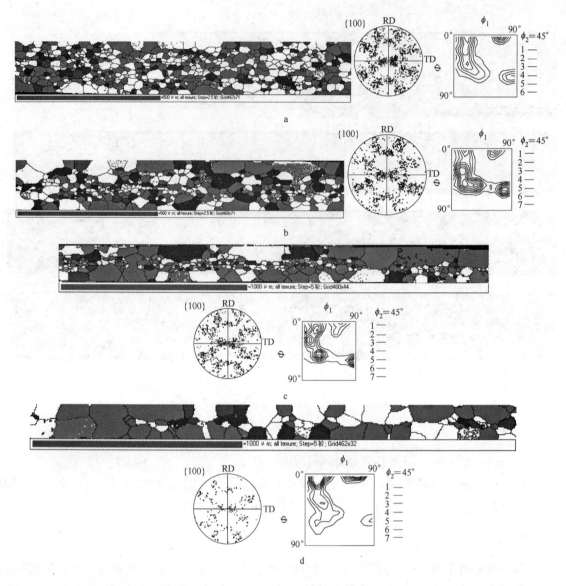

图 4　薄规格取向钢抑制剂不足时不同退火温度下的组织变化（0.23mm 样品）

a—加热到 990℃时的晶粒取向分布图、{100} 极图及 ODFϕ_2 =45°截面图；b—加热到 1030℃时的晶粒取向分布图、
{100} 极图及 ODFϕ_2 =45°截面图；c—加热到 1070℃时的晶粒取向分布图、{100} 极图及 ODFϕ_2 =45°截面图；
d—加热到 1110℃时的晶粒取向分布图、{100} 极图及 ODFϕ_2 =45°截面图

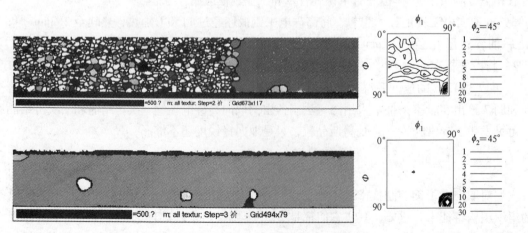

图 5　异常长大晶粒的取向，1050℃，10min

图 6　连续加热时二次再结晶过程（1000℃）

a—3min；b—8min

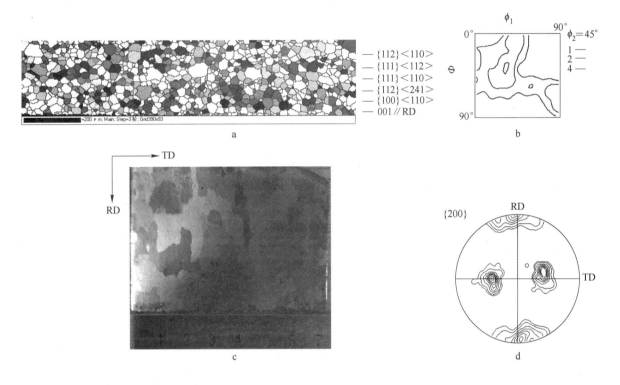

图 7　6.5% Si 高硅电工钢脱碳板及二次再结晶后的组织（a，c）和织构 {200} 极图（b，d）

参考文献

［1］ Mishra S, Kumar V. Co-precipitation of Copper-manganese Sulphide in Fe-3% Si Steel［J］. Materials science engineering B, 1995, 32：177~184.

［2］ Liu Z Z, Kobayashi Y, Nagai K. Crystallography and Precipitation Kinetics of Copper Sulfide in Strip Casting Low Carbon Steel［J］. ISIS International, 2004, 44(9)：1560~1567.

［3］ Kumano T, Haratani T, Ushigami Y. The Relationship between Primary and Secondary Recrystallization Texture of Grain Oriented Silicon Steel［J］. ISIJ International, 2002, 42(4)：440~449.

［4］ 刘志桥，杨平，毛卫民，等. 取向硅钢中 {114}〈418〉织构对二次再结晶时晶粒异常长大的影响［J］. 金属学报，2015，录用.

［5］ Gobernado P, Petrov R H, Kestens L A I. Recrystallized {311}〈136〉Orientation in Ferrite Steels［J］. Scripta Mater, 2012, 66：623~626.

［6］ Gobernado P, Petrov R H, Moerman J, et al. Recrystallization Texture of Ferrite Steels：Beyond the γ-Fibre. Materials Sci Forum, 2012：702~703, 790~793.

［7］ Quadir M Z, Duggan B J. Deformation Banding and Recrystallization of α Riber Components in Heavily Rolled IF Steel［J］. Acta

Mater, 2004, 52: 4011~4021.

[8] Günther K, Abbruzzese G, Fortunati S, et al. Recent Technology Developments in the Production of Grain-oriented Electrical Steel[J]. Steel Research International, 2005, 76(6):413~421.

[9] Kubota T, Fujikura M, Ushigami Y. Recent Process and Future Trend on Grain-oriented Silicon Steel[J]. Journal of Magnetism and Magnetic Materials, 2000, 215: 69~73.

[10] 王国栋, 张元祥, 王洋, 等. 一种取向高硅钢的制备方法: 中国, CN104372238A[P]. 2015-02.

激光刻痕对取向电工钢磁畴及刻痕
形貌的影响规律研究

薛志勇[1]，古凌云[1]，杨富尧[2]，任　宇[1]

（1. 华北电力大学能源动力与机械工程学院，北京 102206；
2. 国家电网智能电网研究院电工新材料及微电子研究所，北京 102211）

摘　要：对 0.30mm 取向电工钢进行激光刻痕实验，研究了激光功率、激光频率、扫描速度、刻痕间距对取向电工钢磁畴宽度的影响规律，并观察了不同工艺下的刻痕形貌。获得了一组最佳工艺参数，使刻痕后磁畴宽度减小至 0.355mm。对刻痕形貌来说，其深度随着功率的增大而增大，随着扫描速度的增大而减小，激光频率对刻痕深度影响不大。

关键词：取向电工钢；激光刻痕；磁畴宽度；刻痕形貌

Influence of Laser Scribing on Magnetic Domain and
Micro-topography of Nick of Grain Oriented Electrical Steel

Xue Zhiyong[1]，Gu Lingyun[1]，Yang Fuyao[2]，Ren Yu[1]

（1. School of Energy Power and Mechanical Engineering，North China Electric Power University，Beijing 102206，China；2. Department of Electrical Engineering New Materials and Microelectronics，State Grid Smart Grid Research Institute，Beijing 102211，China）

Abstract：The 0.30 mm grain-oriented electrical steel was scribed by laser equipment. The effect of parameters such as laser power，laser frequency，scanning speed and scribing spacing on the domain width were investigated. The micro-topography of nicks under different parameters were observed. The optimized parameters of laser scribing makes domain width reduce to 0.355 mm. The depth of nicks increases when the laser power increases and decreases when the scanning speed increases. The laser frequency has little effect on the depth of nicks.

Key words：grain oriented electrical steel；laser scribing；domain width；micro-topography of nicks

1　引言

取向电工钢是一种重要的软磁材料，一般用来制造电机和电力变压器的铁芯[1]。因能源效率的要求和日益严重的世界能源问题，进一步降低电工钢片的铁损迫在眉睫，因此也产生了许多优化取向电工钢磁性能的方法[2]。细化磁畴技术便是降低取向电工钢铁损的主要方法之一。这种技术通过对取向电工钢进行激光或者机械刻痕，在局部区域出现弹塑性变形，进而产生内应力，然后磁畴得到细化，最终达到降低铁损的目的[3,4]。

目前已经在工业上广泛应用的激光刻痕法便是一种细化磁畴的方法。激光刻痕法因其降低铁损效果明显、加工速度快、稳定性高、对取向电工钢表面绝缘层破坏较小而备受青睐。新日铁在 1983 年起使用激光刻痕法生产高磁感取向电工钢[5]。在国内也有武钢、宝钢、首钢等企业掌握了激光刻痕技术[6~8]。

2　实验材料与方法

实验使用的高磁感取向电工钢的规格为 0.30mm×30mm×300mm。进行激光刻痕前将取向电工钢片在

800℃、真空还原气氛中进行 2h 退火处理。激光刻痕实验在以 355nm 半导体端面泵浦激光器为基础自行研制的激光刻痕设备上进行。激光器的中心波长为 355nm，在 30kHz 时其脉冲宽度小于 25ns，激光频率可调范围为 20～100kHz，刻痕速度可达 100～2000mm/s。该设备拥有 XYZ 三轴精密运动平台，定位精度可达 2μm。将退火后的电工钢片平放在加工台上，开始激光加工，根据拟订的实验方案调节激光加工工艺参数。为了更加直观地说明激光刻痕方法对电工钢片磁畴的细化效果，对电工钢片的磁畴进行了观测并拍照。本研究中观察磁畴所用的设备为德国 Brockhaus 公司生产的 Domain Viewer DV90 型磁流体观测仪。使用 Olympus 公司生产的 OLS4100 型 3D 激光测量显微镜来观测取向电工钢片表面上激光刻痕区域的形貌。

激光刻痕的一般参数有激光功率、激光频率、刻痕线速度、刻痕间距、激光点径、脉冲能量等，根据本研究所使用激光器的具体情况，选择激光功率、激光频率、刻痕线速度、刻痕间距四个参数进行电工钢片磁畴及刻痕线形貌随刻痕工艺参数的变化规律的研究。

3 实验结果及分析

祁烁[9] 等人经计算得出取向电工钢片磁畴的理论最佳宽度为 0.358 mm。本研究中，未经过刻痕的取向电工钢片的磁畴的平均宽度为 0.699 mm。未刻痕取向电工钢的磁畴结构如图 1 所示。

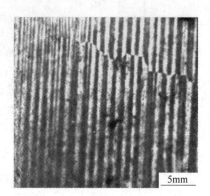

图 1　未刻痕取向电工钢片的磁畴结构

3.1 激光输出功率对磁畴的影响规律

本组实验选取 4 组样品，研究在不同激光功率下电工钢片的磁畴及刻痕线形貌的变化规律。实验工艺参数列于表 1 中。刻痕后的磁畴结构如图 2 所示。不同激光功率刻痕后磁畴宽度统计结果如表 2 所示。由图 2 及表 2 可见，磁畴宽度随着功率的增加先减小后增大，激光功率为 4 W 时，得到的磁畴宽度最小，为 0.373 mm。

表 1　实验工艺参数表（激光功率为变量）

实验组	激光功率/W	激光频率/kHz	刻痕间距/mm	扫描速度/mm·s⁻¹
1	3	30	5	500
2	4	30	5	500
3	5	30	5	500
4	6	30	5	500

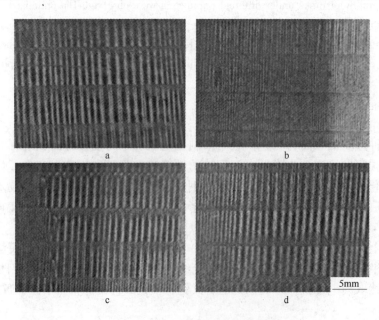

图 2　不同激光功率刻痕后的磁畴结构
a，b，c，d—实验组 1，2，3，4

表2 不同激光功率刻痕后的磁畴宽度统计

实 验 组	磁畴宽度统计/mm	实 验 组	磁畴宽度统计/mm
1	0.545	3	0.409
2	0.373	4	0.425

图3为不同激光功率刻痕后的刻痕形貌。由图3可见，刻痕深度随激光功率增大而增加（由2.116 μm增加至2.583 μm），这是由于随着激光功率的增大，刻痕时作用在电工钢表面的能量也增大，导致刻痕深度增加。

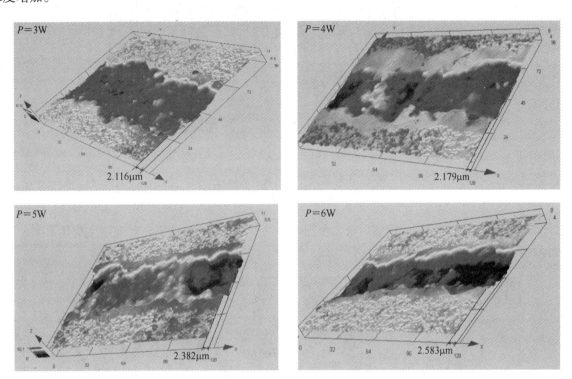

图3 不同激光功率刻痕后的刻痕形貌

3.2 激光输出频率对磁畴的影响规律

本组实验选取4组样品，研究在不同激光频率下电工钢片的磁畴形貌规律。实验工艺参数列于表3中。刻痕后的磁畴结构如图4所示。不同激光频率刻痕后磁畴宽度统计结果如表4所示。由图4及表4可见，磁畴宽度随着激光频率的增加先增大后减小，且激光频率为30kHz时磁畴宽度最小，为0.369mm。

表3 实验工艺参数表（激光频率为变量）

实验组	激光频率/kHz	激光功率/W	刻痕间距/mm	扫描速度/mm·s^{-1}
1	30	4	5	500
2	40	4	5	500
3	60	4	5	500
4	80	4	5	500

表4 不同激光频率刻痕后的磁畴宽度统计

实验组	磁畴宽度统计/mm	实验组	磁畴宽度统计/mm
1	0.369	3	0.484
2	0.445	4	0.403

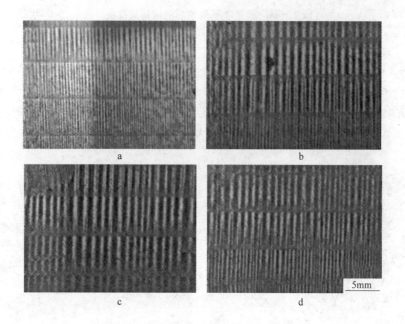

图4   不同激光频率刻痕后的磁畴形貌
a, b, c, d—实验组 1, 2, 3, 4

图 5 为不同激光频率刻痕后的刻痕形貌。由图 5 可见，不同频率条件下，刻痕深度变化不大，表明激光频率对刻痕深度影响不大。

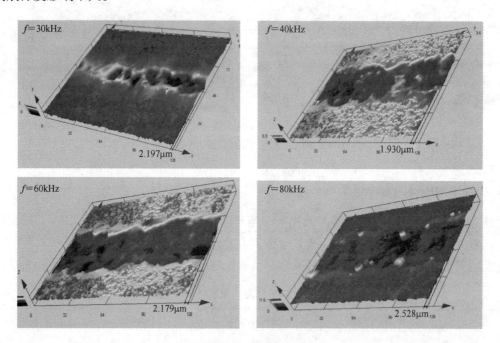

图5   不同激光频率刻痕后的刻痕形貌

3.3   激光扫描速度对磁畴的影响规律

本组实验选取 4 组样品，研究在不同激光扫描速度下电工钢片的磁畴形貌规律。实验工艺参数列于表 5 中。刻痕后的磁畴结构如图 6 所示。不同激光扫描速度刻痕后磁畴宽度统计结果如表 6 所示。由图 6 及表 6 可见，磁畴宽度随着激光扫描速度的增加先增大后减小，扫描速度为 100mm/s 时磁畴宽度最小，为 0.257mm，但是根据理论计算值，最合适磁畴宽度为 0.358mm，所以当扫描速度为 300mm/s 和 500mm/s 时，磁畴宽度 0.373mm 和 0.374mm 最接近理论最佳值。

表5 实验工艺参数表（扫描速度为变量）

实 验 组	扫描速度/mm·s⁻¹	激光功率/W	激光频率/kHz	刻痕间距/mm
1	100	4	30	5
2	200	4	30	5
3	300	4	30	5
4	400	4	30	5
5	500	4	30	5

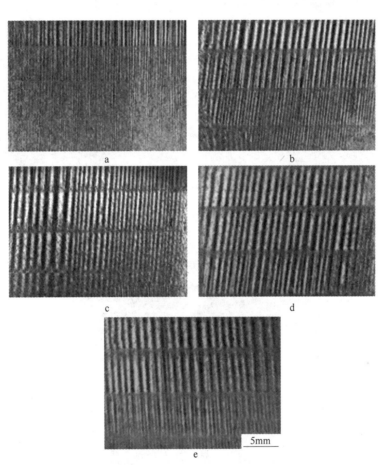

图6 不同激光扫描速度刻痕后的磁畴形貌

a，b，c，d，e—实验组1，2，3，4，5

表6 不同激光扫描速度刻痕后的磁畴宽度统计

实 验 组	磁畴宽度统计/mm	实 验 组	磁畴宽度统计/mm
1	0.257	4	0.411
2	0.333	5	0.374
3	0.373		

图7为不同激光扫描速度刻痕后刻痕形貌。由图7可见，刻痕深度随激光扫描速度增大而减小（由6.294 μm减小至2.655 μm），这是由于随着扫描速度增大，激光作用在电工钢表面的时间变短，输入的总能量减少。

3.4　激光刻痕间距对磁畴的影响规律

本组实验选取4组样品，研究在不同激光刻痕间距下电工钢片的磁畴形貌规律。实验工艺参数列于表

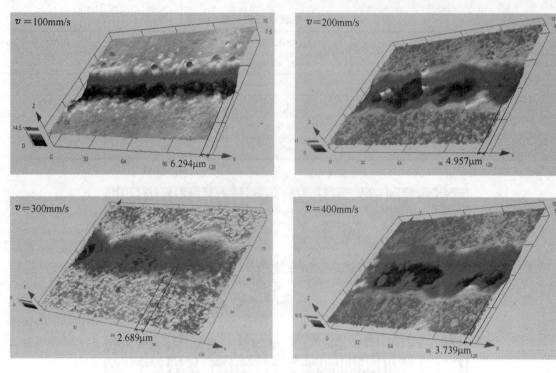

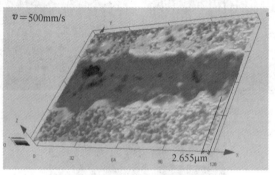

图 7　不同激光扫描速度刻痕后的刻痕形貌

7 中。刻痕后的磁畴结构如图 8 所示。不同刻痕间距刻痕后磁畴宽度统计结果如表 8 所示。由图 8 及表 8 可见，磁畴宽度随着刻痕间距的增加先减小后增大，且在刻痕间距为 5 mm 时磁畴宽度最小，为 0.355 mm，最接近理论最佳值。

当以刻痕间距为刻痕工艺变量时，其他参数均相同，单独的刻痕形貌相似，其图像无对比意义。

表 7　实验工艺参数表（刻痕间距为变量）

实 验 组	激光功率/W	激光频率/kHz	刻痕间距/mm	扫描速度/mm · s⁻¹
1	4	30	3	500
2	4	30	4	500
3	4	30	5	500
4	4	30	6	500

表 8　不同刻痕间距刻痕后的磁畴宽度统计

实 验 组	磁畴宽度统计/mm	实 验 组	磁畴宽度统计/mm
1	0.382	3	0.355
2	0.364	4	0.381

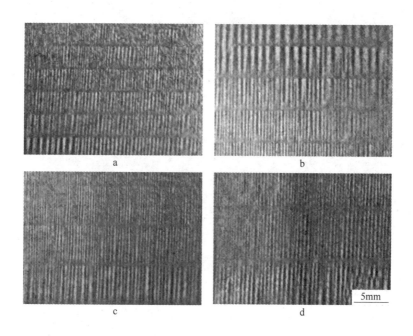

图 8　不同刻痕间距刻痕后的磁畴形貌

a, b, c, d—实验组 1, 2, 3, 4

4　结论

（1）在激光刻痕实验中，激光功率对刻痕影响最大，刻痕后的磁畴宽度范围较大，刻痕深度范围也较大。

（2）磁畴宽度随着功率的增大先减小后增大，随着激光频率的增大先增大后减小，随着激光扫描速度的增加先增大后减小，随着刻痕间距的增大先减小后增大。对刻痕形貌来说，其深度随着功率的增大而增大，随着扫描速度的增大而减小，激光频率对刻痕深度影响不大。

（3）本实验中刻痕后的取向电工钢片磁畴宽度已经很接近理论值，最佳刻痕工艺参数为激光功率 4W，激光频率 30kHz，刻痕间距 5mm，扫描速度 500mm/s。

参考文献

[1]　何忠治，赵宇，罗海文. 电工钢[M]. 北京：冶金工业出版社，2012.

[2]　朱业超，王良芳，乔学亮. 表面处理细化取向硅钢磁畴的方法与机理[J]. 钢铁研究，2006，6：50~53.

[3]　马正强. 激光刻痕细化取向硅钢磁畴的研究现状[J]. 钢铁研究学报，2010，2：1~5.

[4]　柳勇. 取向硅钢激光刻痕关键技术研究[D]. 武汉：华中科技大学，2011.

[5]　Hideo Matsuoka, Osamu Honjo. Current status and Future Prospects for Electrical Steels[J]. Soft and Hard Magnetic Materials with Applications, 2000(2)：1~6.

[6]　首钢总公司. 一种降低普通取向电工钢铁损的方法：中国，CN101348853[P]. 2009-01-21.

[7]　宝山钢铁股份有限公司. 一种快速激光刻痕方法：中国，CN102477484A[P]. 2012-05-30.

[8]　武汉钢铁（集团）公司. 一种取向硅钢多次激光刻槽降低铁损的方法：中国，CN102941413A[P]. 2013-02-27.

[9]　祁烁，王丽芝. 关于激光刻痕处理取向硅钢的时效性质的研究[J]. 沈阳化工学院学报，2002，2：147~149.

无取向电工钢生产技术

WUQUXIANG DIANGONGGANG

SHENGCHAN JISHU

高牌号无取向电工钢第二相析出物与组织和磁性能的关系研究

高振宇，陈春梅，罗　理，张智义，李亚东，刘文鹏

（鞍钢股份有限公司，辽宁　鞍山　114021）

摘　要：采用 Thermo-Cal 热力学软件研究了典型高牌号电工钢的第二相组成、析出温度及析出量；在此基础上，进行了模拟常化及成品热处理试验，分析了试验过程中第二相粒子、组织的演变与磁性能的关系。结果表明，高牌号电工钢基体中第二相主要由 AlN 、MnS 及 Ti(N，C) 构成，其析出量、析出温度与钢质洁净度控制有一定关系；随常化温度的提升，第二相粒子得以聚集粗化，分布密度降低，热轧板及成品平均晶粒尺寸增加，组织均匀性得到改善，磁性能提高。

关键词：高牌号电工钢；磁性能；第二相；热力学软件；热处理；晶粒尺寸

Study on Relation of Second Phases with Structure and Magnetic Properties of High-grade Non-oriented Electrical Steel

Gao Zhenyu, Chen Chunmei, Luo Li, Zhang Zhiyi, Li Yadong, Liu Wenpeng

（Angang Steel Co., Ltd., Anshan　114021，China）

Abstract：The compose、separate out temperature and separate out quantity of second phases of high grade electrical steel were studied by Thermo-Cal software in this paper. On this foundation, did some normalized simulation and heat treatment experimentation, analyzed the connection of second phases, structure and properties. The result show that second phases in high grade electrical steel are composed of AlN, MnS and Ti(N, C), separate out quantity and temperature were plus pertinence with the pure degree of steel. With the increasing normalized temperature, the second phases were conglomerate and became bigger, but the distributing density became lower, the average grain size of hot-band and annealed-band were increased, the structure improved and the magnetic properties became better.

Key words：high grade electrical steel；magnetic properties；second phases；thermodynamics software；heat treatment；grain size

1　引言

在金属材料中以非连续状态分布于基体相中的且在其中不可能包围有其他相的相统称为第二相[1]。高牌号电工钢作为金属功能材料，其显微组织中的第二相析出物对磁性能有显著影响，主要体现在第二相粒子对冷轧后再结晶过程的影响以及对磁畴壁移动的影响上，即第二相粒子钉扎晶界、钉扎磁畴、影响晶体位向，阻碍晶粒长大、阻碍磁畴的运动，不利于织构组分控制[2,4]，这将直接导致电工钢产品铁损增加、磁极化密度下降。

随着现代洁净钢冶炼技术的提高，以及稳定的热轧加工条件，影响高牌号电工钢产品的第二相粒子的组成及其形态、总量基本确定，其析出行为中的大小、分布主要在于热轧常化、最终退火等热处理过程中的控制[3]，这也是现代电工钢产品技术研究的主要方向之一。

2　研究过程及试验方案

在无取向电工钢生产控制中，第二相析出物常以 MnS、AlN 及各种残余元素（如 Nb、V、Ti、Ni、Cr、Cu 等）的碳、硫、氮化物等及复合化合物构成[4]。

本文利用鞍钢高级别高牌号研制过程中的典型钢种及其热轧板样品，采用 Thermo-Cal 热力学软件平台及实验室系列模拟试验的方法，对不同热处理状态下的热轧板中第二相粒子析出行为，以及对成品磁性能分析研究，针对第二相析出物的特性，施以不同的技术控制，获得良好的产品性能。

2.1　热力学软件计算分析

为确定钢质原始冶炼洁净度指标对第二相种类、数量的影响，依据典型高牌号高硅电工钢工业试制成分（如表 1 所示），利用 Thermo-Cal 软件进行计算分析，如图 1 所示，确定其主要的第二相组成及析出量。在此基础上，针对现有生产中不易控制、易波动残余元素（如表 1 所示）进行变量设计分析（图略），并依据图示及计算结果统计如表 2、表 3 所示。

表 1　输入软件的化学成分　　　　　　　　　　　　（%）

编号	C	Si	Mn	P	Als	S	N	Ti
成分 1	0.0020	2.834	0.120	0.012	0.625	0.0028	0.0013	0.0020
成分 2	0.0020	2.834	0.120	0.012	0.625	0.0040	0.0025	0.0050

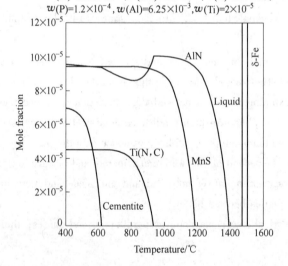

$P=1.01325\times10^{5}$, $N=1$, $w(S)=2.8\times10^{-5}$, $w(C)=2\times10^{-5}$, $w(Si)=2.834\times10^{-2}$, $w(Mn)=1.2\times10^{-3}$, $w(N)=1.3\times10^{-5}$, $w(P)=1.2\times10^{-4}$, $w(Al)=6.25\times10^{-3}$, $w(Ti)=2\times10^{-5}$

图 1　典型高牌号电工钢主要二相析出曲线

表 2　典型高牌号电工钢在不同温度下的相组成

编号	1500℃	1400℃	1300℃	1200℃	1100℃	1000℃	900℃
成分 1	液　相	Fe	Fe + AlN	Fe + AlN	Fe + AlN + MnS	Fe + AlN + MnS	Fe + AlN + MnS + Ti(N, C)
成分 2	液　相	Fe + AlN	Fe + AlN	Fe + AlN + MnS	Fe + AlN + MnS	Fe + AlN + MnS + Ti(N, C)	Fe + AlN + MnS + Ti(N, C)

表3 高硅电工钢残余元素对第二相析出温度和稳定后析出量影响

编 号	开始析出温度/℃			稳定后析出量（摩尔分数）		
	AlN	MnS	Ti(N, C)	AlN	MnS	Ti(N, C)
成分1	1380	1188	940	9.42×10^{-5}	9.46×10^{-5}	4.51×10^{-5}
成分2	1445	1205	1015	16.7×10^{-5}	13.5×10^{-5}	11.3×10^{-5}

由表2、表3统计结果可以看出，鞍钢高牌号电工钢典型钢种在工业试验中的第二相析出物在940℃以下时，主要由AlN + MnS + Ti(N, C)构成。假定主要合金成分控制不变，并结合实际生产中有害及残余元素的波动进行设计及计算，对比得出其第二相析出量受钢质中S、N、Ti等元素质量分数的影响，即因钢质洁净度控制程度的不同而发生变化，并呈现一定的正相关性。

2.2　样品制备及试验过程

选用上述工业试验获得的高牌号电工钢原始热轧板，在箱式炉模拟常化进行系列试验。依据第二相析出与固溶在热力学上的相关性（参考表3），以及工业上热轧卷取的能力，设定模拟试验温度区间为720~920℃，既贴近工业生产能力，又一定程度下避免第二相粒子的回溶，还能体现第二相粒子及组织演变的趋势性。试验样品制备及编号如下：原始热轧板（680℃温度卷取）标记为a、720℃保温20min标记为b、820℃保温20min标记为c、920℃保温20min标记为d。

原始热轧板及模拟常化后样品在实验室采用一次冷轧法，轧至0.5mm成品规格，之后进行温度1000℃—930℃—930℃、带速1m/min的三段式模拟成品连续退火试验。对应编号标记为A、B、C、D。

两次热处理试验的系列样品，进行宏观金相组织、透射电子显微镜下第二相粒子观测；成品模拟试验样品进行100mm×100mm的试样制备及采用相应规格的磁导计进行磁性检测。

3　试验结果及分析

3.1　模拟常化试验

因热轧板规格较厚，观测视野不同，其金相组织和显微组织差异较大，为便于分析、比较及说明，利用表格形式将金相组织和显微组织观测部位、对应试验主要工艺及其编号加以统一，如表4及表5所示。

表4所列a号样品为原始热轧板板厚1/2金相组织图示，其表面为再结晶组织，处于表层与心部过渡的次表层为部分再结晶组织，心部整体体现为带状纤维组织。其形成过程主要是在带钢热轧过程中，表层主要是通过剪切发生变形，剪切变形促进了再结晶的发生；而心部受到压缩变形，储能较小较难发生再结晶，只有在较高的温度和一定时间的保温条件下才能发生再结晶；次表层组织介于两者之间。表4中所列照片b、c、d正是显示随着热处理温度的增加，次表层至心部逐步发生再结晶及晶粒长大的过程，并且随着温度的增加，晶粒均匀性得到明显改善。

高硅电工钢种导热系数较低，原始热轧板在热轧过程中，表层至心部呈现温度梯度分布，表层温度低，心部温度相对较高，次表层介于两者之间。表5所列a样品次表层及心部第二相粒子均呈弥散分布形态，但在视野中仍可定性观测到略有不同，心部第二相粒子比次表层略大及分散。而系列模拟试验样品b、c、d因在模拟试验过程中均处于加热及保温过程，次表层及心部第二相粒子大小及分布相对一致。

第二相粒子经典Ostwald熟化步骤为：小颗粒溶解，溶质原子扩散，大颗粒界面反应，粒子长大[1]。在这一过程中，温度是促使析出相粒子获得足够的热激活动力而得以粗化长大的主要因素。从表5所列样品b、c、d的显微组织可看出，随着试验过程中热处理温度的增加，第二相粒子由原始板中典型的细小、弥散分布形态逐渐呈现粗大及稀疏的形态分布。

同时，对比表4中a、b样品金相组织可发现，b试样再结晶晶粒所占比例明显提高，说明提高卷取温度可以显著提高热轧板再结晶晶粒比例；同样，对比表5中a、b样品，其显微组织发生较明显变化，说明工业生产上高温卷取可实现第二相粒子的进一步长大，但其聚集粗化程度明显与相对高温的 c、d 样品显微形貌存在差距。

表 4　各工艺下热轧板典型金相组织对比及观测部位说明

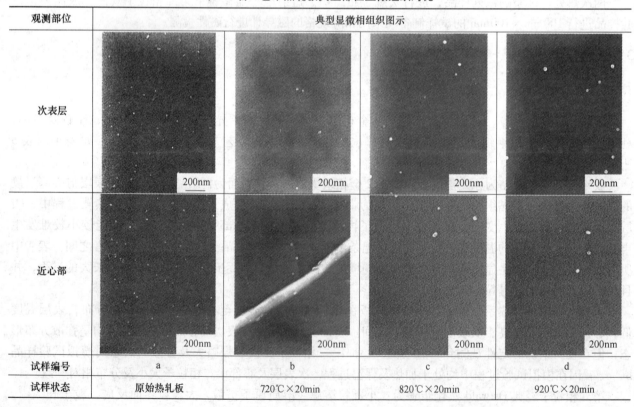

观测部位		典型金相组织图示			
板厚 1/2约 1.2mm	表层				
	约次表层				
	约1/2中心				
试样编号		a	b	c	d
试样状态		原始热轧板	720℃×20min	820℃×20min	920℃×20min

表 5　各工艺下热轧板典型部位显微组织对比

观测部位	典型显微相组织图示			
次表层	200nm	200nm	200nm	200nm
近心部	200nm	200nm	200nm	200nm
试样编号	a	b	c	d
试样状态	原始热轧板	720℃×20min	820℃×20min	920℃×20min

3.2　模拟成品退火试验

　　各工艺状态下热轧板经轧制后，统一模拟成品退火试验，典型金相组织照片如图 2 所示。经平均晶粒统计得出，对应原始热轧板样品 A 与 720℃模拟常化试验对应样品 B 组织相近，由 65μm 长大到 69μm，并且随着温度的升高，晶粒进一步长大（C 样品 78μm，D 样品 84μm），且视野中组织均匀性均比对应原始组织 A 样品有所改善。

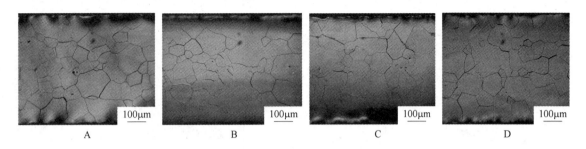

图 2　系列样品典型金相组织照片

通过透射电镜观测，对应各工艺样品的典型视野中第二相粒子图片如图 3 所示。A 样品中第二相粒子相对仍然显示为细小、弥散分布状态，C、D 样品体现较明显的粗大、低密度分布形态。

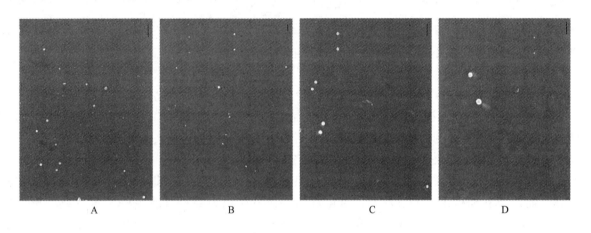

图 3　系列样品典型显微组织照片

无取向电工钢第二相析出物研究表明，当析出相粒子尺寸介于 30～70nm 范围时，对晶界和磁畴壁移动的钉扎作用最大；粒子尺寸超过 100nm 时钉扎作用明显减弱[5]。为此，针对各工艺对应样品，在第二相粒子的观测视野中进一步统计分析了直径 30～70nm 以下粒子的平均间距水平，与金相组织中的平均晶粒尺寸加以对应分析，如图 4 所示。结果表明，随着温度的提高，钉扎作用较强的第二相粒子平均间距加大，分布密度水平降低，对应金相组织的平均晶粒尺寸增大。

3.3　磁性能检测

对应热轧板各工艺状态下的模拟成品退火的样品磁性能检测分析如图 5 所示，随着模拟常化温度的提升，产品铁损值减少，磁感指标提升，磁性能得到改善；对应原始热轧板（680℃温度卷取）及对应 720℃模拟工业生产上高温卷取工艺样品的磁性能，差距不大。

3.4　讨论分析

高牌号电工钢基体中的第二相粒子主要来源于冶金过程中第二相形成元素的析出过程，鞍钢典型高牌号钢种在生产中主要涉及 MnS、AlN、Ti（N，C）。

针对各工艺状态下第二相粒子的观测，可定性地认为，成品热处理样品中第二相粒子与原始第二相粒子存在一定的遗传长大关系，即原始状态的第二相粒子大小及密度分布决定了成品中第二相粒子的长大程度及分布状态，进而直接影响晶体组织形态及产品磁性能。

在工业生产中，热轧稳定的高温卷取工艺可以改善热轧板的组织，模拟常化系列试验中的低温试验

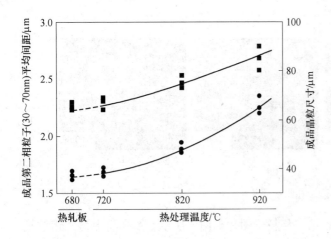

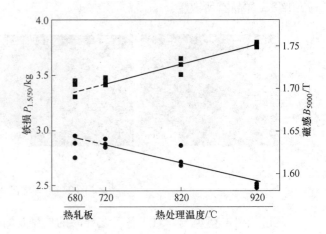

图4　热轧板退火工艺对成品组织的影响　　　　　　图5　热轧板退火工艺对成品铁损及磁感的影响

也说明了提高卷取温度可以显著提高热轧板再结晶晶粒比例，但对第二相粒子的长大及分布影响不显著，对最终产品的电磁性能影响不明显；相对高温的常化模拟试验表明，常化工艺能大幅改进产品磁性能，是高牌号电工钢一次冷轧法生产的必要工艺技术。

第二相粒子对电工钢磁性能的作用主要表现为冷轧后再结晶过程中对晶粒长大的影响，成品退火前材料中弥散的析出相会阻碍成品退火过程中的再结晶晶粒长大，导致产生细晶组织，致使铁损增加[6]。本次模拟试验中，随着温度的提升，热轧板及成品的第二相粒子均明显长大，分布密度水平下降，平均晶粒尺寸增加，均匀性得到改善，产品电磁性能提升。

影响高牌号电工钢析出行为的主要过程包括热轧加工、常化、成品退火等热履历过程。过程控制中，存在着第二相的析出、回溶及聚集粗化行为，应依据热力学原理或软件确定各典型第二相析出物的析出或回溶温度，过高的温度造成第二相回溶并在随后的加工上弥散析出分布，获得细小的晶粒组织[7]，进而恶化成品磁性能指标。本次模拟试验中，以 Ti（N，C）的析出温度为参考，设计了常化试验温度及成品均热段温度，在此温度约定下，相对高的常化温度制度得到了粗大的第二相粒子并呈现了低密度水平分布，相对大的再结晶晶粒尺寸及良好的均匀性，获得了相对最好的磁性能指标。

下游行业的技术进步及需求，促进高牌号电工钢向更低铁损、更高磁感的高效化方向发展，显微组织的控制技术是产品性能优化和提升的主要手段，如本文中典型第二相粒子的形貌及其变化、第二相粒子的定量遗传关系、不同尺寸范围内第二相粒子分布密度对磁性能的影响，以及第二相粒子对磁畴对晶体结构的影响等均需要不断深入研究。

4　结论

热力学软件测试表明，高牌号电工钢冶炼洁净度水平决定产品基体第二相粒子的组成及总量，呈现正相关性趋势；热履历过程决定最终产品基体中第二相的大小及分布密度。

热轧板中第二相粒子大小、分布及组织形态，直接影响成品的第二相粒子及组织，呈现显著的遗传性；第二相粒子的尺寸及分布密度是影响高牌号电工钢电磁性能的主要因素之一。

在防止第二相析出物回溶的温度范围内，随常化温度的提升，第二相粒子进一步聚集粗化，呈现更低的密度分布，过程及成品平均晶粒尺寸增加，均匀性得到改善，磁性能提高。

参考文献

[1] 雍岐龙. 钢铁材料中的第二相[M]. 北京：冶金工业出版社，2006.

[2] Nakayama T, Honjou N, Minaga T, et al. Effects of Manganese and Sulfur Contents and Slab Reheating Temperatures on the Magnetic Properties of Non-oriented Semi-processed Electrical Steel Sheet[J]. Journal of Magnetism and Magnetic Materials,

2001，234(1):55~61.

［3］ Nakayama T，Honjou N. Effect of Aluminum and Nitrogen on the Magnetic Properties of Non-oriented Semi-processed Electrical Steel Sheet［J］. Journal of Magnetism and Magnetic Materials，2000，213(1~2):87~94.

［4］ 何忠治，赵宇，罗海文. 电工钢［M］. 北京：冶金工业出版社，2012.

［5］ ［日］KUROSAKI Y，等. 氧化物形状对半工艺型无取向电工钢片磁性的影响［J］. ISIJ，1996，6.

［6］ Meyer L. 带钢轧制过程中材料性能的优化［M］. 赵辉，译. 北京：冶金工业出版社，1996.

［7］ 毛卫民，赵新兵. 金属的再结晶与晶粒长大［M］. 北京：冶金工业出版社，1994.

CSP 流程生产无取向电工钢组织特征及微量元素对磁性能的影响

王立涛，董 梅，张乔英，裴英豪，丰 慧

（马鞍山钢铁股份有限公司技术中心，安徽 马鞍山 243000）

摘 要：为推进 CSP 流程生产电工钢产品的开发，对比了传统和 CSP 两种流程生产的电工钢产品铸态组织的异同点，分析了 CSP 流程生产的电工钢织构的演变规律，对微量元素 Sn、Sb 和退火温度与产品磁性能之间的影响规律进行了研究。结果表明：CSP 流程生产的冷轧无取向电工钢铸态组织晶粒细小均匀；向钢中加入 Sn 和 Sb 有利于提高磁感；CSP 流程生产的无取向电工钢，退火温度和退火时间对电工钢磁性的影响规律与传统类似。

关键词：CSP；无取向电工钢；组织；铁损；磁感

Influence of Technology and Elements on Microstructure and Magnetic Property of Non-oriented Electrical Steel Produced by CSP Process

Wang Litao, Dong Mei, Zhang Qiaoying, Pei Yinghao, Feng Hui

（Ma'anshan Iron and Steel Co., Ltd., Ma'anshan 243000, China）

Abstract：In order to develop Non-oriented electrical steel by CSP line in Maanshan Iron and Steel Co., Ltd., the differences in as-cast microstructure between CSP and conventional continuous casting and precipitation behavior in thin slab were analyzed. Evolvement of microstructure and texture of electrical steel produced by CSP process were investigated. The influences of Sn, Sb and annealing parameters on loss iron, magnetic induction and microstructure of electrical steel produced by CSP process were studied. It was found that column crystal grain is fine and symmetrical for thin slab. Characteristic of rapid cooling of thin slab results in lower iron loss and higher magnetic induction of non-oriented electrical steel than those of conventional slab. Sn and Sb can obviously improve magnetic induction of electrical steel produced by CSP process. The effect of annealing parameters on magnetic properties of non-oriented electrical steel produced by CSP line is similar to that by conventional process.

Key words：CSP; non-oriented electrical; microstructure; iron loss; magnetic induction

1 引言

自从 1989 年德国 SMS 公司制造的世界上第一台工业化的薄板坯连铸连轧生产线 CSP 在美国纽科公司的格拉福特斯维尔厂投产后[1]，薄板坯连铸连轧工艺得到快速发展和广泛应用，典型的薄板坯连铸连轧技术有：德国施勒曼-西马克（SMS）公司的 CSP 工艺；德国曼内斯曼-德马克（MDH）公司与意大利阿尔维迪（Arvedi）集团合作开发的 ISP 工艺；意大利达涅利公司的 FTSR 工艺；奥地利钢联开发的 CONTROLL 工艺等[2]。与厚板坯工艺相比，薄板坯连铸连轧工艺在内部质量、铸态组织、能量利用与成材率等方面具有的明显优势，促使薄板坯连铸连轧生产线向两个方向发展：多品种和超薄规格[3~6]。

冷轧电工钢主要采用常规板坯工艺生产，如日本新日铁、JFE；国内的武钢、宝钢、太钢、鞍钢等。

随着薄板坯连铸连轧工艺的快速发展和品种范围不断扩大，少数厂家已经利用薄板坯连铸连轧工艺成功开发出了取向电工钢和无取向电工钢[4,7]，如德国蒂森和意大利 Terni 公司等。

2004 年底，马鞍山钢铁股份有限公司开始采用 CSP 工艺成功开发冷轧无取向电工钢，至今为止已经实现了中、低牌号电工钢的批量生产，并且正在开发高效电机用电工钢系列产品。本文对 CSP 流程和传统连铸工艺生产的铸坯组织状态和析出物状态进行了对比，重点分析了 CSP 流程生产冷轧无取向电工钢的组织和织构的演变规律，探讨了成分和工艺对冷轧无取向电工钢组织和性能的影响。

2 实验和生产设备简介

为分析铸坯组织特征，在实验室采用 50kg 真空感应炉冶炼，直接浇铸成扁锭，冷却参数模拟工业 CSP 生产数据。酸洗后进行铸坯低温观察，并采用扫描电镜分析铸坯析出物形态和种类。

工业生产主要设备：120t 转炉；RH 真空处理；中间包容量 35t；CSP 连铸连轧、冷轧及退火设备主要参数如表 1 所示。

表 1 马钢主要生产设备简介

序号	机组	设备名称	类型	主 要 参 数
1	连铸连轧	CSP	西马克	中间包容量：40t；浇注速度：4.5m/min； 浇注断面：1225 × 90/70 和 1200 × 90/70； 浸入水口浸入深度：100 ~ 200mm； 锥度：1.0% ~ 2.0%；振幅：5 ~ 8mm
2	冷轧机组	冷轧机	三菱-日立公司的改进型 4 机架 6 辊 UCM 轧机	（1）工作辊直径 425 ~ 385mm，中间辊直径 490 ~ 440mm，支撑辊直径 1150 ~ 1300mm； （2）工作辊、支撑辊辊身长度：1720mm、1757.5mm； （3）采用 HYROP-F（带执行电机的液压轧辊定位系统）压下装置； （4）有正负工作辊弯辊、正中间辊弯辊、中间辊窜动、轧辊调平功能
3	退火机组	CA	电工钢退火线	机组生产能力：42.14 万吨/年； 钢卷外径：入口 φ1000 ~ 1900mm；出口 φ1000 ~ 1900mm；机组速度：150m/min

借助金相显微镜和 X 射线衍射仪观察各工艺段试样组织和织构的特征；磁性测量则是 Brockhaus 提供的电工钢专用磁性测量设备 NIM-2000E 电工钢片交流磁性测量系统，并且采用爱泼斯坦方圈的方式进行测量。

3 铸坯组织和析出物分析

3.1 CSP 生产电工钢铸坯组织特征分析

薄板坯的冷却条件和传统连铸板坯有很大不同。由于减小了铸坯厚度，增加了铸坯表面积（约为传统厚板坯的 4 ~ 5 倍），用 CSP 技术生产的薄板坯在结晶器内的冷却速度远远大于传统的板坯的冷却速度，对于厚度为 250mm 的传统板坯，其完全凝固时间为 10 ~ 15min，而薄板坯只需 1 ~ 1.5min；在 1550 ~ 1400℃温度范围内，薄板坯的冷却速度比传统厚板坯高一个数量级，所以枝晶间距小，元素偏析程度减轻。图 1 是 CSP 工艺生产的电工钢铸坯组织状态，从图 1 中可以看出，厚度为 75mm 的铸坯激冷层厚度约为 10mm，晶粒细小均匀，但柱状晶发达且细长，有的直接穿过中部，中心等轴晶区不明显，中心线部分疏松和偏析不明显，见表 2。

图 1 CSP 生产的铸坯低倍组织

表2　CSP 流程生产的铸坯低倍检验结果

类　别	中 心 偏 析	中 心 疏 松	中 间 裂 纹	三角区裂纹
CSP 铸坯边部	1.5	1.0	0.5	0.5
CSP 铸坯中部	2.0	1.0	0.5	0

　　高的冷速和凝固速率使结晶的形核率明显增加，并使二次枝晶间距比传统连铸板坯的更小，从而改善了板坯的组织结构，见表3。薄板坯连铸后经过均热直接进行轧制，而采用传统冷装工艺时，板坯连铸后被冷却到较低温度，然后再加热到高温保温后进行轧制，由于经历了冷却和加热时的相变，传统冷装工艺的铸坯在轧制前的奥氏体晶粒尺寸要比 CSP 工艺轧制前的晶粒尺寸小得多，这对 CSP 工艺生产的电工钢来说有利于提高磁感或降低铁损。图2是 CSP 流程生产的无取向电工钢的磁感，与传统流程相比，B_{5000} 高约 0.02T。

表3　CSP 生产的铸坯枝晶间距

枝 晶 间 距	最 大	最 小	平 均
一次枝晶间距/mm	1.83	0.25	0.69
二次枝晶间距/μm	180	52	99

3.2　铸坯组织中的析出物

　　夹杂物对电工钢磁性能的影响主要表现在对磁畴的影响、对有利织构形成的影响及对再结晶过程的影响；夹杂物对电工钢磁性能的影响主要表现在它们的存在形态、数量、分布及特性等。夹杂物引起内应力增大，还使点阵发生畸变，在夹杂物周围位错密度增高，引起比其本身体积大许多倍的内应力场，导致静磁能和磁弹性能增高，磁畴结构发生变化，磁化困难，而夹杂物本身又为非磁性或弱磁性物质，所以导致 H_c 和 P_h 升高。

　　将铸坯试样制备成标准 10mm × 10mm × 10mm 试样，通过磨光、抛光后，在化学显微镜下观察其中夹杂物粒子大小及形态，见图3和图4。通过观察发现夹杂物的大小在 10~40μm，多呈球形或方形。

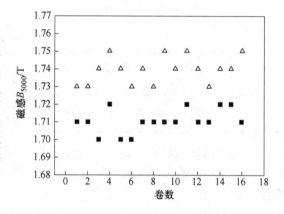

图2　CSP 和传统流程生产的无取向电工钢磁感
（Si：0.80%；△—CSP 流程；■—传统流程）

　　通过扫描电镜可以看到在铸试样中出现的夹杂物有 SiO_2、Al_2O_3、MgO 等，尺寸在 3~5μm，还有尺

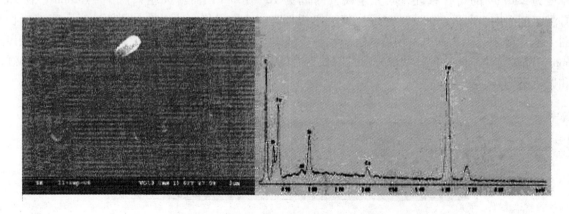

图3　SiO_2 形貌及能谱

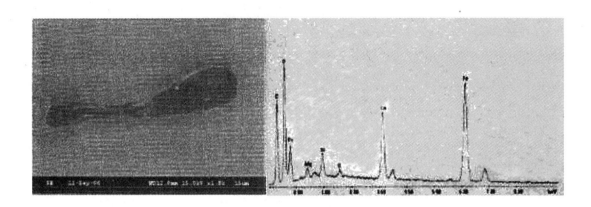

图 4   复合夹杂物形貌及能谱

寸较大的成分复杂的混合夹杂物，且大部分复合夹杂物较脆，表面出现裂纹。由于钢中非金属夹杂物中真正有害的是那些阻止晶粒长大、对磁畴起钉扎作用的小于某一临界磁畴的析出物的数量，因此希望析出物在尽可能少的基础上尽可能的粗化，避免存在有这样细小的析出物。

4   组织和织构的演变

图 5 是电工钢在 CSP 生产过程中组织的变化情况，热轧板的组织主要是铁素体，晶粒外貌呈不规则的多边形，晶粒大小不十分均匀，当终轧温度降低时，可能出现纤维组织，恶化磁性；热轧板晶粒尺寸的大小会影响成品织构组成和磁性，因为热轧板晶粒粗化能改善成品织构是由于冷轧前晶粒较大时冷轧组织中剪切带增多，退火时剪切带上更易形成对改善无取向电工钢磁性有利的织构组分。

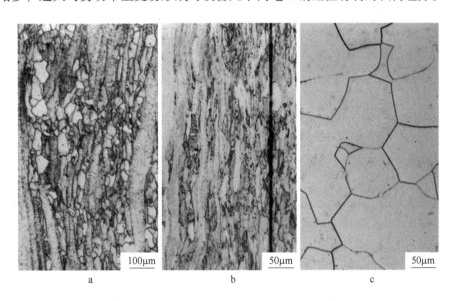

图 5   CSP 工艺生产的冷轧无取向电工钢组织（Si + Al：2.0%）
a—热轧板组织；b—冷轧板组织；c—成品卷组织

图 6 是 CSP 线开发成功的电工钢织构演变规律。无取向电工钢的热轧板织构基本为反高斯织构和 α 纤维织构，织构分布有着明显的骨架线即沿着 ⟨110⟩ 方向。沿着厚度方向，这种织构类型的组分强度不断增强；γ 纤维织构组分沿厚度方向增强，但强度很弱。冷轧板通体形成较理想的 α 织构和 γ 织构主要组分，相比较热轧态 α 纤维织构强度减弱，γ 纤维织构强度增强。退火后主要以 {112}⟨110⟩、{112}⟨110⟩、{111}⟨110⟩、{111}⟨112⟩ 为主织构组分，即 {111}∥RD、{111}∥ND 的 γ 纤维织构。通常来说，退火后 {111} 面织构组分增强，{110}⟨001⟩ 组分减弱。冷轧无取向电工钢的织构控制要提高有利磁性提高的织构强度，减弱不利织构的强度。

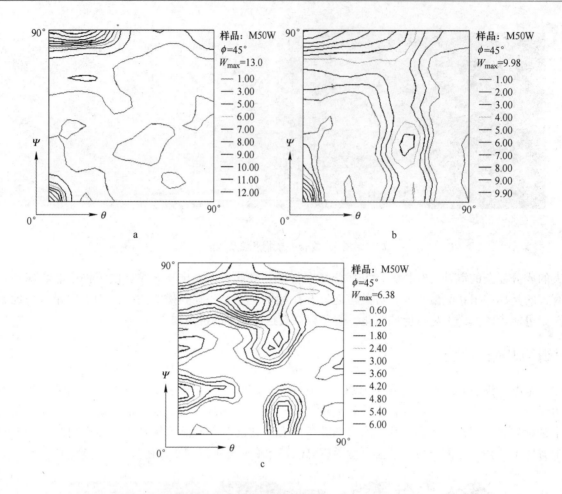

图 6　CSP 流程生产的电工钢织构演变 （Si + Al：2.0%）
a—热轧板织构；b—冷轧板织构；c—成品板织构

5　微量元素和工艺对冷轧无取向电工钢组织和性能的影响

Sn 和 Sb 是生产电工钢经常用到的晶界偏聚元素，为考察 Sn 和 Sb 对冷轧无取向电工钢磁性能的影响，向钢中加入 0.05% 的 Sn 或加入 0.05% 的 Sb，图 7 和图 8 分别是加入 Sn 和 Sn 后，CSP 流程生产的无取向电工钢磁性能的变化情况。从图 7 和图 8 可以看出，对于 Si 含量为 0.5% 的无取向电工钢来说，加入 Sn 或 Sb 后，磁感由 1.71 ~ 1.72T 升高到 1.74 ~ 1.76T。Sn 和 Sb 是晶界和表面偏析元素，Sn 和 Sb 在表面的偏析，增加了对无取向电工钢磁感提高有利的 （100） 和 （110） 织构，同时降低了 （111） 等不利织构的组分，是磁感提高的主要原因。

退火工艺的考查主要借助 Multipas 连续退火模拟机进行，可以精确控制速度、退火温度和降温速度等，以保证实验结果可靠性。

从图 9 和图 10 可以看出，当温度不变时，保温时间越长，铁损越低；同一退火时间时，退火温度越高铁损越低，同时磁感也降低，为得到铁损和磁感的合理搭配，必须针对不同牌号的产品设置不同的退火温度和退火速度。

为进一步分析影响铁损和磁感的内在原因，观察了不同试验条件下的组织，如图 11 和图 12 所示。由两图可以看出，随着退火时间延长和退火温度的升高，晶粒尺寸增大，是使铁损降低和磁感也同时下降的重要原因。

6　结论

（1）CSP 流程生产的冷轧无取向电工钢铸态组织晶粒细小均匀，枝晶间距小，元素偏析程度轻；传

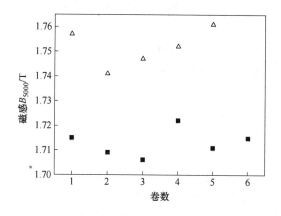

图 7　Sn 对无取向电工钢磁性能的影响
（Si：0.05%；■—无 Sn 和 Sn；△—只加 Sn）

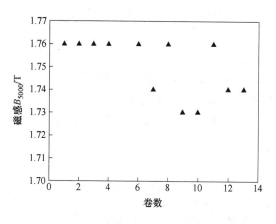

图 8　Sb 对无取向电工钢磁性能的影响

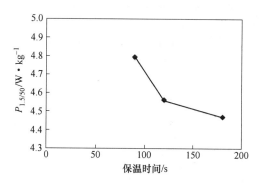

图 9　保温时间对铁损 $P_{1.5/50}$ 的影响（840℃）

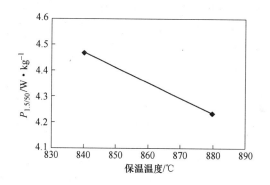

图 10　退火温度对铁损 $P_{1.5/50}$ 的影响（180s）

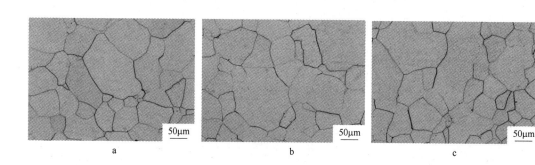

图 11　退火时间对组织的影响（840℃）
a—180s(64.9μm)；b—120s(57.5μm)；c—90s(54.5μm)

图 12　退火温度对组织的影响（180s）
a—840℃（64.9μm）；b—880℃（73.5μm）

统冷装工艺的铸坯在轧制前的奥氏体晶粒尺寸要比 CSP 工艺轧制前的晶粒尺寸小得多，有利于提高磁感或降低铁损。

（2）CSP 生产的 Si 含量为 0.8% 无取向电工钢磁感比传统工艺高约 0.02T。

（3）Sn 和 Sb 是晶界和表面偏析元素，向钢中加入 Sn 和 Sb 使有利于磁感提高的（100）和（110）织构组分提高，可使磁感提高约 0.02 ~ 0.03T。

（4）CSP 流程生产的无取向电工钢，退火温度和退火时间对电工钢磁性的影响规律与传统类似。

参考文献

[1] 唐荻，刘文仲，田荣彬，等. 薄板坯连铸连轧技术的新发展[J]. 钢铁，2002，37（9）:61 ~ 66.

[2] 赵明修. 国外薄板坯连铸连轧主要工艺的分析和比较[J]. 山东冶金，1995，17（2）:25 ~ 30.

[3] 刘光穆，郑柏平，焦国华. 薄板坯与厚板坯生产电工钢的比较与分析[J]. 钢铁，2004，39（10）:28 ~ 31.

[4] 王立涛，朱涛，裴陈新，等. 薄板坯连铸连轧生产取向电工钢工艺开发现状[C]. 薄板坯连铸连轧技术交流与开发协会第五次技术交流会，2007.

[5] 干勇. 薄板坯连铸结晶器技术及钢种开发的几个问题分析[J]. 上海金属，2006，28（1）:5 ~ 13.

[6] 李永全，孙焕德. 薄板坯连铸连轧工艺与硅钢生产[J]. 宝钢技术，2004（6）:60 ~ 62.

[7] Gutter Flemming, Karl E Hensger. Extension of Product Range and Perspectives of CSP Technology[J]. MPT, 1999, 22(5): 94 ~ 98.

脱氧方式对无取向电工钢连铸坯夹杂物的影响

吕学钧，陈　晓

（宝山钢铁股份有限公司硅钢部，上海 201900）

摘　要：氧元素是电工钢中的有害杂质，RH 精炼脱氧方式对氧含量的控制有重要影响。本文结合大生产的含铝无取向电工钢，研究了 RH 精炼脱氧方式对无取向电工钢连铸坯夹杂物的影响。结果表明，采用"先硅后铝"脱氧方式对应的脱氧速度低于"先铝后硅"脱氧方式。采用"先铝后硅"脱氧方式时钢液氧含量迅速降低。合适的 Si 含量及纯循环时间有利于减少连铸坯中氧含量的差异；对于"先硅后铝"脱氧方式，连铸坯的夹杂物以 SiO_2 系夹杂物为主，占到了夹杂物总量的 86.7%；对于"先铝后硅"脱氧方式，连铸坯的夹杂物以 Al_2O_3 系夹杂物为主，占到了夹杂物总量的 84.6%；采用"先硅后铝"脱氧方式的脱氧效果优于"先铝后硅"脱氧方式，连铸坯的微细夹杂物比例小于"先铝后硅"脱氧方式。这有利于提高或改善成品带钢的电磁性能。

关键词：无取向电工钢；脱氧方式；连铸坯；夹杂物

Effects of Deoxidation Method on the Non-metallic Inclusions in Non-oriented Electrical Steel Continuous Casting Slab

Lv Xuejun，Chen Xiao

（Silicon Steel Department，Baoshan Iron & Steel Co.，Ltd.，Shanghai　201900，China）

Abstract：The oxygen element is harmful to electrical steel，and the RH refining deoxidation method has an important effects on oxygen concentration. Based on the industrial non-oriented electrical steel containing Al，the effects of RH refining deoxidation method on non-metallic inclusions was discussed. The results show that the deoxidation rate of the Si-Al deoxidation method is higher than that of the Al-Si deoxidation method. For the Al-Si deoxidation method，the oxygen concentration of liquid steel is sharply decreased. In order to decrease the variation of oxygen concentration for Si-Al and Al-Si deoxidation method，it is necessary to get an optimal Si content and degassing time. In addition，for Si-Al deoxidation method，the main non-metallic inclusion containing SiO_2 which accounts for the total of 86.7%，and for Al-Si deoxidation method，the main non-metallic inclusion containing Al_2O_3 which accounts for the total of 84.6%. Thus，the effects of Si-Al deoxidation method is better than that of the Al-Si deoxidation method，and the proportional of minus non-metallic inclusions in slab is also less than that of the Al-Si deoxidation method. This is beneficial to improve the magnetic properties of the finished Si steel sheets.

Key words：non-oriented electrical steel；deoxidation method；continuous casting slab；non-metallic inclusion

1　引言

研究表明，对无取向电工钢而言，氧元素是有害夹杂，其形成的 SiO_2、Al_2O_3、MnO 等氧化物夹杂，会降低钢质洁净度、劣化成品磁性能。因此，大生产时，需要根据钢种的实际要求，将氧含量控制在合理范围。过低的氧含量会增加炼钢脱氧成本，而过高的氧含量又会在钢中形成大量夹杂物。钢中氧含量与脱氧过程密不可分。脱氧过程是生产洁净钢的重要技术，脱氧方式则会对氧化物夹杂的尺寸、数量、类型及其构成有重要影响[1,2]。已有学者研究了无铝电工钢脱氧工艺，发现采用 Al + FeSi 复合脱氧比 FeSi 脱氧具有更强的脱氧能力，而且铸坯中的夹杂物在尺寸、数量上明显降低，夹杂物得以充分变性[3]。目的是减少钢中易变形伸长的氧化物夹杂，同时降低氧化物夹杂中的 MnO 含量，并将其成分控制形成在轧制过程中不易被变形拉伸的球形夹杂物，以粗化晶粒、降低铁损[4]。本文结合大生产的含铝无取向电工钢，研究了 RH 精炼"先硅后铝"和"先铝后硅"脱氧方式对连铸坯夹杂物的影响。

2　试验

结合大生产的无取向电工钢生产炉次进行试验。该钢种的主要工艺流程为：铁水预处理 → 300t 转炉冶炼 → RH 精炼 → 板坯连铸 → 热轧、精整 → 酸洗、冷轧 → 退火、精整。试验用钢的目标 Al 含量不低于 0.2%。试验过程中，在 RH 精炼脱碳结束之后，对试验炉次分别采用"先硅后铝"和"先铝后硅"脱氧方式进行脱氧，两种脱氧方式用时相同。然后，调整钢液化学成分、纯循环后复压。分别取 RH 精炼终点、连铸中间包以及连铸板坯有代表性的钢试样，采用非水溶液电解提取方法分析钢试样的夹杂物。采用恒电量电解，每个试样的电解量约为 0.1g。借助扫描电镜及其自带的能谱仪观察夹杂物的尺寸、分布，确定夹杂物的成分、种类。

3　结果与讨论

3.1　脱氧方式对钢中氧含量的影响

采用"先硅后铝"和"先铝后硅"脱氧方式时，RH 精炼脱氧、合金化过程钢液氧含量的变化如图 1 所示。

从图 1 可以看出，采用"先硅后铝"和"先铝后硅"脱氧方式时过程对应的钢液氧含量变化情况不尽相同，但在 RH 精炼脱碳结束、钢液氧含量基本相同，采用"先铝后硅"脱氧方式时，随着 FeAl 的加入，钢液氧含量迅速降低，并在后续的加硅、调整成分以及纯循环过程，钢液氧含量基本不再降低。而采用"先硅后铝"脱氧方式时，随着 FeSi 的加入，钢液氧含量缓慢降低，即使在后续加入了 FeAl，钢液氧含量的降低速度也要低于"先硅后铝"脱氧方式，直至调整成分结束时两者对应的氧含量才基本相同。原因是 Al 元素的脱氧能力远大于 Si 元素。采用"先铝后硅"脱氧方式时，O 元素主要和 Al 元素发生反应，FeSi 的加入只是改变钢的化学成分，不会发生脱氧反应和生成 SiO₂ 夹杂。同时，由于纯 Al₂O₃ 夹杂与钢液之间的界面张力

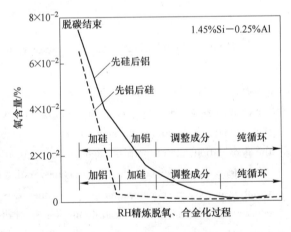

图 1　RH 精炼"先硅后铝"和"先铝后硅"脱氧方式

大，脱氧生成的 Al₂O₃ 夹杂容易聚集、上浮，因此在加入脱氧剂之后的相同时间内，钢液氧含量降低得很快[5]。而采用"先硅后铝"脱氧方式时，Si 元素首先会与 O 元素反应生成 SiO₂ 夹杂。后续，随着 FeAl 的加入，钢液将再次脱氧并使 SiO₂ 夹杂的 Si 被置换。由于 FeSi 加入之后钢液变得发黏，而且脱氧末期生成的 Al₂O₃ 夹杂尺寸细小，因而不容易上浮、去除，从而减少了氧含量的降低速度[6]。从图 1 还可以看出，两种脱氧方式均有对应的合适纯循环时间，此时钢液氧含量最低，钢质洁净度最高，继续增加纯循环时间，反而不利于提高钢液的洁净度。此外，在相同的 Al 含量下，Si 含量多少也会造成两者氧含量存在差异[7]。热力学计算结果表明，当 Si 含量为 0.2% 左右时，氧含量可以降低为 10⁻⁴ 数量级，而当 Si 含量为 1.0% 左右时，氧含量可以降低为 10⁻⁵ 数量级[2]。并且，随着 Si 含量继续增加，氧含量还会继续降低，如图 2 所示。可以看出，当 Si 含量为 3% 左右时，两种脱氧方式的铸坯氧含量几乎相当，差异仅为

0.83×10^{-6}。说明，对于高 Si 钢种而言，脱氧方式对氧含量的影响可以忽略不计。

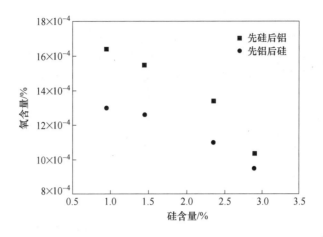

图2　不同脱氧方式下 Si 含量对 O 含量的影响

3.2　脱氧方式对夹杂物的影响

RH 精炼采用"先硅后铝"和"先铝后硅"脱氧方式对应的夹杂物形貌、尺寸分布情况如图 3 所示。对于两种脱氧方式而言，绝大多数夹杂物尺寸均小于 $5\mu m$，两者在夹杂物数量、尺寸分布上存在较大差异。对于两种脱氧方式，在观察视场中分别随机选择 100 个夹杂物，借助扫描电镜自带能谱仪确定其构成。发现对于"先硅后铝"脱氧方式，钢中的主要夹杂物是不规则形状的 SiO_2、$FeO \cdot SiO_2$、$Al_2O_3 \cdot SiO_2$ 以及 $FeO \cdot Al_2O_3$ 和 MnS 的复合夹杂物；对于"先铝后硅"脱氧方式，钢中的主要夹杂物是不规则形状的 Al_2O_3、SiO_2、$Al_2O_3 \cdot SiO_2$ 以及 $FeO \cdot Al_2O_3$ 和 MnS 的复合夹杂物。两种脱氧方式对应的典型夹杂物形貌如图 4 所示。

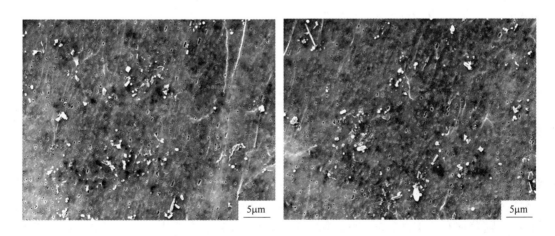

图3　RH 精炼脱氧方式对夹杂物的影响

上述两种脱氧方式对应的 100 个夹杂物中，每种夹杂物及其所占比例列于表 1。可以看出，对于"先硅后铝"脱氧方式，由于脱氧产物为固态的 SiO_2，不容易上浮、去除，因此，以含 SiO_2 的夹杂物为主，$FeO \cdot SiO_2$、SiO_2、$Al_2O_3 \cdot SiO_2$ 以及 $FeO \cdot Al_2O_3$ 和 MnS 的复合夹杂物，分别占到了全部夹杂物总量的 60.1%、13.3%、13.3%、13.3%。其中，Si 系夹杂物占到了 86.7%；对于"先铝后硅"脱氧方式，加入适量的 FeAl 进行脱氧后，生成大尺寸簇状 Al_2O_3 而且比较容易上浮、去除，部分小尺寸弥散 Al_2O_3 夹杂未能上浮、去除，可以单独存在或者与 SiO_2 夹杂复合[8]。Al_2O_3、SiO_2、$Al_2O_3 \cdot SiO_2$ 以及 $FeO \cdot Al_2O_3$ 和 MnS 的复合夹杂物，分别占到了全部夹杂物总量的 36.9%、15.4%、23.1% 和 24.6%。其中，Al 系夹杂物占到了 84.6%。

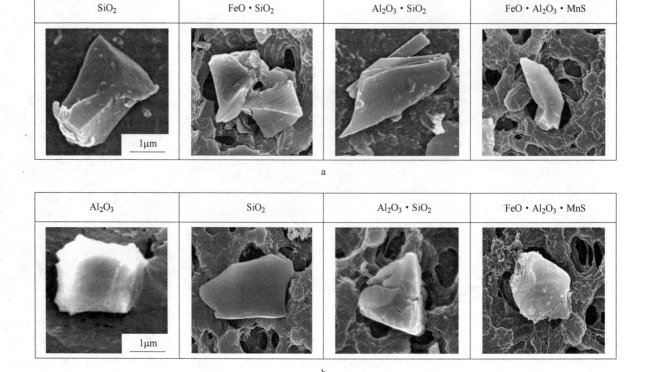

图 4　RH 精炼不同脱氧方式下的典型夹杂物

表 1　RH 精炼不同脱氧方式下的典型夹杂物所占比例　　　　　　　　　（ % ）

脱氧方式	SiO_2	$FeO \cdot SiO_2$	Al_2O_3	$Al_2O_3 \cdot SiO_2$	$FeO \cdot Al_2O_3 \cdot MnS$
先硅后铝	13.3	60.1	—	13.3	13.3
先铝后硅	15.4	—	36.9	23.1	24.6

3.3　夹杂物的生成、变化规律

对于"先硅后铝"脱氧方式，先期脱氧产物为 SiO_2 夹杂。由于 SiO_2 夹杂不容易上浮，因此，容易和转炉钢液带入的 FeO 夹杂结合生成 $FeO \cdot SiO_2$ 夹杂，而在后续加入 FeAl 之后，部分 $FeO \cdot SiO_2$ 夹杂被还原生成了 SiO_2 夹杂，并在随后的纯循环过程中，与新生成的 Al_2O_3 夹杂复合生成 $Al_2O_3 \cdot SiO_2$ 夹杂。并且在连铸过程中，随着钢液温度的降低，MnS 夹杂开始依附 Al_2O_3 夹杂析出。与此不同，对于"先铝后硅"脱氧方式，先期脱氧产物为簇状 Al_2O_3 夹杂，比较容易上浮去除。而在脱氧后期的小尺寸 Al_2O_3 夹杂，因未能去除而残留在钢中，并与转炉钢液带入的 $FeO \cdot SiO_2$ 夹杂发生反应，生成 SiO_2 夹杂以及 $Al_2O_3 \cdot SiO_2$ 复合夹杂。因为 Al 的脱氧能力非常强，对于"先铝后硅"脱氧方式，Al 的收得率要低于"先硅后铝"脱氧方式，并会大大降低含 FeO 的夹杂比例。两种脱氧方式下，RH 精炼—CC 连铸过程夹杂物的尺寸分布情况如图 5 所示。

从图 5 可以看出，采用"先硅后铝"和"先铝后硅"脱氧方式时，RH 精炼过程中，以 1.0μm 及以下的夹杂物为主，两者比例基本相当，说明 1.0μm 以上的夹杂物经过 RH 精炼之后，可以得到有效去除[9]；而在 CC 浇铸过程中，采用"先硅后铝"脱氧方式，对应的 1.0μm 及以下的夹杂物有聚合、长大的可能，相应的 1.1~3.0μm 和 3.1~5.0μm 范围内，夹杂物的比例均有所增加，而采用"先铝后硅"脱氧方式，各尺寸区间的夹杂物比例基本保持不变。这种变化规律一直遗传到了 CC 铸坯。这说明前者脱氧

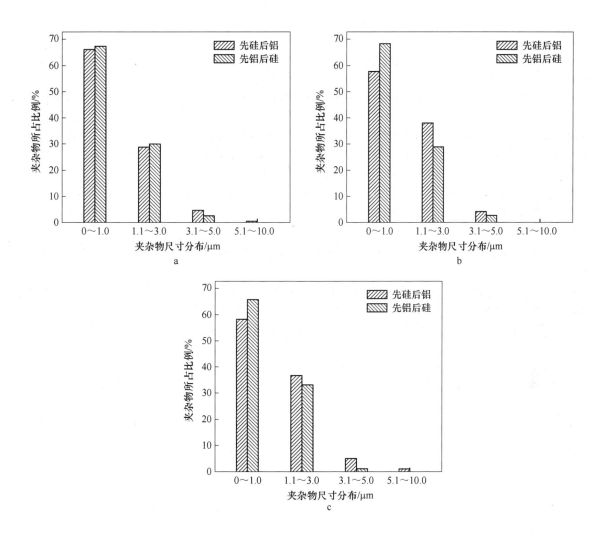

图5 不同脱氧方式下分工序夹杂物尺寸分布情况
a—RH 终点；b—CC 中包；c—CC 铸坯

方式的脱氧效果明显优于后者，生成的氧化物夹杂总量低于后者。由此可以推断，延长 RH 精炼—CC 连铸钢液镇静时间或者采用钢包吹氩方式，可以更好地改善采用"先硅后铝"脱氧方式的微细夹杂物[10,11]。因此，从磁性控制角度上讲，由于"先铝后硅"脱氧方式对应的微细夹杂物尺寸相对较小，因此，其对成品磁性能的危害较"先硅后铝"脱氧方式更大[12]。

4 结论

结合大生产的含铝无取向电工钢，研究了 RH 精炼"先硅后铝"和"先铝后硅"脱氧方式对连铸坯中夹杂物的影响。结论如下：

（1）采用"先硅后铝"脱氧方式对应的脱氧速度低于"先铝后硅"脱氧方式。采用"先铝后硅"脱氧方式时钢液氧含量迅速降低。但在 RH 结束时，钢液的氧含量基本相同，高 Si 钢种脱氧方式对氧含量的影响可以忽略不计。

（2）对于"先硅后铝"脱氧方式，连铸坯的夹杂物以 SiO_2 系夹杂物为主，占到了夹杂物总量的86.7%；对于"先铝后硅"脱氧方式，连铸坯的夹杂物以 Al_2O_3 系夹杂物为主，占到了夹杂物总量的84.6%。

（3）采用"先硅后铝"脱氧方式的脱氧效果优于"先铝后硅"脱氧方式，连铸坯的微细夹杂物比例小于"先铝后硅"脱氧方式。这有利于提高或改善成品带钢的电磁性能。

参考文献

[1] 邓志银，朱苗勇，钟保军，等. 不同脱氧方式对钢中夹杂物的影响[J]. 北京科技大学学报，2012，34(11):1256 ~ 1261.

[2] 张立峰，李燕龙，任英. 钢中非金属夹杂物的相关基础研究（II）——夹杂物检测方法及脱氧热力学基础[J]. 钢铁，2013，48(12):1 ~ 8.

[3] 杨亮，栗红，常桂华，等. 脱氧工艺对硅钢连铸坯非金属夹杂物的影响研究[J]. 钢铁，2008，43(7):101 ~ 104.

[4] Kurosaki Y, Shiozaki M, Higashine K, et al. Effect of Oxide Shape on Magnetic Properties of Semi-processed Non-oriented Electrical Steel Sheets[J]. ISIJ International, 1999, 39(6):607 ~ 613.

[5] 李海波，林伟，王新华，等. 铝脱氧钢中尖晶石夹杂物的生成与转变[J]. 特殊钢，2007，28(4):30 ~ 32.

[6] 郑庆，雷思源，郑少波，等. 取向硅钢脱氧后平衡氧位的计算和试验验证[J]. 中国稀土学报，2004，22(专辑):265 ~ 267.

[7] 张峰，李光强，缪乐德，等. 化学成分体系对无取向硅钢夹杂物控制的影响[J]. 钢铁研究学报，2012，24(7):40 ~ 44.

[8] 杨成威，吕酒冰，卓晓军，等. MnS 在 Ti-Al 复合脱氧氧化物上的析出研究[J]. 钢铁，2010，45(11):32 ~ 36.

[9] 张钟铮，林洋，尚德礼，等. RH 精炼过程非金属夹杂物[J]. 钢铁，2014，49(4):32 ~ 35, 53.

[10] 张峰，李光强，陈晓，等. 炼钢工艺和成分体系对 B50A1300 硅钢铁损的影响[J]. 武汉科技大学学报，2010，33(3):225 ~ 228.

[11] 莫志英，王森，秦哲，等. RH 处理超低碳钢中总氧含量的控制[J]. 炼钢，2009，25(6):46 ~ 49.

[12] 吕学钧，张峰，王波，等. 夹杂物对无取向硅钢磁性能的影响[J]. 特殊钢，2012，33(4):22 ~ 25.

钼酸铵对无取向电工钢环保涂层性能影响的研究

李登峰，刘德胜，黄昌国，王　波，谢世殊

（宝山钢铁股份有限公司，上海 201900）

摘　要：研究了不同钼酸铵含量对无取向电工钢环保涂层发蓝前后的耐蚀性、涂层附着性和表面绝缘电阻等涂层主要性能的影响；并通过 SEM、GDS、XPS 分析了差异的原因。结果表明钼酸铵的加入使得涂层的耐蚀性、表面绝缘电阻以及发蓝层质量提高，但对涂层附着性和发蓝后的绝缘性无明显影响。钼酸铵的加入偏聚于涂层外表面，且在基板界面形成较薄钝化层；经发蓝处理后钼元素向界面迁移且由 +6 价变为 +4 价，改善了发蓝层质量。

关键词：电工钢环保涂层；钼酸铵；发蓝；性能影响

Study on the Influence of Ammonium Molybdate on the Performance of Environment-friendly Electrical Steel Coating

Li Dengfeng，Liu Desheng，Huang Changguo，Wang Bo，Xie Shishu

（Baoshan Iron and Steel Co.，Ltd.，Shanghai 201900，China）

Abstract：The performance of the non-oriented electrical steel's environment-friendly coating with different content of ammonium molybdate was studied，including corrosion resistance，coating adhesion and layer resistance before and after bluing；and the causes of such differences were analyzed by SEM，GDS，XPS. The results showed that the addition of ammonium molybdate could obviously improve the performance such as corrosion resistance、surface insulation and the quality of bluing layer，but it had no obvious influence on coating adhesion and the layer resistance after bluing. Ammonium molybdate could cluster outside the coating and form a thin passivation layer on substrate interface；the molybdenum would move to the substrate interface and its valence change from +6 to +4 during bluing，that improved the quality of the bluing layer.

Key words：NGO environment-friendly coating；ammonium molybdate；bluing；performance effects

1　引言

近年来随着人们环保意识的增强，以磷酸盐与树脂溶液混合物为基本成分的无取向电工钢无铬环保涂层[1]被逐步推广；但当电工钢环保涂层材料在用户处进行后续热处理时发现，即便其耐退火性能优良，若经历发蓝处理，因与含铬涂层的性能差异会被放大，甚至导致不可使用。例如压缩机电机用电工钢片经发蓝热处理后，要求电工钢片间形成较致密的氧化膜[2]，该发蓝层的附着性良好，它与涂层一起保证铁芯具备基本的绝缘性、防锈与防腐蚀性。而磷酸盐基的环保涂层在经发蓝处理后，涂层的耐蚀、附着等相关性能劣化，因此如何提高环保涂层的相关性能成为重要课题。

钼作为铬的同族元素早已被关注和研究，钼盐替代无铬钝化也逐渐走向产业化[3,4]，但少有将钼盐加入无取向电工钢环保涂层并评估相关性能的研究，更未探究其对涂层发蓝后的性能影响和原因。本文主要研究了钼酸铵对无取向电工钢环保涂层主要性能尤其是发蓝后性能的影响，并通过 GDS、SEM、XPS 等手段初步探索了其作用机理。

2　实验

2.1　试样制备及实验

选用市售丙烯酸乳液和磷酸二氢盐，将其按适当比例混合制得基本的环保涂液，再分别向其中加入不同含量的钼酸铵（涂层干膜中固含量为：0%、2.5%、5%、7.5%、10%），在实验室自备辊涂机上进行涂覆（膜厚范围 1.0～1.2g/m²），基材选用 B50A1300 牌号的冷轧无取向电工钢。经网带式连续烘烤炉烘烤（烘烤炉温 325℃、时间 30s）固化后得到涂层样板，之后进行发蓝处理（540℃保温 60min、露点为 30℃、100% N_2 保护气）。

2.2　分析及测试方法

采用 IEC 68-2-11 标准连续 7h 盐雾试验，评估涂层的耐盐雾腐蚀性；按 GB/T 2522—2007 标准评估涂层的附着性：贴透明胶带的样片经 φ10mm 铜棒弯曲 180°再弯平，迅速揭掉胶带并贴于白纸上，用 Gloss 法测量光泽度[5]，测出的 Gloss 值越大则附着性越好；采用 JIS C2550 方法测试样板的层间电阻值，代表其表面绝缘性；按 GB/T 15519—2002 标准进行 8min 的耐草酸试验，以判定发蓝层的质量。

采用 JSM-6460LV 扫描电镜观察涂层形貌；利用 LECO GDS-850 型辉光放电光谱仪测试涂层中的元素深度分布；选择 Quantera SXMX 射线光电子能谱仪（Quantera SXM）观察涂层中特征元素及价态的变化；对涂层板按以下条件进行线性极化电化学测试：三电极体系，工作电极为电工钢涂层，对电极为铂电极，参比电极为饱和甘汞电极，测试溶液为 3.5% NaCl，扫描范围 −200(vs OCP)～0mV(vs OCP)，扫描速率 1.667mV/s。

3　结果与讨论

3.1　涂层性能测试结果

3.1.1　涂层耐蚀性及发蓝层质量

图 1 为钼酸铵含量对涂层涂覆后盐雾耐蚀性的影响，由图可知，随着钼酸铵含量的增加，涂层的盐雾耐蚀性也越好，但当添加量超过 7.5% 后，耐蚀性达到最好且不再提高。

对经受发蓝热处理后的发蓝层质量进行耐草酸试验，结果描述见表 1。图 2 为不同钼酸铵含量的涂层板经受发蓝热处理后的极化曲线，表 2 为其测试出的电化学参数。

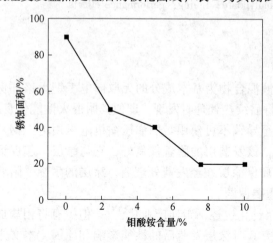

图 1　涂层发蓝前的耐盐雾腐蚀性

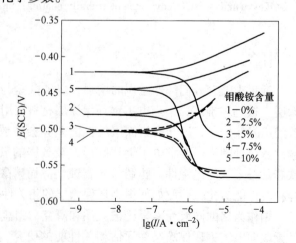

图 2　涂层发蓝后极化曲线

表1　涂层板发蓝层的质量评定

钼酸铵含量/wt%	发蓝层表观	草酸试验	发蓝层质量评定
0	灰黑无光泽	很快起反应，草酸滴液迅速铺展	劣质膜
2.5	黑蓝有光泽	无反应，草酸滴液不润湿	优质膜
5.0	蓝黑光泽度高	无反应，草酸滴液不润湿	优质膜
7.5	蓝黑光泽度高	无反应，草酸滴液不润湿	优质膜
10.0	蓝黑光泽度高	无反应，草酸滴液不润湿	优质膜

表2　涂层发蓝后的电化学参数

钼酸铵含量/wt%	E_{corr}/mV	$I_{corr}/\mu A$	$R_p/k\Omega$
0	-424	1.5	14
2.5	-482	0.83	26
5	-503	0.9	24
7.5	-475	0.8	27
10	-445	0.75	29

表1和图2的结果都表明，钼酸铵的添加会明显提高涂层发蓝后的致密性，改善发蓝层质量，但改善结果却不受其添加量的影响。

3.1.2　涂层附着性

图3为不同含量的钼酸铵对涂层附着性的影响。由此可知，涂层涂覆后附着性都很优异，但经发蓝后所有涂层的附着性都下降明显；发蓝后含钼涂层的附着性随钼含量增加而有缓慢好转的趋势，但当钼含量达7.5%以后好转情况终止，基本恢复到无钼涂层的附着水平。

3.1.3　涂层的表面绝缘电阻

图4为不同含量的钼酸铵对涂层表面绝缘电阻的影响，由图可知，在涂层涂覆后表面绝缘电阻整体上随着钼酸铵含量的增加而增加；涂层板发蓝后的表面绝缘电阻整体大幅下降到 $8 \sim 15 \; \Omega \cdot cm^2$，且与钼酸铵的含量没有关系。

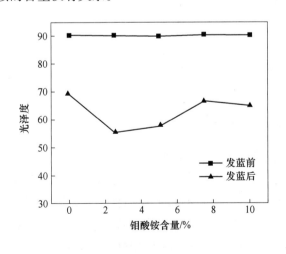

图3　涂层发蓝前后的附着性

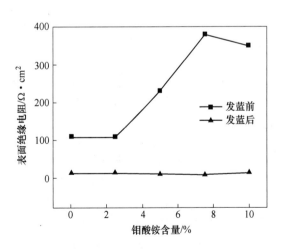

图4　涂层的表面绝缘电阻

3.2　涂层表面微观形貌 SEM

图5为涂层表面微观相貌。图5a显示发蓝前在未加入钼酸铵的涂层表面宏观上平整致密，但微观存

在一定孔隙和裂纹；图5b显示发蓝前加入钼酸铵，涂层微观形貌虽仍显凹凸不平，且有气泡状的点或颗粒，但表面裂纹基本和微孔也明显减少，说明钼酸铵在涂层烘烤成膜时发生变化，对涂层结构有一定的补强作用，这可能是涂料中的钼酸铵经300℃以下板温短时烘烤成膜时发生的失水、脱氨等热分解造成的，其结构基本保持为钼酸氨及其亚稳中间体[6]。图5c显示无钼涂层经发蓝后的表观形貌更为平整，但因有机树脂被烧蚀，涂层结构明显疏松；图5d显示钼含量为7.5%的涂层发蓝后坑状疏松结构明显消失，但出现大量细小颗粒。这说明含钼涂层在500℃以上发蓝过程中，发生了钼酸铵的物相转变[7]；表面存在较多微小颗粒的涂层一般对其附着性能不利。

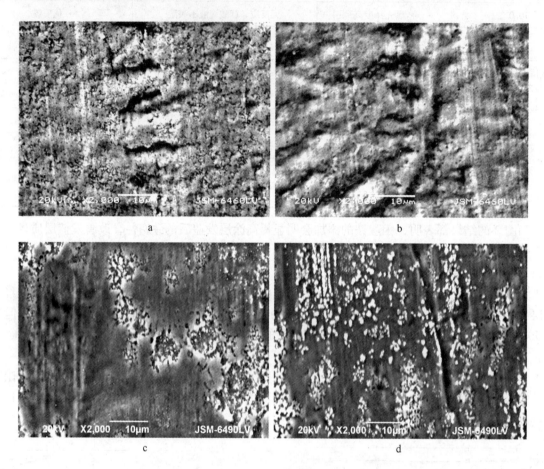

图5　涂层表面形貌SEM

a—0%钼，发蓝前；b—7.5%钼，发蓝前；c—0%钼，发蓝后；d—7.5%钼，发蓝后

3.3　光电子能谱分析XPS

图6a为涂层发蓝前不同位置钼元素的XPS深度分析。涂层表面钼元素的结合能特征峰在233.4eV和236.25eV，分别对应MoO_3中Mo的$3d_{5/2}$的232.6eV和$3d_{3/2}$的235.8eV[4]，说明在涂层涂覆后涂层中的Mo元素主要以六价的形式存在；基板表面钼元素的特征峰与涂层表面大多相同，但在228.6eV附近出现了新的微弱特征峰，其与MoO_2中Mo的$3d_{5/2}$的峰值一致，说明在涂层涂覆后钼元素在基板表面形成了一层薄的钝化层，其主要作用机理为[8~10]：（1）钼酸根或异聚钼酸根与磷化液中的正磷酸盐反应生成氧化能力很强的杂多钼酸盐，补充了磷酸盐沉积膜的不完整性和不致密性，促进了成膜过程的速度和金属的钝化；（2）钼酸盐在酸性磷酸盐介质中呈现出的强氧化性，会促进磷化膜的形成速度。

图6b为发蓝后不同位置钼元素的XPS深度分析。可知Mo元素的结合能特征峰分别是228.1eV左右和231.8eV左右，涂层发蓝前236.25eV左右的特征峰消失。说明在涂层发蓝的过程中Mo元素由+6价转

变为 +4 价，结合 SEM 可以看出在钼元素变价的过程中一定程度上改善了涂层结构。

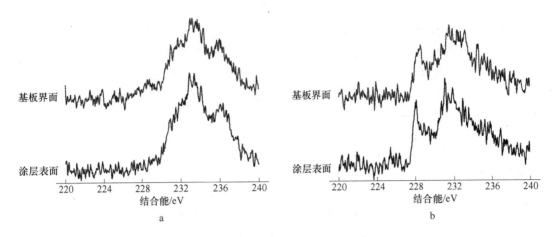

图 6　发蓝前后不同位置钼元素的 XPS 分析
a—发蓝前；b—发蓝后

3.4　辉光光谱分析 GDS

图 7 为含有 7.5% 钼酸铵涂层中 Mo/P/Fe/O 四种元素的 GDS 图，发蓝后的涂层厚度明显减薄，涂层中树脂碳化裂解，这是发蓝后涂层绝缘性下降的主要原因。在涂层成膜过程中 Mo 元素向涂层外表面聚集，且在基板和涂层的界面形成较薄的钝化层；发蓝后涂层中的 Mo 元素向涂层与基板界面处迁移，改善了界面发蓝层的质量。

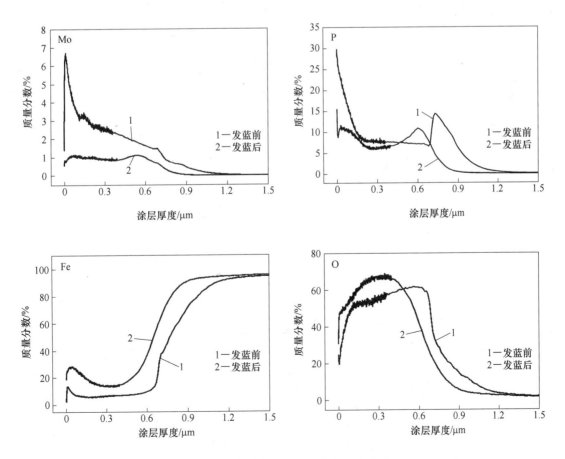

图 7　发蓝前后涂层中 Mo/P/Fe/O 元素的 GDS 测试

4　结论

增加电工钢环保涂层中的钼酸铵含量，其盐雾耐蚀性、表面绝缘电阻随之提高，当钼酸铵含量达7.5%之后涂层性能改善趋于饱和；钼酸铵的添加明显改善了涂层板发蓝后的致密性和耐蚀性，但改善结果却不受添加量的影响；钼酸铵对涂层附着性和发蓝后的绝缘性无明显影响。

钼酸铵在涂层烘烤成膜时对涂层微观结构有一定的补强作用；经500℃以上的发蓝热处理时发生了物相转变，生成较多细小颗粒。

涂层中的钼酸盐偏聚于外表面，且在基板界面形成较薄钝化层；经发蓝处理后钼元素向涂层与基板的界面处迁移，且由 +6 价变为 +4 价。

参考文献

[1] 储双杰，瞿标，戴元远，等. 硅钢绝缘涂层的研究进展[J]. 材料科学与工程，1998，16(3)：49~54.

[2] 张鸣元. 压缩机电机硅钢片热处理[J]. 微电机，2005，38(1)：67，71.

[3] Robertson W D. Molybdate and Tungstate as Corrosion Inhibitors and the Mechanism of Inhibition[J]. Journal of the Electrochemical Society，1951，98(3).

[4] Vukasovich M S，Farr J P G. Molybdate in Corrosion Inhibition-A Review[J]. Materials Performance，1986，25(5)：9.

[5] 吴树建，储双杰，等. 新型无取向硅钢绝缘涂层附着性评定方法[J]. 理化检验（物理分册），2007，43(11)：545~547.

[6] 朱伯仲，林钰，尚雪亚，等. 钼酸铵的热分解机理研究[J]. 兰州大学学报（自然科学版），1997，33(3)：72~76.

[7] Yin Z L，Chen Q Y. Study on the Kinetics of the Thermal Decompositions of Ammonium Molybdates[J]. Thermochimica Acta，2000，352~353：107~110.

[8] 唐春华. 现代磷化技术回答（四）[J]. 电镀与环保. 1998，18(5)：33~37.

[9] 周谟银. 钼酸盐在金属表面处理中的应用（1）[J]. 材料保护，2000，33(10)：45~47.

[10] 周谟银. 钼酸盐在金属表面处理中的应用（2）[J]. 材料保护，2000，33(11)：53~55.

无取向电工钢在精炼过程的夹杂物演变规律

罗　艳[1]，张立峰[1]，陈凌峰[2,3]，程　林[3]，胡志远[3]

（1. 北京科技大学冶金与生态工程学院，北京 100083；2. 北京科技大学材料科学与工程学院，
北京 100083；3. 首钢股份公司迁安钢铁公司，河北 迁安 064404）

摘　要：本文对无取向电工钢在精炼过程中进行密集取样，采用化学成分分析法和 ASPEX 自动扫描电镜及热力学检测、分析钢中夹杂物，得出无取向电工钢在精炼过程中夹杂物的演变规律。结果表明：在精炼过程中，该无取向电工钢的脱碳率为 77.27% ~ 86.79%；采用铝脱氧且不进行深度脱硫。RH 到站和脱碳结束后，钢中夹杂物主要以簇状的 Al_2O_3 为主，尺寸都小于 $2\mu m$。从脱氧结束到合金化后，钢中夹杂物主要以单个 Al_2O_3 和 Al_2O_3 与 AlN 复合夹杂物为主，尺寸小于 $1.5\mu m$。Al_2O_3 夹杂物在 RH 精炼过程的演变规律是由大量的分布不均匀的 Al_2O_3 夹杂物变为相对少的纯 Al_2O_3；随后由于脱氧剂的加入，纯 Al_2O_3 下降并在钢中均匀分布；最后 Al_2O_3 数量所占比例急剧下降、均匀化。

关键词：无取向电工钢；夹杂物；演变规律

Evolution of Inclusions during RH Refining in Non-oriented Electrical Steel

Luo Yan[1], Zhang Lifeng[1], Chen Lingfeng[2,3], Cheng Lin[3], Hu Zhiyuan[3]

(1. Metallurgical and Ecological Engineering, University of Science and Technology Beijing,
Beijing 100083, China; 2. Materials Science and Engineering, University of Science
and Technology Beijing, Beijing 100083, China; 3. Qian'an Iron & Steel
Co., Ltd., Shougang Group, Qian'an 064404, China)

Abstract：In the current study, samples of electrical steel were taken at the four different stages of RH refining, including the start, decarburization, deoxidization and alloying of RH refining, respectively. The evolution of inclusions during RH refining was obtained through chemical composition detection; an automated ASPEX analysis and thermodynamics. Results were showed the removal fraction of decarburization ranged from 77.27% to 86.79%. Aluminum was served as deoxidizing agent, and the absence of deep desulfurization process was applied to the secondary refining. Most of inclusions were clustered alumina with the size of below $2\mu m$ during the start and after decarburization process, while main inclusions were single alumina and complex inclusions of alumina and AlN during after deoxidizing and alloying, whose size were below $1.5\mu m$. In addition to this, the evolution of alumina was that a number of alumina with heterogeneous distribution turned to a relatively small pure alumina; and then pure alumina inclusions decreased and were homogeneous after deoxidizing agent adding; finally the amount of alumina inclusions sharply decreased and the composition of inclusions was homogeneous.

Key words：non-oriented electrical steel; inclusions; evolution

1　引言

电工钢俗称矽钢片，是一种含碳量很低的软磁材料，它包括硅含量低于 0.5% 的电工钢和硅含

量为 0.5% ~4.5% 的电工钢两类，一般厚度在 1mm 以下[1,2]。电工钢根据生产方式可分为热轧矽钢片和冷轧电工钢，冷轧电工钢又可分为无取向和取向两种，见表 1[1,3]。

表 1　国内外电工钢硅含量一般要求

名　称	主要类别		硅含量/%
热轧矽钢片（无取向）	热轧低硅钢（热轧电机钢）		1.0 ~2.5
	热轧高硅钢（热轧电机钢）		3.0 ~4.5
冷轧电工钢	无取向电工钢（冷轧电机钢）	无取向低碳低硅电工钢	≤1.0
		无取向电工钢	>1.5 ~2.8
	取向电工钢（冷轧变压器钢）	普通取向电工钢	2.9 ~3.3
		高磁感取向电工钢	2.9 ~3.3

目前无取向电工钢炼钢工艺主要是 BOF—炉外精炼（LF—RH 或 RH—LF 或 RH）—连铸；其中炉外精炼在生产工艺中占据着重要的地位。经真空处理，通过碳和氧的化学反应同时进行脱碳和脱氧，使碳含量降到目标值，同时精炼过程还承担深度脱硫的重任。而影响无取向电工钢磁性的因素有化学成分、夹杂物的形态、数量、尺寸、加热及热轧过程中夹杂物的演变情况、织构状态、晶粒尺寸、表面状态等，这些因素都会不同程度地对磁性能产生一定的影响[4]。

一般说来，钢中夹杂物按尺寸大小可分为大颗粒夹杂物（ >50μm）、显微夹杂物（1 ~50μm）和微细夹杂物（ <1μm）。前两类夹杂物主要影响电工钢片的表面质量和使用性能，而后者对成品电工钢片的磁性危害较大。研究结果表明[5]，粒径 >0.5μm 的夹杂物对电磁性能的影响要比 0.05 ~0.5μm 的小得多。冷轧无取向电工钢中的夹杂物主要有氧化物、硫化物、氮化物以及它们的复合体，通过对钢中夹杂物进行变性处理（如稀土、钙处理）可以提高电工钢的磁性能，因而，无取向电工钢在精炼过程中夹杂物演变规律有待冶金科研人员的探究。

2　研究方法

本研究选用无取向电工钢作为试样，该钢种的生产工艺是 BOF—RH—CC，其中 RH 精炼周期约为 50min。该钢种的钢中［Si］成分约为 0.8%，［Al］≈0.5%。

连续在两个炉次中分别在 RH 进站、脱碳后、脱氧后、合金化后四个工况点取样。分别采用 ICP-AES 和 LECO-CS 方法对试样进行成分检测。同时，通过线切割获得 10mm×10mm×10mm 八个试样。两炉次的试样经热镶、磨抛后，采用 ASPEX 自动扫描电镜进行分析。

为了保证电工钢中氮化物也被检测出来，ASPEX 自动扫描电镜将电压调整到 15kV，能谱设置到 Slow 模式，保证扫描的面积为 20 ~30mm²。

通过对 RH 精炼过程中夹杂物演变规律的调研，结合 Wanger 热力学模型，获得钢中夹杂物的形成机理，具体研究步骤将于之后详细叙述。

3　RH 精炼过程中夹杂物行为分析

3.1　RH 精炼过程中化学成分

表 2 和图 1 是无取向电工钢在 RH 精炼过程中化学成分的变化。从表 2 和图 1 可知：连浇的两个炉次的化学成分变化规律几乎一致。[Als] 含量从到站到脱碳结束后都低；加入脱氧剂后，[Als] 含量急剧增加，然后基本维持在目标成分范围内，从而推断出该无取向电工钢采用铝脱氧。[C] 含量在未脱碳前高达 $(110 ~280) \times 10^{-6}$；脱碳结束后 C 含量为 $(25 ~37) \times 10^{-6}$，脱碳率为 77.27% ~86.79%；最终 C 含量有所增加，但幅度不大，增碳的原因是加入的脱氧剂和合金带入。[S] 含量在 RH 精炼过程中都维持在 $<21 \times 10^{-6}$，变化幅度极小，说明在铁水预处理过程中脱硫效率很高，也表明在 RH 精炼过程中没有脱硫处理及合金中杂质硫含量极低。

表 2　S30G 在 RH 精炼过程中化学成分的变化　　　　　　（%）

炉　次	精炼过程	C	Si	Mn	S	Als
第一炉	到站	0.011	0.005	0.036	0.0017	0.054
	脱碳结束	0.0025	0.0035	0.035	0.0016	0.05
	脱氧后	0.0042	0.013	0.040	0.0017	0.74
	合金化	0.003 ~ 0.004	0.65 ~ 0.8	0.45 ~ 0.7	0.0014 ~ 0.0018	0.6 ~ 0.8
第二炉	到站	0.028	0.007	0.03	0.0021	0.093
	脱碳结束	0.0037	0.004	0.029	0.0020	0.12
	脱氧后	0.0024	0.0098	0.034	0.0019	0.64
	合金化	0.003 ~ 0.004	0.65 ~ 0.8	0.45 ~ 0.7	0.0016 ~ 0.0019	0.6 ~ 0.8

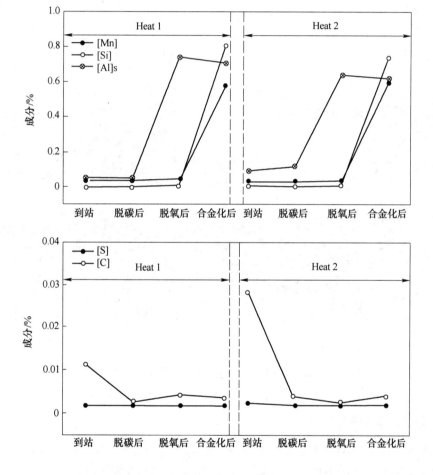

图 1　无取向电工钢在 RH 精炼过程中化学成分的变化

3.2　RH 精炼过程中夹杂物形貌

图 2 ~ 图 5 分别是两个炉次在 RH 进站、脱碳结束、脱氧结束、合金化后钢中典型夹杂物类型及形貌图。从图 2 ~ 图 5 中可知：到站，钢中主要夹杂物都是簇状 Al_2O_3，尺寸较小；脱碳后，钢中主要夹杂物都是尺寸较小的簇状 Al_2O_3 和大颗粒单个 Al_2O_3；加入脱氧剂后，钢中夹杂物主要是细小的单个 AlN 和 AlN + Al_2O_3；合金化结束后，钢中夹杂物主要是尺寸相对较大的单个 AlN 和细小的 AlN + Al_2O_3。在后续过程中有 AlN 析出，是由于脱氧剂采用铝，钢中铝含量急剧升高，而取样过程中，由于试样有一部分时间是处于冷却过程中的，因而钢中出现了 AlN。

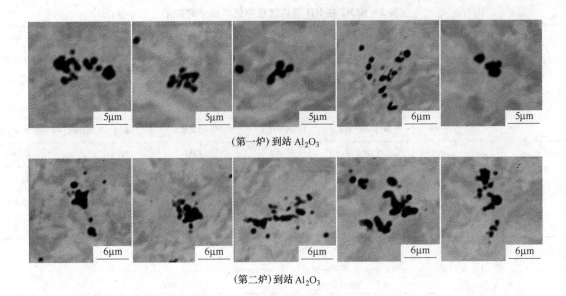

(第一炉) 到站 Al$_2$O$_3$

(第二炉) 到站 Al$_2$O$_3$

图 2　夹杂物典型类型及形貌（到站）

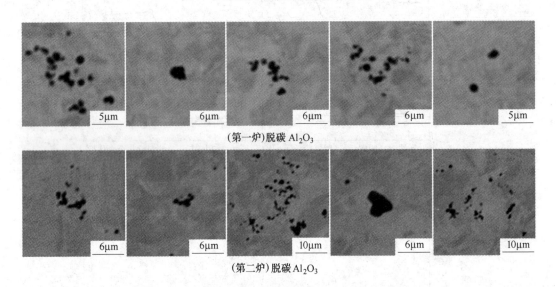

(第一炉) 脱碳 Al$_2$O$_3$

(第二炉) 脱碳 Al$_2$O$_3$

图 3　夹杂物典型类型及形貌（脱碳后）

3.3　RH 精炼过程中夹杂物演变规律

图 6 是两个炉次钢中夹杂物数密度和面积百分数的对比。从图 6a 中可知：从 RH 到站、脱碳结束脱氧后，两个炉次中钢中夹杂物的数密度都有所下降，第二炉下降趋势比第一炉要大。第一炉试样中夹杂物数密度依次为 2260.13 个/mm^2、1981.62 个/mm^2，夹杂物数密度减少了 278 个/mm^2；第二炉夹杂物数密度依次为 4348.41 个/mm^2、3742.19 个/mm^2，夹杂物数密度减少了 606.22 个/mm^2。从 RH 脱碳到脱氧结束过程中，两个炉次的夹杂物数密度急剧下降，第一炉下降了 1666.4 个/mm^2；第二炉下降了 3538.073 个/mm^2。而在 RH 合金化后两个炉次夹杂物数密度分别维持在 157.62 个/mm^2、218.38 个/mm^2。尽管第二炉次在 RH 进站时夹杂物数密度比第一炉要高很多，但是随着 RH 精炼过程的进行，夹杂物数密度都降到相近的数密度，说明 RH 精炼过程中夹杂物去除效果好。

从图 6b 中可知：在整个精炼过程中，钢中夹杂物面积百分数都急剧下降。由于第二炉钢中的夹杂物数密度比第一炉要高，因而夹杂物在面积百分数分布中，第二炉要比第一炉高。从进站到合金化后，两个炉次中夹杂物面积百分数分别下降了 0.479%、0.601%。

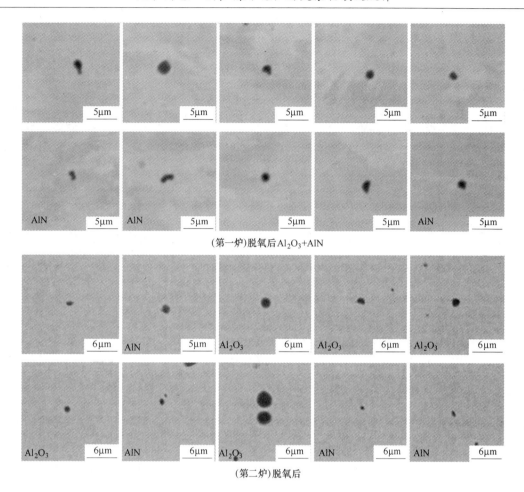

图 4 夹杂物典型类型及形貌（脱氧后）

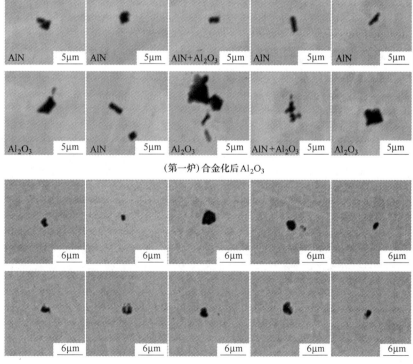

图 5 夹杂物典型类型及形貌（合金化后）

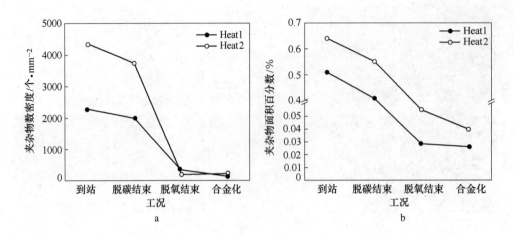

图6　两个炉次中夹杂物数密度和面积百分数的对比

图7是两个炉次在 RH 精炼过程中夹杂物平均尺寸的对比。从图7可知：在整个精炼过程中钢中夹杂物尺寸都较小，并且尺寸变化不大，基本保持在1μm左右，其中第二炉中夹杂物尺寸基本不变，而第一炉夹杂物尺寸先减小再增大，说明较大夹杂物被精炼渣吸附去除，加入合金后，小的夹杂物上浮碰撞长大，还未来得及去除。从 RH 到站、脱碳结束、脱氧至合金化后第一炉试样中的夹杂物平均直径依次为 1.69μm、1.56μm、1.07μm、1.33μm；第二炉试样中的夹杂物平均直径依次为 1.36μm、1.37μm、1.5μm、1.23μm。

图8是整个 RH 精炼过程中钢中夹杂物演变趋势图。从图8可知：从 RH 进站到脱碳结束，钢中夹杂物主要以 Al_2O_3 为主，随后钢中 Al_2O_3 夹杂物急剧下降，而 AlN、复合氧化物及硫化物都在增加，其中 AlN 夹杂物增加速率最

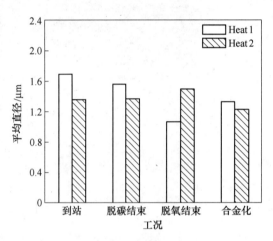

图7　两个炉次钢中夹杂物平均尺寸的对比

快。RH 结束后钢中夹杂物主要以 AlN 和 Al_2O_3 夹杂物为主。从脱碳结束后钢中 Al_2O_3 夹杂物急剧下降，表明了脱碳过程中消耗了大量的 ［O］并产生大量气体，促使较大尺寸的 Al_2O_3 夹杂物上浮去除。而 AlN 的大量生成，将从热力学方向给予解释。

根据上述夹杂物演变规律得出：在 RH 精炼前期，钢中夹杂物类型主要以氧化铝为主，尺寸小于

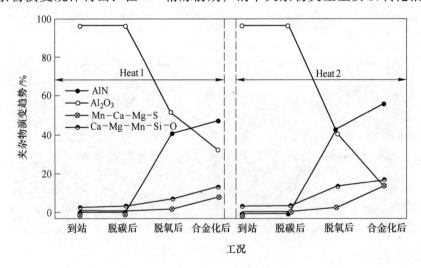

图8　两个炉次钢中夹杂物演变趋势

2μm；在 RH 精炼后期，钢中夹杂物类型主要以氧化铝 + AlN 为主，尺寸也小于 2μm。为了更好地掌握钢中氧化物在钢水中的分布情况，依据 ASPEX 扫描结果，选取在 RH 精炼过程中第一炉试样做出钢中 Al₂O₃ 夹杂物所占百分比的分布，其中 X 轴、Y 轴分别代表扫描面积的横纵方向的位置，如图 9 所示。

从图 9 可知：在 RH 进站时，钢中氧化铝夹杂物分布不均匀，100% Al₂O₃ 所占比例较高，主要在试样中部，其他以 90% Al₂O₃ 均匀分布于其他部位。脱碳结束后，由于钢中的自由氧与［C］结合，生成 CO，因而钢中 100% Al₂O₃ 所占比例下降；同时由于气体的生成，钢水夹杂物分布趋于均匀化。随着脱氧剂的加入，钢中 Al₂O₃ 夹杂物越来越少，其原因是铝与钢中氧大量结合，生成 Al₂O₃，随着循环进行，Al₂O₃ 夹杂物碰撞、长大、上浮而去除。随着精炼时间的延长，钢中大量的 Al₂O₃ 夹杂物被去除，同时钢中成分也均匀化，因而在加入合金后，钢中 Al₂O₃ 夹杂物数量大量减少。

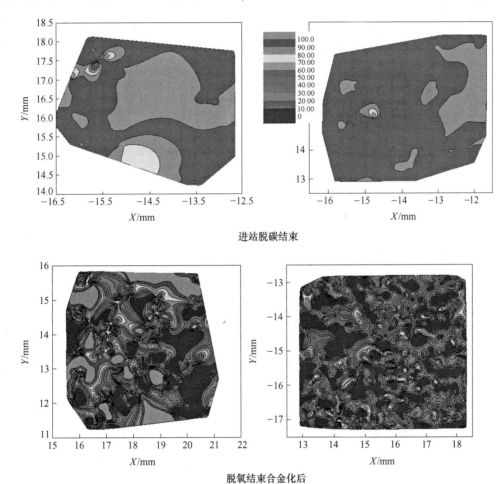

进站脱碳结束

脱氧结束合金化后

图 9　第一炉次钢中 Al₂O₃ 夹杂物在 RH 精炼过程中实际分布

4　热力学分析

一般夹杂物在钢液中形成的反应方程表达式为：

$$a[\mathrm{A}] + b[\mathrm{B}] = c[\mathrm{C}]_{(s)} \tag{1}$$

$$K = a_{[\mathrm{C}]} / (a_{[\mathrm{A}]}^{a} \cdot a_{[\mathrm{B}]}^{b}) \tag{2}$$

$$a_{[\mathrm{A}]} = f_{[\mathrm{A}]} \cdot [\%\mathrm{A}] \tag{3}$$

$$\log f_i = \sum e_i^j [\%j] \tag{4}$$

式中，K 为反应平衡常数；a 为元素活度；f_i 为元素活度系数；e_i^j 为定浓度活度相互作用系数，在表 3 中列出溶于铁液中各元素的 e_i^j。

表3　一阶反应相互作用系数[10,14~16]

e_i^j $(j→)$	C	Si	Mn	Als	S	O	N
Al	0.091	0.056	—	0.043	0.035	-1.98	0.015
N	0.13	0.048	-0.02	0.01	0.007	-0.12	0
O	-0.421	-0.066	-0.021	-1.17	-0.133	-0.17	-0.14

为了综合考虑夹杂物形成机理，需要从钢液、凝固过程及其冷却过程方面来探究。

根据方程（1）~方程（2）[17]可得出该电工钢的液相线温度（T_L）为1526℃，固相线温度（T_S）为1518℃。

$$T_L = 1536 + 273 - (90[\%C] + 6.2[\%Si] + 1.7[\%Mn] + 28[\%P] +$$
$$40[\%S] + 2.6[\%Cu] + 2.9[\%Ni] + 1.8[\%Cr] + 5.1[\%Al]) \tag{5}$$

$$T_S = 1536 + 273 - (415.3[\%C] + 12.3[\%Si] + 6.8[\%Mn] + 124.5[\%P] +$$
$$183.9[\%S] + 4.3[\%Ni] + 1.4[\%Cr] + 4.1[\%Al]) \tag{6}$$

根据下面反应形成 Al_2O_3：

$$Al_2O_3(s) = 2[Al] + 3[O] \tag{7}$$

$$logK_1 = -64000/T + 20.57 \tag{8}$$

根据表3、式（7）、式（8）可以计算出电工钢中 Al_2O_3 的析出温度为2030K。通过析出温度计算的结果可以判断 Al_2O_3 在钢的液态条件下析出。

在钢液中，AlN 形成是依据下面的反应进行的：

$$AlN(s) = [Al] + [N] \tag{9}$$

$$logK_2 = -12900/T + 5.62 \tag{10}$$

依据表3、式（9）、式（10）可以计算出电工钢中 AlN 的析出温度为1542K，低于液相线温度，说明 AlN 析出是在钢液凝固或冷却过程。图9计算得出了不同温度下 AlN 在钢液中稳定存在的热力学曲线。从图10可看出：在1542K 温度下，当钢液中含有 0.7%[Al]，与之平衡的 [N] 含量为 20×10^{-6}，与实际生产中钢液中 [N] 含量一致，说明预测 AlN 析出表达式是可行的。而 RH 精炼后期出现大量的 AlN 主要是在试样凝固或冷却过程中，由于 RH 加合金后，钢中铝含量急剧增加且钢中溶解氧含量较低，此时高浓度的铝含量极易与 [N] 结合生成 AlN。

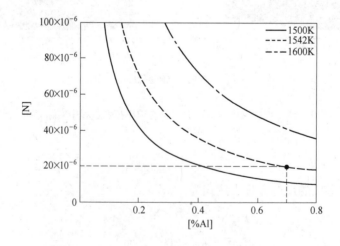

图10　AlN 在钢液中稳定存在的热力学曲线

5　结论

（1）通过化学成分的检测，得出结论该无取向电工钢采用铝脱氧。RH 精炼过程中不进行深度脱硫，而脱碳率为77.27% ~86.79%。

（2）在 RH 精炼过程中，两个炉次在到站和脱碳结束时，钢中夹杂物主要以簇状的 Al_2O_3 为主，尺寸都小于 $2\mu m$。从脱氧结束到合金化后，钢中夹杂物主要以单个 Al_2O_3 和 Al_2O_3 与 AlN 复合夹杂物为主，尺寸小于 $1.5\mu m$。

（3）随着 RH 精炼进行，获得钢中 Al_2O_3 夹杂物的演变规律：由大量的分布不均匀的 Al_2O_3 夹杂物变为相对少的纯 Al_2O_3；随后由于脱氧剂的加入，纯 Al_2O_3 所占比例下降并在钢中均匀分布；最后 Al_2O_3 数量所占比例急剧下降、均匀化。

（4）无取向电工钢的液相线温度为 1526℃，固相线温度（T_S）为 1518℃。电工钢中 Al_2O_3 析出温度为 2030K 且在钢的液态条件下析出。而 AlN 析出温度为 1542K 且在钢液凝固或冷却过程中析出。

参考文献

[1] 王强. 无取向硅钢轧制工艺研究[J]. 安徽冶金，2007，1（5）：27~31.

[2] 赵坚，赵琳. 优质钢缺陷[M]. 北京：冶金工业出版社，1991.

[3] 石虎珍. 薄板坯连铸连轧无取向硅钢的裂纹缺陷分析[D]. 沈阳：东北大学，2008.

[4] Matsumura K, Fukuda B. Recent Development of Non-orinented Electrical Steel Sheets[J]. IEEE Transactions on Magnetics, 1984, 20(5):1533~1537.

[5] Boc I, Cziraki A, Grof T. Analysis of Inclusion in Cold-rolled Si-Fe Strips[J]. Journal of Magnetism and Magnetic Materials, 1990, 83(1~3):381~383.

[6] [日] 開道力，小川俊文. 無方向性電磁鋼板における究極鉄の追求[J]. Journal of Magnetics Society of Japan, 2007, 31(4):316.

[7] Baker T J, Charles J A. Effect of Second-Phase Particles on the Mechanical Properties of Steel[J]. The Iron and Steel Institute, 1971, 12(3):79~80.

[8] Kurosaki Y, Shiozaki M, Higashine K, et al. Effect of Oxide Shape on Magnetic Properties of Semiprocessed Non-oriented Electrical Steel Sheets[J]. ISIJ International, 1999, 39(6):607~610.

[9] Zhang Feng, Ma Changsong, Wang Bo, et al. Control of Nonmetallic Inclusions of Non-oriented Silicon Steel Sheets by the Rare Earth Treatment[J]. Baosteel Technology Research, 2011, 5(2):41~45.

[10] 樊立峰，许学勇，岳尔斌. 高牌号无取向硅钢铸坯夹杂物浅析[J]. 宽厚板，2007，4：21~23.

[11] 吕学钧，张峰，王波，等. 夹杂物对无取向硅钢磁性能的影响[J]. 特殊钢，2012，4：22~25.

[12] 罗艳，刘洋，张立峰，等. 无取向硅钢夹杂物分析[J]. 太原理工大学学报，2014，45（1）：33~36.

[13] 郭艳永，柳向春，蔡开科，等. BOF-RH-CC 工艺生产无取向硅钢过程中夹杂物行为的研究[J]. 钢铁，2005，4：24~27.

[14] Elliot J F, Sigworth G K. The Thermodynamic of Liquid Dilute Iron Alloys[J]. Met. Sci., 1974, 18:298.

[15] Suito H, Cho S W. Assessment of Calcium-oxygen Equilibrium in Liquid Iron[J]. ISIJ Int., 1994, 34(3):265.

[16] Jo J O, Kim W Y, Lee C O, et al. Thermodynamic Relation between Aluminum and Titanium in Liquid Iron[J]. ISIJ Int, 2008, 48(1):17.

[17] 蔡开科. 连铸与凝固[M]. 北京：冶金工业出版社，1992.

迁钢公司连续退火炉气氛控制与铁损改善研究

张保磊，胡志远，刘　磊，王付兴，刘中华，于　喆，陈凌峰，沈国政

（首钢股份公司迁安钢铁公司，河北 迁安 064404）

摘　要：以迁钢公司连续退火炉为研究对象，研究了不同炉内气氛和无氧化加热段工艺对带钢铁损的影响。结果表明：连续退火炉采用湿气氛，启动无氧化加热段时，高牌号无取向电工钢表面内氧化层较厚，导致 35SW300 铁损较高；而采用干气氛生产，可使带钢表面内氧化层厚度大大减小，而此种工艺生产的 35SW300 铁损降低约 0.1W/kg，效果明显；同时关闭无氧化加热段，保证炉辊碳套不结瘤，实现大批量工业化生产。

关键词：连续退火炉；气氛；铁损

Study on Continuous Annealing Furnace Atmosphere and Core Loss of Qiangang Company

Zhang Baolei, Hu Zhiyuan, Liu Lei, Wang Fuxing, Liu Zhonghua, Yu Zhe, Chen Lingfeng, Shen Guozheng

（Shougang Qian'an Iron & Steel Co., Ltd., Qian'an 064404, China）

Abstract：Taking the Qiangang continuous annealing furnace as the research object, it analyzing the influence from atmosphere and no oxygen fire furnace part (NOF). Ultimately, at wet atmosphere with NOF part burning, one electric steel called 35SW300 coreloss will increasing because of steel sheet internal oxidation. At dry atmosphere, the thickness of internal oxidation will decrease, and core loss will down about 0.1W/kg. At short, in this situation with show down NOF part, nodulation of the furnace roller will not occur, and the core loss will down too. This way can be use for industry.

Key words：continuous annealing furnace; atmosphere; iron loss

无取向电工钢作为电机的定、转子材料，其磁性能的提高，对提高电机工作效率、节约中国有限的电力资源具有重要意义，尤其是高牌号无取向电工钢铁损更低、对节能降耗作用更大。目前各钢厂都在为降低无取向电工钢的铁损而持续改进和优化制造工艺，其中包括有效防止或减少表层内氧化以降低铁损、提高磁感应强度等重要措施[2]。经验表明，在成分相近、工艺条件相同时，严重的表层氧化对磁性的危害甚至可以抵消常化处理对磁性的贡献。

首钢股份公司迁安钢铁公司在生产高牌号无取向电工钢 35SW300 的前期，铁损一直较高，通过对热轧工艺、常化工艺调整后，效果不明显，通过化验发现带钢表面氧化层较厚，一直未能减薄，造成铁损居高不下，约 30% 的带钢铁损高于判定标准，造成批量的产品降级，并由于重新加大原料投入量组织生产，耽误了用户的交货期，既带来严重的经济损失，又降低了用户对企业的信赖度。我们将连续退火炉保护气氛由湿气改为干气，并关闭无氧化加热段明显降低了退火钢内氧化层，并且避免碳套辊结瘤。

1　首钢迁钢公司连续退火炉布置情况

连续退火炉分 5 段控制：无氧化加热段、1 号辐射管加热段、1 号均热段、2 号辐射管加热段和 2 号

均热段；在无氧化加热段采用焦炉煤气明火加热，其余4段采用辐射管或电阻带辐射加热；炉内气氛可采用氮气、氮氢混合气两种。在1号均热段设有加湿器，气体通过加湿器进入炉内则为湿气氛，不通过加湿器则为干气氛；整体炉内气压由尾到头逐渐减小，气流从连续退火炉从尾向头流动，最终从无氧化加热段顶部排出退火炉，见图1。

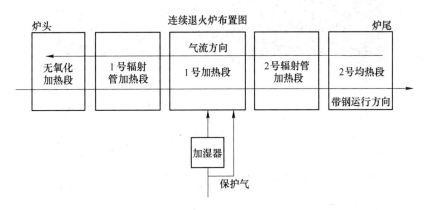

图1 迁钢公司连续退火炉布置图

2 35SW300内氧化层控制情况

为了获得低铁损的无取向电工钢，首要的是在成分上增加合金元素硅、铝的含量和提高钢的冶炼纯度。但在退火过程中，由于溶质元素硅和铝较铁对氧的亲和力大，加之含量高，就会在带钢的表面下产生一层氧化膜，即"内氧化层"。而影响内氧化层厚度的因素较多：成分设计、酸洗工艺、退火工艺、烧结工艺等[3]。

迁钢公司在生产35SW300前期，成分、酸洗工艺均没有发生变化，故内氧化层应在退火炉产生。连续退火炉生产时采用湿气氛生产，炉内露点较高，同时氢气含量偏低，使带钢在退火炉内产生的内氧化层不能完全还原，故造成氧化层较厚的情况。

湿气氛工艺的内氧化层情况如图2所示。

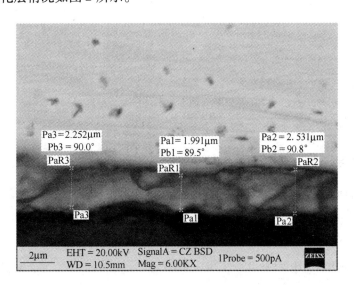

图2 湿气氛工艺的内氧化层情况

3 工业试验结果与分析

3.1 干湿气氛调整对铁损的影响

首先退火炉内气氛由湿气氛变为干气氛，消除炉内氧化性的来源。由于35SW300的［Si］、［Als］含量较高，故在干气氛情况下，同时增加炉内氢气含量，内氧化层厚度变薄，铁损改善明显，对比见图3和图4。

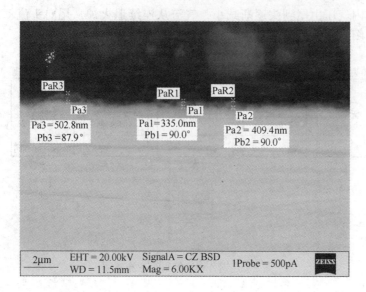

图3　干气氛工艺的内氧化层情况

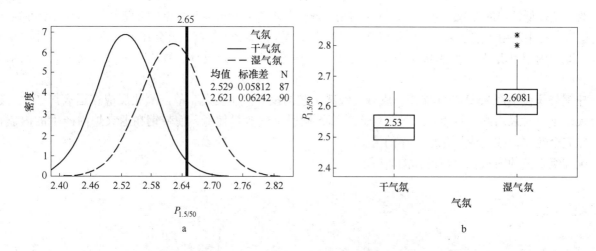

图4　干、湿气氛工艺下铁损对比情况

a—直方图；b—箱线图

3.2　炉辊碳套结瘤的影响

通过气氛调整后，35SW300的铁损改善明显，但又产生新的问题，即炉辊碳套结瘤，产生原因为：由于连续退火炉内气氛为干气氛，保护气为氮氢混合气，使带钢表面自带的氧化层和在无氧化加热段快速加热产生的氧化层，在连续退火炉后段进行还原，见下：

$$Fe_2SiO_4 + 4H_2 === 2Fe + Si + 4H_2O$$

还原下的铁原子，极易附着在炉辊碳套表面，形成凸起，对带钢表面和炉辊本身有着极大的危害，使带钢表面产生压坑，此时必须进行换牌号生产，同时对碳套进行修磨，使碳套表面的凸起磨掉后才能继续生产，造成碳套的使用寿命大大缩短，炉辊和碳套结构见图5，碳套结瘤见图6。

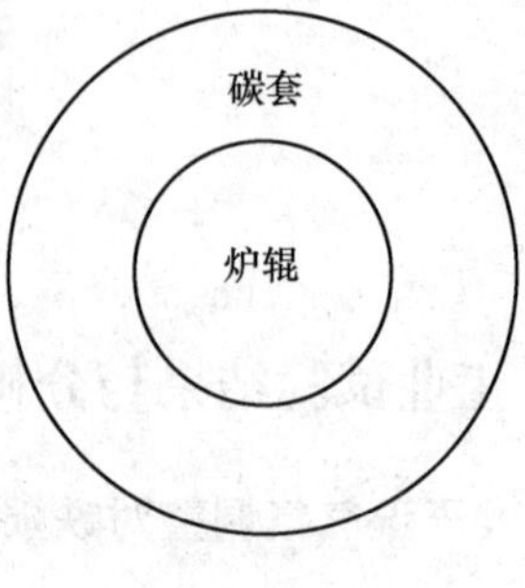

针对碳套结瘤问题，采用干气氛工艺的同时，关闭无氧化加热段，在此工艺下，缺少无氧化加热段造成的内氧化层，在内氧化层更薄的基础上增加

图5　炉辊和碳套结构图

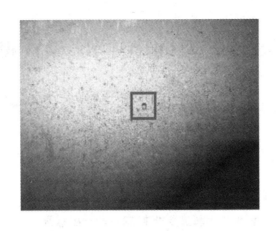

图6 碳套结瘤图

对炉辊碳套的保护作用，一方面解决 35SW300 带钢频繁发生的结瘤问题，另一方面延长碳套的使用寿命，降低生产成本。

4 结论

（1）连续退火炉通过采用干气氛生产，露点、氢气含量随之微调，可大幅降低 35SW300 的内氧化层厚度，最终铁损也大幅降低。

（2）在干气氛情况下，通过对连续退火炉气氛调整，关闭无氧化加热段，可避免碳套结瘤的产生，延长碳套使用寿命。

参考文献

[1] 何忠治，赵宇，罗海文. 电工钢[M]. 北京：冶金工业出版社，2012.

[2] 张新仁，等. 中等 Si 含量高磁感无取向电工钢冶金特征因素及分析（下）[J]. 电工钢，2005，12：18~27.

[3] 裴大荣. 内氧化层对高牌号无取向硅钢磁性的影响[J]. 钢铁研究学报，1995，4：25~28.

热轧工艺温度对冷轧无取向电工钢 50W800 磁性能的影响

叶　铁，卢志文，仲志国，屈重年，马春华

（南阳师范学院新材料工程技术中心，河南　南阳　473061）

摘　要：研究了在相同的酸洗连轧工艺和相同的连续退火工艺制度下，不同的热轧工艺温度对电工钢卷磁性能的影响，研究发现：当热轧终轧温度升高 50℃ 时，磁感应强度升高约 0.020T；精轧阶段，终轧温度对铁损的影响较明显，平均终轧温度每升高 10℃ 铁损降低约 0.10W/kg。本文最后总结了生产冷轧无取向电工钢 50W800 的加热原则。

关键词：铁损；磁感应强度；热轧温度；连续退火

Effect of the Different Temperature of Hot Rolling on Magnetic Properties of the Non-oriented Electrical Steel 50W800

Ye Tie, Lu Zhiwen, Zhong Zhiguo, Qu Chongnian, Ma Chunhua

（New Materials Engineering Technology Center, Nanyang Normal University, Nanyang　473061, China）

Abstract：With the same acid pickling-rolling and continuous annealing process, the effect of the different temperature of hot rolling on magnetic properties of the non-oriented electrical steel 50W800 was studied. Through the study found：When the hot rolling finishing temperature rise 50℃, magnetic induction increased about 0.020T；finishing stage, the finishing effect of temperature on the iron loss of the more obvious, with an average finish rolling temperature increased by 10℃ iron loss reduced by about 0.10W / kg；At last we can include the principle of the heating of the non-oriented electrical steel 50W800 in actual production.

Key words：iron loss；magnetic introduction intensities；hot rolling；continue annealing

1　引言

近年来，国内电工钢市场需求不断增长，冷轧电工钢生产规模呈现快速发展的趋势[1~4]，而且随着冷轧电工钢产品的生产技术不断发展，电工钢产品的磁性能也有了很大的提高。针对不同的用户，新产品、高效材的研制与开发向两个方向发展[5~8]，即在铁损不变的情况下尽量提高磁感应强度和在磁感应强度不变的情况下尽量降低铁损。这就要求对产品的工艺控制更加严格、准确。采用不同的热轧工艺温度生产出冷轧电工钢的成品钢卷其最终磁性能是不同的。本文较为详细的研究了在采用相同的酸洗连轧工艺和相同的连续退火工艺制度下，热轧过程中各工艺采用不同温度下电工钢产品最终磁性能。另外，本文最后给出了热轧的参考工艺。

2　实验方法及过程

2.1　实验方法

试验过程中只是改变热轧试验部分的工艺温度，而其他部分的工艺温度由表 1、表 2 给定，如：研究出炉温度与磁感应强度关系时，只是将试验原料的出炉温度改变，而热轧其他部分工艺不变，而且是在相同的酸洗连轧工艺和相同的连续退火工艺制度下测得电工钢卷的最终性能结果。另外，所有的试验原料均采用同一炉次的同一牌号冷轧无取向电工钢。

表 1　钢坯加热温度　　　　　　　　　　　　　　　　（℃）

项　目	入炉温度	加热温度	出炉温度
范　围	500 ~ 700	1050 ~ 1250	1100 ~ 1200
典　型	600	1150	1150

表 2　钢坯轧制和卷取温度　　　　　　　　　　　　　（℃）

项　目	粗轧温度	精轧开轧温度	精轧终轧温度	卷取温度
范　围	1080 ~ 1180	1000 ~ 1100	780 ~ 900	550 ~ 800
典　型	1100	1050	850	710

2.2　实验过程

通过在一定温度范围改变热轧时的出炉温度、粗轧温度、精轧开轧温度、终轧开轧温度及卷取温度，观察磁感应强度和铁损的变化，同时，利用线性拟合这种微量变化，以最终定性地研究热轧温度变化对冷轧电工钢 50W800 磁性能的影响。

试验牌号为 50W800 的连铸电工钢板坯，断面尺寸为 1150mm × 220mm，经热连轧轧成规格为 1050mm × 2.25mm 的板卷，再经过冷轧轧成规格为 1050mm × 0.5mm 的电工钢冷硬卷，然后连续退火，测量其磁性能结果。绘制图 1 ~ 图 10。

3　分析

电工钢热轧工艺中板坯加热温度、终轧温度和卷取温度对最终成品的磁性具有十分重要的影响。一般来说，板坯加热温度越高，Al 和 MnS 固溶量越大，在随后的热轧过程中弥散析出的量就越多，对最终退火时晶粒的长大十分不利，使铁损增高，因此，一般希望板坯加热温度越低越好。但板坯加热温度不能过低，否则终轧温度难以保证，反而使热轧板再结晶组织比例很低或热轧板晶粒细小，成品板织构变坏，磁感应强度降低，而且热轧精轧机负荷增大，板型差，因此热轧制度的制定是各方面综合考虑的结果。

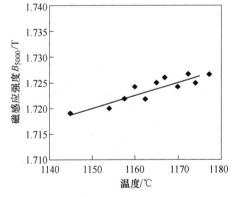

图 1　出炉温度与磁感应强度 B_{5000} 的关系

3.1　对磁感应强度的影响

主要热轧工艺参数与磁感应强度的关系如图 1 ~ 图 5 所示，热轧各温度与各卷热轧头部磁感应强度对应关系进行了统计，总体表现为磁感应强度会随着各工序温度升高而升高，其中，粗轧温度和终轧温度对磁感应强度的影响较明显，当粗轧和终轧温度升高 50℃ 时，磁感应强度升高约 0.020T。

3.2　对铁损的影响

主要热轧工艺参数与铁损的关系如图 6 ~ 图 10 所示，对同一连退工艺的热轧温度进行了统计表明，铁损随粗轧阶段温度的升高而升高；而在精轧阶段则相反，终轧温度对铁损的影响较明显，平均终轧温度每升高 10℃ 铁损降低约 0.10W/kg；卷取温度波动对铁损影响不明显。另外，对终轧温度对铁损的统计表明，终轧温度的提高会使铁损降低。

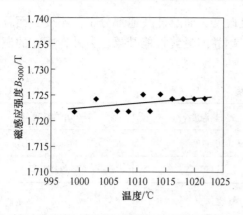

图 2　粗轧温度与磁感应强度 B_{5000} 的关系

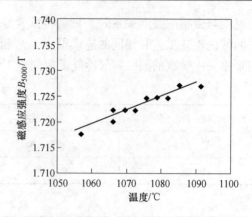

图 3　精轧开轧温度与磁感应强度 B_{5000} 的关系

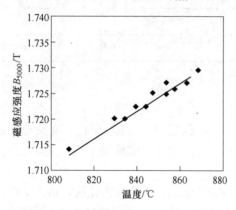

图 4　终轧开轧温度与磁感应强度 B_{5000} 的关系

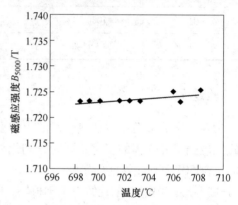

图 5　卷取温度与磁感应强度 B_{5000} 的关系

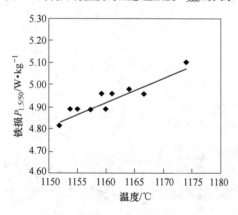

图 6　出炉温度与铁损 $P_{1.5/50}$ 的关系

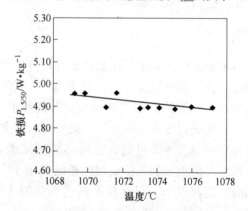

图 7　粗轧温度与铁损 $P_{1.5/50}$ 的关系

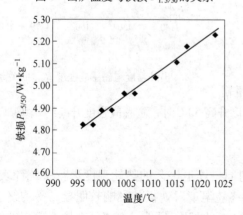

图 8　精轧开轧温度与铁损 $P_{1.5/50}$ 的关系

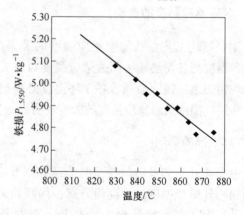

图 9　终轧开轧温度与铁损 $P_{1.5/50}$ 的关系

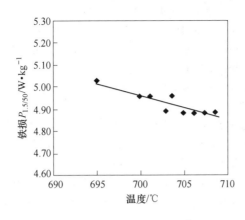

图 10　卷取温度与铁损 $P_{1.5/50}$ 的关系

4　结论

在热轧生产时，板坯中微量元素的存在对相变行为及析出行为有很大影响。加热时温度过高，易导致抑制 MnS 和 AlN 重新固溶和弥散析出；终轧时要保证合适温度，从而使热轧板晶粒及 MnS 和 AlN 粗化，这样可以最终提高产品的磁性能。

4.1　50W800 热轧工艺的一般原则

（1）在轧机能力允许条件下，加热温度要尽量低。最好为 1050～1100℃，以防止钢中 MnS 和 AlN 等第二相粒子析出物固溶。高于 1200℃ 加热会使氧化铁皮热轧时不易脱落，热轧带表面缺陷增多，以后冷轧时易产生脱皮现象[9~16]。

（2）在轧机能力允许条件下，降低终轧温度和提高卷取温度使热轧板晶粒及 MnS 和 AlN 粗化，可以改善织构和磁性。卷取温度高于 700℃ 可起到热轧带卷常化（连续炉）或（箱式炉或罩式炉）预退火改善织构和磁性的作用[17~19]。

4.2　50W800 的热轧工艺

根据现场的实际生产条件，热轧工艺的一般原则和试验所绘制的曲线结果分析得知：

（1）出炉温度：100%控制在规程要求（1120～1160℃）的范围内；

（2）RT2 温度：控制在（1000～1018℃）范围；

（3）FDT 温度：100%控制在规程要求（820～870℃）的范围内；

（4）CT 温度：100%控制在规程要求（690～720℃）的范围内。

4.3　采用上述工艺牌号为 50W800 的磁性能

在严格地控制出炉温度、RT2 温度、FDT 温度、CT 温度后牌号为 50W800 的磁性能有了很大的提高，并稳定控制在一定范围，如表 3 所示。

表 3　50W800 的磁性能

50W800 的磁性能	铁损 $P_{1.5/50}$/W·kg^{-1}	磁感应强度 B_{5000}/T
保证值	5.65	1.730
范围	4.4～5.65	1.710～1.730

参考文献

[1] 卢凤喜. 国内外电工钢市场调研[J]. 武钢技术，2000，38(3):55~57.

[2] Chaudhury A, Khatirkar R, Viswanathan N N, et al. Low Silicon Non-grain-oriented Electrical Steel：Linking Magnetic Properties with Metallurgical Factors[J]. Magn. Magn. Mater, 2007(313):21～28.

[3] Bacaltchuk C M B, Castello G A, Ebrahimi M. Effect of Magnetic Field Applied during Secondary Annealing on Texture and Grain Size of Silicon Steel[J]. Scr. Mater, 2003(48):1343～1347.

[4] Kovac F, Stoyka V, Petryshynets I. Strain-induced Grain Growth in Non-oriented Electrical Steels[J]. Journal of Magnetism and Magnetic Materials, 2008(320):627～630.

[5] 卢凤喜. 以 Mn 部分取代 Si 生产晶粒取向钢的探讨[J]. 中国冶金, 2002, 59(4):38～41.

[6] Barrosa J, Schneidera J, Verbekena K. On the Correlation Between Microstructure and Magnetic Losses in Electrical Steel[J]. Journal of Magnetism and Magnetic Materials, 2008(320):2490～2493.

[7] Park J T, Jerzy A, Szpunar. Effect of Initial Grain Size on Texture Evolution and Magnetic Properties in Nonoriented Electrical Steels[J]. Journal of Magnetism and Magnetic Materials, 2009(321):1928～1932.

[8] Chwastek K. AC Loss Density Component in Electrical Steel Sheets[J]. Philosophical Magazine Letters, 2010, 11(90):809～817.

[9] 王波. 高效率铁芯用低硅无取向电工钢的发展[J]. 金属功能材料, 2004, 11(2):24～28.

[10] 鲁锋, 李友国, 桂福生, 等. 热轧终轧温度对冷轧无取向电工钢析出物的影响[J]. 钢铁研究学报, 2002, 14(1):34～36.

[11] 李文权, 高振宇, 罗里, 等. 夹杂物对电工钢磁性能影响的初步分析[J]. 鞍钢技术, 2004(1):15～18.

[12] 何忠治. 电工钢[M]. 北京：冶金工业出版社, 1997.

[13] 陈凌峰, 黄望芽. 热轧卷取温度对无取向电工钢性能的影响[J]. 宝钢技术, 2004(1):33～35.

[14] Kaido C. Modeling of Magnetization Curves in Nonoriented Electrical Steel Sheets[J]. Electrical Engineering in Japan, 2012, 3(180):466～471.

[15] Park J T, Szpunar J A. Effect of Initial Grain Size on Texture Evolution and Magnetic Properties in Nonoriented Electrical Steels[J]. Magn. Magn. Mater, 2009(321):1928～1932.

[16] Li X, Yue E B, Fan D D, et al. Calculation of AlN and MnS Precipitation in Non-oriented Electrical Steel Produced by CSP Process[J]. Journal of Iron and Steel Research, International, 2008, 15(5):88～94.

[17] Fernando J G L, Joao R F S, Daniel R J. Determining the Effect of Grain Size and Maximum Induction Upon Coercive Field of Electrical Steels[J]. Journal of Magnetism and Magnetic Materials, 2011(323):2335～2339.

[18] Xiao Y D, Li M, Wang W, et al. High Temperature Plastic Deformation Behavior of Non-oriented Electrical Steel[J]. Journal of Central South University of Technology, 2009(16):25～31.

[19] Gervas' eva I V, Zimin V A. Textural and Structural Transformations in Non-oriented Electrical Steel[J]. The Physics of Metals and Metallography, 2009, 5(108):455～465.

常化温度对无取向电工钢织构和磁性能的影响

谢 利，王立涛，裴英豪，施立发，董 梅

（马鞍山钢铁股份有限公司，安徽 马鞍山 243000）

摘 要：研究了常化温度对无取向电工钢织构和磁性能的影响，结果表明：热轧板常化可以明显改善产品磁性能，随着常化温度升高，对应的铁损 $P_{1.5/50}$ 先下降后升高，在975℃左右铁损最低；磁感应强度 B_{5000} 基本呈单调递增，但在高温阶段增幅变缓；常化温度对常化板织构类型影响较小，但对成品板织构类型的影响较大。

关键词：无取向电工钢；常化；织构；磁性能

The Effect of Normalizing Temperature on Texture and Magnetic Properties of Non-oriented Electrical Steel

Xie Li, Wang Litao, Pei Yinghao, Shi Lifa, Dong Mei

（Ma'anshan Iron and Steel Co., Ltd., Ma'anshan 243000, China）

Abstract：The effect of normalizing temperature on texture and magnetic properties of non-oriented electrical steel was investigated in this paper. The results show that normalizing process can significantly improve the magnetic properties, leading to lower core loss and high magnetic induction. With the increase of temperature, the core loss gradually decreases at the beginning and then increases. Moreover, the lowest core loss is at 975℃. However, the magnetic induction is monotonically increasing, but the rate of increase in high temperature stages is low. By the way, there is little effect of normalizing temperature on the texture types of normalized plates, but the effect on texture types of the finished plates is significantly.

Key words：non-oriented electrical steel; normalizing; texture; magnetic properties

1 引言

在无取向电工钢的生产过程中，中低牌号产品一般不进行常化，但对于含硅量较高的高牌号产品，常化可以明显改善热轧组织，使热轧板发生再结晶，减少热轧板组织沿厚度的梯度分布，为冷轧做组织准备，同时可以预防瓦楞状缺陷，改善产品性能[1~3]。本文重点研究了不同热轧板常化温度下常化板和成品板组织和织构的变化，进而研究了其对磁性能的影响。

2 试验材料及方法

试验钢的化学成分（质量分数）如表1所示，试验用热轧板取自大生产无取向电工钢热轧卷。材料经过顶底复吹转炉冶炼、RH处理、连铸、热轧至2.2mm后分别在950℃、975℃、1000℃和1025℃不同温度进行常化，之后冷轧并在950℃保温3min进行成品退火处理。

表1 试验钢的化学成分 （%）

C	Si	Mn	P	S	Als	N	Ti
≤0.006	2.2~2.8	0.15~0.65	≤0.060	≤0.01	0.10~0.80	≤0.01	≤0.01

极图测量仪器是荷兰帕纳科公司生产的 X'Pert Pro X 射线衍射仪上的织构测角计，测试环境温度为 25℃，采用 Co 靶，管电压为 35 kV，管电流为 40mA。测量了每个试样的（110），（200），（211）3 张不完整极图，经归一化处理（标样法）得到极图数据，由极图数据计算 ODF 数据，并计算出完整极图、反极图。采用织构分析软件进行 ODF 分析，根据 Roe 符号系统计算给出 ODF 截面图，从 0°~90°，共计 19 个截面绘在一起，并把 $\varphi = 45°$ 截面图放大画出且计算织构强度。磁性能采用 30mm × 300mm 单片试样，利用 MPG-100D 磁性能测试设备，在 1.5T、50Hz 条件下测量铁损 $P_{1.5/50}$ 和磁感应强度 B_{5000}。

3　试验结果

3.1　常化温度对热轧组织的影响

将热轧板分别在 950℃、975℃、1000℃和 1025℃进行常化，组织形貌如图 1 所示。显然，未经常化的热轧板表面为细小的等轴晶区，心部为形变铁素体，组织沿热轧板厚度具有明显的梯度分布情况，如图 1a 所示。这是因为随着硅含量增加，碳含量降低，电工钢在热加工过程中处于单相 α 区，且热轧过程中轧辊和钢板之间的摩擦产生的剪切变形随表面深度变化而变化，热轧板表面最大，心部最低，因此热轧板表面容易发生再结晶，从而形成细小等轴晶，在热轧板心部由于剪切变形小，变性铁素体难以发生再结晶，因此心部为未发生再结晶的纤维状铁素体。这种组织情况往往会造成最终退火后，产品表面出现瓦楞状缺陷，降低产品叠片性能，同时也恶化产品磁性能。随着常化温度的增加，平均晶粒尺寸增加，晶粒均匀化程度提高，随着常化时间增加，平均晶粒尺寸逐渐增大，如图 1b~e 所示。

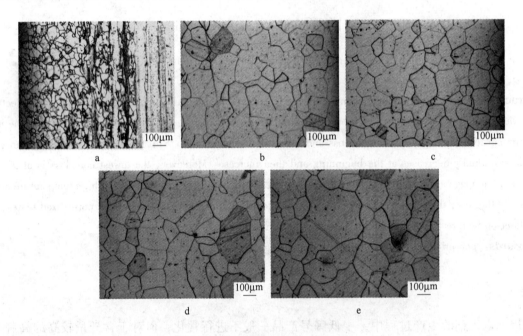

图 1　热轧板及常化板的金相组织

a—热轧板；b—950℃常化；c—975℃常化；d—1000℃常化；e—1025℃常化

3.2　常化温度对成品组织的影响

热轧板和常化板经冷轧后均在 950℃保温 3min 进行最终成品退火处理，成品组织如图 2 所示。显然，无论热轧板是否通过常化，退火后均发生了完善的二次再结晶，且随常化温度提高，退火后平均晶粒尺寸有增加的趋势。

3.3　常化温度对产品磁性能的影响

试验钢最终成品的磁性能和热轧板常化温度之间关系如图 3 所示。显然，未经常化处理的成品板磁性

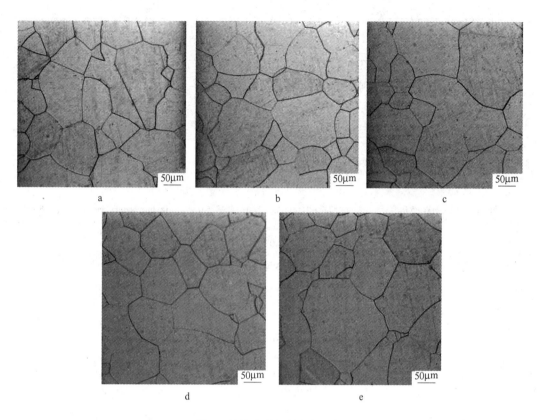

图2 最终成品板的金相组织

a—未常化；b—950℃常化；c—975℃常化；d—1000℃常化；e—1025℃常化

能较差，常化后磁性能显著改善，且随着热轧板常化温度的升高，磁感应强度逐渐升高，铁损则呈现出先降低后升高的趋势；当热轧板经975℃常化后，综合铁损和磁感应强度分别为2.750W/kg和1.721T，磁性能基本达到最佳。

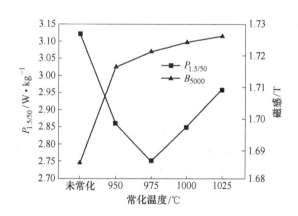

图3 常化温度对磁性能的影响

3.4 常化温度对热轧板织构的影响

热轧板经950℃、975℃、1000℃常化后表层ODF测量结果如图4所示。950℃常化板表层织构中最强织构出现在{110}⟨001⟩，取向密度为3.7，还存在较强的{227}⟨221⟩织构，取向密度为2.6，如图4a所示。975℃常化板表层织构中最强织构出现在{112}⟨-1 -1 1⟩，取向密度为5.0，还存在较强的{110}⟨1 -1 2⟩织构，取向密度为3.0，如图4b所示。1000℃常化板表层织构中最强织构出现在{110}⟨1 -1 4⟩，取向密度为4.6，还存在较强的{338}⟨-2 -3 2⟩织构，取向密度为3.1，如图4c所示。

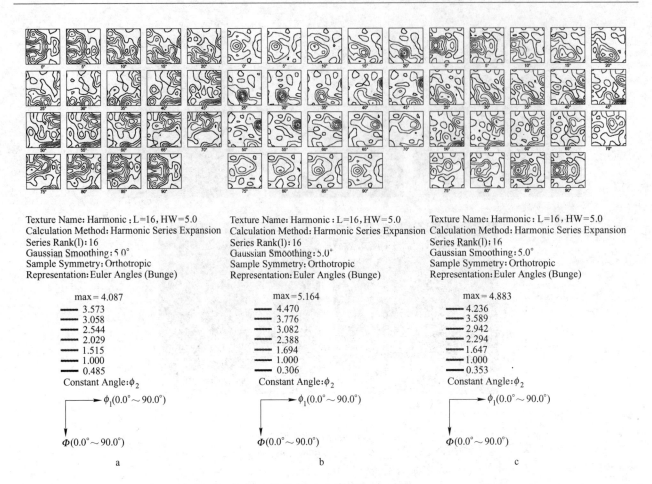

Texture Name: Harmonic : L=16, HW=5.0
Calculation Method: Harmonic Series Expansion
Series Rank(l): 16
Gaussian Smoothing: 5.0°
Sample Symmetry: Orthotropic
Representation: Euler Angles (Bunge)

max = 4.087
——— 3.573
——— 3.058
——— 2.544
——— 2.029
——— 1.515
——— 1.000
——— 0.485
Constant Angle: ϕ_2

➜ $\phi_1(0.0° \sim 90.0°)$

$\Phi(0.0° \sim 90.0°)$

a

Texture Name: Harmonic : L=16, HW=5.0
Calculation Method: Harmonic Series Expansion
Series Rank(l): 16
Gaussian Smoothing: 5.0°
Sample Symmetry: Orthotropic
Representation: Euler Angles (Bunge)

max = 5.164
——— 4.470
——— 3.776
——— 3.082
——— 2.388
——— 1.694
——— 1.000
——— 0.306
Constant Angle: ϕ_2

➜ $\phi_1(0.0° \sim 90.0°)$

$\Phi(0.0° \sim 90.0°)$

b

Texture Name: Harmonic : L=16, HW=5.0
Calculation Method: Harmonic Series Expansion
Series Rank(l): 16
Gaussian Smoothing: 5.0°
Sample Symmetry: Orthotropic
Representation: Euler Angles (Bunge)

max = 4.883
——— 4.236
——— 3.589
——— 2.942
——— 2.294
——— 1.647
——— 1.000
——— 0.353
Constant Angle: ϕ_2

➜ $\phi_1(0.0° \sim 90.0°)$

$\Phi(0.0° \sim 90.0°)$

c

图4 不同温度常化板的 ODF 图

a—950℃常化；b—975℃常化；c—1000℃常化

图5 所示为常化板 α 和 γ 纤维织构的取向线密度分布情况，由图可知，α 取向线上 950℃常化板峰值出现在 {112}⟨110⟩，975℃常化板峰值出现在 {112}⟨110⟩、{111}⟨110⟩ 和 {110}⟨110⟩，1000℃常化板峰值出现在 {001}⟨110⟩、{223}⟨110⟩ 和 {221}⟨110⟩，如图 5a 所示。γ 取向线上，950℃和 1000℃常化板峰值出现在 {111}⟨132⟩，975℃常化板峰值出现在 {111}⟨112⟩，如图 5b 所示。从各试样取向线上织构强度来看，各试样取向线上织构强度都比较弱，并没有明显的区别。

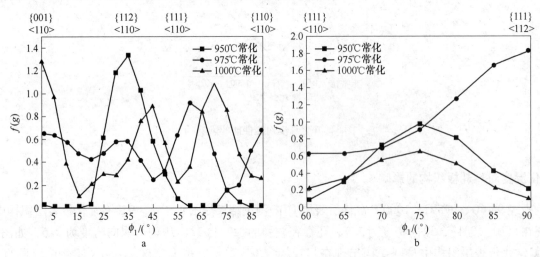

图5 不同常化温度的取向密度分布

a—α 取向线取向密度分布；b—γ 取向线取向密度分布

对各常化温度下常化板所涉及主要织构的占有率进行了统计，具体结果见表2。不同温度常化后Goss织构为主要织构组分，此外还存在少量的立方织构和γ纤维织构。

表2　主要织构占有率　　　　　　　　　　　　　（%）

常化温度/℃	{100}⟨001⟩	Goss	{111}⟨110⟩	{111}⟨112⟩
950	0.6	3.6	1.1	0.9
975	1.3	3.3	0.5	1.2
1000	1.2	7.4	0.4	2.2

3.5　常化温度对成品板织构的影响

经950℃、975℃、1000℃常化，再经过950℃×3min退火后的成品板表层ODF测量结果见图6。950℃常化后成品板主要为{001}面织构，取向密度达到3.6，此外还存在较强的γ纤维织构。975℃常化后成品板最强织构出现在{111}⟨121⟩，取向密度为4.0，还存在较强的{001}⟨120⟩和{111}⟨112⟩，取向密度为3.6。1000℃常化后成品板主要织构组分为{001}面织构，取向密度为3.8，此外还存在较强的{112}⟨221⟩和{111}⟨123⟩织构组分，取向密度分别为3.7和2.7。

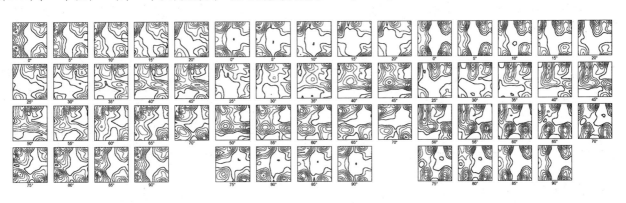

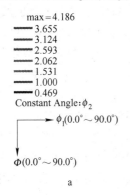

Texture Name: Harmonic: L=16, HW=5.0
Calculation Method: Harmonic Series Expansion
Series Rank(l): 16
Gaussian Smoothing: 5.0°
Sample Symmetry: Orthotropic
Representation: Euler Angles (Bunge)

max=4.186
—— 3.655
—— 3.124
—— 2.593
—— 2.062
—— 1.531
—— 1.000
—— 0.469

Constant Angle: ϕ_2

→ ϕ_1(0.0°～90.0°)

Φ(0.0°～90.0°)

a

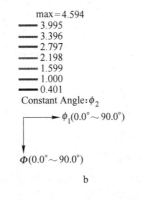

Texture Name: Harmonic: L=16, HW=5.0
Calculation Method: Harmonic Series Expansion
Series Rank(l): 16
Gaussian Smoothing: 5.0°
Sample Symmetry: Orthotropic
Representation: Euler Angles (Bunge)

max=4.594
—— 3.995
—— 3.396
—— 2.797
—— 2.198
—— 1.599
—— 1.000
—— 0.401

Constant Angle: ϕ_2

→ ϕ_1(0.0°～90.0°)

Φ(0.0°～90.0°)

b

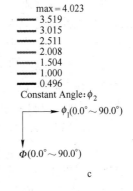

Texture Name: Harmonic: L=16, HW=5.0
Calculation Method: Harmonic Series Expansion
Series Rank(l): 16
Gaussian Smoothing: 5.0°
Sample Symmetry: Orthotropic
Representation: Euler Angles (Bunge)

max=4.023
—— 3.519
—— 3.015
—— 2.511
—— 2.008
—— 1.504
—— 1.000
—— 0.496

Constant Angle: ϕ_2

→ ϕ_1(0.0°～90.0°)

Φ(0.0°～90.0°)

c

图6　不同温度常化后成品板的ODF图
a—950℃常化；b—975℃常化；c—1000℃常化

图7为α和γ取向线密度分布情况，由图可以看出退火温度对α织构组分影响不大，退火温度越高，α取向线取向密度越低，织构变化越平缓。950℃常化后成品板γ取向线峰值出现在{111}⟨110⟩，退火温度升高，取向线峰值向{111}⟨112⟩位向转移。

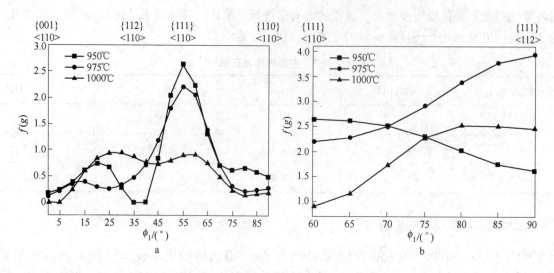

图7　不同常化温度后成品板的取向密度分布

a—α 取向线取向密度分布；b—γ 取向线取向密度分布

　　为定量表示主要织构组分在热轧板不同厚度处的比例，将{100}〈001〉、{110}〈001〉、{111}〈110〉、{111}〈112〉织构组分进行了定量测量，如表3所示。随着退火温度升高，有利织构 {100}、{110} 面织构所占比例增加。

表3　主要织构占有率　　　　　　　　　　　　　　（%）

温度/℃	{100}〈001〉	{110}〈001〉	{111}〈110〉	{111}〈112〉
950	3.2	2.0	3.1	3.2
975	3.9	3.1	4.2	5.3
1000	1.5	1.3	3.0	8.0

4　分析与讨论

　　热轧板内部存在的未再结晶的组织经过常化后发生完全再结晶，可以使热轧板晶粒粗化并更加均匀，晶界减少，析出物聚集粗化，在冷轧后的退火再结晶过程中，易在晶界处形核的（111）面晶粒减少，而（100）或（110）面晶粒增加，因此明显提高磁性，尤其是 B_{5000} 值。常化后的热轧板经酸洗、冷轧、退火后的成品试样比相应的未常化处理的试样晶粒尺寸更大，并且常化温度越高，晶粒越大，晶界也就越少，这就是常化能够提高磁性能的原因。同时高硅电工钢脆性大，冷轧过程中极易发生断带，常化可以使原有热轧板中组织的梯度分布情况得到改善，便于冷轧，也可以防止瓦楞状缺陷产生，同时，常化是改善无取向电工钢织构和磁性的重要措施。

　　热轧板常化温度在1000℃以下时，随着热轧板常化温度的升高，成品的晶粒尺寸增大，晶粒均匀化程度高，对磁性能不利的 {111} 和 {112} 织构在减弱，对磁性能有利的高斯织构{110}〈100〉和 {001} 面织构增强，因此，铁损降低。热轧板常化温度在1000℃以上时，随着热轧板常化温度的升高，虽然对磁性能不利的 {111} 和 {112} 织构仍在减弱，对磁性能有利的高斯织构和 {001} 面织构增强，但由于弥散析出物对磁化的阻碍作用，磁滞损耗增加，铁损增加。磁感应强度 B_{5000} 主要由晶体织构来决定，随着热轧板常化温度的升高，不利织构一直在减弱，有利织构在增强。因此，磁感应强度随热轧板常化温度的升高而增加。

5　结论

　　（1）热轧板常化可以明显改善产品磁性能，随着常化温度升高，对应的铁损 $P_{1.5/50}$ 先下降后升高，在975℃左右铁损最低；磁感应强度 B_{5000} 基本呈单调递增，但在高温阶段增幅变缓。

（2）常化温度对常化板织构类型影响较小，常化板织构均出现在{110}⟨112⟩~{110}⟨001⟩之间，织构强度变化也较小，但常化温度对成品板织构类型的影响较大。

（3）热轧板常化温度在1000℃以下时，对磁性能不利的{111}和{112}织构在减弱，对磁性能有利的高斯织构{110}⟨100⟩和{001}面织构增强，磁性能改善明显。

参考文献

[1] 何忠治，赵宇，罗海文．电工钢[M]．北京：冶金工业出版社，2012.

[2] 菅瑞雄，张文康，杜振民，等．热轧板常化温度对冷轧无取向电工钢退火组织和磁性能的影响[J]．特殊钢，2006，27（4）：31~33.

[3] 朱涛，岳尔斌，项利，等．CSP生产高牌号无取向电工钢常化试验研究[J]．钢铁研究学报，2010，22(1)：32~36.

相变法制备{100}织构电工钢的研究

杨　平，谢　利，夏冬生，毛卫民

（北京科技大学材料学院，北京　100083）

摘　要：目前商用无取向电工钢通过形变与再结晶工艺的组合最多制备出约含20%的有利{100}织构的成品板，并且牌号越高的无取向电工钢（含硅高），磁感应强度越低。相变法可制备出{100}取向晶粒比例明显高的新型电工钢，显著提高磁感应强度。本文讨论了几种低成本、低硅的电工钢中利用相变法制备{100}织构的工艺与原理，希望为未来开发新型无取向电工钢提供理论依据。

关键词：形变；相变；织构；磁性能；电工钢

Study on the {100} Texture Electrical Steel Prepared by Phase Transformation

Yang Ping, Xie Li, Xia Dongsheng, Mao Weimin

（College of Materials, University of Science and Technology Beijing, Beijing　100083，China）

Abstract：Commercial non-oriented electrical steel can be prepared contained about 20% favorable {100} texture of the finished plate most through the deformation and recrystallization process combination, and the higher grade non-oriented electrical steel (high silica content), the magnetic induction is lower. The new type of electrical steel with high ratio of {100} orientation can be prepared by the phase transformation method, and the magnetic induction is significantly improved. In this paper, the technology and principle of {100} texture in electrical steel with low cost and low silicon are discussed, and the theoretical basis for developing new type of non oriented electrical steel in future is provided.

Key words：deformation; phase transformation; texture; magnetic; electrical steel

1　引言

冷轧无取向电工钢分低硅、中硅和高硅三大类或称中低牌号、高牌号（工业牌号为1300-210），典型的铁损范围为 $P_{1.5/50}=6.5\sim2.0$ W/kg，磁感应强度 $B_{5000}=1.75\sim1.65$ T。虽然硅含量的提高降低铁损，但也同时降低磁感应强度，造成高的铜损。无取向电工钢的发展趋势是保持低铁损的同时，提高磁感应强度，这是新型高效电机钢的发展思路。实现高磁感的主要方式是改善织构，即提高有利的{100}和{110}织构，降低有害的{111}织构。传统的单纯通过形变再结晶方法控制织构效果（能力或措施）有限，相变法可显著提高有利的{100}织构的比例。Tomida 等在20世纪90年代开发了 Fe-3%Si-1%Mn-0.05%C 的高硅高锰低碳电工钢制备技术[1~4]，通过真空脱锰、湿氢脱碳形成强{100}或强立方织构，可将磁感应强度 B_{800} 提高到1.85（立方织构），铁损降低到 $P_{1.5/50}=1.2$ W/kg。他们认为立方取向柱状晶晶粒是通过表面能的作用在长大过程（而不是形核过程）形成的。文献[5]利用类似的方法制备出强旋转立方织构电工钢（也称双取向钢）。近些年韩国的 Sung 等通过纯氢或真空处理[6~8]，在纯铁、Fe-1%Si、Fe-1.5Si、Fe-1.5Si-1.5Mn 等超低碳电工钢中通过相变法制备出强{100}织构，磁感应强度可达 $B_{5000}=1.80$ T 以上，铁损 $P_{1.5/50}=2.50$ W/kg（含1%Si）。他们认为应变能是主要的影响因素。此外，Kováč 等[9,10]、Landgraf 等[11]都报道了在低硅低碳电工钢中通过相变制备出较强的{100}织构的报道。Hashimoto 等[12]早在 1983 年就提出在加热及随后冷却的 $\alpha\rightarrow\gamma\rightarrow\alpha$ 相变中存在强的 K-S 关系和变体选择，在应变能的作用下，钢板表面形成{100}织构。但到目前为止，对相变法制备出{100}织构及特有的柱状晶组织的形成原理的认识尚未统一，缺少细节信息。由于相关研究结果所需的工艺路线与现场条件有一定差异，特别是高硅电工钢需要的真空处理装置难以在现场实现，退火时间长的问题、相关的理论研究也相对停滞。然而，基于目前现场装备控制精度的不断提高，国家大力提倡短流程生产电工钢，以及高效节能电工钢需求的增加，相变法制备高磁感无取向电工钢的技术将有望在现场实现。本文探讨了相变法制备低硅、中硅、高硅电工钢的相关技术和原理。

2 实验材料及方法

本文探索了 4 种超低碳低硅电工钢（分别为 Fe、Fe-0.5Mn、Fe-0.5Si、Fe-0.5Mn-0.5Si）和 2 种中硅中锰钢（分别为 Fe-0.07C-1.45Si-0.7Mn 和 Fe-0.8Si-1.37Mn）。用热膨胀仪测出冷却时各钢的相变点：Fe-0.5Si 钢的 A_{r3}、A_{r1} 温度为 919℃，903℃；Fe 的 A_{r3}、A_{r1} 温度为 904℃，886℃；Fe-0.5Mn 的 A_{r3}、A_{r1} 温度为 864℃，844℃；Fe-0.5Mn-0.5Si 的 A_{r3}、A_{r1} 温度为 879℃、862℃。Fe-1.45Si-0.7Mn-0.07C 钢的 A_{r3}、A_{r1} 温度为 927℃、820℃；Fe-0.8Si-1.37Mn 钢热力学方法计算出的 A_3、A_1 温度为 900℃、840℃。

将真空熔炼的铸锭锻造、热轧、退火、冷轧及退火。对低硅电工钢，热轧后直接冷轧、退火，退火时加热到奥氏体单相区，然后以 300℃/h 在纯氢中冷却。对低碳钢，采用了二相区脱碳退火工艺。

采用 EBSD 技术从样品侧面进行取向成像分析，采用 NIM-2000E 磁性测量仪测定 30mm×300mm 样品的磁感应强度 B_{5000} 和铁损 $P_{1.5/50}$。

3 实验结果及分析

相变法技术有两种处理方法，一是所谓的全相变法，即加热到单相奥氏体区，然后在控冷中在样品表面先形成{100}晶粒，并同时完成该取向晶粒的向内生长，最后形成{100}为主的柱状晶组织；二是先在高温奥氏体区或两相区真空脱锰使钢板表面相变形成{100}铁素体晶粒，然后在较低的两相区湿氢脱碳处理，使表层{100}晶粒向内长成柱状晶。脱碳过程一般只能保证柱状晶的顺利形成，与表层的{100}"晶核"的形成关系不很大，可称为两相区处理法。在两相区内相变进行的程度及机制尚不是很清楚，有时成为扩散诱导相变。本文分全相变法和两相区脱碳法两种方式分别讨论。

3.1 相变法制备{100}织构超低碳低硅电工钢

图 1 为四种超低碳低硅电工钢冷轧板 78% 最终退火后的 $\phi_2 = 45°$ODF 图和 EBSD 取向数据图。可看出，四种钢纯氢气氛下 300℃/h 缓慢相变退火后{111}织构均显著弱化，且对于 Fe-0.5Mn 钢，相变退火后{111}织构完全消失，形成较强的{100}织构。同时四种钢均有形成柱状晶组织的趋势，如图 1e～h 所示，其中 Fe-0.5Mn 钢最终形成两片完整的沿 ND 方向半厚的柱状晶组织。分析认为这是由纯氢气氛下应变能各向异性（〈001〉方向弹性模量最小）及一定的由表及里的温度梯度造成的。其中，Fe-0.5%Mn 钢中作用最显著，驱动{100}织构柱状晶组织的形成，而另外三种钢则不同程度受内部 Si 造成的表面氧化膜作用或受炉气不够纯的影响，从而使得{100}织构柱状晶组织的形成受阻，详细分析见文献[13，14]。

图 2 显示了初始组织对 Fe-0.5Mn 钢最终织构的影响。三种不同的初始组织（冷轧前）分别为细晶、粗晶、形变晶粒，后经冷轧 78%、1000℃保温 5min，以 300℃/h 控冷退火。该图分别展示了 $\phi_2 = 45°$ODF 图、EBSD 取向数据图和 Σ3 晶界衬度图。三种样品均得到 1/2 板厚柱状晶组织，但最终的晶粒尺寸和织构并不相同。当初始热轧板组织为细小等轴晶时，最终退火后获得了强{100}织构柱状晶组织，且柱状晶粗化显著，晶粒间有合并的趋势，这是由{100}晶粒间都是倾转晶界且取向差不超过 45° 容易合并所致的；此外，样品中 Σ3 晶界所占比例较少，且都分布于非{100}取向晶粒边界处。当初始热轧板组织为粗大等轴晶粒或者形变晶粒时，得到的均为较细小的柱状晶组织。当初始热轧板组织为粗大等轴晶粒时，冷轧板最终获得弱的{100}+{110}织构，而当初始热轧板组织为形变晶粒时，最终获得较强的 α 线织构，{100}晶粒有较大的偏差。此外，Σ3 晶界明显增多，且同样集中分布于细小的非{100}取向晶粒区。

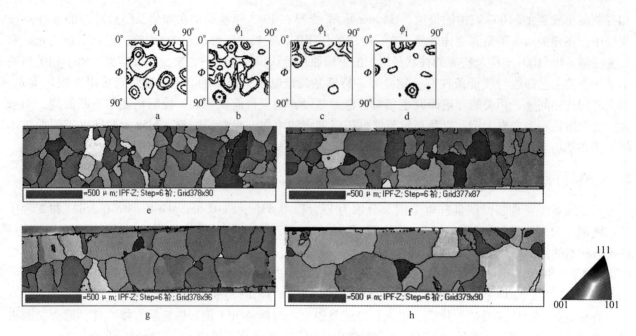

图1　四种超低碳低硅电工钢经过退火工艺后 $\phi_2 = 45°$ 的 ODF 图和
EBSD 取向数据图（强度级别 1，2，4，8，10，…）

a，e—Fe-0.5Si 钢的 ODF 和 EBSD 取向图；b，f— Fe 的 ODF 和 EBSD 取向图；
c，g—Fe-0.5Mn 钢的 ODF 和 EBSD 取向图；d，h—Fe-0.5Si-0.5Mn 钢的 ODF 和 EBSD 取向图

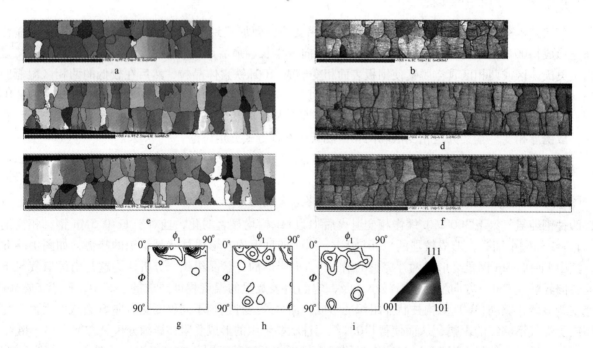

图2　三种不同初始组织的冷轧样品退火后的 $\phi_2 = 45°$ ODF 图、EBSD 取向数据图和 Σ3 晶界衬度图

a，b，g—初始热轧组织为细小等轴晶冷轧板的 IPF-Z 图、ODF 图、Σ3 晶界分布的衬度图；
c，d，h—初始热轧组织为粗大等轴晶冷轧板的 IPF-Z 图、ODF 图、Σ3 晶界分布的衬度图；
e，f，i—初始热轧组织为形变组织冷轧板的 IPF-Z 图、ODF 图、Σ3 晶界分布的衬度图

　　上述实验说明：Σ3 晶界是相变过程中在相变应变的驱动下形成的；快速冷却相变过程中，当奥氏体晶粒尺寸较大时，由于晶粒间的协调性较差，相变应变难以通过粗大晶粒间的协调进行释放，从而驱动Σ3 晶界大量形成；当奥氏体晶粒尺寸较小时，晶粒间的协调性较好，相变应变易通过晶粒间的协调进行释放，难以形成大量的 Σ3 晶界。

为了解加热过程及冷却相变前的组织、取向信息，对快速加热到1000℃保温20s、30s的初始细晶样品进行淬水处理，所得组织及取向信息见图3。虽然超低碳造成相变过快，难以淬成条状马氏体，但仍可得出有价值的信息。由图3a~c可见，保温20s时为细等轴晶和强γ线取向，应是铁素体再结晶组织和织构，相变程度较小。而保温30s后得到尺寸较大但不均匀、且晶界为锯齿状的铁素体，取向明显变化，孪晶界更加显著，见图3d~f。推测为奥氏体的相变产物。说明铁素体再结晶织构应该影响奥氏体的相变织构。

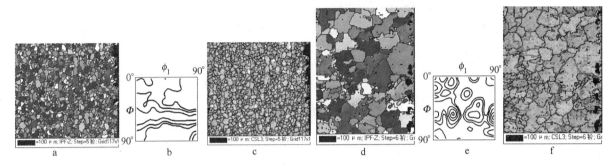

图3　Fe-0.5Mn钢细晶样品冷轧后，1000℃时放入炉中保温20s（a~c），
30s（d~f）后水淬组织的 $\phi_2 = 45°$ODF图和EBSD取向数据图

a，d—取向成像图；b，e—ODF$\phi_2 = 45℃$；c，f—菌池带质量图

图4给出Fe-0.5Mn-0.5Si钢冷轧83%后（0.5mm）不同最终退火工艺得到的不同织构。图4a、b为910℃保温8min后300℃/h控冷后的组织和取向分布，此时在两相区，得到等轴晶和强再结晶织构。图4c、d给出氢气流量增加到2L/min后的相变组织，得到较多的{100}晶粒，中心区已没有{111}小晶粒，相变晶粒尺寸很大，表明柱状晶侧向长大的能力也很强。相变程度进行较充分时，也伴随较多的Σ3孪晶关系，这是由K-S关系所致的，因产生非{100}取向而对磁性能有不利的影响。

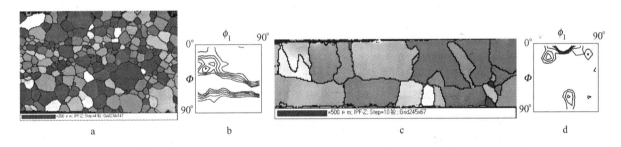

图4　Fe-0.5Mn-0.5Si钢不同最终退火工艺下的组织与取向分布（0.5mm板厚，910℃保温8min，
流量1L/min（a，b），920℃保温10min，流量2L/min，关电源炉冷（c，d））

a，c—取向成像图；b，d—ODF$\phi_2 = 45°$

3.2　中硅低碳钢相变法制备{100}织构

当硅增加到1.45%以上，板材表面容易形成氧化硅，阻碍表面{100}铁素体晶核的形成，完全相变法难以得到{100}织构，需要加碳形成珠光体，在部分相变及脱碳下形成{100}柱状晶。由于铁素体再结晶织构更大程度影响最终相变织构，可采用粗化初始组织，冷轧形成剪切带提高高斯或η织构晶粒，减弱表层{111}晶粒成为柱状晶核心的方法。此外，使用纯氢替代湿氢，提高{100}晶粒的比例，但实验表明{100}的强度远低于低硅含锰钢。由于钢中含较高的硅，铁损较低，$P_{1.5/50}$可在3W/kg以下，B_{5000}在1.75T以上，高于现有相近成分的电工钢，仍具有优势。

图5给出了不同升温速率下在两相区脱碳退火样品的EBSD图和$\phi_2 = 45°$截面取向分布函数（ODF）图。可以看到，11℃/s慢速升温条件下的柱状晶组织主要以γ线织构为主，同时还存在相对较弱的α线织构，如图5a、c所示；相比之下，25℃/s快速升温时柱状晶的γ线织构大幅度减弱，α线组分有所增

强，同时还产生了一定强度的{001}〈120〉织构。同时可以看出，慢速升温时柱状晶核心形成在次表层，快速升温时柱状晶核形成在表面。快速升温有利于{100}及α线取向晶粒形成，慢速升温时有利于{111}再结晶晶粒的形成。详细分析见文献［15］。

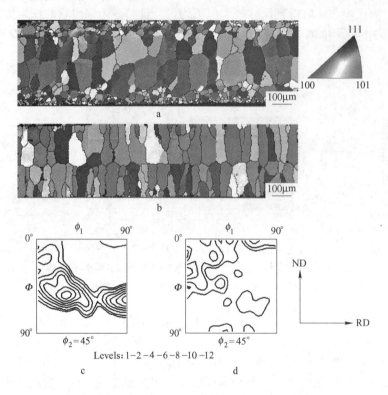

图 5　不同升温速率下 900℃脱碳退火样品的 EBSD 图
及相应的 $\phi_2 = 45°$ 截面取向分布函数（ODF）图
a，c—11℃/s；b，d—25℃/s，15min

　　图 6 为原始热轧板和热轧板不同温度退火后、经冷轧（0.35 mm）及最终 1000℃加热控冷后 $\phi_2 = 45°$ 的 ODF 图和 EBSD 取向数据图。原始样直接冷轧并经纯氢气氛退火后，获得了强{111}织构等轴晶组织，如图 6a、g 所示，表明打压下量后强{111}再结晶织构的形成特点。当热轧板经过保温空冷退火后，最终获得了近似柱状结构晶粒，如图 6b ~ f 所示；随着热轧板退火温度的提高，{111}织构被显著地弱化，同时获得了一定量的{100}织构，如图 6h ~ l 所示。其原因在于冷轧前晶粒尺寸越大，冷轧后剪切带形核越显著，{110}和〈001〉取向晶粒增多，最终退后时显著抑制了{111}晶粒的形成。但是全相变法在此钢中形成的柱状晶特征不显著，即使如此，铁损却显著低于前面介绍的低硅电工钢，$P_{1.5/50} = 2.5W/kg$，磁感应强度 $B_{5000} = 1.75T$，详细分析见文献［16］。

　　作为对比，图 7 给出超低碳中硅中锰钢 Fe-0.8Si-1.37Mn 相近工艺下的晶粒取向分布。热力学方法计算出的相变点为 $A_1 = 840℃$，$A_3 = 900℃$。该钢热轧后得到等轴晶组织，冷轧 83.3% 到 0.50mm 厚。加热到 800℃再结晶退火后得到强{111}织构，见图 7a、b；加热到 1000℃奥氏体化，再在纯氢下以 300℃/h 冷速得到表层为较多的接近{100}取向的晶粒，较高的 Si 含量使表层难以形成位向较准的{100}晶粒；而中心层为等轴细小{111}的组织，见图 7c、d。可见没有脱碳过程，则无法形成柱状晶。Si、Mn 合金含量高后，相变时合金元素扩散来不及进行，单靠纯氢气产生的温度梯度不足以形成柱状晶。

4　讨论

　　韩国的 Sung 等采用纯氢气氛在 Fe-1% Si、Fe-1.5% Si 中通过全相变方法制备出强{100}织构的电工钢，磁性 B_{5000} 可达 1.8 ~ 1.84T，磁性能高于本文工作，说明其纯氢气氛的纯净度更好，或样品表面状态更好。同时也展示更宽的含 Si 范围。但随 Si 含量的提高，{100}强度在变弱，Sung 等也无法在 Fe-3% Si 钢

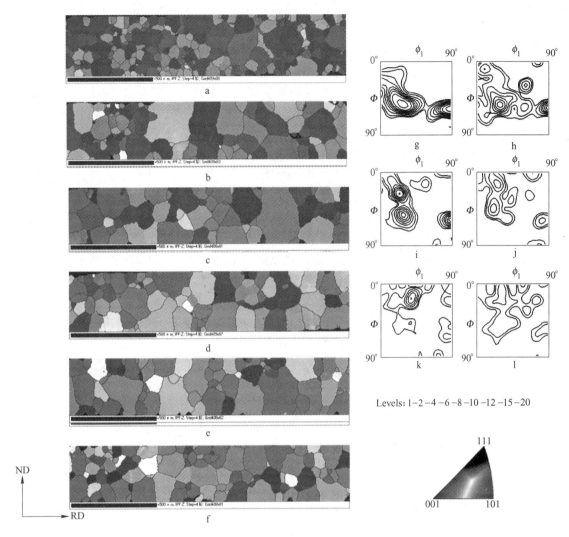

图6 原始热轧板和保温控冷退火板分别冷轧至0.35mm、最终退火工艺后
$\phi_2 = 45°$的 EBSD 取向数据图（a~f）和 ODF 图（g~l）

a, g—原始样；b, h—950℃退火；c, i—1000℃退火；d, j—1050℃退火；

e, k—1100℃退火；f, l—1150℃退火

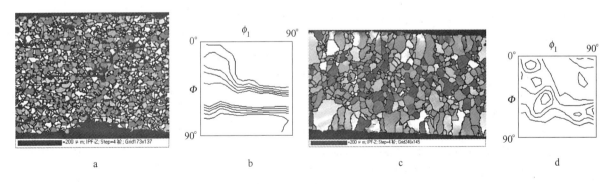

图7 Fe-0.8Si-1.37Mn 钢相变过程取向变化，取向成像（a, c）及 ODF45°截面图（b, d）

a, b—800℃，N_2 下；c, d—1000℃，H_2, 8L/min

中采用非真空得到强{100}柱状晶织构。真空处理要比纯氢更容易得到高质量的{100}织构。关于真空处理难以在大生产中实施的现实问题，他主张只用真空装置在短时间内在钢板表面形成{100}核心，然后在湿氢下脱碳完成{100}柱状晶由表向里的生长，所用时间不超过15min。Sung 认为应变能是形成表层{100}晶粒的关键，取向关系不起作用，而我们的结果（图2）表明，K-S 关系显然起作用，与 Hashimoto

等的观点一致[15]。近期 Tomida 等的工作表明，升温、降温过程都存在 K-S 关系，且晶界处形成的铁素体与两侧奥氏体都可保持 K-S 关系，称双 K-S 关系[17]。

日本的 Tomida 等在 20 世纪 90 年代制备出的 3% Si-1% Mn-0.05% C 体系的相变法制备立方织构或 25°旋转立方织构的开发，真空处理和湿氢脱碳时必要的工艺环节，所用时间过长，成本高，一直难以产业化。其织构类型的控制技术应是两次冷轧法、中等压下量得到立方再结晶织构，中高形变量下 25°旋转立方的再结晶织构。他认为界面能是{100}柱状晶形成的原因。利用他们的实验结果可以较好地解释我们的实验现象，冷却时相变产生的{100}应来自{100}的奥氏体，而{100}奥氏体又来自加热时再结晶的铁素体中的{100}。如果加热速度慢，再结晶的铁素体中{100}少；如果奥氏体过于粗大（加热温度高或保温时间长），冷却时变体选择明显，Σ3 关系增多，{100}铁素体变少。两者都是在应变能及界面能作用下产生的。{100}奥氏体多，晶粒小，温度梯度大，表面形成{100}的倾向大。相反，钢板整体过冷，表面能效应不够显著，{100}铁素体晶粒就少。

目前尚不清楚的是，全相变法与两相区相变法是否有本质的差异，两相区相变法是否只取决于再结晶织构？从文献［4］制备出强 45°旋转立方织构柱状晶组织的结果看，其成因是冷轧形变量过大，形成以 α 线织构为主的冷轧织构，两相区或奥氏体单相区加热速度快速加热时，旋转立方形变晶粒先在表面形成{100}的奥氏体，再冷至两相区又转变回旋转立方的铁素体，或者根本没发生相变，只是外延生长。将文献［5］的 45°旋转立方与 Tomida 的 25°旋转立方和立方织构对比，不难确定，只是冷轧形变量的差异，后两种是由中高形变量和中等形变量对应的再结晶织构所致的，文献［4］则对应高形变量。由此可知，弹性应变能的发挥显然要借助再结晶织构，而再结晶织构又可提高形变量调控。

5　结语

相变法制备{100}电工钢的{100}强度显然高于纯形变再结晶法，磁性能也显著高于同类商用产品。但因与现场设备及相关参数相差较大，尚难以很快应用推广。

低、中、高硅三种相变法电工钢中，低硅超低碳电工钢最容易制备，对设备及相关工艺参数没有改造的要求，制备工艺简单。中硅超低碳或低碳电工钢制备稍难，但也不需要设备改造，但工艺参数需要进一步优化。高硅电工钢磁性能最优，但需要真空装置，仅用于表面{100}"晶核"的形成过程，是现场可稍加改造而实施的。

参考文献

[1] Tomida T, Tanak T. Development of (100) Texture in Silicon Steel Sheets by Removal of Manganese and Decarbunzatron [J]. ISIJ International, 1995, 35: 548~556.

[2] Tomida T. A New Process to Develop (100) Texture in Silicon Steel Sheets [J]. Journal of Materials Engineering and Performance, 1996, 5(3): 316~322.

[3] Tomida T. Decarburization of 3% Si-1.1% Mn-0.05% C Steel Sheets by Silicon Dioxide and Development of {100} ⟨012⟩ Texture [J]. Metallurgical Transactions A, 2003, 44(6): 1096~1105.

[4] Tomida T, Uenoya S, Sano N. Fine-grained Doubly Oriented Silicon Steel Sheets and Mechanism of Cube Texture Development. Materials Transactions, 2003, 44(6): 1106~1115.

[5] 毛卫民, 吴勇, 余永宁, 等. 新型冷轧双取向硅钢组织与织构的形成机理 [J]. 钢铁, 2002, 37(8): 53~57.

[6] Sung J K, Lee D N, Wang D H, et al. Efficient Generation of Cube-on-Face Crystallographic Texture in Iron and its Alloys [J]. ISIJ International, 2011, 51(2): 284~290.

[7] Sung J K, Park S M, Shim B Y, et al. Effect of Mn on ⟨100⟩ Texture Evolution in Fe-Si-Mn Alloys [J]. Materials Science Forum, 2012, 702~703: 730~733.

[8] Sung J K, Lee D N. Evolution of Crystallographic Texture in Pure Iron and Commercial Steels by γ to α Transformation [J]. Materials Science Forum, 2012, 706: 2657~2662.

[9] Kováč F, Džubinský M, Sidor Y. Columnar Grain Growth in Non-oriented Electrical Steels [J]. Journal of Magnetism and Magnetic Materials, 2004, 269(3): 333~340.

[10] Džubinský M, Sidor Y, Kováč F. Kinetics of Columnar Abnormal Grain Growth in Low-Si Non-oriented Electrical Steel [J].

Materials Science and Engineering: A, 2004, 385(1~2): 449~454.

[11] Landgraf F J G, Yonamine T, Takanohashi R, et al. Magnetic Properties of Silicon Steel with As-cast Columnar Structure[J]. Journal of Magnetism and Magnetic Materials, 2003, 254~255(364~366).

[12] Hashimoto O, Satoh S, Tanaka T. Formation of α-γ-α Transformation Texture in Sheet Steel[J]. Transactions ISIJ, 1983, 23, 1028~1037.

[13] Xie L, Yang P, Zhang N, et al. Formation of {100} Textured Columnar Grain Structure in a Non-oriented Electrical Steel by Phase Transformation[J]. Journal of Magnetism and Magnetic Materials, 2014, 356: 1~4.

[14] Xie L, Yang P, Xia D S, et al. Microstructure and Texture Evolution in a Non-oriented Electrical Steel during γ→α Transformation under Various Atmosphere Conditions. Journal of Magnetism and Magnetic Materials. 2015, 374: 655~662.

[15] 夏冬生, 杨平, 谢利. 升温速率对低碳无取向电工钢脱碳退火组织及织构的影响[J]. 金属学报, 2015, 50(12): 1437~1445.

[16] Xie L, Yang P, Zhang N, et al. Texture Optimization for an Intermediate Si-containing non-oriented Electrical Steel. Journal of Materials Engineering and Performance. 2014, http://link.springer.com/article/10.1007/s11665-014-1201-7.

[17] Tomida T, Wakita M, Yasuyama M, et al. Memory Effects of Transformation Textures in Steel and its Prediction by the Double Kurdjumov-Sachs Relation[J]. Acta Materialia, 2013, 61: 2828~2839.

常化和退火工艺对冷轧无取向电工钢
高频磁性能和强度的影响

林　媛[1]，苗　晓[1]，张文康[2]

（1. 太钢不锈钢股份有限公司技术中心，山西　太原　030003；2. 太钢不锈钢
股份有限公司冷轧硅钢厂，山西　太原　030003）

摘　要：研究了常化和退火工艺对冷轧无取向电工钢（0.003% C、2.35% Si、0.22% Mn、0.011% P、0.002% S、0.36% Al、0.003% N）高频磁性能和强度的影响。结果表明，在本试验条件下，常化温度为940℃，退火温度为830℃时，可得到较高强度和具有良好高频磁性能的电工钢片。

关键词：冷轧无取向电工钢；热处理工艺；高频磁性能；强度

Effect of Heat Treatment Process on High Frequency Magnetic Properties and Strength of Cold Rolled Non-Oriented Electrical Steel

Lin Yuan[1], Miao Xiao[1], Zhang Wenkang[2]

（1. Technical Center, Taiyuan Iron and Steel (Group) Co., Ltd., Taiyuan 030003, China;
2. Cold-rolled Electrical Factory, Taiyuan Iron and Steel (Group) Co., Ltd., Taiyuan 030003, China）

Abstract：The effect of normalizing and annealing process on high frequency magnetic properties and strength of cold rolled non-oriented electrical steel (0.003% C、2.35% Si、0.22% Mn、0.011% P、0.002% S、0.36% Al、0.003% N) has been studied. Results show that the electrical steel will have higher strength and good high frequency magnetic properties when the normalizing temperature is 940℃ and the annealing temperature is 830℃ in this experiment.

Key words：cold rolled non-oriented electrical steel; heat treatment process; high frequency magnetic properties; strength

随着环境污染和能源危机的加剧，电动汽车作为一种新能源汽车逐渐走入人们的生活，并将成为未来机动车的主流[1]。驱动电机是电动汽车的心脏，电机转子由冷轧无取向电工钢叠片制成，由于驱动电机转速高，而且电动汽车启动和加速时要求高扭矩，转子用铁芯材料需要满足高强度和高磁通密度性能。另外，转子高速旋转时，铁损所占功率损失的比重大，因此，电动汽车转子用冷轧无取向电工钢在具备高强度和高磁通密度性能的同时，还需满足高频低铁损性能[2]。目前，日本 JFE 和日本住友金属已成功开发了适用于混合动力汽车和纯电动汽车的驱动电机转子特性的无取向电工钢，该系列产品不仅解决了生产产量低和合金成本高等问题，而且具有优良的力学性能和磁性能，但国内尚未对此类产品进行工业化生产，亦未见有关无取向电工钢高频磁性能和力学性能研究的报道。本文利用无取向电工钢大生产，通过实验室研究，在化学成分一定的前提下，调整热处理工艺，在研究电工钢高频磁性能和强度变化规律的同时确定最佳热处理工艺，为工业化生产提供参数。

1　试验

试料化学成分为0.003% C、2.35% Si、0.22% Mn、0.011% P、0.002% S、0.36% Al 和0.003% N。

铸坯加热温度为1120℃，铸坯断面厚2.3mm，加热时间为230min，热轧板厚度为2.3mm。一部分热轧板的常化温度为890℃，另一部分热轧板的常化温度为940℃，常化时间均为3min。常化后一次冷轧至0.35mm。

将以上两种不同常化工艺的大生产冷轧板各自裁成30mm×300mm规格的试料，每种常化工艺100片，其中横向、纵向各50片。将同种工艺试样的横向和纵向各取10片组成1组，插入试料架，按照表1设计的5种退火温度，利用实验室的箱式退火炉模拟大生产退火，退火时间为3min，退火保护气氛为高纯氩气。

表1　退火温度

试验编号	1	2	3	4	5
退火温度/℃	800	830	860	890	920

试验结束后，采用爱泼斯坦方圈检测每组试样的高频（400Hz）和工频（50Hz）磁性能，采用光学显微镜观察金相，并利用图像分析软件统计晶粒尺寸（尺寸大小通过统计3张金相图片平均后得出），最后在每组试样中取3片横向试料，裁成30mm×240mm规格进行力学性能检测。

2　结果

2.1　磁性能

图1显示400Hz时，常化温度和退火温度对磁性能的影响。从图1a中可以看出，随着退火温度的升高，$P_{1.0/400}$迅速降低；当退火温度升至一定值时，$P_{1.0/400}$降低至最低值；然后，随着退火温度的继续升高，$P_{1.0/400}$反而增加。退火温度在830~920℃范围内，$P_{1.0/400}$波动小，波动幅度小于0.6W/kg。当退火温度小于860℃时，$P_{1.0/400}$随着常化温度的升高而降低；当退火温度大于890℃时，$P_{1.0/400}$随着常化温度的升高而增加。从图1b中可以看出，随着退火温度的升高，J_{5000}逐渐降低；常化温度提高后，940℃常化料各退火温度对应的J_{5000}整体均较890℃常化料高出0.01~0.015T；退火温度升至890℃后，J_{5000}受温度影响较小，下降趋势趋于平缓。

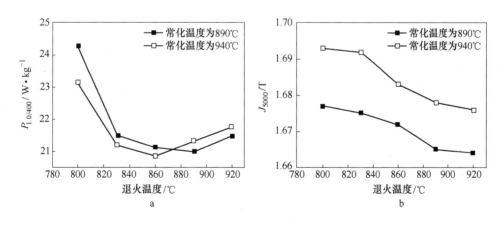

图1　常化温度和退火温度对高频磁性能的影响
a—铁损$P_{1.0/400}$；b—磁感应强度J_{5000}

图2显示50Hz时，常化温度和退火温度对磁性能的影响。随着退火温度的升高，$P_{1.5/50}$逐渐降低，J_{5000}也逐渐降低。常化温度提高后，$P_{1.5/50}$平均降低0.2W/kg左右，J_{5000}提高0.01~0.015T。退火温度升至890℃后，J_{5000}下降趋势趋于平缓。

图3显示频率对J_{5000}的影响情况。相对400Hz不同退火温度时对应的50Hz的J_{5000}略高；由于差值极小（0.001~0.002T），基本可忽略不计。

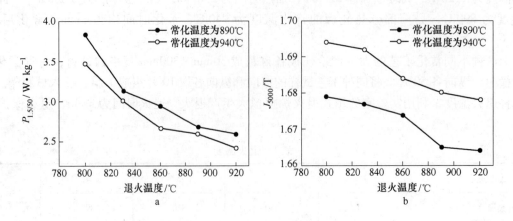

图 2　常化温度和退火温度对工频磁性能的影响

a—铁损 $P_{1.5/50}$；b—磁感应强度 J_{5000}

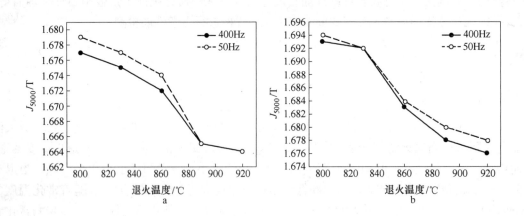

图 3　不同常化温度下频率对磁感应强度的影响

a—890℃；b—940℃

2.2　金相

两种常化温度及对应的五种不同退火温度试样的金相组织分别见图4～图6。由图4、图5可以看出两种常化温度条件下，5种不同退火温度时，试样均发生完全再结晶。常化温度高时，常化板晶粒尺寸较高（平均提高10μm），相对应的成品晶粒尺寸也稍高。随着退火温度的升高，成品的晶粒尺寸递增，当

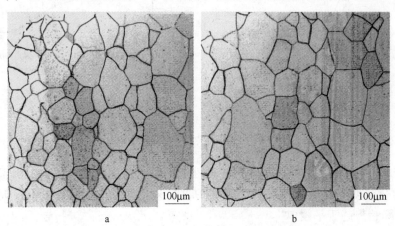

图 4　不同常化温度时的组织（轧向断面）

a—890℃，93μm；b—940℃，103μm

退火温度升至890℃后，晶粒尺寸增幅变缓，晶粒尺寸相对均匀。

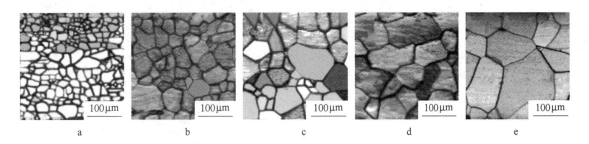

图5　不同退火温度时的组织（常化温度890℃，轧向断面）

a— 800℃，18μm；b—830℃，40μm；c—860℃，49μm；d—890℃，69μm；e—920℃，74μm

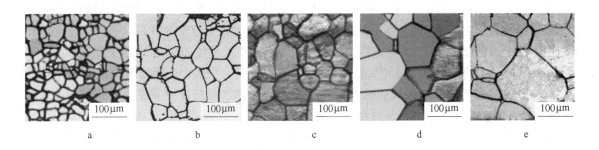

图6　不同退火温度时的组织（常化温度940℃，轧向断面）

a— 800℃，22μm；b—830℃，47μm；c—860℃，54μm；d—890℃，77μm；e—920℃，81μm

常化温度和退火温度对成品晶粒尺寸的影响见图7。

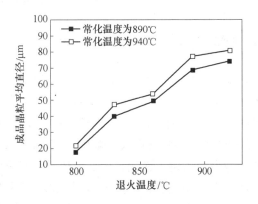

图7　常化温度和退火温度对成品晶粒尺寸的影响

2.3　强度

对不同热处理制度下的试料进行抗拉强度检测，为保证数据准确性，每组试料随机抽取3个样品进行检测，并取平均值。随着退火温度的升高，抗拉强度 R_m 缓缓下降；相同退火温度条件下，常化温度940℃时试料的抗拉强度比890℃时平均低约5MPa。常化温度和退火温度对抗拉强度的影响见图8。

3　讨论

常化的目的是使热轧板组织更均匀，使再结晶晶粒增多，同时使晶粒和析出物粗化，因此钢板强度略有下降，另外，常化可以加强 {100} 和 {110} 组分以及减弱 {111} 组分，使磁性能显著提高，尤其是 J_{5000} 值。再结晶完全后进一步退火，彼此相碰的晶粒平均尺寸增大，刚完成再结晶时，晶粒平均尺寸较小，并且晶粒尺寸不均匀性较严重。随着晶粒尺寸的增大，晶粒的不均匀性得到改善。退火温度升高，

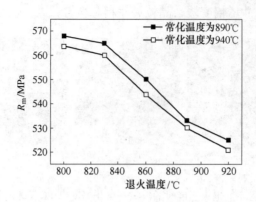

图8　常化温度和退火温度对抗拉强度的影响

完成再结晶所需时间缩短，在退火时间不变的条件下，再结晶完成后晶粒长大的时间随退火温度的升高而增加，并且晶粒长大的速率随温度的升高而增加。因此，随着退火温度的升高，平均晶粒尺寸增大[3]。

生产中常见的晶粒度在1号~8号范围内，其中1号~3号（直径250~125μm）为粗晶，4号~6号（直径88~44μm）为中等晶粒，7号和8号（直径31~22μm）为细晶[4]。随着退火温度的降低，晶粒逐渐细化，抗拉强度增加。由于本次试验试料均发生完全再结晶，晶粒度差异不大，强度提高幅度有限。退火温度为800℃时，晶粒尺寸小，分别为18μm和20μm，属于细晶范畴，见图5a和图6a，与之相对应的高频铁损$P_{1.0/400}$稍差；830~920℃退火温度范围内生成的晶粒均属于中等晶粒范畴，且该温度范围各自对应的晶粒尺寸差值小，与之相对应的高频铁损$P_{1.0/400}$值也接近；退火温度每升高30℃，低频铁损$P_{1.5/50}$降低约0.3W/kg，当温度升至890℃和920℃时，由于晶粒尺寸接近，对应的$P_{1.5/50}$差异小。

冷轧无取向电工钢的铁损P_{T}主要由磁滞损耗P_{h}和涡流损耗P_{e}组成。P_{T}既取决于材料本身化学成分，也取决于该材料在交变磁场中的工作频率f。P_{h}与f成正比，P_{e}与f^{2}成正比，故$P_{T}=af+bf^{2}$，a和b为与f无关的常数[5]。随着频率的提高，P_{e}在铁损P_{T}所占的比重增加。因此，与低频铁损相比，高频铁损中P_{e}的比重将随着频率的升高而逐渐增加；当频率提高至一定值时，P_{e}在高频铁损中的比重将超过P_{h}所占比重。

随着退火温度的升高，成品晶粒尺寸增大，P_{h}降低，P_{e}增高。因此，当退火温度较低时，由于晶粒尺寸较小，P_{e}较低，此时，冷轧无取向电工钢的铁损P_{T}主要以P_{h}为主，当退火温度在较低值范围内升高时，高频铁损$P_{1.0/400}$和低频铁损$P_{1.5/50}$均降低，见图1a和图2a；但是，如果频率非常高（例如1000Hz），即使晶粒尺寸较小，高频铁损仍将随着退火温度的升高而增加。当退火温度升至较高值时，晶粒尺寸增大，P_{e}增大；如果冷轧无取向电工钢工作频率较低，P_{e}受f影响的增值也小，低频铁损$P_{1.5/50}$仍将随着退火温度的升高而降低，但由于P_{e}随晶粒尺寸增大而增加，使得$P_{1.5/50}$降幅趋缓，见图2a；如果冷轧无取向电工钢工作频率较高，P_{e}受f影响的增值也增加，P_{e}的增幅将逐渐超过P_{h}的降幅，因此，随着退火温度的继续升高，$P_{1.0/400}$将增加，见图1a。

影响无取向电工钢磁感应强度的主要因素是化学成分、晶体织构以及晶粒尺寸，在成分和生产工艺不变的条件下，高频和低频下J_{5000}基本无差异，随着退火温度升高，晶粒尺寸增大，磁感应强度降低。当退火温度升至890~920℃时，由于晶粒尺寸接近，J_{5000}变化不大。

通过以上分析可获悉，实验室退火温度在830~920℃范围时，$P_{1.0/400}$存在最低值，且波动小；抗拉强度虽然随着退火温度的下降而增加，但增幅有限。因此，为获取较高强度且高频磁性能优良的电工钢片，应在保证$P_{1.0/400}$不恶化的前提下尽可能地降低退火温度。因此，认为常化温度为940℃，退火温度为830℃时为本试验中最佳的热处理工艺，此时，试料抗拉强度$R_{m}=565MPa$，高频铁损$P_{1.0/400}=21.5W/kg$，磁感应强度$J_{5000}=1.69T$。

4　结论

（1）随着退火温度的升高，高频铁损$P_{1.0/400}$先降低后升高；退火温度在830~920℃范围时，$P_{1.0/400}$存在最低值，且波动小；常化温度高时，$P_{1.0/400}$较好。

（2）退火温度为800℃时，成品晶粒尺寸小且不均匀；当退火温度升至890℃后，晶粒尺寸增幅变缓，晶粒尺寸相对均匀，J_{5000}基本不变。

（3）随着退火温度的降低，成品晶粒尺寸变小，抗拉强度增大；常化温度高时，成品晶粒尺寸略高，抗拉强度略有降低。

（4）常化温度为940℃，退火温度为830℃时为本试验中最佳的热处理工艺，其中$R_m = 565MPa$，$P_{1.0/400} = 21.5W/kg$，$J_{5000} = 1.69T$。

参考文献

［1］王爱华. 日本开发新能源汽车用高效电工钢产品及应用的浅析［J］. 电工钢，2012，1：13～18.
［2］庞王非骧. 新型高效马达用无取向电工钢板 JNP 系列的开发［J］. 太钢译文，2012，2：42～45.
［3］苗晓，张文康. 退火温度对无取向硅钢组织结构的影响［J］. 太钢科技，2006，1：16～18.
［4］翁宇庆. 超细晶钢——钢的组织细化理论与控制技术［M］. 北京：冶金工业出版社，2003.
［5］何忠治，赵宇，罗海文. 电工钢［M］. 北京：冶金工业出版社，2012.

冷轧连退电工钢横折印缺陷原因分析及控制对策

丁美良，郭德福，孙　林

（江苏省沙钢钢铁研究院，江苏　张家港　215625）

摘　要：针对冷轧电工钢在连续退火中产生的横折印缺陷问题，分析了其形貌特征及影响因素，通过采取减少热轧轧制公里数、增大热轧原料凸度、提高冷轧带钢屈服强度、控制冷轧带钢浪形等措施，降低了冷轧电工钢产生横折印缺陷的概率。

关键词：冷轧电工钢；连续退火；横折印

Cause Analysis and Control Measure of Cross Breaks of Cold Rolled and Continuously Annealed Electrical Steel

Ding Meiliang，Guo Defu，Sun Lin

（Institute of Research of Iron and Steel，Shasteel/Jiangsu Province，Zhangjiagang　215625，China）

Abstract：The characteristics and reasons of cross breaks of cold rolled and continuous annealed electrical steel were analyzed. And finally, the rates of cross breaks are effectively decreased by reducing the rolling mileage, increasing the crown, raising the yield strength, controlling the shape wave and so on.

Key words：cold rolled electrical steel；continuously annealed；cross breaks

　　沙钢冷轧电工钢连续退火生产线于2013年9月开始进行大批量生产，产品主要在小型电机、微型电机、密闭电机、整流器等电工钢中使用。在批量生产的初期，出现了横折印、性能不符、边损及边浪等质量缺陷。其中，横折印缺陷最为严重，缺陷发生率达到13.5%，导致冷轧电工钢成品批量判次，严重影响冷轧电工钢产品的合格率。本文针对横折印缺陷问题，通过大量的数据统计与系统分析，对热轧及冷轧工艺流程中导致横折印缺陷发生的可能影响因素进行逐一分析与排查，找出了横折印产生的主要原因，并提出了相应的控制对策。

1　连续退火电工钢横折印缺陷特征

1.1　横折印缺陷形貌

　　电工钢在进入连续退火炉前未发现有横折印，在连续退火炉内经过多次转向、调头后，在出口发现有横折印，在后续的重卷工序中，横折印长度进一步扩展。图1为W800重卷工序开卷后观察到的横折印缺陷形貌，图中显示横折印为垂直于轧向的条状折痕，用手触摸有明显的凹凸感，折痕长度约4~7cm，折痕间距2~4cm。

1.2　横折印缺陷发生位置

　　通过对W800横折印产生的位置进行统计发现，横折印

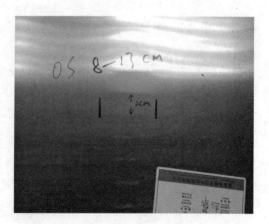

图1　横折印形貌

主要发生在距操作侧 50~100mm 范围内，少量发生在带钢传动侧及中部。W800 横折印发生位置统计见表1。

表1　W800 横折印发生位置统计

位　置	具体位置	比例/%
操作侧	距操作侧 50~100mm	94.70
传动侧	距传动侧 30~160mm	3.30
中　部	中　部	2.00

2　连续退火电工钢横折印缺陷的主要影响因素

2.1　热轧轧制公里数(轧辊服役期)的影响

带钢的断面形状与轧辊的不均匀磨损密切相关，轧制公里数对轧辊的不均匀磨损影响最大。轧辊的不均匀磨损，直接导致带钢出现局部高低点、猫耳等，这些都会影响本道工序及下道工序带钢的板形质量控制。故在安排热轧轧制计划时，如何在产量和质量中寻找合适的平衡点至关重要。图2为横折印缺陷卷在轧辊服役期（某块钢轧制公里数/总轧制公里数）的位置，图中显示横折印卷发生在轧辊服役期中后期的比例达到87%。图3为不同轧制公里数下横折印卷的比例，图中显示横折印卷发生在轧制公里数大于50的比例达到69.2%。

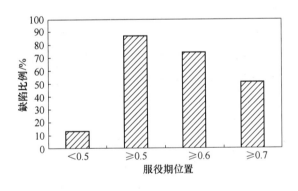

图2　缺陷卷在轧辊服役期的位置

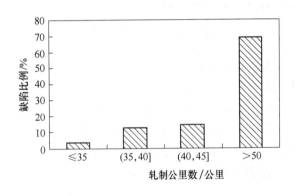

图3　缺陷卷在不同轧制公里数的比例

统计结果表明，横折印主要发生在轧辊服役期的中后期，随着轧辊服役期的延长，横折印发生的概率也随之增大。

2.2　热轧原料断面轮廓的影响

热轧带钢断面轮廓包括凸度、楔形和局部高低点，横折印缺陷与断面轮廓有着密切关系。热轧凸度值偏低、存在负凸度，或是楔形绝对值大于凸度，这些都会使有限的局部高点放大[1]。从图4和图5可以

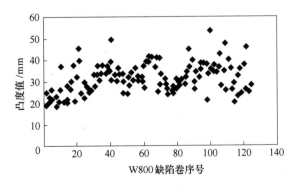

图4　W800 横折印卷凸度值

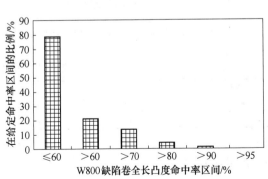

图5　W800 横折印卷凸度命中率比例

看出,存在横折印缺陷的带钢,其凸度值低且全长凸度命中率也低。W800 凸度均值为 30μm 左右,带钢全长凸度命中率超过 60% 的比例仅为 20% 左右。图 6 显示,W800 楔形与凸度比值大于 1 或是在 1 附近的比例占 20% 左右。

当热轧来料存在局部高点时,会对冷轧带钢的板厚和内应力横向分布产生影响,严重时就会形成局部波纹或钢卷局部横折印,对于来料局部高点造成的冷轧缺陷,冷轧通过板形调节手段无法作出有效的控制。如图 7 所示,横折印卷的局部高点大于 15μm 的比例达到 84% ,大于 20μm 的比例达到了 47.7% 。

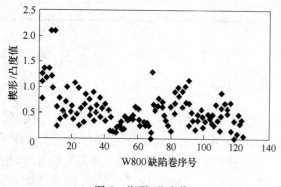

图 6　楔形/凸度值

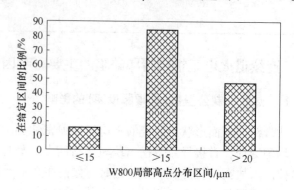

图 7　横折印卷在不同局部高点区间的比例

综上所述,热轧断面轮廓对冷轧横折印的影响为:凸度偏小,楔形绝对值大于凸度,局部高点过大,这些均会增大横折印缺陷发生的概率。

2.3　冷轧电工钢力学性能的影响

大量的研究表明,材料的性能与横折印缺陷有很大关系,材料的屈服强度、屈服平台、材料硬度、伸长率等都与横折印缺陷有密切关系[2,3]。高伸长率、低屈服强度的材料,由于塑性变形范围较大,残余应力变化导致的不均与塑性变形更容易表现出来,从而更易产生横折缺陷。

从化学成分来看,W800 横折印缺陷卷的 C、Si、Mn 含量均低于正常卷。成分的差异必然表现在力学性能上,横折印缺陷卷的屈服强度比正常卷低 6MPa,断后伸长率高 2% ,见图 8 和图 9。数据统计分析显示,低屈服强度增加了横折印产生的概率。缺陷卷和正常卷成分及断后伸长率差异见表 2。

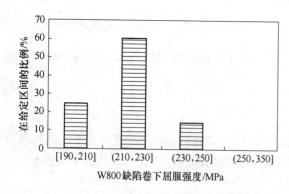

图 8　W800 横折印缺陷卷屈服强度

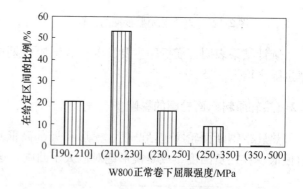

图 9　W800 正常卷屈服强度

表 2　缺陷卷和正常卷成分(质量分数)及断后伸长率差异　　　　　　　　　(%)

W800	样本量/卷	C	Si	Mn	断后伸长率 A
缺陷卷	248	0.0025	0.753	0.255	39.99
正常卷	3848	0.0027	0.777	0.256	37.99

2.4　冷轧板形的影响

横折印缺陷与冷轧板形有较大的对应关系[4],板形不良会造成沿带钢宽度方向张力分布不均,当带钢在连退炉内不断来回转向时，炉内张力和板形不良造成张力叠加，带钢极易产生横折印缺陷。带钢板形为中浪时，横折印缺陷较易出现在板卷中部，边浪时容易出现在边部。可见改善冷轧板浪形，提高平直度，降低炉内张力，均有利于减轻横折印缺陷发生的概率。冷轧板典型浪形见图 10。

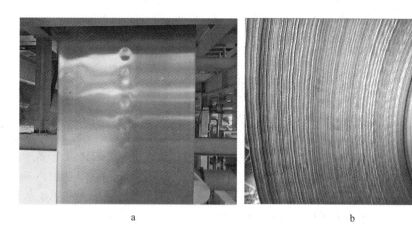

图 10　冷轧板典型浪形

a—中浪；b—操作侧边浪

3　连续退火电工钢横折印缺陷控制方案

根据上述连续退火电工钢横折印缺陷原因的分析结果，提出了热轧、冷轧、连退全工序横折印缺陷控制方案，具体如下：

（1）减小电工钢热轧轧制公里数，将电工钢轧制公里数控制在 45 公里以内；

（2）将电工钢热轧原料目标凸度 $25 \sim 30\mu m$ 提高到 $35 \sim 45\mu m$；

（3）提高电工钢热轧原料楔形控制水平，全长平均绝对楔形小于 $20\mu m$，且全长楔形小于凸度，头尾楔形超标的要切除；

（4）严格控制电工钢热轧原料局部高点，目标要求小于 $12\mu m$；

（5）提高连续退火电工钢屈服强度，W800 的屈服强度达到 230MPa 以上；

（6）确保冷轧精细冷却系统的正常投用，加强工作辊分段冷却喷嘴堵塞情况检查，保持压力及流量稳定，提高精细冷却控制局部浪形的能力；

（7）合理设定连续退火炉内张力，炉内张力控制在 $6.0N/m^2$ 以内。

通过采取上述一系列控制措施，W800 横折印缺陷发生比例由最初的 13.47% 降低到目前的 0.78%。

4　结论

（1）分析结果表明：热轧轧制公里数过长、原料凸度偏小、楔形过大、带钢存在局部高点、冷轧带钢屈服偏低、浪形严重等是连退电工钢产生横折印缺陷产生的主要原因。

（2）通过在热轧、冷轧及连退各工序采取一系列控制措施，冷轧连退电工钢横折印缺陷率大幅下降，取得了良好的经济效益。

参考文献

[1] 范王展，蒋祝爽，刘学春. 冷轧 IF 钢起筋缺陷分析[C]. 第九届中国钢铁年会论文集，2013：1 ~ 3.

[2] 王丹，左军，黄徐晶，等. 热轧板横折印缺陷的成因分析[J]. 钢铁钒钛，2000，21(1)：29 ~ 35.

[3] 白立东，刘楚明，伍康勉. Q235B 横折纹缺陷分析[J]. 江西冶金，2013，33(1)：28 ~ 30.

[4] 朱涛，余广夫，宋廷峰，等. 控制热轧板形治理横折印缺陷[J]. 2000，35(9)：35 ~ 40.

Sn 含量对 CSP 流程高磁感无取向电工钢磁性能的影响

裴英豪，施立发，王立涛，董　梅

（马鞍山钢铁股份有限公司，安徽　马鞍山　243000）

摘　要：本文通过 X 射线衍射和 EBSD 的分析方法，就 0.050% ~ 0.012% 含量的 Sn 对高磁感无取向电工钢织构和电磁性能的影响进行了分析。研究结果表明，Sn 作为一种表面活性元素，其主要是降低 $\{111\}$ 面织构比例，提高 $\{011\}$ 和 $\{100\}$ 面织构。在相同的冷轧和退火条件下，$\{011\}$ 和 $\{100\}$ 面织构比例、高斯晶粒含量均随 Sn 含量增加而升高，但 Sn 含量与成品的平均晶粒尺寸影响不显著。

关键词：Sn 含量；高磁感无取向电工钢；织构；磁性能

Influence of Sn on Magnetic Properties of High Permeability Non-oriented Electrical Steel Produced by CSP

Pei Yinghao, Shi Lifa, Wang Litao, Dong Mei

（Ma'anshan Iron & Steel Co., Ltd., Ma'anshan　243000, China）

Abstract：The influence of alloy element Sn(range from 0.050wt% ~ 0.12wt%) on magnetic properties and texture of three tested steels after final annealing have been investigated. Both X-ray diffractometer with texture attachment and EBSD analysis were conducted to measure specimen texture. The results showed that tin is surface active element and reduces $\{111\}$ type planes and increases $\{011\}$ and $\{100\}$ type planes in annealing texture of electrical steel. At the same cold rolled annealing temperature, the intensity of $\{011\}$ and $\{100\}$ type planes texture increased, and the volume fraction of Goss grain also enhanced with increasing tin content. There were no differences of average grain size after final annealed with increasing tin content.

Key words：Sn content; high permeability non-oriented electrical steel; texture; magnetic properties

1　概述

为适应节能、环保与可持续发展的要求，生产的机电产品正向小型化、高精度化、高效率化方向发展。要想提高电机的效率，从理论上来说，采用更低铁损和更高磁感的产品，成为一种最直接的手段，相关研究也成为目前冷轧无取向电工钢的发展方向之一[1-3]。

薄板坯连铸连轧（CSP）作为一种新开发的连续、紧凑、高效冶金工程技术，低成本方面具有明显的优势，相关报道显示，其无取向电工钢具有比传统流程磁感高的特点[4]。本文通过分析 CSP 流程生产的高磁感无取向电工钢，不同的 Sn 含量对无取向电工钢组织、织构和电磁性能的影响规律分析，探索一种高磁感无取向电工钢的生产方法。

2　实验材料及方法

实验用钢选自 CSP 流程生产的不同 Sn 含量无取向电工钢，具体化学成分（质量分数）见表1。试验钢经炼钢、精炼、薄板坯连铸连轧，在实验室模拟常化、冷轧及连续退火，获得测试样品。常化工艺为 940℃ × 140s，连退工艺为 940℃ × 80s。

表 1　试验钢化学成分　　　　　　　　　　　　　　　（%）

样品号	C	Si	Mn	P	S	Als	Sn	N	O
A	0.0014	2.15	0.25	0.015	0.0028	0.56	0.050	0.0021	0.0025
B	0.0028	2.20	0.23	0.020	0.0030	0.53	0.080	0.0024	0.0018
C	0.0025	2.17	0.24	0.017	0.0021	0.54	0.12	0.0017	0.0028

利用光学显微镜观察了热轧板和成品的微观组织形貌，织构测试试样表面经机械减薄到厚度 1/4 处，经抛光后进行测试。测量仪器是荷兰帕纳科公司生产的 X' Pert Pro X 射线衍射仪上的织构测角计，采用 Co 靶，管电压为 35kV，管电流为 40mA。测量了每个试样的（110）、（200）、（211）3 张不完整极图，经归一化处理得到极图数据，由极图数据计算 ODF 数据，并计算出完整极图、反极图。采用织构分析软件进行 ODF 分析。EBSD 测试利用带 EBSD 附件的日立 S-4300 场发射扫描电镜进行测试。磁性能测试采用爱泼斯坦方圈法测量。

3　实验结果

3.1　显微组织

图 1 和图 2 为试验钢热轧显微组织和常化后显微组织。不同 Sn 含量试验钢热轧组织没有明显的区别，沿厚度方向具有明显的组织梯度，表层为细小的再结晶晶粒，心部为变形铁素体，次表层为变形组织和再结晶晶粒的混合组织。热轧板经常化退火后均发生了完善的再结晶，平均晶粒尺寸随 Sn 含量增加，由 95μm 增加到 110μm。

图 1　热轧显微组织

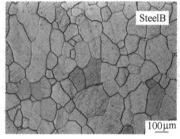

图 2　试验钢常化显微组织

常化后试验钢经 6 道次冷轧至 0.50mm，图 3 为试验钢冷轧显微组织，由图可以看出不同 Sn 含量试验钢由于均为变形铁素体，沿轧向明显拉长，不同 Sn 含量试验钢冷轧组织没有明显区别。

图 4 为经过 950℃×80s 成品退火后的显微组织。成品退火后不同 Sn 含量试验钢均为均匀的等轴晶粒，不同 Sn 含量试验钢平均晶粒尺寸均为 110μm 左右，虽然平均晶粒尺寸没有明显的区别，但 Sn 含量为 0.12% 的试验钢晶粒更均匀。

试验钢成品晶粒尺寸主要取决于材料的 Si、Al 含量，以及热轧、常化、冷轧机退火工艺，由于试验钢只有 Sn 含量有一定的区别，其他元素及工艺履历完全一致，因此材料成品晶粒形貌及尺寸没有明显的

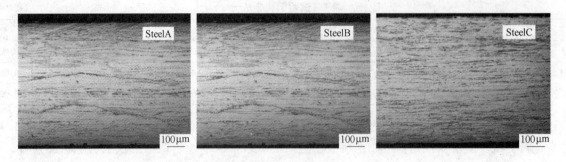

图 3　试验钢冷轧显微组织

图 4　试验钢成品退火后的组织

区别。由此可以看出，在本文研究的 Sn 含量范围内，Sn 含量并不足以对材料组织产生显著的影响。

3.2　织构

　　Sn 含量对退火后成品试验钢取向分布函数（ODF）的影响结果见图 5。不同 Sn 含量试验钢主织构均为 {100} 面织构和 {111}γ 纤维织构，随 Sn 含量增加，{100} 面织构强度增加，但 γ 纤维织构强度并不随 Sn 含量变化而单调变化，Sn 含量为 0.08% 时，试验钢 γ 纤维织构强度最高。此外由图 5 还可以看出，不同 Sn 含量试验钢均具有一定比例的 {100}⟨001⟩ 立方织构，其强度与 Sn 含量关系与 {100} 面织构基本一致。

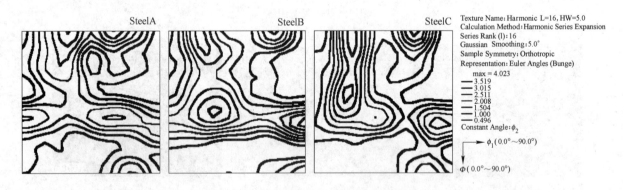

图 5　不同 Sn 含量试验钢成品退火后的 ODF

　　图 6 为三种 Sn 含量退火后成品试验钢 α、γ 和 η 三种重要取向线分析结果。不同 Sn 含量 γ 取向线强度均比 α 和 η 取向线高。当 Sn 含量为 0.12% 时，{100}⟨001⟩ 和 {111}⟨110⟩ 织构强度最高，{111}⟨112⟩ 强度最低；当 Sn 含量为 0.08% 时，{110}⟨001⟩ 和 {111}⟨112⟩ 强度最高。从取向线结果可以看出，Sn 含量对成品退火过程中 α 和 η 取向线的发展有着明显的影响。

　　图 7 直观地给出了三种 Sn 含量退火后成品试验钢对应不同位向晶粒的分布情况。当 Sn 含量为 0.08% 时，试验钢中存在少量细小的变形晶粒，变形晶粒取向主要为 {001}⟨310⟩ ~ {001}⟨610⟩。此外不同 Sn 含量试验钢中均有大量的 {100} 取向晶粒，且 {110} 和 {100} 取向晶粒分数随 Sn 含量增加而增加。

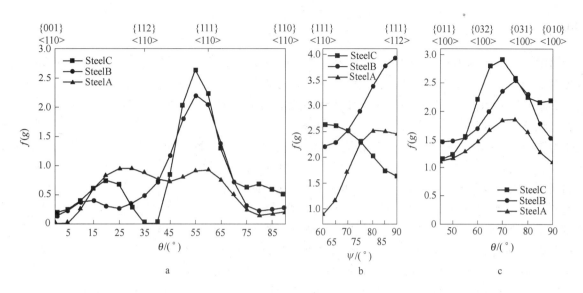

图 6 不同 Sn 含量试验钢 α、γ、η 取向线分布
a—α 取向线；b—γ 取向线；c—η 取向线

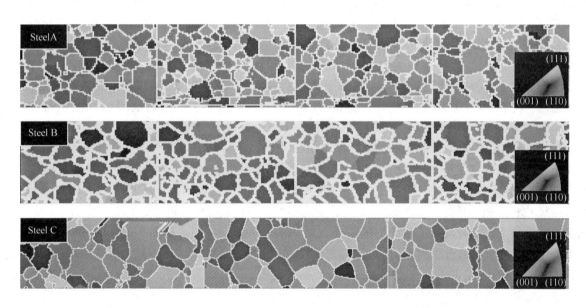

图 7 试验钢 EBSD 分析
（红色为 {100} 位向晶粒，黄色为 {111} 位向晶粒，绿色为 {110} 位向晶粒）

3.3 磁性能

表 2 为不同 Sn 含量试验钢磁性能测试结果，由表 2 可以看出，随 Sn 含量升高，试验钢铁损 $P_{1.5/50}$ 明显降低，同时试验钢的磁感应强度 B_{5000} 增加，从而实现了低铁损和高磁感的配合。

表 2 不同 Sn 含量试验钢磁性能测试结果

试样号	$P_{1.5/50}/\mathrm{W} \cdot \mathrm{kg}^{-1}$	B_{5000}/T
A	3.27	1.71
B	3.08	1.72
C	3.05	1.73

4　讨论

一般来说影响无取向电工钢磁感应强度 B_{5000} 的主要因素是化学成分和晶体织构，而影响铁损 $P_{1.5/50}$ 的因素多且复杂，包括晶体织构、夹杂物及内应力、产品厚度、晶粒尺寸等。一般来说铁损和磁感应强度是一对矛盾的性能指标，降低铁损的手段往往会导致产品磁感应强度也随之下降。但通过改善有利织构组分提高磁感应强度的同时，也可以降低产品的铁损，通过工艺和成分的调整来实现织构控制，是获得高磁感无取向电工钢的方法之一[5]。本文研究的试验钢化学成分（除 Sn 含量）、加工工艺基本相同，且初始晶粒尺寸（热轧及常化）、成品晶粒尺寸也基本相当，但不同 Sn 含量试验钢的铁损和磁感应强度有明显的区别，因此推测 Sn 含量对织构的改善是获得低铁损和高磁感的主要原因。

无取向电工钢的碳含量很低，一般碳含量控制在 $30\mu g/g$ 以下，当 $w(Si + Al) > 1.7\%$ 时，属于无相变成分电工钢，热加工过程就处于全铁素体区，由于剪切变形沿厚度方向的不均匀分布，导致热轧组织具有明显的梯度分布，在热轧板的次表层含有较强的 $\{110\}\langle001\rangle$ 位向的细小等轴晶，而在热轧板心部则为沿轧向拉长的 $\{100\}\langle011\rangle$ 位向晶粒。冷轧过程中表层细小的等轴晶在轧制过程中被拉长和破碎，但心部的组织由于变形量小，组织表征为圆饼状，且沿轧向拉伸程度明显增加。冷轧过程中大量的塑性变形能以热量散发的形式损失掉，但仍有相当比例的变性能以位错、空位及堆垛层错的形式储存于基体[6,7]，不同取向的晶粒储能是不一样的，因此在最终退火过程中，发生回复和再结晶的难易程度不一样。$\{100\}$ 位向晶粒由于其低位错密度及应变能、易滑移，其形变储能明显较低，因此在最终成品退火中，该位向晶粒难以发生再结晶。而 $\{110\}$ 和 112 位向的晶粒则正好相反。$\{110\}\langle001\rangle$ 位向晶粒一般形核于形变储能较大的 $\{111\}\langle112\rangle$、$\{111\}\langle110\rangle$ 和 $\{112\}\langle110\rangle$ 位向晶粒的形变带间的过渡带。最终退火过程中，一部分 $\{111\}\langle112\rangle$ 取向晶粒转变为 $\{112\}\langle110\rangle$ 位向，但 $\{110\}\langle001\rangle$ 晶核吞并周围的 $\{111\}\langle112\rangle$ 位向晶粒，会对最终织构的组分产生明显的影响。热轧板心部 $\{100\}\langle011\rangle$ 组分高，往往导致冷轧织构中 $\{100\}$ 取向强度高，最终退火时难以发生再结晶，具有明显的组织遗传效应。

由于三种试验钢仅仅是 Sn 含量存在一定范围内的变化，其他生产工艺相同，且成品晶粒尺寸相似，因此 Sn 对电磁性能的影响主要体现在对产品织构的影响。随 Sn 含量增加，试验钢中 $\{110\}\langle001\rangle$ 位向晶粒数量、尺寸和比例均升高，因此 Sn 对织构演变的影响不仅体现在成品退火过程中，促进了 $\{110\}\langle001\rangle$ 位向晶核的形核率，并且促进了 $\{110\}\langle001\rangle$ 位向晶核的长大速率。图 5 和图 6 的织构测试结果也很好地吻合 EBSD 测试结果。通过织构控制的方式，获得高的 $\{100\}\langle0vw\rangle$ 面织构、α、η 显微织构，同时降低 $\{111\}\langle112\rangle$ 织构组分，是获得高磁感、低铁损产品的有效途径。

5　结论

结论如下：

（1）不同 Sn 含量试验钢热轧、常化及成品显微组织并没有明显的区别，Sn 对电磁性能的影响主要表现在对材料织构组分的影响。

（2）Sn 含量增加，试验钢 $\{001\}\langle110\rangle$ 及 $\{100\}\langle0vw\rangle$ 织构及 α 和 η 纤维织构强度增加，γ 纤维织构强度下降。

（3）Sn 对电磁性能的影响机理不仅促进 Goss 织构和立方织构的形核率，而且加快了相关织构组分的长大速率，当 Sn 含量为 0.08% 时 Goss 织构比例最高，当 Sn 含量增加到 0.12% 时，立方织构比例最高。

参考文献

[1]　谢晓心，张新仁. 主要成分和工艺对极低铁损高磁感无取向电工钢磁性的影响[J]. 钢铁研究. 2003, 134(5)：52 ~ 58.

[2]　夏兆所，康永林. 低铁损高磁感冷轧无取向电工钢的研制[J]. 钢铁研究学报. 2008, 20(10)：44 ~ 48.

[3]　许令峰，毛卫民. 2000 年以来国外无取向电工钢的研究进展[J]. 世界科技研究与发展, 2007, 29(2)：36 ~ 40.

[4]　朱涛，施立发，董梅，等. CSP 与传统工艺生产无取向电工钢的组织和织构对磁性能影响的对比分析[J]. 钢铁研究学

报. 2009, 21(11): 35~39.

[5] Iwayama K, Kuroki K, Yoshitomi Y, et al. Roles of tin and copper in the 0.23mm thick high permeability grain-oriented silicon steel[J]. Journal of Applied Physics. 1984, 55(15): 2136~2138.

[6] ChunKan H, TongHan L, ChunChih L. Effect of tin on the texture of nonorienter electrical steels[J]. Materials Processing and Texture. 2009, 200: 173~182.

[7] 何忠治, 赵宇, 罗海文. 电工钢[M]. 北京: 冶金工业出版社, 2012.

保护气氛对半工艺无取向电工钢磁性能的影响

裴陈新，王立涛，裴英豪，占云高，董　梅

（马鞍山钢铁股份有限公司技术中心，安徽 马鞍山 243000）

摘　要：本文对半工艺电工钢消除应力退火过程中保护气氛差别对磁性能的影响规律进行了研究。结果表明，硅含量 >1% 的电工钢，保护气氛还原性的差别，造成磁性能差别非常大。在还原性强的保护气氛下，产品铁损低、磁感高、磁导率高，反之亦然。

关键词：消除应力退火；保护气氛；半工艺无取向电工钢；磁性能

Development & Research on Cold Rolled Semi-processed No-oriented Electrical Steel

Pei Chenxin，Wang Litao，Pei Yinghao，Zhan Yungao，Dong Mei

（Technology Center of Ma'anshan Iron & Steel Co., Ltd., Ma'anshan 243000, China）

Abstract：The influence of magnetic properties by the differences of protective atmosphere during annealing process for semi-processed no-oriented electrical steel was investigated in this paper. The results show that, the differences of magnetic properties for semi-processed contented more than 1% silicon are very obviously in different reducibility protective atmosphere. When the atmosphere's reducibility is stronger, the magnetic induction and permeability are higher, the core loss is lower, and vice versa. During annealing temperature rising for semi-processed, the surface of that is oxidized.

Key words：stress relieving annealing；protective atmosphere；semi-processed non-oriented electrical steel；magnetic property

1　引言

电工钢作为优良导磁材料在 20 世纪得到快速发展，由于节能的要求电工钢逐渐随着时间的推移要求开发的产品具有更低的铁损和更高的磁感[1,2]。

由于历史上电工钢技术发展的不同，其中欧美着重发展半工艺冷轧无取向电工钢，充分利用后续加工冲片后的退火功能：脱碳、消除应力和晶粒长大，获得非常优良的磁性能和减轻对钢制造的要求，仅美国半工艺冷轧无取向电工钢应用近几年占到总消耗量的 80% 以上[3]。亚洲着重发展全工艺冷轧无取向电工钢，充分利用炼钢技术的进步和制造过程中专用退火线的功能获得优良的产品综合性能。

半工艺冷轧无取向电工钢消除应力退火是在电工钢使用过程中非常重要的环节，早期由于对产品磁性能要求不高，主要使用非合金半工艺冷轧无取向电工钢（包括冷轧叠片钢）。非合金半工艺冷轧无取向电工钢对钢中碳含量要求不高，主要利用消除应力退火过程中的脱碳功能，在冲片消除应力退火后的钢中碳含量小于 $50\mu g/g$。现在随着市场对半工艺冷轧无取向电工钢磁性能的提高，大量应用合金半工艺冷轧无取向电工钢，对钢中碳含量要求大幅度降低。由于合金含量的提高，消除应力退火过程中的保护气氛就变得重要，保护气氛将影响产品的磁性能，本文就是对不同保护气氛影响产品磁性能进行试验研究，为半工艺冷轧无取向电工钢的应用提供应用技术。

2 试验过程

2.1 试验材料

通过转炉冶炼、RH精炼的钢水，通过薄板坯连铸连轧生产热轧钢卷，然后通过酸洗、冷轧到要求的厚度。钢的化学成分见表1。冷轧钢卷通过周期性退火，后经过平整获得半工艺冷轧无取向电工钢。

平整后的钢卷按照磁性能测量的要求加工成30mm×300mm的试样。

表1 试验半工艺无取向电工钢的化学成分 （%）

化学成分	C	Si	Mn	P	Als	S
含　量	≤0.0080	1.0~1.40	0.25	≤0.050	≤0.50	≤0.008

2.2 退火过程不同保护气氛试验

退火工艺的温度制度按照标准中的规定升温、保温（840℃）和降温。退火过程采用通入不同保护气氛进行消除应力退火：（1）5% H_2 +95% N_2，加湿；（2）25% H_2 +75% N_2，加湿。

2.3 磁性能测量

用消除应力退火后的试样，16片组成方圈，采用型号为MPG100D磁性能测试仪器进行交流磁性能测定。

3 试验结果

3.1 不同保护气氛退火对铁损的影响

3.1.1 铁损 $P_{1.0/50}$

不同试验化学成分钢卷制备试样在不同保护气氛退火后的铁损 $P_{1.0/50}$ 见图1。图1表明，消除应力退火时采用25%氢气的铁损 $P_{1.0/50}$ 比采用5%氢气的铁损 $P_{1.0/50}$ 低，分散小、数值集中。

3.1.2 铁损 $P_{1.5/50}$

在不同保护气氛退火后的铁损 $P_{1.5/50}$ 见图2。图2表明，消除应力退火时采用25%氢气的铁损 $P_{1.5/50}$ 比采用5%氢气的铁损 $P_{1.5/50}$ 低0.1~0.4W/kg。并且，铁损分散小、数值集中（稳定）。

3.2 不同保护气氛退火对磁感应强度的影响

3.2.1 磁感应强度 B_{2500}

不同试验化学成分钢卷制备试样在不同保护气氛退火后的磁感应强度 B_{2500} 见图3。图3表明，消除应力退火时采用25%氢气的磁感应强度 B_{2500} 比采用5%氢气的磁感应强度高。

3.2.2 磁感应强度 B_{5000}

不同试验化学成分钢卷制备试样在不同保护气氛退火后的磁感应强度 B_{5000} 见图4。图4表明，消除应力退火时采用25%氢气的磁感应强度 B_{5000} 比采用5%氢气的磁感应强度 B_{5000} 高。

3.3 不同保护气氛退火对磁导率的影响

3.3.1 磁导率 $\mu_{1.0}$

不同试验化学成分钢卷制备试样在不同保护气氛退火后的磁导率见图5。图5表明，消除应力退火时

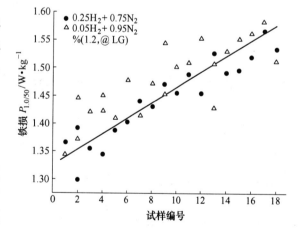

图1 消除应力退火时不同保护气氛
对半工艺电工钢铁损的影响

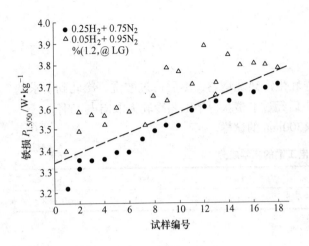

图2　消除应力退火时不同保护气氛
对半工艺电工钢铁损的影响

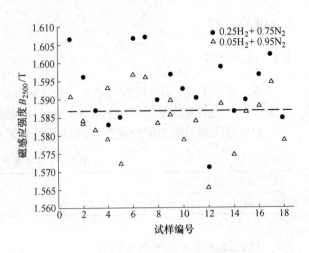

图3　消除应力退火时不同保护气氛
对半工艺电工钢磁感应强度的影响

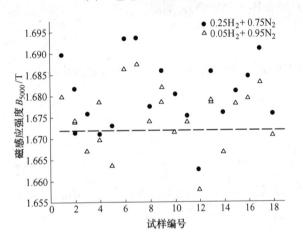

图4　消除应力退火时不同保护气氛
对半工艺电工钢磁感应强度的影响

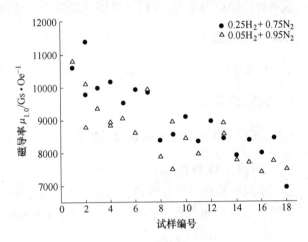

图5　消除应力退火时不同保护气氛
对半工艺电工钢磁导率的影响

采用25%氢气的磁导率比采用5%氢气的磁导率高。

3.3.2　磁导率 $\mu_{1.5}$

不同试验化学成分钢卷制备试样在不同保护气氛退火后的磁导率见图6。图6表明，消除应力退火时采用25%氢气的磁导率比采用5%氢气的磁导率高。

4　结果分析和讨论

4.1　半工艺电工钢需消除应力退火的原因

冶金企业生产的电工钢供下游用户使用的加工特点是，大多数情况下是通过模具用冲床冲裁成符合绕制铜线的槽，电机越小，制造的铁芯被冲裁的区域所占的比例越高。电工钢冲裁是在力的作用下的撕开、断裂，冲裁边的周边变形，产生高的应力，电工钢的铁损严重升高。为了消除电工钢加工过程的变形和增加的应力，考虑采用消除应力提高电机铁芯的磁性能。

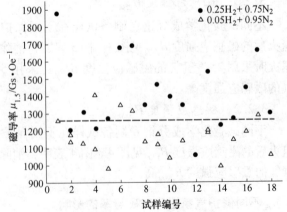

图6　消除应力退火时不同保护气氛
对半工艺电工钢磁导率的影响

4.2 保护气氛影响磁性能的原因

半工艺电工钢在要求的磁性能不高的情况下，钢的化学成分中主要是硅和锰，磁性能的保证是通过大的平整压下率给钢板足够的储能和由于合适的碳含量造成在消除应力退火过程中脱碳从外表向内逐步完成，完成结晶后的晶粒沿着钢板厚度方向形成柱状晶[4,5]，柱状晶的磁性能非常优良，即铁损低、磁导率高。

含硅和锰的钢氧化性较弱，高的露点加热、退火，水的氧化性能不足以造成不良后果。

随着对半工艺电工钢磁性能要求的提高，钢的化学成分中开始逐步增加硅含量。在硅含量<1%时，虽然在弱保护气氛增加了钢在退火过程中的氧化，但是不严重，不足以影响磁性能。

硅含量>1%（例如本次试验），在保护气氛含氢量5%的条件下，氧化比较严重。也就是在退火样品随炉升温的过程中，还没有达到再结晶温度时，钢的表面已经形成严重的主要以硅组成的复合氧化物，这些氧化物覆盖在钢板表面，使得再结晶从表面孕育、开始困难和晶粒长大的取向受到氧化物层的制约，造成最终的磁性能明显降低、波动大。

这也说明半工艺电工钢标准中规定保护气氛中氢气含量是20%，氮气含量为80%的原因。

5 结论

（1）电工钢冲片后的退火，需要根据电工钢的化学成分调整保护气氛的还原性。

（2）半工艺无取向电工钢在进行消除应力退火过程中的保护气氛的组成比例，对退火后的磁性能有显著的影响。随着半工艺电工钢中硅、铝元素含量的增加，氧化性增加，需要提高保护气氛的还原性来确保退火后的磁性能。

（3）对硅含量>1%电工钢消除应力退火采用还原性保护气氛能降低铁损，提高磁感和磁导率。

（4）消除应力退火过程中的保护气氛还原性差，造成退火过程中的内氧化，因此使得磁性能下降。

参考文献

[1] 杜光梁，祝晓波，黄璞，等. 高级半工艺无取向电工钢的研制[J]. 武汉工程职业技术学院学报，2008(1):1~5.

[2] 刘杰，王全礼，李飞，等. 半工艺冷轧无取向电工钢的发展[J]. 钢铁(增刊). 2006(12):203~208.

[3] Hilinski E J. Recent Developments in Semiprocessed Cold Rolled Magnetic Lamination Steel[J]. Journal of Magnetism and Magnetic Material，2006，3：172~177.

[4] Ashbrook R W, Jr., Marder A R. The Effect of Initial Carbide Morphology on Abnormal Grain Growth in Decarbuized Low Carbon Steel[J]. Met. Tran.. 1985，16A：897~906.

[5] Kováč F, Džubinský M, Sidor Y. Columnar Grain Growth in Non-oriented Electrical Steels[J]. Journal of Magnetism and Magnetic Material，2003，7：333~340.

常化温度对 1.3% Si 无取向电工钢
磁性能影响关系研究

施立发，裴英豪，王立涛，董　梅

（马鞍山钢铁股份有限公司，安徽 马鞍山 243000）

摘　要：本文研究了 CSP 工艺流程生产的 1.3% Si 的无取向电工钢在不同常化温度下对磁性能的影响关系。研究结果表明：随着常化温度的提高，热轧板的晶粒尺寸增大，且组织均匀性提高；此外成品的有利织构组分 {100}⟨0vw⟩、α、η 增强，不利织构组分减弱；铁损 $P_{1.5/50}$ 呈下降趋势，磁感应强度 B_{5000} 上升平缓。在常化工艺为 930℃×2.5min 下，对应的铁损 $P_{1.5/50}$ 小于 3.4W/kg，磁感 B_{5000} 大于 1.74T。

关键词：磁性能；织构；常化温度

Effect of Normalization Temperature on Magnetic Properties of
Non-oriented Electrical Steel Contend 1.3% Silicon

Shi Lifa, Pei Yinghao, Wang Litao, Dong Mei

（Ma'anshan Iron & Steel Co., Ltd., Ma'anshan 243000, China）

Abstract：In this paper, effect of normalization temperature on magnetic properties of non-oriented electrical steel contends 1.3% silicon was studied. The result shows that with increasing normalization temperature, microstructure uniformity of hot-rolled plate is improved and the average grain size of that is increased. Otherwise, texture components of annealing can be improved by enhancing {100}⟨0vw⟩, α, η fiber textures, weakening {111}⟨112⟩ fiber texture. The tendency of core loss $P_{1.5/50}$ is decreased and the tendency of magnetic induction B_{5000} shows that it is increased slowly with the normalization temperature improvement. The core loss is less than 3.4 W/kg and magnetic induction more than 1.74T at 930℃ for 2.5min.

Key words：magnetic properties；texture；normalization temperature

　　无取向电工钢板主要用于制作各种电机和变压器的铁芯以及其他电器部件，是电力、电子和军事工业不可缺少的软磁合金[1]。为适应我国机电行业的迅猛发展，电工钢的用量越来越大，对电气设备的高效、高精度以及小型化的需求提高，同时对电工钢带的质量性能也提出了更高的要求。影响冷轧无取向电工钢电磁性能的因素很多，大生产中炼钢、热轧、常化、冷轧、退火各工序对最终产品的磁性能均有不同程度的影响。对于中高牌号无取向电工钢，在炼钢和轧制控制水平达到一定的稳定程度后，对进一步提高成品电工钢电磁性有效途径之一是优化电工钢常化热处理工艺。本文就常化热处理温度对 1.3% Si 的无取向电工钢电磁性能的影响情况作有关分析，以探讨提高无取向电工钢电磁性能的有效途径。

1　试验材料及方法

　　选取了 CSP 流程生产的 1.3% Si 的无取向电工钢冷轧板作为试验材料，其化学成分如表 1 所示。按照 Epstein 方圈的取样方法，纵横方向各 8 片。在实验室常化炉进行常化热处理，具体热处理工艺如图 1 所示。常化处理后的热轧板进行酸洗并冷轧至 0.50mm 后，在退火炉中用同一退火热处理。经退火后的成品在 MPG-100 型号的磁测仪进行磁性能测定，主要检测铁损 $P_{1.5/50}$、磁感应强度 B_{5000}。利用 X'Pert Pro X 射线衍射仪上的织构测角计，测量样品 1/4 厚度处的 {110}、{200}、{112} 极图，并计算其取向分布函数 ODF。

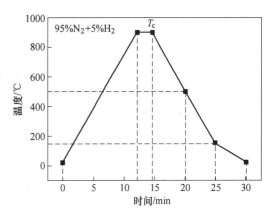

图 1 常化工艺（以 900℃ × 2.5min 为例）

表 1 试验材料的化学成分 （%）

工艺流程	C	Si	Mn
CSP	≤0.0030	1.30	0.20 ~ 0.30
工艺流程	P	S	Als
CSP	0.05 ~ 0.01	≤0.003	≤0.50

2 结果与讨论

2.1 常化温度对 1.3%Si 无取向电工钢的热轧板组织影响

对不同常化热处理后的热轧板显微组织进行了检测和观察，图 2 给出了未经常化和常化后的热轧板组织。

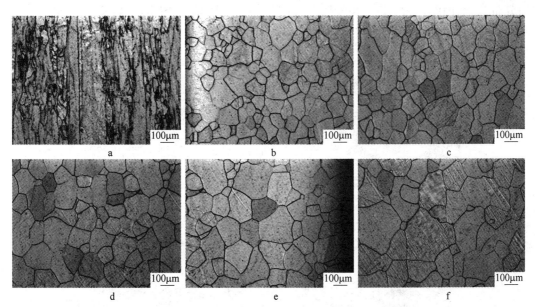

图 2 不同常化温度下的热轧板显微组织

a—未常化；b—850℃；c—880℃；d—910℃；e—940℃；f—970℃

从图 2 可以看出，由于本试验采用 1.3%Si 和适当的 Al 成分的无取向电工钢在热轧和卷取后，热轧板的显微组织未能完全再结晶，其热轧板为纤维状铁素体组织。经过 880 ~ 1000℃ 范围的常化热处理后，热轧板的组织的晶粒尺寸随着常化温度的提高，晶粒尺寸增大且组织均匀化程度提高，形成了粗大的等轴晶铁素体组织。

2.2 常化温度对 1.3%Si 无取向电工钢磁性能的影响

对不同常化温度下的成品，按照 Epstein 方圈在 MPG-100 型磁测仪进行了磁性能检测，结果如图 3 所示。

从图 3 可知，与未经常化热处理的成品磁性能相比较，常化热处理的电工钢成品铁损明显偏低，磁感

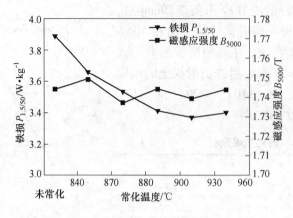

图3 常化温度对磁性能的影响

略高。随着常化温度的提高，成品的铁损呈下降趋势；磁感随着常化温度的提高在一定水平范围内波动。

2.3 常化温度对 1.3% Si 的无取向电工钢退火态织构影响

影响无取向电工钢的磁性能不仅仅是组织，退火态的织构形成特征对无取向电工钢的磁性能影响很显著。对于体心立方体系来说，取向分布函数 $\phi = 0°$ 和 $\phi = 45°$ 是表达无取向电工钢再结晶退火态织构最具有代表性的 ODF 截面图，在这些截面图上可以观察到一系列重要的取向位置，即 α、γ、η 以及 {100}⟨0vw⟩取向分布[2,3]。因此，为了进一步分析织构对无取向电工钢磁性能的影响关系，选取了常化温度在 910℃和940℃对应的成品进行了织构对比分析，如图4 ~ 图6 所示。

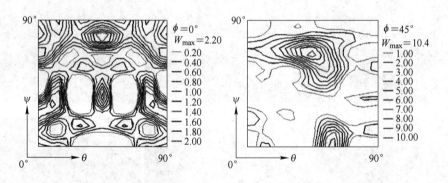

图4 常化温度为910℃下的1/4 厚度处 $\phi = 0°$ 和 $\phi = 45°$ ODF 截面图

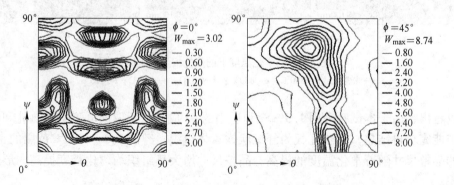

图5 常化温度为940℃下的1/4 厚度处 $\phi = 0°$ 和 $\phi = 45°$ ODF 截面图

结合图5 和图6 可知，无取向电工钢的再结晶退火态织构类型一致，主要是由（100）面织构以及 α、γ、η 纤维织构组成，但织构组分强度和分布状态存在很大的差异性。

在 $\phi = 0°$ 的 ODF 截面图中，常化温度在 940℃时，退火态的有利织构组分 {001}⟨0vw⟩为最强主织构组分，且分布漫散，取向强度达到2.4，其他织构组分很弱；而常化温度为 910℃时的有利主织构组分为

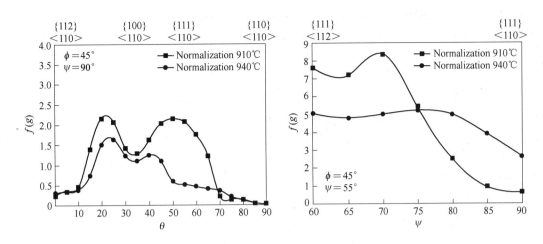

图6　不同常化温度对应成品在1/4厚度处的典型α取向线、γ取向线

{001}⟨0vw⟩、{101}⟨010⟩、{101}⟨233⟩~⟨223⟩，织构组分取向强度在1.8左右，织构形成呈锋锐化分布。

在φ=45°的ODF截面图中，以α、γ取向分布为主织构组分，{100}⟨0vw⟩织构次之；其中有利织构α纤维织构、{100}⟨0vw⟩织构的组分强度较高，对于常化温度为910℃的成品退火态的不利织构主要表现为{111}⟨112⟩织构组分，强度达到8.0；而常化温度为940℃时{111}⟨112⟩的取向强度略低，相对于常化温度910℃下的不利织构组分明显减弱。

2.4　分析与讨论

影响无取向电工钢铁损的因素多且复杂，如晶体织构、杂质和内应力、晶粒尺寸、钢板厚度、表面状态、合金成分等。因为影响P_t的磁滞损耗（P_h）、涡流损耗（P_e）和反常损耗（P_a）的因素各不相同，因此，最终应以P_t值的综合影响程度来衡量。对于无取向电工钢来说，除杂质、夹杂物、钢板厚度、表面状态等因素外，铁损变化主要受晶粒尺寸的影响[4]。

本实验采用的CSP工艺流程生产的0.5mm厚度的无取向电工钢冷轧板，在不同的常化温度下进行热处理试验，经过常化处理的热轧组织晶粒尺寸增大且形成了比较规整的等轴晶铁素体，这种组织状态有利于成品的有利织构和晶粒尺寸增大。晶界是晶格的畸变，晶界增加会使磁畴壁移动阻力增加、铁损增加，可见晶粒细小、晶界面积增大，材料在磁化过程中需要克服的阻力就大，铁损随之升高。因此通过提高合适的常化温度可使无取向电工钢晶粒尺寸增大到一定的临界尺寸，以获得较大的晶粒尺寸和较高的均匀化组织，是降低铁损的一个有效途径。

除了成品的显微组织具备较大的晶粒尺寸和较高的均匀化外，磁性能尤其是磁感的大小取决于织构类型、强度及分布状态。CSP流程生产的无取向电工钢的再结晶退火态织构类型、强度以及分布状态，对无取向电工钢磁性能有很大影响。通过上述对比常化温度在910℃和940℃下的退火态织构强度组分及织构形成特征，可以看出较高的常化温度为940℃的有利织构组分强度明显处于优势，有利织构组分强度很高，是导致最终成品具有较高磁感应强度和较低铁损的主要因素。提高有利织构如（100）面织构，α、η纤维织构组分强度，降低γ纤维织构组分强度；同时改善织构的取向分布状态，使有利织构分布漫散，能够切实有效地提高无取向电工钢的磁性能。

3　结论

（1）含1.3%Si的无取向电工钢，随着常化温度的提高，热轧组织平均晶粒尺寸增大且均匀化程度提高。

（2）含1.3%Si的无取向电工钢再结晶退火态织构类型主要是由（100）面织构，α、γ、η纤维织构组成，随着常化温度的提高，有利织构组分强度（100）面织构、α等增强。

（3）含 1.3%Si 的无取向电工钢在常化工艺为 940℃ ×2.5min 条件下，可获得较低的铁损和较高的磁感应强度，$P_{1.5/50}$ 小于 3.4W/kg，磁感 B_{5000} 大于 1.74T。

参考文献

［1］刘杰，王全飞，李飞，等.半工艺冷轧无取向电工钢的发展［J］.钢铁，2006，41（2）：1 ~ 5.

［2］柳璞如，李福林.无取向硅钢织构的研究［C］//钢铁研究论文选集.北京：中国科学技术出版社，1994.

［3］朱涛，施立发，等.CSP 与传统工艺生产无取向电工钢的组织和织构对磁性能影响与对比分析［J］.钢铁研究学报，2009，21（11）：35 ~ 37.

［4］何忠治.电工钢［M］.北京：冶金工业出版社，1997.

宁钢无取向电工钢热轧板板宽精度的控制

罗石念，刘万善，周德锋，贾丽军

（宁波钢铁有限公司，浙江 宁波 315807）

摘　要：针对1780mm热连轧机组生产的无取向电工钢板宽精度控制问题通过现场跟踪试验，总结分析工艺设备参数对热轧带钢头部窄尺的影响，提出改进工艺措施，并运用于生产实践，使电工钢热轧板的板宽控制质量大幅提高，带钢窄尺缺陷发生率显著减少。

关键词：热轧；无取向电工钢；板宽；窄尺

Wide Precision Control of the Hot Rolled Non-oriented Electrical Steel Sheet in Ningbo Steel

Luo Shinian, Liu Wanshan, Zhou Defeng, Jia Lijun

（Ningbo Iron and Steel Co., Ltd., Ningbo 315807, China）

Abstract：Through field tracing experiment, to improve non-oriented electrical steel plate width precision, which producted by 1780mm hot rolled production line, analysis and summary parameter of process and equipment as well as the influence on narrow strip head feet, put forward measures to improve the process, and used in production practice, the hot rolled silicon steel strip width control quality has been greatly improved, with narrow steel ruler defect rate was significantly reduced.

Key words：hot rolling；non oriented electrical steel；plate width；narrow gauge

1　引言

无取向电工钢广泛地用于旋转电机如电动机和发电机等制造领域[1]，目前仍是产量和需求最大的电工钢品种，在电工钢产品中占有重要的地位。

在电工钢的规模化生产中，除了产品的铁磁性能外，热轧无取向电工钢的板宽精度控制是一项重要的质量指标。在冷轧酸洗机组的剪边过程中，热卷窄尺部位往往由于宽度不足而造成局部切不到边，为了防止在冷轧过程中拉断，往往要将未剪边部位后所有带钢切掉，造成带钢成材率损失严重。另外，提高热轧电工钢的宽度控制精度，可以减少冷轧酸洗机组的切边损耗，从而明显地提高冷轧成品电工钢的成材率。

2　宁钢无取向电工钢生产中的热轧板宽控制问题

宁波钢铁有限公司（简称宁钢）装备有2座2500m³高炉，可年产铁水440万吨，另有3座180t顶底复吹转炉，1座双工位RH炉，1座LF炉，2台1650mm双机双流连铸机，可年产板坯450万吨。

宁钢暂无冷轧生产线，主要生产外销热轧商品材。其1780mm热轧带钢生产线是国内首条自主设计、研发的热轧生产线，设计年生产能力为400万吨，2008年1月正式投入生产，于2009年12月实现月度达产；2012年开始陆续试制无取向电工钢NW1300～NW600，目前生产的典型牌号为NW800和NW1300。

宁钢热轧粗轧机组 E1、E2 均带有 AWC 自动宽度控制系统，主要包括带钢头尾的短行程控制和带体的宽度控制。借助 E1、E2 自动宽度控制系统，过程机完成宽度的设定计算及自学习，PLC 实现 APC 立辊开口度自动定位和 AWC 动态宽度控制。通过对热轧宽度超差钢卷的统计分析，其表现形式有三种，即带钢头尾超窄（或超宽）、整体超窄（或超宽）、头部 10m 内精轧拉窄。针对这三种情况，分别将所有钢卷的各段温度曲线、宽度曲线、粗轧 L1 短行程动作曲线、精轧各机架张力曲线、操作人员人工修正、各钢卷成分、模型自学习参数等调出并进行综合分析，查找原因，采取措施。

在宁钢的实际热连轧生产中，无取向电工钢的板宽命中率一度较低，热轧带钢头部拉窄缺陷普遍发生，尤以 NW800 电工钢宽度窄尺最为严重。为此，我们通过现场跟踪、分析生产数据、工艺参数控制情况，系统分析设备工艺及带钢物理特性的影响规律，研究制订了有针对性的改善措施，经生产应用，有效地解决了以 NW800 为代表的无取向电工钢生产中的这一质量问题。

3　无取向电工钢板宽精度的影响因素分析

宁钢无取向电工钢宽度命中率低，是因为带钢在轧制过程中受到达到其塑性变形张力的拉伸的结果。由于多种因素的影响，如轧制计划、加热温度、立辊辊缝设定、开轧温度等，带钢在相邻机架间带钢流量产生偏差，如果这些因素引起的误差过大，致使活套调节量过大，调节时间过长，就会造成带钢出现宽度命中率降低的缺陷。宽度不足则钢卷必须上平整线切除，不仅增加生产成本也降低了产品一次合格率。

3.1　宁钢无取向电工钢宽度超标的特点

宁钢无取向电工钢板坯一般要求全部按热、直装入炉轧制，并控制适宜的在炉时间、均热时间、较低的出钢温度。以 NW800 电工钢为例，宁钢 NW800 生产初期带钢宽度命中率低，所有钢卷均存在头部拉窄情况。其主要原因为：NW800 在精轧机组相变非常明显，造成机架内活套不稳定，人工干预导致带钢拉窄。

无取向电工钢 NW800、NW1300 的硅含量一般为 0.3% ~ 0.6%，热轧终轧温度控制在 860℃左右。在生产中经常发现，由于其独特的低碳高硅成分结构特点和特殊的热轧工艺制度，于两相区完成精轧，使得其在精轧过程中存在相变现象，相变导致带钢的变形温度和变形抗力的准确预测十分困难[2]，由于变形抗力发生比较大的变化，活套控制失稳，辊缝容易出现比较大的偏差，不仅致使机架间拉钢造成宽度拉窄，还容易导致厚度变薄，轧制稳定性变差。宁钢初期无取向电工钢热轧板宽度精度控制能力见图 1。

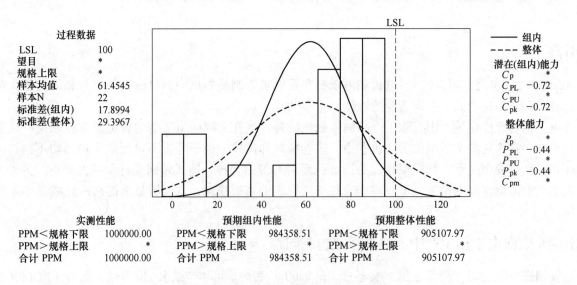

图 1　宁钢无取向电工钢热轧宽度精度控制能力

由图 1 可见，宁钢无取向电工钢生产初期，热卷板宽控制能力指数 C_{pk} 仅为 -0.72，显示其过程控制能力严重不足。

3.2 宁钢无取向电工钢宽度窄尺的工艺因素分析

根据前期热轧生产实际及跟踪结果，基本上可以判断造成 NW800 无取向电工钢热轧带钢头部拉窄的主要原因在于以下几个方面：

（1）精轧入口温度偏高，精轧机架内存在相变，影响秒流量计算，造成机架内活套调节量增加；

（2）精轧机架活套反馈慢，调节周期长；

（3）由于设定及操作习惯等方面原因，咬钢阶段存在部分机架活套角度明显低的情况。

经现场跟踪研究分析，确定从以下几方面开展改进工作：

（1）为实现对带钢头部准确跟踪，缩短反馈时间，由 L1 将精轧机咬钢信号切换成轧制力模式；

（2）从 L1 调查活套动作慢的原因，探索修改相关控制参数、提高活套调节速度的可能性；

（3）从稳定精轧开轧温度入手，优化板坯加热温度控制，同时，固化除鳞制度和穿带速度，适当降低精轧机架间张力设定值，以提高 L2 模型设定精度，减缓头部拉钢的趋势；

（4）利用速度调节功能，对明显拉钢的机架进行速度补偿。

3.3 热轧操作工艺改进要点

在生产操作层面，具体从以下几方面研究、制订了轧制工艺的改进方法（表1）。

表 1　电工钢热轧工艺改进措施

影响工序	改 进 措 施	改 进 要 点
板坯堆垛	上下板坯用热坯保温	板坯在下线后，防止单块板坯温降过快
板坯温度	热直装板坯集中轧制，冷坯集中轧制	装炉温度偏差较大时安排空位
轧制计划	采用合理的硬度、宽度、厚度、温度过渡，大于 30 块的轧制计划中间安排备用烫辊材	计划实施前确认，不符合要求者及时与公司排程员联系并处置
加热时间	按生产质量计划设定	三座、双座加热炉生产时，分别控制适宜出钢节奏，异常停机时则执行板坯降温或回炉规定
加热温度	炉内各段加热温度、出炉温度执行板坯加热作业区相关规定	保证三座加热炉间 PY206 温差足够小，异常停机则执行加热炉待轧保温制度
板坯侧压量	按粗轧 L2 模型设定	异常情况下需要停机，并联系模型控制人员，视精轧出口宽度情况适当增大宽度
头尾剪切长度	头尾不规则部分切除干净	允许操作人员进行手动调整，适当增加切头尾长度
开轧温度	按生产质量计划设定	按上限控制，低于 1000℃ 活套不稳定，拉钢时需严格管控

此外，在生产工序单元还制定并实施了如下的后续改进方案：

（1）参考最近轧制系数，对于较长时间没有轧制或者初次轧制的电工钢牌号，对轧制系数进行手动维护；

（2）对头部窄尺的带钢规格进行分析确认，如果发现小头及时修改短行程系数；

（3）针对客户提出的质量异议，调整控制模型中的线膨胀系数。

4　无取向电工钢板宽质量改进效果

在工业化大生产条件下，实施应用上述工艺措施后，宁钢无取向电工钢热轧板宽质量改进效果显著，实物质量对比见图 2～图 4。

统计了 NW800 电工钢热卷自 2014 年 8 月以来的生产质量情况，从 2015 年 2 月份开始，其订单量翻倍增加，由于宽度缺陷上热轧精整线处理的钢卷数比例大幅降低，由 15%～20% 降至 2% 左右（其中 5 月份系由于连铸坯冷料装炉的影响导致热卷头部窄尺 7 卷，实际正常热、直装产生的宽度缺陷卷仅有 3 卷），

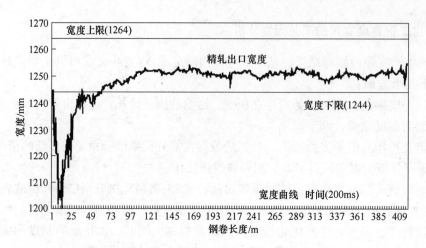

图 2　无取向电工钢改进前的热轧板宽控制曲线

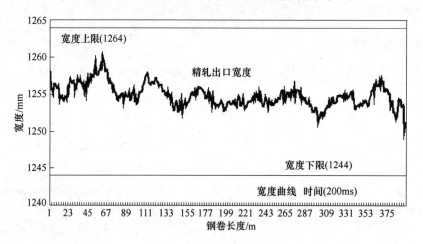

图 3　无取向电工钢改进后的热轧板宽控制曲线

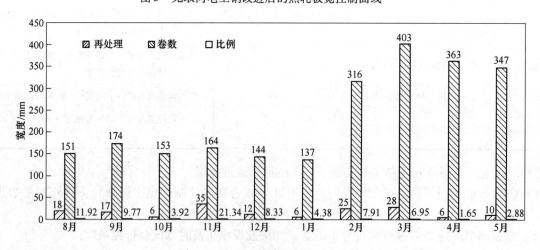

图 4　无取向电工钢热轧板宽控制质量改进实绩

这样，因带钢宽度不足而需上精整线剪切处理的热卷数量显著减少，从而大幅减少了因精整剪切所产生的热轧小卷（废次材）数量，为企业挽回了大量经济损失。

5　结语

针对宁钢无取向电工钢热轧宽度窄尺的质量问题，通过现场跟踪、系统分析生产工艺、装备条件以及精轧机架间电工钢相变的影响规律，制定并应用优化的工艺改进措施，有效解决了 NW800 等无取向电工钢热轧板宽超差比例过高的生产技术难题，实现了电工钢产量及产品质量的同步、稳定、大幅度提升。

参考文献

[1] 方泽民. 中国电工钢五十八年的发展与展望[C]//2010 第十一届电工钢专业学术年会论文集. 武汉：武汉出版社，2010.

[2] 周世春. 热轧工序温度对中低牌号无取向硅钢磁性能的影响[J]. 宝钢科技，2004(2):15～16.

无取向电工钢的冲片性与韧脆比的关系研究

冯大军[1]，石文敏[1]，杜光梁[1]，欧阳页先[2]

（1. 国家硅钢工程技术研究中心，湖北 武汉 430080；2. 武钢硅钢事业部，湖北 武汉 430080）

摘 要：选取相同牌号不同厂家、同一厂家不同材质、相同材质不同工艺的无取向电工钢片，测量其力学性能；从研究电工钢片材质对冲片性的影响规律出发，提出"韧脆比"概念并确立其计算方法；研究了韧脆比与冲片性的关系，分析了影响无取向电工钢韧脆比大小的相关因素。通过比较不同厂家、不同材质、不同工艺的电工钢片韧脆比与冲片性的差异，发现韧脆比越低其冲片性越好。

关键词：无取向电工钢；冲片性；韧脆比

The Study of the Relation between Punching Property and Ductility-brittleness Ratio of Non-oriented Electrical Steel

Feng Dajun[1], Shi Wenmin[1], Du Guangliang[1], Ouyang Yexian[2]

（1. National Engineering Research Center for Silicon Steel, Wuhan 430080, China;
2. Institution Department of Silicon Steel, WISCO, Wuhan 430080, China）

Abstract: The investigated subjects were the non-oriented electrical steels of the same grade from different manufacturers, the non-oriented electrical steels with different components from one manufacturer and the non-oriented electrical steel with the same components produced by different processes. The mechanical properties of them were tested; The conception of ductility-brittleness ratio and the calculation method of it were introduced from the effect of component on the punching property; The relation between punching property and ductility-brittleness ratio was investigated, the related factors affecting ductility-brittleness ratio was analysed. The results show that the punching property becomes better with the reduction of ductility-brittleness ratio through the comparisons of ductility-brittleness ratio of electrical steels with different manufacturers, different components and different processes.

Key words: non-oriented electrical steel; punching property; ductility-brittleness ratio

1 引言

随着变频压缩机技术的迅速发展，对铁芯材料提出了更高的要求。不仅要有良好的电磁性能，而且要有适合高速冲片的机械加工性能。但是，目前在变频压缩机上应用的无取向电工钢，很难做到两者兼顾。要么磁性能很好，加工性能较差；要么加工性能很好，电磁性能又较差[1]。

对于无取向电工钢，要紧跟现代压缩机制造技术的发展方向，必须做到电磁性能与力学性能的两者兼顾。优良的电磁性能和适度的力学性能的获得都需要成分与工艺的最优化。获得优良的电磁性能需要添加适当的硅铝元素，而添加较多的（Si + Al），一方面引起加工硬化，增加轧制难度；另一方面使强度升高脆性增加，影响用户冲片。而冲片性的好坏取决于材质硬度、加工工艺及设备精度。目前，变频压缩机的马达铁芯多采用高速冲床自动冲片并连续叠片而成，速度快、效率高，所以对材料的一致性要求更高。根据冲剪理论，冲片过程分为弯曲、冲剪和断裂三个阶段[2]。在适当的模具间隙条件下，电工钢片的断面一般应有剪切面和断裂面，并且剪切面约占2/3。但是，如果材质较硬，其韧性差脆性强，剪切面就会减少，致使铆接力降低；相反，材质较软，其韧性好脆性差，剪切面就会增加，但毛刺会加大。

根据力学拉伸时的伸长率来判断材质韧性大小，用屈强比的高低来反映材质脆性的强弱。因此，定义材质的韧脆比等于伸长率与屈强比的比值。只有在一定范围内的韧脆比的材质才能满足高速冲片要求。适中的韧脆比是无取向电工钢具有良好冲片性的前提条件之一。

选取大生产的无取向电工钢的成品板，将其加工为力学拉伸试样，测其抗拉强度、屈服强度和伸长率，分析无取向电工钢韧脆比的影响因素，比较不同厂家、不同材质、不同工艺的电工钢片韧脆比与冲片性的差异，分析韧脆比与冲片性的关系。

2 实验材料及方法

选取大生产批量试制的不同成分（牌号）和工艺的无取向电工钢片，根据国家标准 GB/T 228.1—2010 沿轧向或横向冲制为标准力学拉伸试样（$L = 300\,\text{mm}$，$b_0 = 20\,\text{mm}$），采用 Zwik 力学拉伸实验机进行室温拉伸，测得抗拉强度 R_m、屈服强度 R_eL、伸长率 A 及硬度等。各牌号电工钢片的冲片性评价由用户反馈，一般以不良率的高低来评判。

3 实验结果及分析

3.1 无取向电工钢韧脆比的影响因素

3.1.1 不同成分（牌号）的影响

图1为不同牌号和硬度的无取向电工钢的韧脆比。可以看出，无取向电工钢的韧脆比受成分影响较大。随着牌号和硬度的升高，韧脆比均降低。因为随着牌号及硬度的升高，成分中 $w(\text{Si} + \text{Al})$ 含量增加，电工钢片的韧性变差而脆性增加，所以韧脆比会降低。

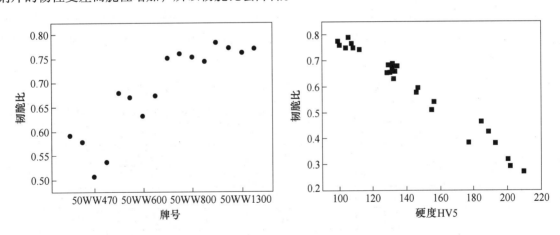

图1　不同牌号和硬度的无取向电工钢的韧脆比

3.1.2 不同成品退火工艺的影响

图2为不同成品退火工艺的无取向电工钢的韧脆比。可以看出，无取向电工钢的韧脆比随着退火温度的升高而增大。因为随着退火温度的升高，材质变软，伸长率增加而屈强比减小，导致其韧性强而脆性弱，所以韧脆比升高。

3.1.3 不同厚度的影响

图3为不同厚度的无取向电工钢的韧脆比。可以看出，对于同一钢种来说，无取向电工钢的韧脆比随着厚度的增加而增大。因为随着电工钢片的厚度增加，冷轧压下率将减小，但强度和伸长率增加，其韧性增强而脆性减弱，所以韧脆比要增大。

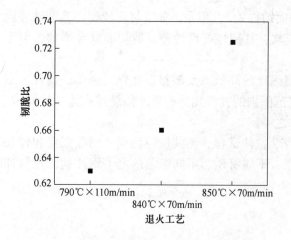

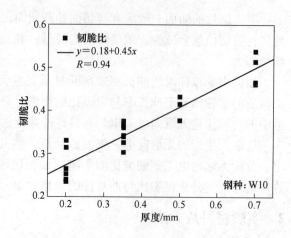

图 2 不同成品退火工艺的无取向电工钢的韧脆比   图 3 不同厚度的无取向电工钢的韧脆比

3.2 无取向电工钢韧脆比与冲片性之间的关系

3.2.1 不同厂家电工钢片的冲片性比较

表 1 为不同厂家的力学性能与冲片性比较。从冲片结果来看，对于同一牌号，韧脆比越低的电工钢片，冲片性越好。A 厂的 W800 和 B 厂的 W800 虽然屈强比接近，但韧脆比相差较大，因而冲片效果不一样。

表 1 不同厂家（W800 牌号）电工钢片的力学性能与冲片性比较

厂 家	屈服强度/MPa	抗拉强度/MPa	屈强比	伸长率/%	韧脆比	冲片性
A	263	396	0.664	40	0.60	最好
B	255	385	0.662	45	0.68	好
C	241	386	0.620	44	0.71	较好

表 2 为不同厂家电工钢片的力学性能与冲片性比较（0.35mm 厚度）。从冲片结果来看，韧脆比略低的电工钢片，冲片性要好。

表 2 不同厂家（W300 牌号）电工钢片的力学性能与冲片性比较

厂 家	厚度/mm	方向	HV5	屈服强度/MPa	抗拉强度/MPa	伸长率/%	韧脆比	冲片性
D	0.35	L	184	423	519	25	0.307	好
		C	188	430	531	24	0.296	
E	0.35	L	190	455	526	27	0.312	较好
		C	191	458	532	28	0.325	
F	0.35	L	185	467	531	28	0.319	较好
		C	183	496	544	38	0.417	

3.2.2 不同材质电工钢片的冲片性比较

表 3 为不同材质电工钢片的力学性能与冲片性比较。从冲片结果来看，不同材质的韧脆比越低其冲片性越好。

表 3 不同材质（50WW800）电工钢片的力学性能与冲片性比较

材 质	屈服强度/MPa	抗拉强度/MPa	屈强比	伸长率/%	韧脆比	冲片性
G	255	385	0.662	45	0.68	好
H	251	380.8	0.659	48.1	0.73	较好
I	265	390	0.679	51	0.75	较好

3.2.3 不同成品退火工艺电工钢片的冲片性比较

表 4 为不同工艺电工钢片的力学性能与冲片性比较。从冲片结果来看，采用不完全退火工艺的电工钢片（韧脆比低）比完全退火（韧脆比高）的冲片性要好。

表 4 不同工艺电工钢片的力学性能与冲片性比较

材质	工艺	屈服强度/MPa	抗拉强度/MPa	屈强比	伸长率/%	韧脆比	冲片性
J	不完全退火	241.1	357.7	0.674	49.8	0.74	好
	完全退火	238.4	356.7	0.668	54.3	0.81	较好
K	不完全退火	295	405	0.728	41	0.56	好
	完全退火	267	389	0.686	42	0.61	较好

使用电工钢材料的用户十分注重机械加工性能的好坏，特别是采用连续冲片的中小型电机用户尤其如此。冲片性好可以提高冲片效率，延长冲模寿命，保证冲剪尺寸精度。但是对电工钢片的冲片性评价并没有统一的测试方法[3]。一般厂家以冲制铁芯成品不良率的高低来评价冲片性。不良品主要表现有椭圆化（内径偏紧）；断裂、错位、压印；厚度不齐，是否需要切片等。

从冲片考虑，无取向电工钢板应该有一个适中的硬度[4]。特别是铁芯冲剪叠片的高速自动化，要求电工钢片在冲剪和铆接过程中具有优良的加工性。为此，有条件的冲剪厂家一般设置多条冲剪线，不同牌号、不同厚度规格的材料分别采用不同的冲剪线。因为电工钢材料主要成分是铁，都是通过大生产轧机轧制出来的，出厂时又经过高温退火，一般塑性较好；但是由于冲剪时存在拉断过程，需要电工钢材料具有一定的脆性。否则，由于材质太软，冲剪毛刺大使叠片间产生短路并降低叠片系数（即铁芯有效利用空间）。因此，韧脆比相对较低的电工钢片，在冲剪时毛刺小、叠片后片间铆接强度高、对模具损伤小。另外，冲剪后沿分离线 0.5~1mm 的边缘处因塑性变形产生冲剪应力而降低磁导率，磁通向齿中心线集中，使齿部磁通密度升高、激磁电流和铁耗增加、功率因数下降，而且齿部越窄，边缘效应的影响越显著。韧脆比越低，则边缘磁性恶化效应就越轻、装机性能越好，电机效率得以提高。因此，要改善冷轧无取向电工钢的冲片性，必须从改进绝缘涂层和钢带材质入手，尽量提高涂层的润滑性，降低其延展性。

4 结论

通过对无取向电工钢的冲片性与韧脆比的关系研究，可以得出：

（1）无取向电工钢的韧脆比与成分、工艺及厚度等因素直接相关。

（2）对于相同牌号的电工钢片，韧脆比低的冲片性更好。

（3）电工钢片的韧脆比低，冲剪时毛刺小，对模具损伤小，叠片后片间铆接强度高，边缘磁性恶化影响范围小，装机性能好。

参考文献

[1] 冯大军，万政武，祝晓波，等. 一种变频压缩机用无取向电工钢及其生产方法：中国，2013104072038[P]. 2013-09-10.

[2] 刘爱国. 冷轧硅钢产品品质对冲片性影响的研究分析[J]. 机械工程与自动化，2004(6).

[3] 何忠治，赵宇，罗海文. 电工钢[M]. 北京：冶金工业出版社，2012.

[4] 毛卫民，杨平. 电工钢的材料学原理[M]. 北京：高等教育出版社，2013.

电工钢废钢资源再利用及其品质优化生产实践

张　峰[1]，王　波[1]，赵　科[2]，谷小飞[2]

（ 1. 宝山钢铁股份有限公司硅钢部，上海 201900；
2. 宝山钢铁股份有限公司原料采购中心，上海 201900）

摘　要： 电工钢废钢是优质废钢。为了整体提升和稳定电工钢废钢资源品质，借助中频感应炉对其进行重熔、精炼。结果表明，检测样本的平均 Si 含量为 1.02%，绝大多数在 0.51% ~ 1.50% 范围内，占比达到了 82.5%。检测样本的平均 Si 含量为 1.02%。本实验条件下，Al 含量的去除效果为 93.6% ~ 98.8%，去除效率为 $1.2 \times 10^{-4} ~ 8.1 \times 10^{-4}$/min。与冷炉熔炼相比，熔炼第 2、3、4 炉的电耗，分别降低了 173kW · h/t、256kW · h/t、289kW · h/t，降低幅度分别为 18.7%、27.7%、31.3%；熔化速度分别提升了 4.4kg/min、7.3kg/min、8.6kg/min，提升幅度分别为 23.3%、38.6%、45.5%。大生产时，应根据不同熔炼吨位，选择合适的熔炼功率，以确保同时具有较低的熔炼电耗和较高的熔炼速度。

关键词： 电工钢；废钢；中频感应炉；熔炼；品质优化；生产实践

Recycle of Scrap Steel Resource and Production Practice of Its Quality Improvement

Zhang Feng[1], Wang Bo[1], Zhao Ke[2], Gu Xiaofei[2]

(1. Silicon Steel Department, Baoshan Iron & Steel Co., Ltd., Shanghai 201900, China; 2. Raw Material Procurement Center, Baoshan Iron & Steel Co., Ltd., Shanghai 201900, China)

Abstract： Electrical steel sheet scrap is high quality scrap. In order to improve and stabilize the Si steel sheet scrap resource quality, which is remelting and refining by the medium-frequency induction furnace. The results showed that almost all of the Si content for the tested samples is in the range of 0.51% and 1.50%, and the proportion of which reaches to 82.5%. The average Si content for the tested samples is 1.02%. In present work, the removal effects of Al content is from 93.6% to 98.8%, and the removal efficiency is from 1.2×10^{-4} to 8.1×10^{-4}/min. Contrasted with the cold furnace remelting, the power consumption of the following second, third and fourth charge, decreased by 173kW · h/t, 256kW · h/t and 289 kW · h/t, and the decreased extent is 18.7%, 27.7% and 31.3%, respectively. The remelting rate of which increased by 4.4kg/min, 7.3kg/min and 8.6kg/min, and the increased extent is 23.3%, 38.6% and 45.5%. Based on the industrial production, the suitable power should be adopted according to the remelting tonnage, in order to ensure have lower remelting power consumption and higher remelting rate simultaneously.

Key words： electrical steel; scrap steel; medium-frequency induction furnace; smelting; quality improvement; production practice

1　引言

电工钢废钢是优质废钢。其含有较低的 C、O、N、Ti 等杂质，以及较高的钢质洁净度[1~3]。部分高级别电工钢品种，还含有 Cu、Sn、Ni 等合金元素，作为冶炼原料使用时，可以替代适量的专用合金，以降低炼钢制造成本[4,5]。通常，电工钢废钢被优先回收，并用于冶炼高品质钢种，其市场价格普遍高于普通废钢。但电工钢废钢也有不足之处，例如，容易氧化、锈蚀，从而降低材料的洁净度；作为轻、薄、散料，加入方式、加入数量受到限制；同牌号、不同厂家的化学成分存在明显差异[2,3,6~8]，见表1，导致冶炼过程波动很大。本文通过对电工钢废钢资源进行整合，借助中频感应炉对其进行重熔、精炼，旨在为炼钢提供更为优质、稳定的钢铁料，以拓展电工钢废钢用途和提高冶炼过程稳定性。

表1　部分厂家生产的 50W1300 牌号主要化学成分　　　　（%）

厂家	C	Si	Mn	P	S	Al	N
A	0.0023	0.70	0.23	0.02	0.0033	0.002	0.0013
B	0.0013	0.53	0.28	0.09	0.0045	0.001	0.0007
C	0.0010	0.38	0.32	0.09	0.0020	0.28	0.0020
D	0.0029	0.24	0.36	0.07	0.0034	0.24	0.0017
E	0.0048	0.41	0.24	0.07	0.0072	0.003	0.0039

2　实验

用于重熔、精炼的电工钢废钢，来自于电工钢用户冲片厂的废料。其按照使用类型，已经简单分为低端、中端和高端产品。不同类型的电工钢废钢轻、薄、散料，按照试验要求加入到中频感应炉内进行重熔、精炼。熔炼时，调整感应炉的炉况、功率、装入量，并采用钢液表面熔渣保护技术，以确保熔清的电工钢废钢化学成分 Si、Mn、Al、O、N 等含量受控。熔炼后，采用顶吹氮气、底吹空气对钢包内的钢水精炼，以有效去除 Al、Mg、Ca 和 C、N、Ti 等。其中，C、S、O、N 含量检测采用红外分析，其余化学成分检测采用 X 荧光分析。

3　分析与讨论

3.1　回收电工钢废钢的化学成分

常见电工钢废钢中 Si 含量分布情况，如图1所示。同批次内，40 个检测样本中，在 0~0.50%、0.51%~1.00%、1.01%~1.50% 和 1.51%~2.00% 范围内，Si含量的样本数，分别为 5、15、18 和 2，占比分别为12.5%、37.5%、45.0% 和 5.0%。四个 Si 含量区间内，平均 Si 含量分别为 0.39%、0.70%、1.28%、1.51%。可以看出，绝大多数检测样本的 Si 含量，位于 0.51%~1.00% 和 1.01%~1.50% 范围内，两者合计占到了82.5%；0~0.50% 范围内，所占比例不多，为 12.5%；1.51%~2.00% 范围内，所占比例最少，仅为 5%。0.51%~1.00%、1.01%~1.50% 范围内，有 33 个检测样本，平均 Si 含量为 1.02%。常见不同形状的电工钢废钢 Si 含量列于表2，部分不同 Si 含量废钢的主要化学成分控制情况列于表3。

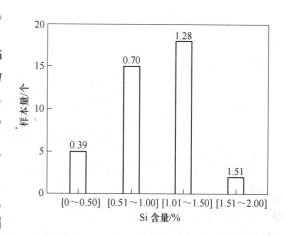

图1　常见电工钢废钢中 Si 含量分布

表2　常见不同形状的电工钢废钢 Si 含量　　　　（%）

形　状	细丝条	三角形	半圆形	长条形
范　围	0.35~0.50	0.36~0.80	0.50~1.36	1.39~1.70
典　型	0.36	0.53	0.83	1.42

表 3　部分典型的电工钢废钢主要化学成分　　　　　　　　　　　　　　（%）

试样编号	C	Si	Mn	P	S	Al	N
1	0.0041	0.36	0.22	0.082	0.0027	0.01	0.0020
2	0.0025	0.78	0.29	0.068	0.0036	0.20	0.0018
3	0.0013	1.17	0.38	0.037	0.0044	0.27	0.0034
4	0.0036	1.51	0.35	0.072	0.0036	0.23	0.0028

　　表 3 中的数据表明，不同牌号的典型电工钢废钢，除 Si 含量之外，P、S、Al 含量也存在较大差异。尤其是 Al、N 含量，在熔炼、精炼过程中，需要尽可能地去除或不增加。

3.2　熔炼电工钢废钢的化学成分

　　本实验条件下，熔炼电工钢废钢的 C、Si、P、N 含量波动很小，总体保持了稳定。溶清时的 C、Si、P、N 含量，与溶清 20min 时的 C、Si、P、N 含量基本相当，如图 2 所示。但 Al 含量随电工钢废钢熔炼时间、吨位的不同差异很大，分别如图 3 和图 4 所示。

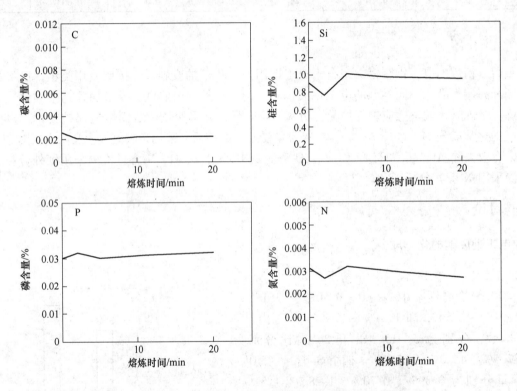

图 2　熔炼过程中电工钢废钢 C、Si、P、N 含量变化

　　从图 3 和图 4 可以看出，熔炼过程开始后，电工钢废钢中的 Al 含量迅速降低，尤其是对于低熔炼吨位和高 Al 含量两种情况。对于 0.25% Al 含量，电工钢废钢溶清 2min 时，0.5t、1.5t 熔炼吨位条件下，Al 含量分别降低至 0.0036%、0.032%；0.5t 熔炼吨位下，熔清 6min 时，Al 含量降低至 0.0030%；1.5t 熔炼吨位下，熔清 20min 时，Al 含量降低至 0.0051%。这说明，在 0.25% Al、0.5t 熔炼吨位条件下，Al 含量在溶清 6min 以内，即可以达到 0.0030% 左右，去除效果为 98.8%，去除效率为 4.1×10^{-4}/min；而在 0.25% Al、1.5t 熔炼吨位条件下，Al 含量在溶清 20min 以内，才可以达到 0.0050% 左右，去除效果为 98.0%，去除效率为 1.2×10^{-4}/min。对于 0.50% Al 含量，电工钢废钢溶清 2min 时，0.5t、1.5t 熔炼吨位条件下，Al 含量分别降低至 0.040%、0.078%；0.5t 熔炼吨位下，熔清 6min 时，Al 含量降低至 0.012%；1.5t 熔炼吨位下，熔清 20min 时，Al 含量降低至 0.032%。这说明，在 0.50% Al、0.5t 熔炼吨位条件下，Al 含量在溶清 6min 以内，即可以达到 0.012% 左右，去除效果为 97.6%，去除效率为 8.1×10^{-4}/min；而在 0.50% Al、1.5t 熔炼吨位条件下，Al 含量在溶清 20min 以内，才可以达到 0.032% 左右，

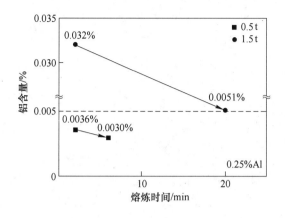

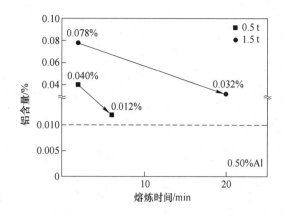

图 3　电工钢废钢（0.25% Al）熔化过程中 Al 含量变化　　图 4　电工钢废钢（0.50% Al）熔化过程中 Al 含量变化

去除效果为 93.6%，去除效率为 2.3×10^{-4}/min。

3.3　生产工艺对能耗和成本的影响

实践表明，连续生产时，随着冶炼炉次的增加，炉次的熔炼时间逐渐缩短并保持稳定。与冷炉子相比，0.5t 熔炼吨位下，热炉子的平均熔炼时间可以缩短 2～5min。相应的，电工钢废钢的熔炼能耗降低、熔炼速度加快，如图 5 所示。从图 5 可以看出，冷炉子熔炼时，第 1、2、3、4 炉次的熔炼电耗分别为 924kW·h/t、751kW·h/t、668kW·h/t、635kW·h/t。与熔炼首炉相比，熔炼第 2、3、4 炉的电耗分别降低了 173kW·h/t、256kW·h/t、289kW·h/t，降低幅度分别为 18.7%、27.7%、31.3%；熔化速度分别为 18.9kg/min、23.3kg/min、26.2kg/min、27.5kg/min。与熔炼首炉相比，熔炼第 2、3、4 炉的熔化速度分别提升了 4.4kg/min、7.3kg/min、8.6kg/min，提升幅度分别为 23.3%、38.6%、45.5%。

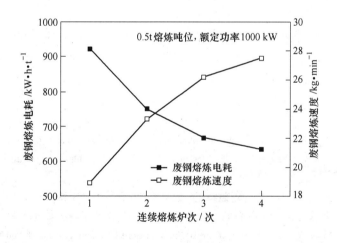

图 5　不同冶炼炉次条件下的电工钢废钢熔炼

此外，实验发现，相同炉次条件下，对于 0.5t 熔炼吨位，随着熔炼功率上升，电工钢废钢熔炼电耗、熔炼速度均同比上升，且熔炼电耗的上升速度高于熔炼速度。熔炼功率为 300kW、450kW、800kW、1000kW 时，熔炼电耗、熔炼速度分别为 429kW·h/t、601kW·h/t、747kW·h/t、751kW·h/t 和 11.6kg/min、12.5kg/min、17.8kg/min、23.3kg/min。因此，实际生产时，应根据不同的熔炼吨位，选择合适的熔炼功率，以确保同时具有较低的熔炼电耗和较高的熔炼速度，如图 6 所示。

3.4　优化后的电工钢废钢品质

采用上述熔炼工艺之后，取代表性试样进行化学成分检测，并将验收合格的熔炼钢液，浇铸成形状、尺寸不同的锭、粒，供大生产冶炼、精炼等环节使用。电工钢废钢熔炼结束后，典型炉次的主要化学成分列于表4。

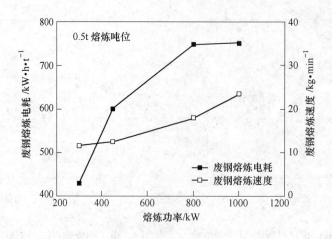

图 6　不同熔炼功率条件下的电工钢废钢熔炼

表 4　电工钢废钢熔炼结束后典型炉次的主要化学成分　　　　　　　（%）

化学成分	C	Si	Mn	P	S	Al	Ti	N
含量	0.0028	0.96	0.24	0.062	0.0034	0.0042	0.0026	0.0028

4　结论

本文通过对电工钢废钢资源进行整合，并借助中频感应炉对其进行重熔、精炼，以整体提升电工钢废钢资源品质。结论如下：

（1）绝大多数检测样本的 Si 含量，在 0.51% ~ 1.50% 范围内，占比达到了 82.5%。检测样本的平均 Si 含量为 1.02%。本实验条件下，Al 含量的去除效果为 93.6% ~ 98.8%，去除效率为 1.2×10^{-4} ~ 8.1×10^{-4}/min。

（2）与冷炉熔炼相比，熔炼第 2、3、4 炉的电耗，分别降低了 173kW·h/t、256kW·h/t、289kW·h/t，降低幅度分别为 18.7%、27.7%、31.3%；熔化速度分别提升了 4.4kg/min、7.3kg/min、8.6kg/min，提升幅度分别为 23.3%、38.6%、45.5%。

参考文献

［1］ Nakayama T, Honjou N, Minaga T, et al. Effects of Manganese and Sulfur Contents and Slab Reheating Temperatures on the Magnetic Properties of Non-oriented Semi-processed Electrical Steel Sheet［J］. Journal of Magnetism and Magnetic Materials, 2001, 234：55 ~ 61.

［2］ 中山大成，田中隆. セミプロセス無方向性電磁鋼板の磁気特性にぼすTiの影響［J］. CAMP-ISIJ, 1996, 9：451.

［3］ 张峰，王波，陈晓，等. 非取向硅钢中 Cr 的行为及其对钢的电磁性能的影响［J］. 电工材料，2010（3）：29 ~ 31.

［4］ Dong Hao, Zhao Yu, Yu Xiaojun, et al. Effects of Sn Addition on Core Loss and Texture of Non-Oriented Electrical Steels［J］. Journal of Iron and Steel Research, International, 2009, 16（6）：86 ~ 89.

［5］ 藤田明男，河野雅昭. 歪取焼鈍後の磁気特性および耐食性に優れた無方向性電磁鋼板［P］. 日本专利，特願 2002-99652，2002-04-02.

［6］ 毛卫民，吴凌康. 国产无取向电工钢磁性能解析［C］. 第十一届中国电工钢专业学术年会论文集，厦门，20 ~ 24.

［7］ 张峰，朱诚意，李光强，等. 国内、外高牌号无取向硅钢夹杂物的控制效果与评价［J］. 冶金分析，2012，32（7）：12 ~ 20.

［8］ Oda Y, Tanaka Y, Yamagami N, et al. Ultra-low Sulfur Non-oriented Electrical Steel Sheets for Highly Efficient Motors：NKB-CORE［J］. NKK Technical Review, 2002, 87：12 ~ 18.

综述与设备

ZONGSHU YU SHEBEI

高效节能电机发展及产业对策

黄　坚

（上海电机系统节能工程技术研究中心，上海　200063）

摘　要： 中小型电动机是量大面广的产品，产品广泛使用于国民经济建设的各个领域，其电能消耗约占社会总发电量的50%以上，因此世界各国政府和国际组织公认中小型电机具有巨大的节能潜力，而对电动机系统的节能给予了高度重视。2008年10月国际电工委员会IEC组织发布了全球统一的电机效率标准。近几年我国也发布了有关高效节能电机的多项政策和措施，对高效节能电机的推广应用起到了积极的促进作用。

关键词： 高效电机；效率；能效等级

Development of High-efficiency Energy Saving Motor and Industrial Strategy

Huang Jian

（Shanghai Engineering Research Center of Motor System Energy Saving，Shanghai　200063，China）

Abstract： The medium and small motor is a kind of product with wide surface and wide surface，widely used in various fields of national economic construction. This motor consumes more than 50% of the total power of the society. So the world's governments and international organizations recognized small and medium motor has great energy saving potential，given the high attention on the motor system energy saving. October 2008，the International Electrical Commission IEC Organization released a global uniform motor efficiency standards. In recent years，China has released a number of policies and measures for the energy efficient motors，and has played an active role in promoting the promotion and application of the energy saving motor.

Key words： high efficiency motor；efficiency；energy efficiency grade

1　中小型电机行业基本概况

中小型电机是量大面广的产品，产品广泛应用于工业、农业、国防、交通、公用设施等国民经济建设的各个领域。与钢铁行业具有大型企业、大投入、大产出的特点相比较，中小型电机行业以投入相对较小、中小规模的企业居多。据统计，目前中小型电机行业具有一定规模的企业约为80家，如把大大小小的电机制造厂计算在内，据不完全统计约有3000家。

近年来，随着国家宏观政策由计划经济转向市场经济，为适应市场经济发展的需要，中小型电机行业企业的格局也在不断地发生变化。市场进行优胜劣汰，国有企业因负有较沉重的历史包袱等，与新生的民营企业相比，处于相对困难的境地，许多国有企业破产和淘汰。与此同时，又有许多民营企业在市场竞争中脱颖而出。中小型电机行业通过改制、联合、兼并、资产重组等形式，形成了一批股份制企业和企业集团，在资本运营、拓展市场、技术创新和形成规模经营等方面发挥了重要的作用，使中小型电机的产量逐步向少数"大户"集中。近年来，浙江卧龙集团通过上市融资，不断开展收购攻势，先后成功收购了奥地利ATB电机集团、湖北电机、江苏清江电机、海尔章丘电机、河南南阳防爆电机等公司，无论从销售规模还是从产品种类及应用领域来看，该公司已跃居为国内第一。目前中小电机产量较高的省市主要集中在山东、江苏、浙江、上海、福建、安徽、广东、河北等。

　　随着我国国民经济的迅速发展，中小型电机行业也进入了快速发展阶段，目前我国已经成为世界上最大的中小型电机生产、使用和出口大国。据国家统计局公布的数据，2001～2013年期间我国交流电动机产量的年复合增长率为13.26%。根据中小型电机行业协会对77家企业会员报送的数据汇总统计，2000～2014年行业骨干企业年产量汇总统计的情况如图1所示，除2011年产量特别高以外，其他年份产量呈现逐年上升的趋势。

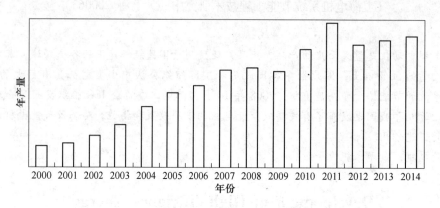

图1　中小型电机行业骨干企业年产量统计

　　中小电机也是我国主要出口机电产品之一，近几年来出口增长迅速，产品出口遍及全球，有欧洲、美洲、亚洲、非洲、大洋洲等，产品出口的国家和地区达193个。根据海关数据统计资料，2004～2013年我国电机出口量的逐年统计资料如图2所示，由图可见，我国电机出口量呈现逐年上升的趋势。

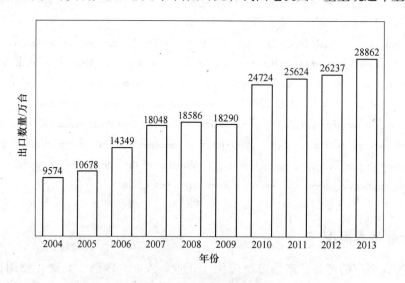

图2　电动机出口情况统计

　　近年来随国内外经济形势的变化，中小型电机行业的发展也受到一定的影响，行业的增长速度放缓。2014年电机行业全年生产销售形势总体平稳，利润总额同比略有下降，对外出口缓中趋稳，行业综合经济效益略有上升。

2　中小电机产品的发展

　　目前我国的中小型电机产品有300多个系列、近1500个品种。国内中小型电机的生产能力基本上能满足国民经济各行各业的一般需要。在电机产品中，中小型交流电动机所占的比例最大，产品使用的覆盖面最广。中小型交流电动机产品的发展经历了以下几个时期。

第一代产品（自 1950 年起）为 J、J0 和 J2、J02 系列三相异步电动机产品，主要采用了原苏联国家标准。这是新中国成立后第一个统一的电机产品标准，为中国电机工业的发展奠定了基础。

第二代产品（自 1981 年起）为 Y 系列三相异步电动机及其派生系列产品，为国内首次采用国际电工委员会组织 IEC 标准体系，1982 年通过鉴定。自 1985 年起国家下文淘汰 J、J0、J2、J02 系列产品，并在全国范围内推广。Y 系列电机完成了我国中小型电机标准体系由原苏联标准体系向 IEC 国际标准体系的转换，首次实现了与国际市场的接轨。

第三代产品（自 1995 年起）为 Y2 系列三相异步电动机产品，1996 年通过鉴定，Y2 系列电机投入市场赢得国外用户市场的欢迎，成为电机出口市场的主要产品。Y2 系列三相异步电动机在国内首次提出了考核电机负载噪声要求及相应的测试方法。

第四代产品（自 2003 年起）为 Y3、YX3 系列三相异步电动机产品，2003 年 3 月通过鉴定。Y3 系列电动机是国内第一个全系列采用冷轧电工钢片设计的产品，是中小型电机行业与武钢、宝钢、太钢全面合作开发的新系列产品。

第五代产品（自 2010 年起）为 YE2、YE3 系列等三相异步电动机产品，是按最新的全球统一的国际 IEC60034-30：2008 效率标准设计的产品。为目前国内中小型电机行业的主导产品。

3 高效电机标准的发展

据统计，中小型电动机的电能消耗占社会总发电量的 50% 以上，占工业总耗电的 75% 以上，因此世界各国政府和国际组织公认中小型电机具有巨大的节能潜力，而对电动机系统的节能给予了高度重视，美国、欧洲、加拿大、澳大利亚、巴西等国家和地区都制订了有关电动机的能效标准。美国于 1997 年 10 月在全球范围内最早开始推广使用高效电机。

2008 年 10 月国际电工委员会 IEC 组织正式发布了 IEC60034-30 "单速、三相笼型感应电动机的能效分级"标准，统一了全球的电机效率标准，统一将电动机能效标准分为 IE1、IE2、IE3、IE4 四个等级，其中 IE1 为标准效率、IE2 为高效率、IE3 为超高效率、IE4 为当时最高的效率等级。2014 年又发布了最新的 IEC60034-30-1：2014，并扩大了电机的功率和转速范围，同时还提出了目前最高的 IE5 效率等级的建议。

参考 IEC60034-30：2008 标准，我国也相应制定了新国标 GB 18613—2012《中小型三相异步电动机能效限定值及能效等级》，并从 2012 年 9 月 1 日起已正式开始实施。新国标 GB 18613—2012 将效率等级分为三级，其效率等级与 IEC60034-30-1 的对应关系如表 1 所示。由表 1 中的对应关系可知，3 级效率（对应国际 IEC 标准的 IE2 高效率等级）为我国目前的能效限定值或最低效率标准等级，2 级效率（对应国际 IEC 标准的 IE3 超高效率等级）为我国目前的节能评价值标准等级，1 级效率与国际 IEC60034-30 中的 IE4 效率等级相对应，为目前中小型三相异步电动机我国的最高效率标准等级[1]。

表 1 GB 18613—2012 与 IEC60034-30-1 的对应关系

GB 18613—2012 新国标	IEC60034-30-1	平均效率/%	备 注
效率标准 1 级	IE4—超超高效率等级	93.1	目前在考虑开发 YE4 电机等
节能评价值或效率标准 2 级	IE3—超高效率等级	91.5	对应 YE3 等系列电机
能效限定值标准 3 级	IE2—高效率等级	90.0	对应 YE2、YX3 等系列电机
（已废止）	IE1—普通效率等级	87.0	对应 Y、Y2、Y3 等系列电机

国标 GB 18613 是中小型交流电动机必须遵守的有关效率的国家强制标准。新国标 GB 18613—2012 是第三版，第一版国标为 2002 年发布，2006 年发布了第二版。参照我国的习惯，新国标（GB 18613）中的能效等级的高低顺序与 IEC 的不一样，我们的 1 级效率为最高值，而 IEC 的 1 级效率为最低值。新国标（GB 18613）与 IEC 标准的效率对应关系如表 1 所示，其中新国标（GB 18613）中的 2 级、3 级效率数据与 IE3 和 IE2 完全一致，新国标（GB 18613）中的 1 级效率与 IEC 中的 IE4 基本一致。

新标准的实施，是中小型电机行业的大事件，表明我国电机产品进行了一次更新换代，提升了效率等级，平均约提高3%。同时表明，目前我国大批量生产的Y、Y2、Y3系列三相异步电动机应全部停止生产；由YE2、YX3、YE3系列等产品来替代，YE2、YE3系列产品已成为国内中小型电机行业的主导产品[2]。

4　我国有关电机节能政策

开展电机系统节能是我国实施节能减排既定国策及近中期重点关注的领域。自"十一五"发展规划以来，国家发布的有关电机节能方面的重要政策如下：

（1）自2006年起，国家发改委、财政部、科技部等八部委共同启动了"十一五"期间的"十大节能工程"，其中"电机系统节能工程"为十大节能工程之一。

（2）2008年1月，国家发改委、国家质检总局和国家认监委联合发布了《中华人民共和国实行能源效率标识的产品目录（第三批）》及相关实施规则，规定自2008年6月1日起，在中国生产、销售、进口的中小型三相异步电动机产品均强制要求粘贴相应的能效标识。

（3）2010年起，高效电机列入我国"惠民工程"国家财政补贴范围；2011年再次提高了高效电机的补贴标准，并提出了3177万千瓦的推广任务。

（4）2013年，工信部、质监总局联合发布了全国"电机能效提升计划"，在全国范围内实施从单机到系统，从技术到产品，从诊断到实施，从融资到监管等，涉及系统节能各个环节全面、明确的电机能效提升计划；并要求到2015年，高效节能产品市场占有率提高到50%以上。

（5）2013年电动机纳入节能产品"能效之星"评价范围，凡是获得"能效之星"称号的中小型三相异步电动机产品，在3年有效期资格内，在政府采购、企业大宗采购方面将获得更大的政策支持。

（6）2014年6月，国家工信部发布了《国家重点推广的电机节能先进技术目录（第一批）》，共计25类技术项目。

（7）2014年10月，国家发改委、工信部印发了关于《重大节能技术与装备产业化工程实施方案》的通知；鼓励家庭和工业用户购买高效节能产品与装备，使高效节能产品与装备市场占有率从目前的10%左右提高到45%以上；要求电机系统领域应重点推广达到国家1、2级能效标准的电动机、变压器、高压变频器、无功补偿设备、风机、水泵、空压机系统等。

（8）2014年12月，国家发改委、财政部、工信部、国家质检总局等七部委联合印发了能效"领跑者"制度实施方案，提出要实施能效领跑者计划，将能效领跑者指标纳入强制性国家标准，并将电动机列入能效领跑者计划。

（9）2012年4月，工信部颁布了《高耗能落后机电设备（产品）淘汰目录（第二批）（公告2012年第14号）》，将Y系列三相异步电动机予以明令淘汰；2014年3月又颁布了《高耗能落后机电设备（产品）淘汰目录（第三批）（公告2014年第16号）》，又将Y2、Y3、YB、YB2系列三相异步电动机等产品予以明令淘汰。

从这一系列的国家政策可以看到，国家已将高效、超高效电机的推广应用作为一项长期的基本国策。目前我国现有电动机的装机容量为17亿千瓦左右，高效率电机的市场份额还较小，据初步统计2013年的市场份额约占10%。随着我国国民经济的不断发展，今后较长一段时期，电动机产量还将会持续扩大。根据国际通用的估算方法，电动机装机容量为发电机装机容量的2.5~3.5倍，预计到2020年，我国发电机的装机容量将超过15亿千瓦，据此推算，电动机的装机容量也将达到45亿千瓦左右，因此，高效率电机的推广应用具有广阔的市场发展空间。

5　对策

近期，我们正在组织编制中小型电机行业"十三五"发展规划，"十三五"发展规划的重点任务之一，依然是围绕开展"电机系统节能工程"这一主题。

随着市场和技术的发展以及节能减排事业的需要，结合国际高效率电机的发展方向，近阶段的主要工作和研究开发的产品有：

（1）高效和超高效电动机系列产品的进一步推广应用；

（2）高效电机用电工钢技术条件的编制；

（3）IE4 效率铸铜转子（IP55）三相异步电动机系列产品的开发；

（4）IE4 效率封闭式（IP55）铸铝转子三相异步电动机系列产品的开发；

（5）IE4 效率封闭式（IP55）低压大功率三相异步电动机系列产品的开发；

（6）IE4 效率开启式（IP23）三相异步电动机系列产品的开发；

（7）IE4 效率自启动永磁同步电动机系列产品的开发；

（8）IE4V 效率变频调速永磁同步电动机系列产品的开发；

（9）超高速电动机产品的开发。

围绕上述工作，我们需要钢厂的密切配合和大力支持，主要在以下几个方面：

（1）在高效和超高效电动机产品的推广应用方面，需要钢厂提供更优质优价的冷轧电工钢片。过去的 Y、Y2、Y3 系列及派生系列产品等低压电机产品主要以热轧和低牌号的冷轧电工钢片为主，有些电机生产企业为了降低成本，转子有采用拼片或纯铁片的情况，这是不合适的。自 2012 年 9 月起，国标 GB 18613—2012 已开始实施，即 Y、Y2、Y3 系列电机须停止生产，应以生产 YE2、YE3 电机为主。我个人认为对于 YE2 类效率的电机主要以 600 牌号类冷轧片为主（比如 50WW600 等），对 YE3 效率等级的超高效电机主要以 470、400、350 类冷轧片为主（比如 50WW470、50WW350 等）。近阶段中小型电机行业持续享受到国家惠民工程补贴，主要是以 YE3 系列超高效电机、高压高效电机及高效永磁同步电机为主。

（2）近期我们正在组织开展《高效率电动机用冷轧无取向电工钢带（片）》标准的编制工作。该标准是由国家工信部牵头，责令我中心和宝钢集团负责组织中小型电机和钢铁两个行业开展工作。标准起草工作已启动，最近我们正在考虑成立标准起草工作组。该标准主要是规范低压高效、超高效电机、高压高效电机及高效永磁同步电机如何合理选用冷轧电工钢片，需要钢厂提供必要的材料典型数据。

（3）近期我们将要开展 IE4 效率等级及超高速电动机产品的开发，可能会需要更高牌号（比损耗更小）的冷轧电工钢片材料，需要开展选用不同冷轧电工钢片的对比试验验证工作，同样也需要钢厂的配合和大力支持。

过去我们曾与武钢、宝钢和太钢进行过良好的合作，顺利完成了 Y3 系列电机产品的开发。我们愿意与钢厂再度进行合作，通过合作推进两个行业的技术进步，为实现国家节能减排目标作出应有的贡献。

参考文献

[1] 中小型三相异步电动机能效限定值及能效等级（GB 18613—2012）[M]. 北京：中国标准出版社，2012.

[2] 黄坚. 新国标 GB 18613 颁布后对中小型电机行业的影响[J]. 电机控制与应用，2012，39(7):1~2.

电工钢连续退火线自动化控制系统

邵元康

（新万鑫（福建）精密薄板有限公司，福建　莪田　351200）

摘　要：本文主要介绍了新万鑫冷轧电工钢连续退火线的自动控制系统，并对系统功能进行了描述。
关键词：自动化；PLC；HMI；WinCC；STEP7

Automatic Control System of Electrical Steel Continuous Annealing Line

Shao Yuankang

（Xinwanxin（Fujian）Precision Sheet Co.，Ltd.，Putian　351200，China）

Abstract：The paper introduce the automatic control system of XINWANXIN electrical steel continuous annealing line. Describing control system function.
Key words：automation；PLC；HMI；WinCC；STEP7

1　引言

为满足国内市场对冷轧取向电工钢的需求，我公司从 2009 年开始筹建年产冷轧取向电工钢 2 万吨的生产线，其中包括 1 条原料纵剪机组、1 条酸洗机组、1 台 20 辊可逆式轧机、1 条连续脱碳退火机组、1 条氧化镁涂层机组、1 条热拉伸平整机组、22 座高温退火罩式炉、1 条成品分条机组等。

连续脱碳退火机组全部采用国内设计、制造，以及软件编程调试的机组，该机组由武汉亚克公司总承包，并完成工业炉的设计、安装、调试工作，设备制造、加工由湖北黄石冶金机械厂完成，而全线的电气传动系统设计与软件编程调试由北京华诚公司独立完成。

2　设备描述

脱碳退火机组的工艺组成为：入口段（包括焊机）、清洗段（包括碱喷淋系统、碱刷洗系统、水喷淋系统、水刷洗系统、热风烘干系统等）、入口活套、退火炉段（包括预热段、加热段、均热段、水冷套、RJC 风冷系统及 FJC 风冷系统等）、出口活套、出口段。该机组的工艺概貌如下：

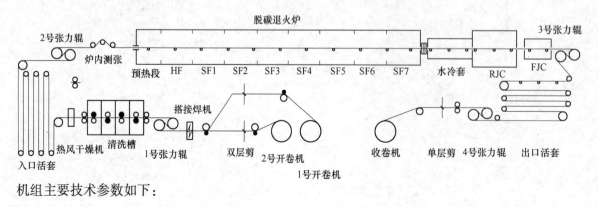

机组主要技术参数如下：

生产品种：中、低牌号取向电工钢；

生产能力：2 万吨/年；

产品：冷轧电工钢带卷。

原料：

钢卷外径：≤1500mm；

钢卷内径：508mm；

钢卷重量：10000kg；

带钢宽度：300～650mm；

带钢厚度：0.35～0.65mm。

机组速度：

入口段：5～30m/min；

工艺段：5～25m/min；

出口段：5～30m/min；

穿带速度：15m/min；

机组加速时间：10s；

机组快停时间：≤10s；

机组事故急停：≤7s；

速度精度：≤±0.5%；

张力精度：≤±5%。

3　电气传动和控制系统

电气传动和控制系统是工厂自动化综合控制系统的一部分，由可编程控制器（PLC）和全数字式交流、直流调速系统所构成，并根据过程计算机或触摸屏的控制指令及设定参数来完成自动化控制功能。连续脱碳退火机组采用西门子公司先进的技术和设备以及开放性的网络系统构成了生产线的自动化控制系统。

3.1　电气传动系统

主传动调速系统采用西门子 SIMOVERT MASTER DRIVES 6SE70 系列矢量控制逆变器和 SIMOREG DC MASTER 6RA70 系列直流调速器，并配置必要的交流进线/出线电抗器、快速熔断器等附属设备，该系统有极强的自诊断功能和最佳控制参数计算功能等。

辅传动调速器采用西门子 MICROMASTER 440 系列变频调速器，炉底辊采用成组传动控制方式，每台变频器带多台炉底辊电机。

为降低电能消耗，本系统所用的交流逆变调速器均由一台整流单元统一供电，与单独供电的变频调速系统相比，本系统可大幅降低用电量。

3.1.1　速度控制

本生产线的传动系统由开卷机、张紧机、活套等组成，开卷段、工艺段和收卷段各有一台张紧机作为该段的速度基准，控制各段的运行速度，其他传动设备跟随速度基准辊的速度变化而调整，保持同步和张力稳定，保证产线连续稳定运行。

3.1.2　负荷平衡控制

速度辊的两台电机采用主从控制方式，从辊的转矩跟踪主辊实际输出转矩变化，以保证两台电机负荷平衡。

3.1.3　张力控制

为保证产线的稳定运行，必须保持生产线各段带材始终处于合理的张紧状态。其中开/收卷、活套等要求恒张力控制，为此各传动设备需具备卷径计算、力矩计算、转矩限幅计算等功能。

3.1.4　炉内张力控制

在加热炉入口设置一台在线张力检测仪，PLC 根据张力检测值实时调整炉出口张紧辊的速度，从而实现炉内张力的闭环控制。

3.1.5　活套控制

活套的控制包括速度控制、恒张力控制、套量计算、位置控制及显示以及限位保护等功能。

活套车速度控制：开收卷段换卷时活套车处于运动状态，此时 PLC 根据活套入口和出口的带钢速度自动调整活套车的运行速度，以保证活套内的带钢张力恒定。

活套张力控制：活套要求恒张力控制。

活套车位置控制及显示：活套车可以人为控制停在任意中间安全位置，同时并在触摸屏上显示小车位置以方便监控。在换卷未能及时完成的情况下，当活套车运行到减速点后 PLC 根据活套车的位置自动调整生产线的运行速度，保证设备安全。

活套限位保护：在活套的两端分别设置多个位置检测开关，PLC 根据检测位置自动调整活套两端速度，将活套车控制在空套、满套同步点之间，当活套车超出同步点到达极限报警点时，生产线急停。

3.1.6　分段运行功能

入口活套建张后，生产线入口段可以独立运行；出口活套建张后，生产线出口段可以独立运行；入、出口活套建张及工艺段建张后，生产线工艺段可正常运行。

3.1.7　运行条件检查

在触摸屏上设置运行条件显示画面，操作人员可方便地检查传动系统运行条件是否具备。

3.1.8　容错功能

为保证生产的连续性，在生产线起动后切除不必要的运行条件，进而减少停车事故，即在生产过程中发生的非停车性故障，只给出报警提示而不停机，交由维护人员在线处理。

3.1.9　其他功能

此外传动控制还包括开卷机/收卷机转矩控制、带钢长度计算、卷径计算、加减速控制、单机点动、多机联动等功能。

3.2　PLC 控制系统

连续脱碳退火机组的工艺电气自动化控制系统以采用 SIEMENS 公司的 SIMATIC S7-400 系列 PLC 为基础，结合远程 I/O 模块 ET200M 组成，PLC 与远程 I/O 模块、变频驱动器之间采用 PROFIBUS-DP 通讯，硬件全部采用标准部件或模块，如机柜、CPU、电源模块、通讯模块、功能模块、数字 I/O 模块等。该系统 PLC 控制器模块配置如下：

PS 407　10A　　　　　1 块
CPU 414-2 DP　　　　1 块
DO　422　　　　　　 1 块
FM450-1　　　　　　 1 块
CP343-1　　　　　　 1 块
ET200M　　　　　　 5 块
DI 321　　　　　　　20 块
DI 323　　　　　　　1 块
DO 322　　　　　　　10 块

详细情况见下图：

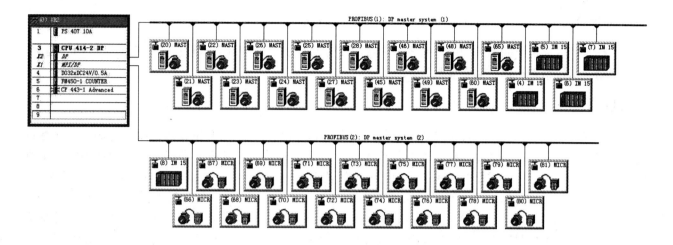

4 HMI 监控系统

HMI 人机接口系统作为基础自动化系统的重要组成部分,用于控制系统的各种数据的设定、显示、故障报警,以及相应操作和设备的在线调试及维护,发挥越来越重要的作用,监控系统软件采用 SIE-MENS WinCC V6.2 平台。连续脱碳退火机组电气自动化系统设有 1 台 HMI 工程师站和 2 台 HMI 操作站;仪表自动化系统设有 1 台 HMI 工程师站,1 台 HMI 操作站。

5 总体控制思想

连续脱碳退火机组控制部分从软件功能划分由四个部分来完成,它们是带钢跟踪系统、主令控制系统、顺序控制系统和介质部分的风机、水泵等控制。为了达到控制稳定、操作可靠的目的,采用以下控制原则:(1)单体设备可通过 HMI 输入选定状态下设定为"准备就绪";(2)故障要经过确认后才能再次操作该设备;(3)通过 HMI 操作站获得实时诊断信息;(4)事故和急停方案。

5.1 带钢跟踪

连续脱碳退火机组的带钢跟踪系统包括生产线上运行带钢的跟踪和入/出口带钢的跟踪。在基础自动化的带钢跟踪系统实现的功能是带钢跟踪和动作点。跟踪功能激活新的设定值并产生某个动作,如:切换到下一卷带钢的新设定值。跟踪功能也生成重要的触发事件(比如工艺线上不同工序的张力设定值)并将其传送给主令控制系统。跟踪信息除传送到 L2 级机外,还要传送到 HMI 服务器,并在 HMI 画面上显示当前生产线的物流状况。

5.2 主令控制

连续脱碳退火机组的主令控制主要完成与生产线相关的传动设备的控制。它在基础自动化控制系统中完成较高水平的控制,其中包括带钢的运行控制,传动的协调和线速度的运算,与传动装置的控制信号预设定,以及在任意场合基于生产线操作模式变化的工艺控制。为了确保带钢顺利运行,运行信号和数据一定要被接收、处理、匹配、传输。

主令实现的功能:

联合点动;

操作模式控制;

线上传动控制;

带钢位置控制;

带钢张力控制;

多处理器通讯。

5.3　顺序控制

连续脱碳退火机组的顺控功能是完成除了带钢线传动控制以外的所有运转控制。例如入口钢卷运输、上卷控制、出口钢卷运输、卸卷控制等。

6　过程计算机控制

连续脱碳退火机组的所有设定参数以带钢为单位从 L2 机获得。某卷带钢在入口段一经确认，该卷带钢的设定参数就从二级传送给一级。所有处于入口段（带钢确认点）和张力卷取机之间的带钢的设定值都存储在一个缓冲区里，根据跟踪系统所触发的带钢位置而相应调用。参数设定值和实际值都在 HMI 画面上显示。过程控制计算机为一级机提供来料钢卷的信息（包括钢卷 ID 号、钢卷种类、钢卷规格等数据）、机组各段张力的设定值、存储原料钢卷和成品钢卷各种信息以及带钢同步请求等功能。二级计算机的主要功能是根据原料数据进行设定值计算及设定值输出，进行生产信息管理、数据收集、过程跟踪等功能，为操作人员提供操作指导和打印各种生产管理报表。

7　总结

连续脱碳退火机组的自动化控制系统从硬件到软件都采用了 SIEMENS 先进的技术和设备，包括控制设备、现场总线和软件控制思想，通过对先进设备和技术的整合使得整个自动化系统网络层次清晰，数据流向明确；整个网络按各自的分工进行工作，保证了整个自动化控制系统的安全、可靠、快速和协调的运行。同时也带来如下收益：（1）保证了带钢的成材率和产品质量；（2）采集质量数据，全程跟踪工艺过程，使生产透明化；（3）优化生产和协调，提高了收益率；（4）诊断系统帮助减少维护工作量。

该系统已于 2010 年 8 月调试完毕，目前系统运行良好。

参考文献（略）

电工钢退火工艺设备的国产化

张 毅，乔 军

（中冶南方工程技术有限公司，湖北 武汉 430223）

摘 要：连续退火作为无取向电工钢生产工艺的一个重要步骤，对电工钢的成品磁性、力学性能、板型控制、绝缘性都起到了不可替代的作用，连续退火机组的装备水平是决定其能否完成上述功能的重要因素，本文详细描述了国产电工钢连退机组的技术特点，并将其与国内外机组做了比较。

关键词：无取向电工钢；技术特点；保证值

Localization of Electrical Steel Anneal Processing Equipment

Zhang Yi，Qiao Jun

（Wisdri Engineering & Research Incorporation Limited，Wuhan 430223，China）

Abstract：Continuous annealing, as an important step in production technology of non-oriented silicon steel, on electrical steel of finished magnetic, and mechanical performance, and board type control, and insulating quality are up to has not alternative of role. Continuous annealing line equipment levels are important factors in determining which can perform these functions. This paper describes in detail the domestic technical characteristics of continuous annealing line of electrical steel, and compared it with units at home and abroad.

Key words：no orientation electrical steel；technology features；guarantee

1 引言

连续退火机组的主要功能是，通过退火后得到所需要的电磁性能，力学性能，有良好的板形及表面涂层。在退火过程中既能将钢中的含碳量降至一定范围，又能使晶粒长大，同时必须控制磁性水平。在连续退火中影响磁性的主要工艺因素为温度、时间、气氛及带钢的张力等。

2 机组特点

目前由我公司设计制造的连续退火机组已经达到40多条，广泛应用于国内各大钢铁企业，并取得了良好的生产效果。连续退火机组主要具有如下技术特点：

（1）机组应用了 EPC、CPC、APC 带钢防跑偏控制系统，调速系统采用交流变频调速系统，并对全部工艺过程实施了计算机控制。设计工艺段速度达到 180m/min，大量采用自动化控制，提高劳动生产率。

（2）采用联合清洗方法（即碱浸洗、碱刷洗、电解清洗、高压水清洗、水刷洗、热水喷淋），并在碱液循环系统中增设了磁性过滤器或者油泥过滤装置，提高带钢清洗质量，获得洁净无油的带钢表面。采用多级清洗技术，大大降低了生产用水消耗。

（3）采用余热利用系统，充分利用炉子烟气热量，加热清洗水及加热空气，实现全机组蒸汽零消耗。

（4）在 NOF 炉及 RTF 炉中，采用了空气预热型的烧嘴，提高炉子的热效率，在无氧化炉排烟系统中，设有一台热交换器，回收烟气热量，用来预热 PH 和 NOF 燃烧器的助燃空气，并使助燃空气达到 530℃，节约了能源。

（5）退火炉除均热段采用电阻加热外，其余均采用精脱硫焦炉煤气或者天然气加热，炉内充满氢氮混合保护气体，有效地防止带钢氧化，提高了产品性能。

（6）在 RJC 冷却段中采用了 5 分割风道及变频调速风机新的冷却技术，确保带钢板形平整。

（7）涂层机组采用高精度涂层设备，精确控制涂层膜厚度。

（8）烘烤炉段采用漂浮器，减少带钢划伤，提高表面质量。

（9）采用了板温计、露点仪、H_2 分析仪、O_2 分析仪、膜厚仪、测厚仪、连续铁损仪、频闪仪、针孔仪等对工艺过程和产品质量实施全面监控。

3　与国内外机组的比较

日本新日铁公司的八幡厂的 1 号 ACL 机组工艺段运行速度 239m/min，入口、出口段速度为 307 m/min，广畑厂 BA3 机组工艺段速度为 165m/min，上述两条机组是新日铁厂电工钢生产系统中运行速度最高的二条机组。

而在美国 Armco 公司、德国 EBG 公司、法国 Uging 厂等电工钢厂的连续退火机组工艺段速度仅在 90 ~ 150m/min，由法国 CLECIM 帮助前苏联建设的号称为世界最大 NOVOLIPETSK 冷轧电工钢片厂，其年生产能力为 50 万吨/年，法国为其建造了 11 条连续退火机组，其运行速度仅为 50m/min。

2003 年我国某公司从国外引进了一条电工钢连续退火机组，代表了当时国际先进水平，其主要特点与我公司设计的连退机组比较如表 1 所示。

表 1　工艺参数比较

机组 项目		从国外引进的连续退火机组	全部国产化连续退火机组
1. 机组生产品种		50W470、50W600、50W700 ~ 50W1300	35W210 ~ 50W400、35W440 ~ 50W600H
2. 产品宽度 × 卷重/mm × t		(800 ~ 1300) × 26.5(最大)	(850 ~ 1300) × 26.5(最大)
3. 产品厚度/mm		0.5 ~ 0.65	0.15 ~ 0.65
4. 机组速度/m · min⁻¹	进口段	200	240
	工艺段	150	180
	出口段	200	240
	点动	30	30
5. 机组年生产能力/万吨 · a⁻¹		24	22
6. 机组年工作时间/h		7100	7200
7. 调速系统		采用交流变频调速系统	采用交流变频调速系统
8. 计算机应用		工艺过程实施全计算机控制	工艺过程实施全计算机控制

由表 1 可以看出，与引进的机组相比，国产化的机组可以生产牌号更高、成品更薄的电工钢产品。两条机组在采用相同的自动控制和调速系统的情况下，国产机组可以实现机组更高速度、更长作业时间的平稳运行。

两条机组的保证值，分别对机械设备（表 2）、炉子（表 3）和工艺（表 4）方面做了如下比较。

表 2　设备保证值比较

序号	保证值项目	国外引进机组	国产化机组
1	剪切能力	最大厚度 1.0mm； 最小厚度 0.7mm	最大厚度 2.6mm； 最小厚度 0.15mm
2	机械设备的振动水平	(1) 不出现非正常的振动； (2) 风机： 　径向振动 ≤120μm	(1) 不出现非正常的振动； (2) 风机： 　在地基上：≤40μm； 　在钢结构上：≤60μm

续表 2

序　号	保证值项目	国外引进机组	国产化机组
3	清洗段的残油和残铁量	入口材料相应去除90%	残油：≤8mg/m² 残铁：≤12mg/m²
4	含碱废气	NaOH：≤10mg/m³	NaOH：≤10mg/m³
5	EPC	≤±1.5mm/每层	≤±1mm/每层
6	CPC	≤±10mm	≤±10mm

表 3　炉子保证值比较

序　号	保证值项目	国外引进机组	国产化机组
1	炉壳温度	≤100℃	炉顶≤110℃ 炉壁、炉底≤100℃
2	最高炉子和烘烤炉温度	990℃（加热段） 920℃（均热段） 600℃（干燥段）	1100℃（加热段） 1050℃（均热段） 800℃（干燥段）
3	最高带钢温度	920℃（加热段） 920℃（均热段）	≥1050℃（加热段） ≥1050℃（均热段）
4	噪声水平	<90dBA	<85dBA
5	齿轮箱轴承温度	室温 +40℃	环境温度 +40℃，或绝对温度≤85℃
6	风机轴承的温度	室温 +40℃	环境温度 +40℃，或绝对温度≤85℃

表 4　工艺保证值比较

序　号	保证值项目	国外引进机组	国产化机组
1	带钢温度精度	退火炉的带钢温度： （1）HS 出口：目标值±15℃； （2）SS 出口：目标值±15℃； （3）SGJCS 出口：目标值±15℃。 涂层烘烤炉： BS 出口：目标值±15℃	退火炉的带钢温度精度： （1）HS 出口：目标值±10℃； （2）SS 出口：目标值±5℃； （3）SGJCS 出口：目标值±10℃。 带钢边部与中部温度差：≤10℃ 涂层烘烤炉： BS 出口：目标值±15℃
2	带钢质量	无本机组产生的连续缺陷 带钢平直度：同入口来料	无本机组产生的连续缺陷 带钢平直度： 急峻度（h/L）≤0.8%； 浪高≤3mm
3	钢卷塔型	≤±5mm 内、外5圈除外	≤±5mm 内、外5圈除外
4	涂膜厚度偏差	≤0.15μm	钢卷长度方向干膜厚偏差：≤0.1μm 钢卷宽度方向干膜厚偏差：≤0.05μm

　　国产机组剪切能力比引进机组更大，机械振动的要求更高，机组清洗后带钢的残油和残留铁粉量更少，含碱废气排放相同，机组运行纠偏精度一致，但国产机组卷取精度更高。

　　由对比可以看出国产机组在达到更高炉温和板温的情况下，炉子本体散热温度与引进机组无较大差别，齿轮和风机温度要求更高，噪声水平较引进机组更低。

　　由工艺保证值的比较可以看出，国产连退机组的板温控制精度更高，产品板形要求更严格，涂层膜的厚度偏差分别从长度和宽度方面做出了规定，比引进机组的控制更加精确。

　　从上述机组的各项保证值对比可看出，由我公司承担设计的连续退火机组，其主要技术性能、工艺参数已经达到或超过国外同类机组的水平。

　　当前，进入国际大市场，参与国际经济大循环，是我国振兴民族工业的必由之路。利用国内先进技术和自身优质的基础条件、成本优势制造的国产设备，具备了与国外设备进行竞争的条件。

4　电工钢连退机组简介

　　我公司为国内某钢厂设计制造的一条连续退火机组，其主要生产的品种为 35W210～50W400、35W440～50W600H 的中高牌号和高效无取向电工钢。

4.1　工艺流程

　　工艺流程如下：

　　开卷→矫直→切头→焊接→入口活套→碱喷淋→碱刷洗→电解清洗→高压水清洗→热水刷洗→热水喷淋→热风干燥→加热炉→均热炉→管冷段→循环气体喷射冷却→空气冷却→后清洗段及热风干燥→涂绝缘层→涂层烘干及烧结→空气喷射冷却→出口活套→检测→卷取。

4.2　机组主要技术参数

　　机组主要技术参数如下：

　　带钢宽度：800～1300mm；

　　带钢厚度：0.15～0.65mm；

　　钢卷内径：入口 ϕ508mm，出口 ϕ508mm；

　　钢卷外径：入口最大 ϕ2050mm，最小 ϕ900mm；

　　　　　　　出口最大 ϕ2050mm，最小 ϕ900mm；

　　钢卷重量：最大 26.5t，最小 7.0t；

　　机组速度：入口段：最大 240m/min；

　　　　　　　工艺段：最大 150m/min（设备能力具备 180m/min）；

　　　　　　　出口段：最大 240m/min；

　　穿带速度：30m/min；

　　加减速：入口段：20m/s^2；

　　　　　　工艺段：15m/s^2；

　　　　　　出口段：20m/s^2；

　　机组年处理能力：21.978 万吨/a。

4.3　机组设备组成

　　根据设备布置位置可分为三部分：

　　进口段设备——1 号开卷机至 2 号张力辊；

　　工艺段设备——2 号张力辊至 7 号张力辊；

　　出口段设备——7 号张力辊至张力卷取机。

　　（1）进口段设备由下列设备组成：

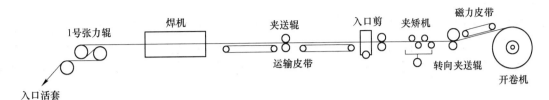

入口钢卷存放鞍座、钢卷小车、开卷器、开卷机、夹送辊矫直机、入口输送皮带、入口测厚仪、双层剪切机、入口切头输出装置、转向辊、夹送辊、焊接机、1 号张力辊、纠偏辊装置、入口活套、2 号张力辊、1 号测张辊。

（2）工艺段由下列设备组成：

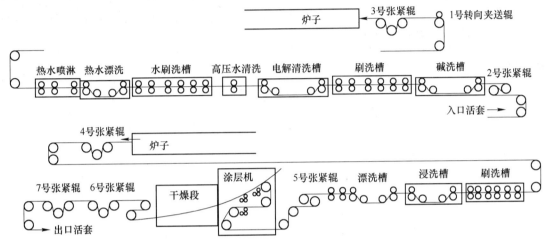

碱浸洗槽、碱刷洗槽、电解清洗槽、高压水清洗装置、热水刷洗槽、热水漂洗槽、热水喷淋槽、1 号气刀、热风干燥器、纠偏转向系统、3 号张紧辊、2 号测张辊、1 号缓冲辊、入口密封室、加热段、均热段、管冷段、循环气体喷射冷却、出口密封室、空冷段、3 号测张辊、4 号张紧辊、纠偏系统、刷洗槽、沉浸槽、漂洗槽、2 号气刀、除湿干燥器系统、涂层室转向辊、涂层机、涂层干燥段（DS）、涂层烧结段（BS）、涂层冷却段（CS）、2 号缓冲辊、4 号测张辊、6 号张紧辊、出口测厚仪及铁损仪、7 号张紧辊。

（3）出口段由下列设备组成：

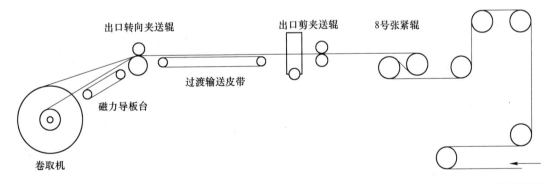

纠偏系统、出口活套、检查室转向辊、2 号转向夹送辊、出口输送辊道、检查室、8 号张紧辊、出口剪、废料导板及取样装置、出口废料输送皮带、EPC 支架、3 号转向夹送辊、4 号转向夹送辊、过渡输送皮带、卷取机、皮带助卷器、出口钢卷小车及鞍座、钢卷称重装置。

4.4　机组自动化控制水平

为了确保机组自动运行，在机组的入口侧设置了钢卷自动运输、自动上卷、入口钢卷穿带自动、入口侧自动减速、钢卷头尾部自动剪切、带尾自动定位到焊机、钢卷自动焊接等；在出口侧设置有焊缝跟踪、钢卷自动减速、尾部取样及料头的自动剪切、钢卷尾部准确定位、钢卷自动卷取、钢卷自动卸卷运输等自动控制流程。

机组控制系统采用可编程序控制器（PLC）对机组的运行系统实施全面控制，完成了对全线的监控及管理，其监控管理系统通过不同画面及显示，能分别监视全线、入口段、工艺段及出口段的所有设备的各种工艺参数及运行状态。在运行操作中，对钢板速度、电动机电流、活套位置等均能通过 CRT 监视系统显示。

机组已经具备了较高的自动化控制水平，能大大地降低人员的劳动强度，减少故障率，提高机组作业时间和产量。

5　小结

本文介绍了国产化电工钢连退机组的技术特点，并将国产化机组与国外引进的机组保证值等各方面做了详细的对比，由对比数据可以看出国产化机组主要技术性能、工艺参数已经达到或超过国外同类机组的水平，具备了与国外设备进行竞争的条件。

参考文献（略）

近二十年在我国申请取向电工钢专利预警分析

孟凡娜，蔡　伟

（新万鑫（福建）精密薄板有限公司，福建 莆田 351200）

摘　要：对 1994~2014 年期间在我国申请的取向电工钢专利进行了统计分析和技术分析，取向电工钢专利申请较多的国外厂家主要是日本的新日铁、川崎制铁及意大利的阿奇亚斯佩丝阿里特尔尼公司，且主要集中在 20 世纪 90 年代。国内厂家主要是宝钢、武钢、鞍钢及近年来发展起来的多家民营企业，企业申请专利总量也呈现跳跃式增长。

关键词：取向电工钢；专利；预警分析

Patent Early Warning Analysis of Grain Oriented Electrical Steel Applied in China Nearly Two Decades

Meng Fanna，Cai Wei

（Xinwanxin（Fujian）Precision Sheet Co.，Ltd.，Putian 351200，China）

Abstract：The statistical analysis and technical analysis was proceeded on the patents of grain oriented electrical steel applied in China during 1994~2014，Main abroad producers of grain oriented silicon steel applications were JFE，Shin Nippon Seitetsu of Japan，and Beth Ali Terni company of Italy，and mainly concentrated on the nineties of last century. Main native producers were Bao Steel，Wuhan Iron and Steel，Anshan Steel and a number of private enterprises developed in recent years. The total patent applications in China showed leaps and bounds growth in recent years.

Key words：grain oriented electrical steel；patent；early warning analysis

1　引言

取向电工钢又称冷轧变压器钢，是一种应用于变压器制造行业的重要硅铁合金，由于其生产工艺复杂，制造技术严格、工序长、影响因素多，一直是钢铁行业中的塔尖产品，素有钢铁艺术品之称。专利作为技术创新的重要标志和体现，在很大程度上代表着一个国家或企业的技术水平和潜在的技术竞争力。早期取向电工钢专利大多集中在日本和韩国手中，随着我国企业对专利保护意识的增强及电工钢产业的迅速发展，企业申请专利总量也呈现跳跃式增长。

专利预警是通过对专利信息及有关信息的收集和研究，了解有关技术发展、市场竞争，预测相关技术、经济发展趋势与方向，企业据此找到技术的空白点和技术的发展趋势，发现已有的和潜在的竞争对手，建立企业的专利战略，通过在专利方面采取相应对策，从而赢得竞争能力和优势，赢得知识产权竞争以及整个市场竞争主动权，谋求更大市场份额和经济利益。本文主要讨论取向电工钢产业所涉及的与专利有关的预警分析研究，专利数据范围为 1994 年至 2014 年 8 月 26 日期间在我国公开的专利。

2　专利申请趋势分析

1994 年至 2014 年 8 月期间，在我国申请的取向电工钢专利共 222 件。从专利申请总量趋势图（图 1）

可知，在我国申请取向电工钢专利大致分为四个阶段：第一阶段，1994～2006年，波浪式增长期；第二阶段，2006～2008年，第一次快速发展期；第三阶段，2008～2012年，平稳发展期；第四阶段，2012～2013年，第二次快速发展期。

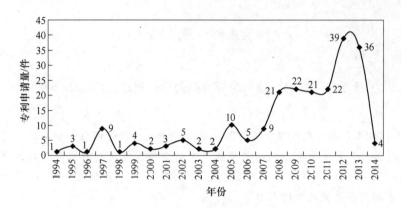

图1　1994～2014年在我国申请专利总量趋势图

　　第一阶段呈波浪线趋势发展，总体申请量较平稳，没有出现明显的增长趋势，这是由于国内取向电工钢产业尚处于起步阶段，研究和生产取向电工钢的单位较少，专利申请主要集中在日本的新日铁、川崎制铁、意大利的阿奇亚斯佩丝阿里特尔尼公司等单位，国内主要集中在武钢、宝钢及东北大学等单位。

　　第二阶段，国内专利申请量出现了大幅度增长，从2006年的年申请量5件至2008年的21件。这主要是因为早期国内仅武钢和宝钢两家生产取向电工钢，利润空间相当可观，国内其他企业也争先开展取向电工钢的研发和生产，2006年鞍钢开始申请取向电工钢专利，2008年开始筹划取向电工钢项目，设计规模为年产26万吨，总投资57亿元。鞍钢在2007年和2008年分别申请专利3件和8件，至2014年已位居国内专利申请量第三位，仅次于宝钢和武钢。除此之外，2008年中冶南方也逐渐开始申请取向电工钢相关辅助设备专利，并于2008年和2009年分别申请专利2件和5件。

　　第三阶段，专利年申请总量基本不变，保持在较高的水平，主要是因为国内除了宝钢、武钢、鞍钢、中冶南方、首钢等国有企业生产研发取向电工钢外，各地一些中小民营企业也加入了取向电工钢的生产行列。2009～2011年期间，江油市丰威特种带钢有限责任公司和新万鑫（福建）精密薄板有限公司也相继有了取向电工钢相关专利的申请。

　　第四阶段的专利申请量又出现了大幅度增长，2012年专利申请总量与2011年相比增长率高达77.27%，2013年申请总量略有下降（与部分专利申请尚未公开有关），但仍保持在较高的水平，这主要是因为，在此期间，除了新万鑫（福建）精密薄板有限公司贡献了5件专利外，无锡华精新型材料有限公司、浙江华赢板业科技有限公司、包头市慧宇硅钢科技有限公司、包头市威丰电磁材料有限责任公司、咸宁泉都带钢科技有限责任公司、广东盈泉钢制品有限公司等民营企业也相继开展取向电工钢的研究和生产，并采用专利对其技术进行保护，从而使专利申请总量处在较高的水平。2014年专利申请总量较低，主要是因为某些专利申请尚未公开，并不代表该年申请总量下降。

3　申请人分析

　　1994～2014年国内外主要申请人在我国申请取向电工钢专利见表1。由表1可知，国内取向电工钢专利申请主要集中在宝钢、武钢、鞍钢三大国有企业，三者申请总量占国内申请总量的一半以上。国外取向电工钢专利在我国的申请人主要是日本的川崎制铁和新日铁及意大利的阿奇亚斯佩丝阿里特尔尼公司。

　　国内外主要申请人在我国申请专利年份分布见表2。由表2可知，国外取向电工钢专利主要申请人在我国申请专利主要集中在20世纪90年代，2000～2005年期间，川崎制铁和新日铁分别申请1件和4件专利外，2006年以来均无专利在我国申请。而国内专利申请人本世纪申请专利明显增多，且除了宝钢、武钢等国有企业外，近年来，民营企业专利申请量也逐渐增多，如福建的新万鑫、江苏的无锡华精、浙江华赢等民营企业也相继有取向电工钢专利申请，一方面说明国内企业的专利保护意识逐渐增强；另一方面说明我国民营企业的自主研发能力也逐步提高，国内电工钢产业得到了迅速发展。

表1　国内外主要专利申请人在我国申请取向电工钢专利情况

申请人（专利权人）	专利件数	占比/%	申请人（专利权人）	专利件数	占比/%
宝山钢铁股份有限公司	41	18.47	新日本制铁株式会社	6	2.70
武汉钢铁（集团）公司	40	18.02	首钢总公司	6	2.70
鞍钢股份有限公司	32	14.41	北京科技大学	5	2.25
东北大学	11	4.96	钢铁研究总院	4	1.80
中冶南方工程技术有限公司	10	4.50	浙江华赢板业科技有限公司	3	1.35
川崎制铁株式会社	9	4.05	安阳钢铁股份有限公司	2	0.90
阿奇亚斯佩丝阿里特尔尼公司	8	3.61	江油市丰威特种带钢有限责任公司	2	0.90
新万鑫（福建）精密薄板有限公司	8	3.61	其　他	27	12.16
无锡华精新型材料有限公司	8	3.61			

表2　在我国申请的取向电工钢专利主要申请人申请年份统计表　　　　（件）

年　份	国　外			国　内											
	川崎制铁	阿奇亚斯	新日铁	宝钢	武钢	鞍钢	东北大学	中冶南方	新万鑫	无锡华精	首钢	北京科技大学	钢铁研究院	浙江华赢	江油丰威
1994~1999	8	8	2	0	0	0	1	0	0	0	0	0	0	0	0
2000~2005	1	0	4	9	4	0	3	0	0	0	0	1	0	0	0
2006~2009	0	0	0	15	8	17	1	7	0	0	1	0	0	0	0
2010~2014	0	0	0	17	28	15	6	3	8	8	5	4	4	3	2
总　计	9	8	6	41	40	32	11	10	8	8	6	5	4	3	2

4　区域分析

从图2可知，国内取向电工钢专利主要集中在两类地区，一类是重工业比较发达及高校密集的省份及直辖市，如湖北、辽宁、上海和北京，这四地分别具有武钢、鞍钢和宝钢和首钢等主要钢铁生产厂家，另外北京和上海还具有北京科技大学和上海大学等高校，对取向电工钢专利也具有一定的贡献；另一类是沿海经济

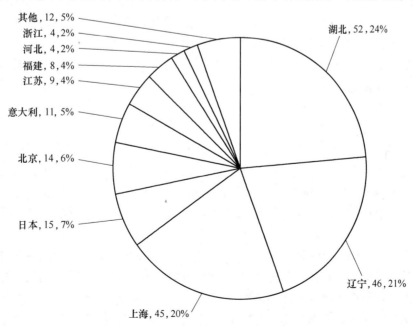

图2　在我国申请的取向电工钢专利区域分布图

发达省份，如福建、浙江、江苏等省份，这类地区主要集中了后期发展起来的生产取向电工钢的民营企业，如新万鑫、无锡华精、浙江华赢等。取向电工钢专利国外申请人主要集中在日本和意大利。

5　典型专利技术分析

取向电工钢作为电工产品重要的功能材料，发展趋势仍以高效化、降低铁损、提高磁感为主要目标，同时也应兼顾产品的加工性能及表面、板形情况，下面针对上述几方面的典型专利做简单技术分析。

5.1　产品高效化

CN201310417058.1 公开了一种高磁感取向电工钢片的制备方法，该制备方法披露了在原材料中添加 Y、Ce、Nd 稀土元素，以净化钢中夹杂物，降低高温退火热处理过程温度和时间，且能降低铁损耗；该方法指出高温退火在 25% N_2 + 75% H_2 保护气氛下先以 120 ~ 150℃/h 升温至 420 ~ 440℃，保温 2 ~ 3h，再以 40 ~ 60℃/h 速度加热到 680 ~ 710℃，保温 1 ~ 2h，再以 20 ~ 30℃/h 升温至 980 ~ 1050℃，保温 0.5 ~ 1h，然后以 200 ~ 300℃/min 迅速冷却至室温，最后涂层，精整得到成品，可得到规格为 0.3mm、B_{10} = 1.984T、$P_{17/50}$ = 0.943W/kg 的高磁感取向电工钢成品[1]。

武钢公开了一种低渗氮量高磁感取向电工钢带的生产方法，该方法主要是在连续脱碳退火处理后进行连续渗氮退火处理，渗氮温度为 780 ~ 920℃，渗氮时间为 10 ~ 60s，并控制冷轧钢带中的 N 按质量分数计为 0.0095 ~ 0.0150；接着对钢带表面涂敷隔离剂，并在 N_2-H_2 气氛中进行二次再结晶退火处理，加热升温至 750 ~ 1100℃时，保持 N_2 的体积量为 N_2-H_2 气氛总体积量的 75% ~ 90%，继续加热升温至 1180 ~ 1200℃，保温 10 ~ 20h，最后按常规工艺冷却。该专利方法采用固有抑制剂与获得抑制剂相结合的方式，在气体渗氮过程中采用较低的渗氮量并配合二次再结晶退火过程中采用较高的氮气比例的方案，优化控制二次再结晶的条件。该生产方法中渗氮量的降低，使得渗氮时间大幅度缩短，提高了生产效率[2]。

5.2　改善取向电工钢加工性能

取向电工钢的加工性能主要体现在冲片性能上，以往的取向电工钢外表面具有一层玻璃膜底层，硬度高、冲片性能差。宝钢申请的无玻璃膜底层取向电工钢制造方法及退火隔离剂专利，通过优化退火隔离剂配方并控制退火条件直接获得了表面光洁的无玻璃膜底层高温退火成品，从而克服了传统取向电工钢玻璃膜底层带来的硬度高，冲片性能差，且玻璃膜底层与钢板基体嵌入式结合阻碍磁畴壁运动，增加磁滞损耗的不足的缺点。该专利方法采用 100 份重量的氧化铝和/或氧化镁粉末，0.5 ~ 5 份重量的 B_2O_3、H_3BO_3、$Na_2B_4O_7$、$Sb_2(SO_4)_3$、Bi_2O_3、BiOCl 中一种以上的退火隔离剂，并结合如下退火条件：首先升温，升温段气氛为干的氮氢混合气氛，其中氮气比例控制在 50% ~ 90%，升温至 1150 ~ 1250℃；然后保温，保温温度为 1150 ~ 1250℃，保温气氛为纯氢，保温时间为 15h 以上，可以获得磁性能稳定、超低铁芯损耗产品，且加工性能良好[3]。

5.3　提高磁性能

在电工钢生产技术上，细化磁畴已经成为继控制织构、减薄钢带的第三大技术手段。上海大学申请的用超声波降低取向电工钢铁损的方法专利，通过超声波引入成品取向电工钢的后续处理，它是通过引入局部应力-应变的方式来作用于取向电工钢，从而改变电工钢内部的能量，进而实现磁畴的细化，降低其铁损。该专利方法可以在不破坏电工钢片涂层及不造成电工钢片塑性变形的前提下实现其铁损值的降低，提高其磁性能[4]。

同样为上海大学申请的脉冲电流回复退火制备取向电工钢的方法专利，通过将脉冲电源的正负极同取向电工钢冷轧样品的两端进行连接，以通电实现脉冲处理。利用脉冲电流的热效应使试样在很短时间内达到并稳定在所需的回复退火温度上而完成取向电工钢的回复退火。同时利用脉冲电流的 Lorentz 力效应、趋肤效应等一系列效应来改善取向电工钢的回复退火组织织构，最终得到高磁感、低铁损的取向电工钢，且具有简单易行、易于工业化的特点[5]。

5.4 绝缘涂层

目前，大多绝缘涂层均是通过辊涂或喷涂的方式涂覆，这两种方式往往会产生涂覆不均、色差大的缺陷。中国新公开专利 CN201310185524.8 公开了一种极薄取向电工钢表面涂绝缘漆的工艺方法，该方法采用的是将高温退火后的极薄取向电工钢带以速度 v 开卷，取向电工钢经前导向辊进入盛有绝缘漆的绝缘漆槽中，绝缘漆温度为 37℃±1℃。再经下导向辊垂直地面向上脱离绝缘漆液面，行进 L 距离后，取向电工钢带外表附着液态绝缘漆在自身张力作用下形成光滑的漆层。然后仍以速度 v 进入烘干装置中，进行 3～5s 350℃烘干，在提拉速度 v、绝缘漆黏度 P 和距离 L 变量作用下形成了 0.0025～0.013mm 间可控的固态漆层。该专利方法与传统的辊涂工艺相比具有涂覆后的取向电工钢钢带漆层薄、均匀、厚度一致、光滑、平整、可控，操作简单，产品合格率高、制造成本低等优点，且可避免涂层辊局部损坏造成的涂层不均，色差大的缺陷[6]。

6 结论

1994 年至 2014 年 8 月期间，在我国申请的取向电工钢专利共 222 件。取向电工钢申请较多的国外厂家主要是新日铁、川崎制铁及意大利的阿奇亚斯佩丝阿里特尔尼公司，且主要集中在 20 世纪 90 年代。国内厂家主要是宝钢、武钢、鞍钢，以及近年来发展起来的多家民营企业，申请量 2006 年后得到飞速发展。专利技术领域较多样化，包括高效化、加工工艺、加工设备、半工艺、辅助介质等领域，目的是通过改善工艺和改进设备，提高生产效率、降低能耗，提高产品磁感、降低铁损，改善取向电工钢的加工性能等。

参考文献

[1] 任振州. 一种高磁感取向硅钢片的制备方法：中国，201310417058.1.09[P]. 2013.
[2] 王若平，毛炯辉，方泽民，等. 低渗氮量高磁感取向硅钢带的生产方法：中国，200910273460.0.12[P]. 2009.
[3] 吉亚明，杨勇杰，李国保，等. 一种无玻璃膜底层取向硅钢制造方法及退火隔离剂：中国，201110253467.3.08[P]. 2011.
[4] 李莉娟，曹琪，刘立华，等. 用超声波降低取向硅钢铁损的方法：中国，201010167498.2.05[P]. 2010.
[5] 李莉娟，史文，刘立华，等. 脉冲电流回复退火制备取向硅钢的方法：中国，200910196582.4.09[P]. 2009.
[6] 徐政，伦德义. 一种极薄取向硅钢表面涂绝缘漆的工艺方法：中国，201310185524.8.05[P]. 2013.

冷轧电工钢浅槽紊流酸洗工艺及设备介绍

李　娜，刘船行，赵有明

（中冶南方（新余）冷轧新材料技术有限公司，江西 新余 338025）

摘　要：本文阐述了冷轧电工钢酸洗的原理，介绍了酸洗的工艺控制、影响因素及浅槽紊流酸洗设备。

关键词：冷轧电工钢；酸洗工艺；浅槽紊流酸洗设备

Introduction the Process and Equipment of Cold Rolled Electrical Steel Shallow Slot Turbulent Pickling

Li Na, Liu Chuanxing, Zhao Youming

（WISDRI（Xinyu）Cold Processing Engineering Co., Ltd., Xinyu 338025, China）

Abstract：This paper describes the principle of cold rolled electrical steel pickling, acid pickling process control, introduces the influencing factors and the shallow slot turbulent pickling equipment.

Key words：cold-rolled electrical steel；pickling process；shallow slot turbulent pickling equipment

1　引言

中冶新材 2014 年新建的一条常化酸洗机组，机组速度 25m/min，主要对热轧高磁感无取向电工钢进行常化和酸洗处理。主要有三个功能：一是对高牌号/高磁感无取向电工钢进行常化处理，使其电磁性能提高；二是通过抛丸、酸洗去除带钢表面氧化铁皮；三是切去带钢裂边，为后序冷轧提供表面质量优良的钢卷。

氧化铁皮是金属在加工时形成的一层附着在金属表面上的金属氧化物，在冷轧电工钢的生产工艺中，为了提高电工钢表面质量，在冷轧前必须要采用酸洗的方法去除热轧电工钢表面的氧化铁皮。

2　氧化铁皮的危害和形成机理

2.1　氧化铁皮的危害

氧化铁皮的存在对电工钢生产主要有以下危害：

（1）若钢带表面带有氧化铁皮，轧制过程中会使轧辊产生表面缺陷，缩短轧辊寿命，增加辊耗。

（2）若钢带表面带有氧化铁皮，经冷轧后会在钢带表面形成凹凸不平的缺陷，会影响电工钢的表面和内在质量。

（3）氧化铁皮会污染轧制油，降低轧制油的使用寿命，增大消耗，造成经济损失。

（4）若钢带表面带有氧化铁皮，涂层与钢带之间的附着力降低，使涂层质量变坏，影响到电工钢的绝缘性。

2.2　氧化铁皮的形成机理和组织结构

电工钢同其他钢铁产品一样，钢中的各种元素不可避免地要和空气中的氧气以及其他的氧化性介质水和水蒸气等接触，发生氧化反应生成各种氧化物，尤其是钢中的铁原子和空气中的氧原子都是化学性质非常活泼的元素，更容易发生氧化反应，这种氧化反应的结果所生成的氧化物就是氧化铁皮，俗称铁鳞或铁锈。热轧电工钢在加热、轧制及冷却过程中与空气接触的温度、时间等因素不同，钢带表面所生成的氧化铁皮的结构、厚度、性质也不一样。

热轧带钢表面氧化铁皮一般是由 Fe_2O_3、Fe_3O_4 或 FeO 构成的。由于铁的氧化过程是 Fe→FeO→Fe_3O_4→Fe_2O_3，因此，氧化铁皮结构一般是：内层（紧贴钢的基体）FeO，外层（直接与大气接触）Fe_2O_3，中间层 Fe_3O_4。氧化铁皮的组成和结构随着钢的化学成分、热轧温度、加热及终轧温度、轧后冷却速度、周围介质的含氧量变化而变化。

3 酸洗机理及工艺

3.1 酸洗机理

酸洗的过程主要是去除氧化铁皮的过程，即利用盐酸将带钢表面的氧化铁皮去除，盐酸酸洗的机理如下。

3.1.1 溶解作用

钢带表面氧化铁皮中各种铁的氧化物溶解于酸溶液内，生成可溶解于酸液的正铁及亚铁氯化物，从而把氧化铁皮从钢带表面除去，这种作用一般叫溶解作用。

$$Fe_2O_3 + 6HCl = 2FeCl_3 + 3H_2O \tag{1}$$

$$Fe_3O_4 + 8HCl = 2FeCl_3 + FeCl_2 + 4H_2O \tag{2}$$

$$FeO + 2HCl = FeCl_2 + H_2O \tag{3}$$

FeO 与盐酸进行置换反应，Fe_3O_4、Fe_2O_3 在酸洗溶液中溶解得较慢，在温度相同的情况下，同一酸洗液中，反应式（3）的反应速度最大，反应式（2）次之，反应式（1）很难进行。在此情况下，氧化铁皮的消除还需要借助机械剥离作用和还原作用。

3.1.2 机械剥离作用

钢带表面氧化铁皮中除铁的各种氧化物之外，还夹杂着部分的金属铁，而且氧化铁皮又具有多孔性，那么酸溶液就可以通过氧化铁皮的孔隙和裂缝与氧化铁皮中的铁或基体铁作用，并相应产生大量的氢气。由这部分氢气产生的膨胀压力，就可以把氧化铁皮从钢带表面上剥离下来。这种通过反应中产生氢气的膨胀压力把氧化铁皮剥离下来的作用，我们把它叫做机械剥离作用。其化学反应为：

$$Fe + 2HCl = FeCl_2 + H_2 \uparrow \tag{4}$$

据有关资料介绍，盐酸酸洗时，有33%的氧化铁皮是由机械剥离作用去除的。

3.1.3 还原作用

在反应式（4）中，金属铁与酸反应时，首先产生氢原子。一部分氢原子相互结合成为氢分子，促使氧化铁皮的剥离。另一部分氢原子靠其化学活泼性及很强的还原能力，将高价铁的氧化物和高价铁盐还原成易溶于酸溶液的低价铁氧化物及低价铁盐。其化学反应为：

$$Fe_2O_3 + 2[H] = 2FeO + H_2O \tag{5}$$

$$Fe_3O_4 + 2[H] = 3FeO + H_2O \tag{6}$$

$$FeCl_3 + [H] = FeCl_2 + HCl \tag{7}$$

分析使用过的酸洗溶液会发现酸液中只含有极少量的三价铁离子（例如，在盐酸酸洗时，废酸中含二价铁离子120g/L，三价铁离子只有5~6g/L）。这是因为酸洗时生成的初生氢使三价铁的化合物还原成亚铁化合物。

3.2 酸洗工艺控制及影响因素

中冶新材常化酸洗机组生产工艺流程如下：

开卷→焊接→常化→喷丸→预漂洗→酸洗→漂洗→切边→卷取

酸洗机组采用喷丸+酸洗的方式，喷丸可以去除和疏松带钢表面的氧化铁皮，再经过酸洗可有效地去除带钢表面的氧化铁皮。酸洗槽采用浅槽紊流酸洗，酸液流动方向和带钢运行方向相反，提供了较强的紊流效果，这样可以降低酸洗时间并提高酸洗效果。

3.2.1 酸洗的工艺控制

由于不同牌号、不同卷取温度以及喷丸处理后电工钢氧化皮的差异性，其酸洗的速度也不相同，因此对于不同的钢种需要寻求合适的酸洗工艺参数。酸洗槽控制标准见表1，漂洗槽控制标准见表2。

表1 酸洗槽控制标准

酸槽号	游离酸/g·L^{-1}	Fe^{2+}/g·L^{-1}	温度/℃
1号	30~80	80~130	80±5
2号	110~200	30~50	70±5

表2 漂洗槽控制标准

名称	温度/℃	电导率/μS·cm^{-1}
漂洗槽	60±5	≤45

试生产工艺如下：

控制环路：通过"Fe^{2+}浓度检测及液位信号"来控制"酸液的补充和排放量"。

控制环路：通过"液位控制及压力开关"来控制"泵的启动及停止"。

3.2.2 酸洗的影响因素

酸洗质量受到带钢表面氧化程度、酸液浓度、酸液温度、酸液中亚铁离子浓度、酸洗时间和紊流程度等因素的影响。以上因素中，带钢氧化程度由热轧决定，酸洗只能通过喷丸机破坏其氧化层，达到易于酸洗的目的；酸液浓度、酸液温度、酸液中亚铁离子浓度虽然可控，但调节时间较长；酸洗时间由机组速度决定；紊流程度可以通过调整侧喷压力，达到调节紊流的目的。

4 酸洗设备

酸洗槽外壳结构由钢板和型钢焊制而成，槽内衬有耐酸橡胶、耐酸砖和安山岩。槽内设有酸液注入口、酸液回流口及排空口，正常生产时，酸液从酸槽槽壁两侧及槽底喷入对带钢进行全方位的喷洗，使酸液在槽内形成较强的紊流状态，强化酸洗效果。在1号酸槽入口、2号酸槽入口和出口分别设有挤干辊，以使带钢带出的酸液量达到最小。整个酸洗槽配备一个带有热交换器的循环回路。正常工作时酸洗槽供送一定的浓度和温度酸液，酸液通过酸液循环泵不断循环流动并经石墨热交换器加热使之保持在设计温度范围内。当酸洗机组因事故停车时，酸液能在2min的时间内降至带钢通过线以下，并在罐内通过与热交换器之间的"小循环"来加热循环罐中的酸液，以保持酸液的设计温度。事故处理完毕后，酸液再用泵送入酸洗槽。酸洗槽参数见表3。

表3 酸洗槽参数 （mm）

参数	长度	宽度	高度
数值	约15000mm×2	约2000	约980

漂洗槽设有清洗水注入口、清洗水回流口及排空口，漂洗槽各段之间设有1对挤干辊，出口处设有2对挤干辊，使带钢带出的清洗水量达到最小。正常工作时漂洗水由第4级漂洗槽逐级流入第1级，并向第4级连续补充新水（冷凝水或脱盐水），前三级为循环漂洗。漂洗槽参数见表4。

表4 漂洗槽参数 （mm）

参数	长度	宽度	高度
数值	12500	2000	2000

5 结束语

本文对酸洗原理、工艺控制、影响因素进行了综述，对中冶新材酸洗设备进行了介绍，本机组 2014 年 12 月底投产，试生产过程机组运行稳定，紊流酸洗工艺在生产中充分发挥了作用，带钢酸洗效果较好，为轧机提供表面质量较好的原料。

参考文献（略）

电工钢现代化的热处理（无取向电工钢 NGO）

Sun Jingchang，Wolfgang Egger，Peter Wendt，Frank Maschler

（LOI Thermprocess 公司，德国 埃森）

摘　要：在过去的几年中电工钢需求大幅增长，并且预计未来还将进一步增长，这其中包括取向电工钢和无取向电工钢。无取向电工钢是高质量的产品，具有很多技术限制。最重要的一项可能是退火和涂层线（ACL）的热处理。为保证最终产品的高质量，对于退火和涂层线必须特别注意以下几点：（1）带钢温度特性（加热速度、均热温度、冷却速度），以达到结构和平整度要求。（2）气态金属氛围（氢气/含氮混合气、露点等）和表面质量。LOI 公司在亚洲和欧洲最近建设的现代退火炉在无取向电工钢领域表现出了新的发展势头。

关键词：电工钢；无取向；退火和涂层线；炉；手段；自动控制；数学方法

Heat Treatment for Electric Steel Modernization
（Non-oriented Electrical Steel NGO）

Sun Jingchang，Wolfgang Egger，Peter Wendt，Frank Maschler

（LOI Thermprocess，Germany Essen）

Abstract：The demand for electrical steel has grown significantly over the past years and is expected to grow further. This applies to both, grain-oriented （GO） and non-grain-oriented grades （NGO）.

NGO Electrical steel is a high quality product with quite some technological constraints involved in its production. Probably one important aspect in this respect is the heat treatment applied to the material in Annealing and Coating Lines （ACL）.

To ensure highest quality of the final products, special attention must be paid to the following issues in ACL：

（1）Strip temperature characteristics （heating speed, soaking temperature, cooling speed） for structure and flatness.

（2）Atmosphere （hydrogen/nitrogen mixtures, dew point, etc.） for gas-metal reactions and surface quality.

Modern annealing furnace equipment which were built recently by LOI in Asia and Europe show new development trend in the field of NGO.

Key words：electrical steel；NGO；ACL；furnace；instrument；automation control；mathematical models

1　ACL 热处理炉最新业绩

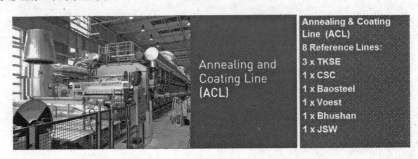

2　最现代的、精湛的 ACL 热处理炉的主要技术特点

"安全第一"是我们的理念。LOI 在保护气氛炉上有超过 60 年的经验，保证其工业炉满足世界上的最高级别的安全标准。这是通过我们在炉子设计方面不断的发展、利用良好的测试手段、选用一流的仪表、研究用户的生产反馈以及以下段落中所描述的技术特点来实现的。

2.1　机械设备

2.1.1　入口和出口密封室

LOI 炉的高效密封效果，是通过最优化的设计和密封辊与带钢输送辊上的两道密封帘的组合实现的，保证了工艺气体消耗量的最小化。通过对密封设备的恰当区域连续注入保护气氛（氮气）和在紧急情况下注入额外的保护气氛，使炉子具有最大可能的安全性。

2.1.2　炉壳

炉壳的设计采用一种自支撑结构。结构支撑是独立的，以适应炉壳和结构件之间热膨胀的不同。在气密焊接炉壳之间，特别设计的耐高温气密膨胀节，保证钢带稳定运行的功能，也可用于长度大于 400m 的炉子。

2.1.3　炉辊

LOI 的炉辊设计在各类高温 ACL 的业绩厂得到了验证。辊子上都安装了碳套，陶瓷套或设计刷辊，以防止表面结瘤或其他缺陷，或将其降至最低。

2.1.4　RTF 辐射管炉的加热系统

LOI 提供的脉冲控制烧嘴，可以满足各种可能的操作要求，同时还保持最适宜的工作条件和每支烧嘴最优化的燃烧状态。

根据应用温度，采用 W 形、U 形和 I 形金属辐射管，或者采用 I 形的陶瓷辐射管。通过采用最新的烧嘴技术，使氮氧化物排放量降低到最小。

2.1.5　电加热炉 HEF，均热炉 SF 的电加热系统

为保证精确的带钢温度控制，在炉子底部横跨整个带宽方向，安装了电加热元件。这样的几何布置，确保了即使某个加热元件或相应的可控硅出现问题时，整条线能连续正常运行，不停机，而且对带钢温度均匀性没有任何不利影响。在下一班次的定期维修期间，损坏的电加热元件或可控硅可以得到修理或者更换。

2.1.6　空气管冷却 ATC

为达到带钢横向温度分布均匀性，或在冷却梯度非常小的情况下，采用直管式的空气冷却管。加热元件安装在 ATC 炉的底部区域，以得到最佳的带钢平直度，特别对于薄规格的带钢至关重要。

2.1.7　缓冷循环冷却单元 SJC，快冷循环冷却单元 RJC

LOI 的 SJC 和 RJC 冷却单元，可以在高达 100% 氢气的工艺气氛下进行运行。为了满足最高的安全要求，免维护的、专门的气密电机安装在气密炉壳上（根据 LOI 的设计，负压管路位于炉壳内部，因此，没有空气吸入危险）。

冲压成型喷嘴孔，目的是为了增加冷却效果，减少压降。在缓冷喷射冷却段，沿整个带宽采用了高效的分区冷却控制。

2.1.8　耐火材料

耐火砖或砖和特选纤维材料的组合，可满足所有的工艺要求，并在最短时间内达到所需的气氛露点。

2.1.9　热回收系统

高效的热回收系统可以实现最小的能源消耗和全线最优的生产率。

2.2　自动化与控制设备

（1）作为一手资源，LOI 提供自主开发的、为每位用户订制的、独具特色的炉子控制应用软件。我们

强大的自动化和软件专家团队对炉子加热和冷却工艺具有深入的研究，并为项目从合同签订到设备验收（FAC）的全过程提供全面的技术支持和服务。

（2）LOI 只提供全球认可的、最新的、一流的计算机和控制系统，以确保用户获得最高的炉子使用性。

（3）冗余的 WinCC 可视化系统，确保炉子整个自动化系统达到最高的可靠性。

（4）LOI 对于软件和硬件的设计，考虑和结合了时下最新的安全规程。设计将基于风险最小化的原则以及炉子的风险评估。

2.3　仪表

（1）选用世界知名制造商生产的一流的仪表，以确保炉子稳定的生产作业和可以保证长期的、可靠的服务和备件的长期可供性。

（2）炉内安装摄像头检测带钢运行和边部状况，炉内安装带钢断带检测探头。

2.4　操作运行

（1）控制方式：炉子的各种控制方式包括集成的数学模型的应用。除了可以看到全部主要的工艺参数，在 HMI 人机界面上还可以看到预估的钢带温度。炉子既可以实现全自动化运行，也可以实现由操作工或在上位机控制系统下的运行。

（2）炉子还可以通过钢带目标温度的预设定来运行。即通过集成的数学模型，在没有任何高温计测量时，炉子实现独立的、全自动的运行。

（3）易懂的、合理的 HMI 人机界面，保证一个新操作工能快速地适应和掌控整个操作过程。

2.5　维护

（1）LOI 多年丰富的经验为用户提供最优化的炉子设计，实现最小量化的炉子维护。

（2）特殊的工具可以容易、高效地进行炉辊的更换，半自动辊子换辊机可以在 750℃ 的高温以及炉内氮气气氛的情况下进行换辊，减少停机时间。

（3）辐射管换管工具，操作方便。

（4）炉前的带钢重卷设备，在带钢断带时缩短停机时间。

3　结论

随着对无取向电工钢（NGO）产品质量和应用的要求不断提高，在最高可达 100% 氢气的工艺气氛下进行高温退火，已经成为对炉子供货商的一个新的技术挑战。炉子不仅仅要满足这些工艺要求，还要实现运行的稳定性，产品更换的灵活性，全自动的控制，能源的高效利用，低排放量及低维护量等，这些业已成为现代化炉子的设计标准。

参考文献（略）

2015 年国内取向电工钢现有产能的分析

杨莲龙

（山西和顺化工有限公司，山西 晋中 030600）

摘 要：2015 年是我国全面完成"十二五"目标和制定及推进"十三五"规划的关键之年。首先，我们要研究电工钢的重要性和回顾 2014 年的生产情况，针对 2015 年的实际，重点研究 2015 年产能现状，并加以分析。

电工钢是我国经济建设和人民生活不可缺少的原材料产品，也是国家经济运行和人民生活安全，增强国家科技实力的重要保障之一。产能与供求关系，产能布局是否合理，对我国经济建设，正确满足下游行业需求及节能降耗十分重要。

关键词：产能；取向电工钢及产能；需求分析

Analysis of Existing Domestic Capacity of Oriented Electrical Steel in 2015

Yang Lianlong

（Shanxi Heshun Chemical Engineering Limited Company，Jinzhong 030600，China）

Abstract：2015 is the most important year for overall completing the target of the "12th Five-Year Plan" as well as formulating and boosting "13th Five-Year Plan". This paper studied the importance of electrical steel and reviewed its production in 2014. According to the physical truth of 2015, the capacity status of 2015 is studied and analyzed.

Electrical steel is an essential raw material of the economic construction and national lives, and it is an important guarantee of economic operation, people's living safety and national scientific and technological strength enhancing. The capacity, supply-demand relationship and rational capacity distribution are very important to our economic construction, demand satisfaction of downstream industry and energy-saving and cost-reducing.

Key words：capacity；oriented electrical steel；analysis of capacity and supply-demand

1 产能过剩的一般概念

1.1 产能过剩

产能过剩是指在计划期内，企业参与生产的全部固定资产，在既定的组织技术条件下，所能生产的产品数量，或者能够处理的原材料数量超出市场消费能力。生产能力是反映企业所拥有的加工能力的一个技术参数，与生产过程中的固定资产数量质量、组织技术条件有很大关联，因此，有种说法认为产能过剩并不意味着产品过剩是有道理的。

1.2 产能即生产能力的简称

一般来说，即为成本最低产量与长期均衡中的实际产量之差。对于什么是过剩，学者有不同的观点，有人认为供大于求即为过剩。也有人认为，供大于求有两种状态，第一种是供给略大于需求，第二种是总供给不正常地超过总需求的状态。"略大于"是指除满足有效需求外，还包括必要的库存和预防不测事故的需要，这种过剩本身并不是什么祸害，而是利益。上述第二种才是过剩状态，表现为两方面：一方面是总供给为一定时间里总需求相对不足，另一方面是总需求为一定时间里总供给相对过剩。产能是现有生产能力、在建生产能力和拟建生产能力的总和，生产能力的总和大于消费能力的总和，即可称之为产能过剩。中国钢铁专家以钢铁行业为例对此进行了反驳。他们认为，不能简单地把设备数量相加，就称其为产能，因为钢铁行业是多工序连续作业的，而且还有多方面的配套，要各方面综合条件具备，才能实现生产。另外，从全世界情况看，由于市场的变化，对产品结构进行调整时产能发挥 85% 左右就是正常状态，就不能称之为产能过剩。

2　取向电工钢及应用范围

2.1　一般概念

取向电工钢亦称取向电工钢片。其在磁性上具有强烈的方向性，含硅量在 3.0% 以上，主要用于各种变压器铁芯的制作。还有一些特殊用途的冷轧电工钢，如厚度 0.02mm、0.03mm、0.05mm、0.08mm 及 0.10mm 的取向电工钢薄带，用于中、高频电子变压器，脉冲变压器等重要领域，生产工艺复杂，制造技术严格，国外的生产技术都以专利形式加以保护，被视为企业的生命，其制造技术和产品质量是衡量一个国家特殊钢生产和科技发展水平的重要标志之一，被誉为钢铁产品中的最高级别"工艺品"。

2.2　应用范围

（1）变压器对电工钢的要求。1）内在性能：铁损低，磁感高，可降低变压器生产成本，节约材料，特别是铜材和电工钢片本身，可制造大型变压器或更节材、高效、体积小的变压器。2）尺寸公差：板型厚薄均匀，特别是横向、纵向厚度偏差要符合标准，因为它直接影响叠片系数及质量。3）表面质量：涂层要均匀、冲片性能好、表面光滑，能满足层间电阻要求，起绝缘作用。

（2）变压器性能指标与电工钢的关系。1）电工钢铁损，直接影响变压器的空载损耗。变压器投入电网运行，不论带多大负荷，都有空载损耗存在，要想降低电网运行的能源消耗，主要降低空载损耗。2）空载电流。变压器空载电流包括有功分量和无功分量。有功分量是正弦波的，其大小主要取决于铁损，所以称有功分量为铁损电流。空载电流的功率因数一般为 0.15 ~ 0.20，空载电流的无功分量在一次绕组中产生，由外施电压的感应电势所必需的磁通决定，它纯用于维持变压器励磁，故称为励磁电流。它是空载电流的主要组成部分，在额定电压下，大容量的变压器空载电流约占额定电流的 1% ~2%，小容量可达到 10%。铁损电流（有功分量）、空载电流的有功分量取决于空载损耗。3）电工钢与铁芯温升。变压器运行时，铁芯温升的限值取决于电工钢材料的居里温度，同时受到铁芯表面绝缘涂层耐高温性能的限制。对电工钢表面绝缘涂层的要求是：① 取向电工钢产品表面均涂以一层无机绝缘涂层，该涂层具有优异的涂层特性——层间电阻高，以确保良好的层间绝缘性以及良好的附着性；② 叠片系数高——表面涂层均匀且薄，具有优异的叠片性能；③ 耐热性能好——涂层能承受 800℃ 退火，且不被损坏；④ 耐蚀性能好——涂层与冷却油、绝缘油、机械油及氟利昂、防冻油等不相容，免受侵蚀。4）变压器噪声。减少电工钢的磁滞伸缩，可以有效控制变压器的噪声。5）叠装系数。是反映变压器制造水平的一个重要指标，其影响因素有：电工钢厚度，同板差、表面厚度公差以及平整度、绝缘层厚度及绝缘层厚度公差和冲孔、剪切加工过程中的毛刺、波浪度、平整度等。

3　我国取向电工钢现有产能

3.1　取向电工钢产能

根据中国金属学会电工钢分会统计，截止到 2014 年全国取向电工钢产能约 120 万吨，与 2013 年同期比减少 2 万吨，下降幅度 1.67%。从分析看，取向电工钢企业除鞍钢改造和北京中冶大地暂停生产及首钢未达产外，其他取向电工钢企业均在满负荷生产，见表 1。

表 1   2014 年全国按地区统计取向电工钢生产能力

序　号	地　区	现有生产能力/万吨	产能利用率/%	备　注
1	华中地区	55	101.62	该地区 2 家
2	华东地区	34	106.18	该地区 3 家
3	东北地区	4	38.50	该地区 1 家
4	华北地区	17	52.71	该地区 3 家
5	华南地区	8	55.88	该地区 2 家
6	西南地区	2	70.00	该地区 1 家
合　计		120	90.30	小计 12 家

注：华北地区暂停 1 家，生产能力 1 万吨。

3.2   新增产能动向

2015 年在建或投产的取向电工钢项目，主要分布在山东、江苏、河北、山西等地，除中冶集团与山西长治襄垣合资取向电工钢项目暂停外，北京万峰阳光置业有限公司与四川丰威合资，在河北邢台新建的取向电工钢项目，有可能在 2015 年上半年破土动工；山东以利奥林公司（原加华公司）新建的约 5 万吨取向电工钢项目在泰安已经建成，还有恢复生产的无锡晶龙华特电工有限公司，已开始试生产；又如鞍钢取向电工钢技术改造正在进行，也有可能使产能进一步增大，见表 2。

表 2   2015 年取向电工钢项目进展情况   （万吨）

序　号	企 业 名 称	项　目	产　能	预计建成时间
1	山东以利奥林	取向电工钢	5	2015 年 1 月试产
2	中冶集团与山西长治襄垣合资	取向电工钢	待定	厂房建好，设备已招标，因资金暂停
3	北京万峰阳光置业有限公司与四川丰威合资，建在河北邢台	取向电工钢	待定	已签合同，待土地证发放，预计动工
4	无锡晶龙华特电工有限公司	取向电工钢	1	上海某企业租赁及合作生产

4   我国取向电工钢产量及 HiB 钢所占数量

4.1   取向电工钢产量

2014 年，我国共生产取向电工钢 108.36 万吨（含 HiB 钢 72.64 万吨），与 2013 年同比增加 13.77 万吨，增长幅度 14.56%，除高端产品还有一定缺口或需少量进口外，国产电工钢均能满足国内市场。

4.2   HiB 钢所占数量

（1）2014 年，我国 HiB 产量达到 72.64 万吨，与 2013 年同期相比增幅 24.09%，占全国取向电工钢产量的 67.04%，到达了历史最高水平。据统计，近 5 年来，我国 HiB 产量累计 221.51 万吨，产量增长 245.90%。从我国节能减排和变压器产品升级看，近几年来 HiB 的需求在逐年上升，特别明显的是 2014 年变压器产量已达到 $17.01 \times 10^8 kV \cdot A$，与 2013 年同比增长了 11.69%，相当于增加了约 $2 \times 10^8 kV \cdot A$，也就是说 HiB 的用量明显增加；从 2014 年市场看，HiB 供不应求或合同执行率滞后，据了解，主要原因是钢厂生产还不够稳定，原牌号合格率不高，其中 0.30mm、0.27mm、0.23mm 规格及铁损在 1.10W/kg、1.00W/kg、0.95W/kg、0.85W/kg 等牌号的产品，还有一定的缺口，但矛盾在逐步缓解；从我国电力工业发展形势看，我们认为 HiB 进入了一个快速发展期，武钢、宝钢、首钢等将会加大研发和攻关力度，逐步缓解 HiB 的紧张局面，进口的电工钢依赖度会减弱。

（2）据有关方面推算，2014 年进口的取向电工钢中，从日本进口的取向电工钢，HiB 约占 80%，韩国约占 70%，其他国家约占 50%，不完全统计，2014 年我国进口 HiB 占进口取向电工钢数量的 71.34%，约 7.64 万吨，如图 1 所示。

（3）面对产能过剩的局面，武钢、宝钢等国内一流企业纷纷将生产重点放在着重研发高性能、高牌号的产品上。从近三年的产量变化来看，HiB 钢的产量大幅度提高，与 2012 年相比，HiB 的产量增幅达到 79.23%。

（4）从产品结构上看：近三年中，取向钢中 HiB 的产品比例一直高于 CGO 产品，并且有逐年升高的趋势，2012 年 HiB 与 CGO 产品生产比例仅相差 6.80%，到了 2014 年两者的差距达到 34.08%，如图 2 所示。

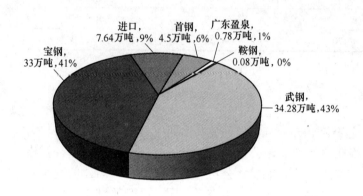

图 1　2014 年我国 HiB 的市场份额
（数据来源：中国金属学会电工钢分会）

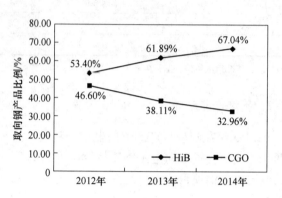

图 2　2012～2014 年我国取向钢生产产品比例

5　取向电工钢产能分析

（1）2014 年电工钢产能与 2013 年同期相比，取向电工钢略有下降。一是广东盈泉原 3 万吨中宽带生产线暂停生产，咸宁泉都新增 1 万吨取向电工钢产能，相当于一减一加，2014 年减少 2 万吨；二是咸宁泉都原 10 万吨无取向电工钢，改造生产取向电工钢。

（2）预测 2015 年我国取向电工钢，如山东以利奥林公司新建取向电工钢生产线，产能约 5 万吨（宽带 1025mm），已于 2015 年 1 月烘炉，热轧原料来自太钢，准备试生产。

（3）2014 年，我国取向电工钢产能利用率已达到 90.30%，同比上升 12.77%，其原因为：1）国际市场变压器需求猛增；2）国外一些知名电工钢生产企业和贸易公司，调整了出口营销策略，去满足国际上新的需求；3）我国变压器制造行业提出了产品升级、节能降耗的新要求；4）国家电力部门拟定 2015 年新增投资 4202 亿元，来建设电网，随着"十三五"规划的制定和启动，配网自动化和农网改造将直接增加电网建设投资，大大刺激了对节能型变压器和取向电工钢的需求，见表 3。

表 3　2012～2014 年我国电工钢产能利用率对比　　　　　　　　（%）

品　种	取向电工钢产能利用率			3 年平均利用率
	2012 年	2013 年	2014 年	
取向电工钢	66.00	77.53	90.30	78.11

（4）2010 年以来，我国取向电工钢产能快速增长，已经达到供需基本平衡的峰值；从取向电工钢产能结构看：一般取向电工钢磁性水平已不能适应下游行业产品升级和节能降耗的需要，迫使一些企业开展技术改造和工艺调整，预计后期一般取向电工钢产能会逐步减少，HiB 产能将会大幅增加。

参考文献（略）

我国机器人的快速发展对电工钢需求的浅析

陈　卓[1]　苗延涛[2]

（1. 中国金属学会电工钢分会，湖北　武汉　430080；2. 北京大正恒通金属科技有限公司，北京　101106）

摘　要：机器人的发展在中国已经兴起，并快速发展。我们研究机器人对电工钢的需求，主要从机器人的种类、体积、容量，如工业机器人、家庭机器人、核能机器人等方面研究，同时，也了解机器人的历史过程及根据机器人的需求发展，预测未来机器人对电工钢的需要及数量，引导我们电工钢生产及相关企业关注机器人产业的发展，并提供一些认识及参考。

关键词：机器人；电工钢需求；研究

The Analysis of the Demand for Electrical Steel in the Rapid Development of the Robot in China

Chen Zhuo[1]　Miao Yantao[2]

（1. Electrical Steel of Chinese Society for Metals，Wuhan　430080，China；
2. Beijing Dazheng Hengtong Metallic Technology Co.，Ltd.，Beijing　101106，China）

Abstract：The robot has been developing in China，and develop fast. We study the robot of electrical steel demand，mainly from kinds of robot，volume，capacity，such as industrial robots，robots in the home，nuclear robot research. At the same time，according to understanding the historical process and the development needs of robot predicted robots of electrical steel in the future，and guide the development of our electrical steel production and related enterprises focus on the robot industry，and provide some superficial understanding and reference.

Key words：robot；electrician steel demand；research

1　机器人的一般概念

大家对机器人并不陌生，当提到机器人就会想到电影、电视、科幻小说或者玩具中的机器人都是有鼻子、眼睛、手、脚，类似于人类的一种机器。其实并非如此，如果你走进现代化自动工厂，目睹到机器人的风采，你一定会大失所望。现代机器人，特别是工业机器人，不仅没有鼻子、眼睛，甚至也没有胳膊和腿。它们有的像机器，有的像怪物，有的脑袋又尖又长，有的肚子上长着脑袋，有的手长在了脚的位置，有的三头六臂。干活的方式也是千奇百怪，有的躺着做事，有的斜着身子搬运东西，有的是爬着行走携带重物，总之，这些机器人的外形五花八门，但是它们的确是机器人。

机器人是一种通过编程，可以自动完成一定操作或移动作业的机械装置。或者更确切地说，机器人有像人的上肢那样高度灵活的部件，是能做复杂动作的机械。机器人是有视觉、听觉等感觉功能，有识别功能、能行动的装置。机器人中的现代机器人按用途分三大类：第一类是娱乐机器人。一般在公园、商店等服务，在游乐场所等活动，通常都是逼真的模拟人或动物形象。第二类是机能辅助用机器人。一般是指为身体有缺陷的人设计的自动装置，可以帮助伤残人克服机能障碍，提高行动和工作能力。第三类是工业用机器人。工业用机器人是现代机器人的主流，受到各国的重视。如在1967年日本召开的第一届机器人学术会议上，学者提出了两个定义：一是日本森政弘与合田周平提出："机器人是一种具有移动性、个体性、智能性、通用性、半机械半人性、自动性、奴隶性等 7 个特征的柔性机器"，从这一定义出发，森政弘又提出了用自动性、智能性、个体性、半机械半人性、作业性、通用性、信息性、柔性、有限性、移动性等 10 个特性来表示机器人的形象；二是日本加藤一郎提出满足三个条件的机器称为机器人：（1）具有脑、手、脚等三要素的个体；（2）具有非接触传感器（用眼、耳接受远方信息）和接触传感器；（3）具有平衡觉和固有觉的传感器。该定义强调了机器人应当仿人的含义，即它靠手进行作业，靠脚实现移动，由脑来完成统一指挥的作用。非接触传感器和接触传感器相当于人的五官，使机器人能够识别外界环境，而平衡觉和固有觉则是机器人感知本身状态所不可缺少的传感器。

2　机器人的发展过程

机器人发展共分三个阶段：第一阶段的机器人只有"手"，以固定程序工作，不具有外界信息的反馈能力；第二阶段的机器人具有对外界信息的反馈能力，即有了感觉，如力觉、触觉、视觉等；第三阶段，即所谓"智能机器人"阶段，这一阶段的机器人已经具有了自主性，有自行学习、推理、决策、规划等能力。第一代是可编程机器人，这类机器人一般可以根据操作员所编的程序，完成一些简单的重复性操作。这一代机器人从 20 世纪 60 年代后半期开始投入使用，目前在工业界得到了广泛应用。第二代是感知机器人，即自适应机器人，它是在第一代机器人的基础上发展起来的，具有不同程度的"感知"能力。这类机器人在工业界已有应用；第三代机器人将具有识别、推理、规划和学习等智能机制，它可以把感知和行动智能化结合起来，因此能在非特定的环境下作业，故称之为智能机器人。目前，这类机器人处于试验阶段，将向实用化方向发展。

有资料显示，工业机器人最早研究在第二次世界大战后不久。在 20 世纪 40 年代后期，橡树岭和阿尔贡国家实验室就已开始实施计划，研制遥控式机械手，用于搬运放射性材料。这些系统是"主从"型的，用于准确地"模仿"操作员手和臂的动作。主机械手由使用者进行导引做一连串动作，而从机械手尽可能准确地模仿主机械手的动作，后来用机械耦合主、从机械手的动作并加入力的反馈，使操作员能够感觉到从机械手及其环境之间产生的力。20 世纪 50 年代中期，机械手中的机械耦合被液压装置所取代，如通用电气公司的"巧手人"机器人和通用制造厂的"怪物"Ⅰ型机器人。1954 年 G. C. Devol 提出了"通用重复操作机器人"的方案，并在 1961 年获得了专利。1958 年，被誉为"工业机器人之父"的 Joseph F. Engel Berger 创建了世界上第一个机器人公司——Unimation（Univeral Automation）公司，并参与设计了第一台 Unimate 机器人。这是一台用于压铸的五轴液压驱动机器人，手臂的控制由一台计算机完成。它采用了分离式固体数控元件，并装有存储信息的磁鼓，能够记忆完成 180 个工作步骤。与此同时，另一家美国公司——AMF 公司也开始研制工业机器人，即 Versatran（Versatile Transfer）机器人。它主要用于机器之间的物料运输，采用液压驱动。该机器人的手臂可以绕底座回转，沿垂直方向升降，也可以沿半径方向伸缩。一般认为 Unimate 和 Versatran 机器人是世界上最早的工业机器人。

20 世纪六七十年代是机器人发展最快、最好的时期，各项研究发明有效地推动了机器人技术的发展和推广。1979 年，Unimation 公司推出了 PUMA 系列工业机器人，他是全电动驱动、关节式结构、多 CPU 二级微机控制、采用 VAL 专用语言，可配置视觉、触觉的力觉感受器的，技术较为先进的机器人。同年日本山梨大学的牧野洋研制成具有平面关节的 SCARA 型机器人。整个 20 世纪 70 年代，出现了更多的机器人商品，并在工业生产中逐步推广应用。随着计算机科学技术、控制技术和人工智能的发展，机器人的研究开发，无论就水平和规模而言都得到迅速发展。据统计，到 2014 年全世界约有 90 万余台机器人在工业中应用，我国在机器人研究方面相对西方国家和日本来说起步较晚，但也取得了一定的成就和突破。

3　机器人电机的主要规格及型号

机器人电机种类较多，主要型号有：40、60、80、110、130、150、180（机座号），机座号小的电机应用较广，机座号大的电机单台对电工钢用量较大。从机器人电机设计来看，常见的规格有：1.5kW（电机功率）以下的有 100W，200W，400W，750W，1000W，1500W，甚至功率更大。如武汉华中华科电气有限公司，目前，生产的较大型号规格的电机是 130 系列 2.8kW，单台电机定子电工钢用量约 2.6kg，转子电工钢用量约 3.75kg。

机器人电机通常使用的电工钢牌号为 50W470（50WW470）、50W310（50WW310）、50W250（50W250）及更薄规格的高频电工钢。

机器人电机对电工钢的要求：（1）厚度更均匀；（2）厚度能否更薄，部分设计时希望用 0.35mm 的电工钢；（3）用户需要提供较详细的高频铁损曲线。

4　典型的中国机器人吸尘器的需求分析

机器人品种繁多，作者分析了机器人吸尘器在中国的需求，也预测了它对电工钢的用量。目前机器人吸尘器已成为家庭保洁工具的首选，发展前景十分广阔，深受家庭欢迎，见图1~图4。

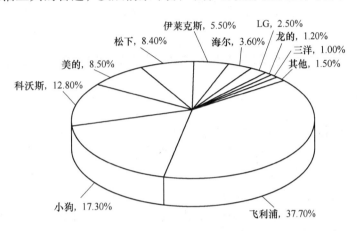

图1　2014 年中国吸尘器市场品牌关注比例分布

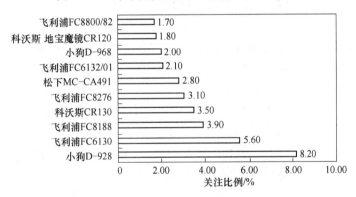

图2　2014 年中国吸尘器市场产品关注排名

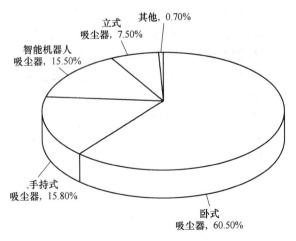

图3　2014 年中国吸尘器市场不同产品类型关注比例分布

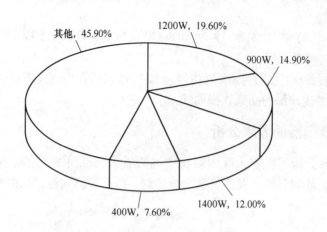

图4　2014年中国吸尘器市场不同产品功率关注比例分布

5　机器人对电工钢需求预测

机器人是一个新型的产业，随着科学技术的进步和人类智能化的发展，未来"十三五"规划乃至更长一个时期，机器人将在人类生活、建设等重要领域发挥极其重要的作用。

目前世界范围内工业机器人拥有量超过100万台，机器人需求量年增长30%以上。2013年，我国工业机器人及含工业机器人的自动化相关产品的年产销额已突破百亿元，中国已成为全球工业机器人的第一大市场。然而我国工业机器人密度仅约为全球平均水平的一半，未来需求量非常大。目前我国所使用的工业机器人绝大部分是进口产品，国产工业机器人尚处于起步阶段。

高性能交流伺服电机作为工业机器人的核心部件之一，主要承担动力传递及定位作用，是工业机器人性能和价格的关键。不同于数控机床，工业机器人用交流伺服电机要求具备高功率密度、高速度、高精度、高响应等特点。当前国内市场被日系、德系交流伺服电机厂商所垄断，国产产品还不能满足工业机器人的驱动控制需求。为了推动我国工业机器人产业的发展，国务院和有关部委出台了工业转型升级、发展高端制造装备、智能制造装备等一系列有利于机器人产业发展的规划政策。2013年12月，工信部发布《关于推进工业机器人产业发展的指导意见》，提出机器人产业发展目标：到2020年，形成较为完善的工业机器人产业体系，培育3~5家具有国际竞争力的龙头企业和8~10个配套产业集群。要求到2020年，工业机器人行业和企业的技术创新能力和国际竞争能力明显增强，高端产品市场占有率提高到45%以上，机器人密度（每万名员工使用机器人台数）达到100以上，基本满足国防建设、国民经济和社会发展需要。

国内工业机器人的发展迅猛，各省市科技工业园均在考虑或引进机器人项目。如广州提出到2020年打造两三个工业机器人产业园，形成超千亿元的智能装备产业集群；又如2013年深圳机器人和自动化产业的产值超过了200亿元，提出要以机器人、可穿戴设备等为重点，建设国内一流智能装备产业基地；再如湖北省提出了建设全国首个工业机器人孵化器，致力于整合产业链上大中小企业，完善工业机器人产业链，形成产业发展合力，推动东湖高新区工业机器人产业集聚发展。这些都为中国机器人产业发展创造了前所未有的良好环境，我国机器人产业正迎来战略性发展契机。

预测未来机器人对电工钢的新需求将超过10万吨以上。

参考文献（略）

6.5%Si 高硅电工钢的制备技术及发展前景

方泽民，汪汝武

（国家硅钢工程技术研究中心，湖北 武汉 430080）

摘 要：6.5%Si 高硅电工钢具有优异的软磁性能，即磁导率和饱和磁化强度高，磁致伸缩系数接近于零，高频涡流和磁滞损耗低，是高性能电机、变压器和电子产品用理想的铁芯材料。本文介绍了6.5%高硅电工钢的制备技术及发展前景，并指出当前最重要的是建立一条 CVD 连续渗硅生产试验线，在掌握现有技术的同时满足国内市场对高硅电工钢产品的需求。

关键词：6.5%高硅电工钢；磁性；制备工艺；发展前景

Preparation Technology and Prospect of 6.5%Si High-silicon Electrical Steel

Fang Zemin，Wang Ruwu

（National Engineering Research Center for Silicon Steel，Wuhan 430080，China）

Abstract：High-silicon electrical steel containing 6.5%Si is an ideal core material for motors，transformers and electronics with excellent soft magnetic properties such as high permeability and saturation magnetization，almost zero magnetostriction，low eddy current and hysteresis losses especially at high frequencies. The preparation technologies and prospects were summarized in this paper. It is pointed in this paper that at present the most important is to establish a chemical vapor deposition method（CVD）6.5%Si steel continuously ihrigizing producing line to master the existing technologies and meet the domestic market demand for high silicon steel products.

Key words：6.5%Si high-silicon electrical steel；magnetic properties；preparation technology；prospect

1 引言

电工钢亦称硅钢，主要用于制造变压器、电机及其他电器仪表，是电力电讯和军事工业不可或缺的重要磁性材料，是产量最大的金属功能材料之一。冷轧取向电工钢主要用于变压器制造，其硅含量一般在3.0%以上，而冷轧无取向电工钢片主要用于电机制造，其含硅量一般控制在0.5%~3.0%。研究表明：硅含量对电工钢的性能影响很大，随着硅含量的增加，电工钢的磁滞伸缩系数减小，铁损降低，磁导率增加，当硅的质量分数达到6.5%时，电工钢具有最佳的软磁性能，且特别适用于高频电器产品。其磁导率达到最大值，铁损最小，磁致伸缩趋近于零，是实现电磁设备高效、节能、轻便化的理想材料，其物理、力学和磁性能与传统软磁材料的比较分别如表1和表2所示[1,2]。6.5%Si 电工钢虽具有优异的磁学性能和广泛的应用前景，例如高频电机、音频和高频变压器以及磁屏蔽，这些应用领域中利用6.5%Si 电工钢可以有效降低铁损，提高工作效率，降低能源损耗，但是，6.5%Si 高硅电工钢中 DO_3 和 B_2 有序相的存在，导致了其质地脆，加工性能极差，难以用常规轧制方法制备，因而制约了其生产和应用。到目前为止，世界范围内只有日本的 JFE 公司利用 CVD 方法实现了6.5%Si 电工钢的工业化生产，随着人们对6.5%Si 电工钢特有性能的认识深入以及高频技术的发展，对6.5%Si 电工钢的市场需求将随之增加。因此，针对6.5%Si 电工钢，为扩大产能，改善可加工性，国内正在围绕机理和工艺技术与加工设备展开积极的研究工作。

表1　6.5%Si 高硅电工钢与传统软磁材料的磁性比较

材　料	板厚/mm	磁通密度 B_{800}/T	铁损/W·kg^{-1}						最大磁导率	磁致伸缩 $\lambda_{10/400}$
			$P_{1.0/50}$	$P_{1.0/400}$	$P_{0.5/1000}$	$P_{0.2/5000}$	$P_{0.1/10000}$	$P_{0.05/20000}$		
6.5% 高硅电工钢	0.05	1.28	0.69	6.5	4.9	6.8	5.2	4.0	16000	0.1×10^{-6}
	0.10	1.29	0.51	5.7	5.4	11.3	8.3	6.9	23000	
	0.20	1.29	0.44	6.8	7.1	17.8	15.7	13.4	31000	
	0.30	1.30	0.49	9.0	9.7	23.6	20.8	18.5	28000	
取向电工钢 （Si：3%）	0.05	1.79	0.80	7.2	5.4	9.2	7.1	5.2		-0.8×10^{-6}
	0.10	1.85	0.72	7.2	7.6	19.5	18.0	13.2	24000	
	0.23	1.92	0.29	7.8	10.4	33.0	30.0	32.0	92000	
	0.35	1.93	0.40	12.3	15.2	49.0	47.0	48.5	94000	
无取向电工钢 （Si：3%）	0.10	1.47	0.82	8.6	8.0	16.5	13.3		12500	7.8×10^{-6}
	0.20	1.51	0.74	10.4	11.0	26.0	24.0		15000	
	0.35	1.50	0.70	14.4	15.0	38.0	33.0		18000	
Fe 基非晶合金	0.03	1.38	0.11	1.5	1.8	4.0	3.0	2.4	300000	27×10^{-6}
铁氧体	块状	0.37				2.2	2.0	1.8	3500	21×10^{-6}

表2　6.5%Si 高硅电工钢与普通电工钢的物理和力学性能

材　料	密度/kg·cm^{-3}	硬度 HV	电阻率/μΩ·cm	抗拉强度/MPa	屈服强度/MPa	伸长率/%
6.5%Si 高硅电工钢	7.48	395	82	721	677	2.9
取向电工钢 M175-50N	7.65	175	48	375	308	11.0
无取向电工钢 M390-50E	7.70	200	37	530	450	15.0

2　国内外 6.5%Si 钢试验研究现状

2.1　国内 6.5%Si 钢试验研究现状

2.1.1　北京科技大学[3]

2.1.1.1　脆性基本认识

高硅电工钢中 Si 原子的共价键特征以及室温下存在弱有序相 B_2 和强有序相 DO_3 相。

2.1.1.2　韧化增塑方法及机理

降低合金结构的有序度，包括抑制较高有序相的形成，破坏合金的长程有序度，减少有序畴的大小等方法。具体措施如下：

微合金化：添加约 400 ppm 的 B，B 的加入降低了合金中有序相的反向畴界能，畴界密度增大，长程有序度降低，有序强化作用减弱，晶内呈弱化趋势。B 的添加可以明显细化晶粒，有利于定向凝固高硅电工钢中 Si 元素的均匀化，还可以把普通等轴晶组织高硅电工钢的韧脆转变温度从 500~550℃显著降低到 250℃。

组织控制：与随机取向分布的普通等轴晶组织高硅电工钢相比，具有强〈100〉取向的柱状晶组织的中温拉伸变形性能显著提高，其塑性显著提高的原因是发生了大规模的孪晶变形。

热处理调控：900℃×1h 快冷可以细化析出相尺寸，控制其形态为球状，减少晶界处 B 的聚集并使得有序相磁畴尺寸由铸态 0.2~0.5μm 减小到 20~50nm，畴壁密度增加，有序度明显下降。

形变软化：具有柱状晶组织的高硅电工钢在 400℃以下压缩时，呈现出形变软化特征。单道次压缩变形时，当变形量大于 15%~20% 时，维氏硬度随压缩变形量的增加而下降。多道次压缩变形时，当第一道次变形量达到 17% 之后，压缩应力逐渐下降，加工硬化指数变为负值，呈现明显的形变软化特征。其原因在于高硅电工钢经低温大变形后产生了大量形变带，使得柱状晶组织的有序度明显降低，从而导致硬度的下降。

轧制工艺控制：普通铸造等轴晶组织高硅电工钢，通过 B 微合金化，在热锻和热轧后施加大变形温轧，温轧道次变形量一般应控制在 20% ~30% 范围，并进行淬火处理，合金可在室温下进行冷轧；连续定向凝固柱状晶组织高硅电工钢，通过 B 微合金化、组织控制、热处理调控等韧化增塑方法，在 400 ~500℃条件下具有良好的温轧变形能力，累积温轧压下率可达 90% 以上，而后室温下的冷轧变形能力大幅度提高，可获得 90% 以上的累积冷轧压下率。

2.1.1.3 形变热处理增塑成型工艺研究

真空铸造（加 400ppm 的 B）→铸锭（25kg）均匀化退火（1050℃×50h）→自由锻造（800 ~1100℃冷装炉，随炉升温，控制加热速率）→热轧（750℃以上即为 A_2 无序相，加工性好，实际加热控制温度 850 ~1050℃，道次压下率为 20% ~40%，轧到 10mm，累计压下率可达 90% 以上）→酸洗→温轧（300 ~600℃，道次变形量 10% ~30%，累计变形量为 80% ~90%）→淬火（850℃×2.5h 后在 10% 的盐水中淬火，目的是降低有序度）→酸洗→冷轧（首道次变形量为 30%，其余为 5% ~10%，共 30 道次，成品厚度可达 0.05mm，特点：抗拉强度可达（1860±50）MPa，断裂特征呈大面积韧窝状）→表面脱脂处理→热处理（用于 1 ~10kHz 时，1200×1.5h；用于 10 ~40kHz 时，1100×1.5h）→涂层→成品磁性检测（$P_{0.07/40000}$ =26.1W/kg，低于取向电工钢，但未达到 CVD 工艺指标 20.5W/kg）。实际工艺为 13 道，加上各工序试样整形，共 14 ~15 道。

2.1.1.4 控制凝固控制轧制工艺

根据：

（1）强〈100〉取向柱状晶组织 6.5% Si 钢在 400 ~500℃中温变形（温加工）条件下呈现出优异的塑性变形性能；

（2）温加工后的柱状晶组织仍保留柱状晶，且经大变形温轧后冷轧变形能力大幅提高，室温下轧制其总压下量可达 90% 以上。

工艺流程：

定向凝固（以等轴晶组织板坯为原料：1480 ~1530℃熔化，在惰性气体保护下，锭型移动速率为 0.5 ~5mm/min，水冷，制成 100mm（宽）×15mm（厚）的板坯，熔体温度为 1500℃，铸型移出速率为 1mm/min，可得到柱状晶的板坯，平均晶粒宽度为 1mm）→中温轧制（轧制温度为 400 ~550℃，道次变形量为 15% ~20%，轧制速率为 5 ~25m/min，各道次间保温 10min，轧制方向与柱状晶生长方向平行，轧制温度 500℃时可轧到 0.3 ~1.0mm，累积变形量约为 85.7%）→消除应力退火（300 ~400℃×1h）→酸洗（去除表面氧化物）→试样整形→室温轧制（第一道次控制在 30% 以充分降低有序度，第二道次的压下量控制在 10% ~20%，成品可轧到 0.03mm）→表面脱脂处理→成品热处理→涂层→磁测。

应有 10 道工序。

问题：

（1）柱状晶形成条件制约产能提高；

（2）中温轧制每道次加热且保温 10min，轧机无效率，除非一台轧机和多台加热炉同时工作。

2.1.2 东北大学[4]

东北大学轧制技术及连轧自动化国家重点实验室自 2008 年以来，针对电工钢薄带连铸的基础理论及产业化技术开发展开了系统的研究，概要如下：应用"薄带连铸+热轧+温轧+冷轧"制备薄规格 6.5% Si 钢的工艺路线，通过综合匹配连铸过程的凝固速率、热轧后的冷却及常化处理制度可以改善材料的室温塑性。

（1）要点：利用薄带铸轧直接将钢水通过对辊铸轧出约 2.0mm（厚）×200mm（宽）的带钢。

（2）具体工艺：

熔炼(纯铁+硅铁)→对辊铸轧（钢水可直接铸出厚度 1.5 ~2.5mm，目前提供的 6.5% Si 是 2.2mm×200mm）→供中温轧制试样准备（要求剪切成长×宽尺寸）→酸洗→中温轧制（炉内温度 >700℃，开轧温度 400 ~500℃，轧到 0.7 ~0.8mm）→消除应力退火→试样整备→酸洗→温轧（炉内温度为 600℃，开轧温度为 300～400℃）→脱脂→热处理→涂层→磁测。

实践工艺中最大特点：

（1）利用薄带铸轧直接生产出 2mm 厚度左右的热轧带，取消了传统的铸锭（坯）、开坯、热轧工艺，缩短了工艺流程。

（2）2.0～0.8mm 厚度之间可用带温高于700℃进行轧制，不会出现边裂等问题，易于达到所需厚度。

（3）0.8～0.3mm（或更薄）用温轧，板温大于300℃，这一过程正是 6.5%Si 钢最难加工的过程，势必持续反复多次加热，多次轧制，期间还进行多次热处理，与以往进行研究与实践并没有区别。生产 6.5%Si 高硅电工钢涉及的难度如加工性、成材率、工时消耗、产能都在这一过程表现出来。

（4）利用上述方法可以生产出 0.3～0.2mm 厚度的产品，磁性也可达到要求。

2.1.3　武汉理工大学

武汉理工大学员文杰[5]等人报道了采用粉末轧制方法制备 Fe-6.5%Si 高硅电工钢的方法，方法如下：以雾化铁粉（纯度99.95%，平均粒度74μm）和硅粉（纯度99.94%，平均粒度30μm）为原料，将原料粉末按照 6.5%Si 的配比在轻型球磨机上混合3h。然后将混合好的原料粉末在轧辊直径为50mm 的两辊轧机上进行轧制，轧制出厚度为 0.39～0.44mm、宽度为65mm 的粉末带材。将粉末带材切割为50mm×65mm 的片材，采取的烧结工艺参数如下：在 Ar + 5% H_2 气氛保护下1000℃初次烧结3h，烧结后的片材经过多道次轧制至 0.30mm 厚，涂 MgO，在同样条件下于1200℃二次烧结3h。

2.1.4　上海交通大学

王聪等[6,7]以纯铁和半导体硅为原料，利用电弧炉冶炼 Fe-6.5%Si 合金。每炉铸锭约 60g。铸锭在1000℃保温3h 的均匀化处理后，采用不锈钢包轧工艺，在1100℃轧至约3mm，然后在700℃轧至约1mm厚度。700℃开轧前试样需在750℃退火140min。若采用真空感应炉熔炼，试样均匀化处理后，采用包轧工艺，可直接在1000℃轧至2mm 厚度，然后在800℃保温300min，炉冷。对试样进行拉伸实验，结果表明，200℃时，试样的拉伸性能有明显的改善。

林栋梁、林晖等通过调整成分并配合适当的热处理工艺，使得高硅电工钢的拉伸塑形和加工性能均得到显著改善[8]。室温拉伸伸长率至少达到10%，200～800℃的伸长率大于20%，800℃以上可达100%以上。具体工艺如下：原料采用5%～10%（质量）的硅、0.01%～1%的碳，其他成分 Mn、P、S 等均小于 0.01%。样品需在1200℃以上熔点以下温度固溶热处理，采用非氧化气氛或真空。采用连铸连轧工艺，铸坯在1000～600℃之间连轧，在室温到500℃之间冷轧，可轧至 0.35mm。

宋洪伟等对定向凝固获得的 Fe-6.5%Si 合金塑性进行了研究[9]。以纯铁和半导体硅为原料，通过真空感应熔炼的方法制备母合金。在真空炉中将合金拉制成 200mm×80mm×10mm 的板材，其长度方向即为 DS 方向。研究表明 DS 方向平行于 <100> 方向。板材在1000℃沿 DS 方向轧至 1.5mm。三点弯实验表明，热轧态试样在室温到200℃和600～800℃两个温度区间时，拉伸伸长率有较大幅度的增加。

2.1.5　武汉科技大学

主要研究了合金化（主要通过单独添加 Mn、B、Nb 以及复合添加 Nb 和 B）对 6.5% 高硅电工钢显微组织、显微硬度及室温应变量的影响。加入合金元素锰的目的是使 γ 区扩大，从而改善塑性；加入合金元素硼是利用硼强烈的晶界偏聚，来细化晶粒组织，从而提高塑性；加入合金元素铌，以期在熔液中获得细小、弥散的质点作为结晶核心，来细化晶粒，从而提高塑性。

结果表明[10]：含量较低的锰元素会使 6.5%Si 高硅电工钢晶粒粗大，而含量较高的锰则会促使枝状晶的形成，都会对合金塑性变形能力产生不利影响。硼元素会形成枝状晶组织，而且形貌尺寸与硼含量无关，使得压缩应力-应变曲线没有明显改变。加入较少量（≤1%）铌会使显微组织晶粒粗大，但加入较多量（≥1.5%）铌则会使显微组织晶粒细小。说明铌的加入量有一个临界值，只有添加量超过此临界值时才会对塑性变形能力产生有益影响。铌硼微合金化的 6.5%Si 高硅电工钢，硼含量并不是越高越好，而且过量的硼反会促使枝状晶组织的形成，从而对塑性变形能力造成有害影响；而铌含量只有达到一定量时，才能形成细小的晶粒组织从而对塑性变形能力造成有益影响。

2.1.6　武钢6.5% Si 钢与4.5% Si 钢的工艺研究

2.1.6.1　6.5% Si 钢的工艺研究

6.5% Si 钢具体工艺：

真空熔炼与浇铸成25kg锭（真空度，成分，铸型，大小头尺寸）→（室式炉加热，自由锻成90mm×90mm×700mm（早期，1150~1200℃）→800轧机开坯（随炉加热1150℃轧成4mm×120mm×L）（试样热切割(4~5)m×120mm×200mm））或（室式炉加热，800轧机直接开坯）→试样准备→热轧（二辊可逆 ϕ350热轧机，在 N_2 保护下加热1150℃×2h轧至1.6~2.0mm）→酸洗→中温轧制（炉内板温度600~700℃，进行轧制时温度400~500℃，轧成(0.6~0.7)mm×120mm×L，在四辊不可逆轧机上进行，每次轧制前都要加热）→试样整备（按下工艺，温轧要求剪切尺寸，剪切温度>130℃）→改善板形与消除应力退火（温度>600℃×3h，试样要求捆扎平整）→酸洗→温轧（钢带在线导电加热与炉内加热并用，炉内试样温度(500~600)℃×(2~3)min，至轧机前实际温度为300~400℃，试样轧至长度400mm后采用在线导电加热，一般控制在250℃以上，轧至0.23~0.30mm）→脱脂与防锈（脱脂剂型号）→成品热处理→涂层→磁测（当时磁性虽然也可以满足用户提出的要求，但与 CVD 工艺产品比较仍有差距）。

总共12道工序。

特点：

可取消自由锻造，800轧机开坯工艺有特色，在350热轧机开坯时，坯料在保护气氛下加热，冷轧时带钢可在线导电加热。

结论：

（1）认为可以生产出符合要求的6.5% Si 产品，且磁性水平达到 CVD 水平，但 λ_s 稍高于 CVD 法；

（2）全过程都以单张轧制，自(0.6~0.7)mm→(0.2~0.3)mm，温降及板形很难控制，且边裂发生；

（3）在温轧过程道次增加，加热次数亦增加，产能低，能耗大；

（4）以低成材率与消耗轧机工时为代价可试制出以公斤级计算的试样，并测出各项磁性，但不可能形成生产能力；

（5）曾进行过6.5% Si 与 spcc 普板在氩气氛保护下，窄搭接进行焊接试验，结论是在轧制过程中焊缝完好，但6.5% Si 基体沿焊缝边断裂。

磁性检测结果见表3，力学性能见表4。

表3　磁性检测结果

项　目	B_{5000}/T	B_S/T	$P_{1.0/50}$/W·kg^{-1}	$P_{1.0/400}$/W·kg^{-1}	$P_{2/1000}$/W·kg^{-1}	$P_{2/10000}$/W·kg^{-1}	H_c/A·m^{-1}	λ_s
0.30mm	1.515	—	0.621	10.25	2.365	80.464	23.04	0.9912×10^{-6}
0.263mm	1.518	—	0.556	9.142	2.046	78.536		

表4　力学性能

项　目	目　标	实际指标
R_m/MPa	≥480	—
$\delta_{0.2}$/%	≥0.2	0.014
HV5	≤395	≤380

2.1.6.2　4.5% Si + 4.0% Cr 的工艺研究

工艺流程同6.5% Si 钢工艺。

结论如下：

（1）所有加工性均优于6.5% Si 钢。

（2）不需要温轧。

（3）常温下轧制不断裂与破边。

（4）其磁性在 5000Hz 以上超高频性能优于 6.5% 高 Si 电工钢的磁性水平，适用做超高频电子产品。但本次试验结果未表现出明显优势，因此有待进一步试验提高。

（5）具体工艺参数及力学性能见小结。

磁性检测结果见表 5，力学性能见表 6。

表 5　磁性检测结果

项　目	板厚/mm	H_c/Oe	B_{5000}/T	$P_{1.0/400}$ /W·kg^{-1}	$P_{0.5/1000}$ /W·kg^{-1}	$P_{0.2/5000}$ /W·kg^{-1}	$P_{0.1/10000}$ /W·kg^{-1}	$P_{0.2/1000}$ /W·kg^{-1}	$P_{0.2/10000}$ /W·kg^{-1}
参考值	0.10			10.5	9.2	11.0	6.8		
试制品	0.20		1.590	10.444	10.229	24.275	17.42	2.123	63.211
	0.10	1.000E+02	1.523	12.389	10.276	14.483	10.254	2.377	43.155
	0.05		1.472	13.771	8.972	9.838	5.560	1.781	23.67

热处理工艺：850℃×2h（全氢气）冷却到 400℃ 出炉。

表 6　力学性能

项　目	目　标	实际指标	项　目	目　标	实际指标
R_m/MPa	≥618	571	HV5	≤357	≤312
R_p	534	535	HV5	≤248	≤376
$\delta_{0.2}$/%		0.49	λ_s		$9.388×10^{-6}$
HV5	≤343	≤323			

2.2　国外生产 6.5%Si 工艺设备早期研究与现状

2.2.1　快淬法[11,12]

1978～1993 年，日本荒井贤一等一批研究者发表了用快淬法开发生产 6.5%Si 钢的成果。

具体工艺：

（1）双辊法快淬 6.5%Si 成 0.06mm（微晶带，后续不易冷轧）→1100℃ 真空退火（发生二次再结晶获得强的（100）[0vw] 组织的晶粒直径为 5mm，$P_{1.3/50}$=0.34～0.38W/kg，ρ=90μΩ·cm，H_c=2.5A/m，B_{800}=1.6～1.7T）→磁性检测。

（2）双辊快淬成 0.12～0.15mm（微晶带）→350℃ 温轧成 0.10mm（成卷）→涂层（隔离剂，MgO+TiO$_2$+Al$_2$O$_3$）→真空退火（1150℃×5h，形成主要由结晶晶粒尺寸 4～8mm（100）[001] 织构）→磁性检测（$P_{1.25/50}$=0.33W/kg）→酸洗+抛光+等离子喷涂（0.5μm 厚应力薄膜）→磁性检测（$P_{1.3/50}$=0.20～0.25W/kg 与非晶合金相近）。

（3）快淬成 0.25～0.55mm→酸洗→冷轧（压下率 10%～30%）→快速退火（1050℃×30s）→金相与织构检验（由于柱状晶未完全破坏形成强的（100）[0vw] 织构）→磁性测定（环状样品 0.5mm，$P_{1.0/50}$=0.5W/kg，0.20mm，$P_{1.0/50}$=0.36W/kg，B_{5500}=1.55T）。

（4）快淬成 1～2mm（内加 MnS 或 AlN 作抑制剂）→冷轧（压下率大于 60%）→高温退火（1150～1200℃×5h）×金相与织构检测（二次再结晶，强（110）[001] 织构）→磁性检测（6.35%Si，0.40mm 厚，$P_{1.0/50}$=0.2W/kg，$P_{1.5/50}$=0.41W/kg，$P_{1.7/50}$=0.65W/kg）。

2.2.2　轧制法

2.2.2.1　日本钢管公司

1966 年高田芳一、石坂哲郎等发表用轧制法生产 6.5%Si 的研究成果，具体工艺如下[13]：

冶炼（典型成分：6.5%～6.7%Si，0.002%C，0.01%Mn，0.004%P，0.001%S，0.002%O，0.002%N，Als＜0.1%）→铸锭（重 5t，铸态组织在 600℃ 以下延展性为 0，铸锭晶粒尺寸为 10～30mm，铸坯中晶粒尺寸更大）→装炉加热（＞600℃ 装炉，1150℃ 均热）→开坯（板子尺寸为 150mm 厚×600mm 宽×500mm

长）→运输（在保温箱中运送，要求保温＞700℃）→热轧前加热（700℃装炉，加热至＜1200℃，一般为1150℃，炉内含有 2% O_2 时，＜1250℃加热防止 $FeSiO_4$ 氧化层融化）→粗轧（大于 900℃时加工性良好，在 1050～1150℃经大于 50% 压下率粗轧至约 35mm，晶粒尺寸为 1.2～2.0mm）→精轧（要求辊径大于坯料厚度 20 倍以上，高硅电工钢动态再结晶开始温度约为 1100℃，小于 1100℃开轧前 4 道次，每道压下率大于 20%，总压下率大于 70%，后 2 道总压下率小于 40%，终轧温度为 780～850℃，用矿物油润滑）→卷曲（卷曲温度一般为 600℃，卷取时钢卷表面最大应变量 ε_{max} 应满足 $\varepsilon_{max} = t/2R$，t 为热轧带厚度，R 为钢卷半径，ε_{max} 控制在 1% 以下）→酸洗→温轧（轧制温度 T_r 应满足以下公式：$20[Si] - 50 \leqslant T_r \leqslant 400$，当 Si6.5%，则 $20 \times 6.5 - 50 = 80$，因此，$T_r = 80～400℃$）→退火（在 Ar 气中 800℃退火）→涂层→磁测。

2.2.2.2　新日铁公司

1991～1993 年菅泽三，北厚修司发表了轧制法研究成果，具体工艺如下：

冶炼（成分：C≤0.006%，Mn0.1%～0.2%，S≤0.006%，Als0.01%～0.03%，N8～30ppm，Si6.5%）→铸坯→粗轧前加热（温度 1200℃）→粗轧（压下率 15%～40% 轧至 35mm）→精轧前加热（加热速率大于 10℃/min 到 1100～1120℃）→精轧（可顺利通过辊径大于 200mm 生产线，轧至 1.8～2.3mm，终轧温度 980～1000℃）→温轧（可不酸洗轧，温度 170～300℃，原料厚度 0.6～1.15mm）→常化（（900～1050）℃×30min N_2 保护）→酸洗→再温轧（终轧厚度为 0.20～0.35mm）→退火（H_2 保护，（850～950）℃×（30～90）min，经 $\varepsilon = 5%$ 平整，退火 0.23mm 晶粒尺寸为 150μm，铁损最低）→绝缘涂层→磁性检测（0.35mm，$P_{1.0/50} = 0.73$ W/kg，$P_{1.0/400} = 10.9$ W/kg，0.30mm，$P_{1.0/50} = 0.47～0.55$ W/kg，$P_{1.0/400} = 9.0～9.5$ W/kg，0.23mm，$P_{1.0} = 0.70～0.74$ W/kg，$P_{1.0/400} = 8.65～8.75$ W/kg，$P_{0.5/1000} = 9.1～9.2$ W/kg，$B_{5000} = 1.36$ T）。

注：新日铁曾试制过直接铸至 1.8mm 厚的带坯。

2.2.2.3　神户制钢公司

1991～1993 年杜本达人，十代田哲夫发表轧制法研究成果，具体工艺如下：

冶炼（成分：C、S 分别小于 0.005%，N≤0.003%，Mn0.2%～0.3%，Als0.25%～0.65%，Si4.0%～5.5%）→铸坯加热（温度 1100℃）→轧制（轧至 20mm）→常化（（900～950）℃×30min）→酸洗→温轧（在工作辊 φ100mm 上进行，温轧温度 T_r 要满足：$[60 \times Si\% - 90]$℃－550℃，压下率大于 15%，成品 0.50mm）→退火（950℃×90min）→磁性检测（$P_{1.5/50} = 1.60～1.64$ W/kg，$B_{5000} = 1.65$ T）。

2.2.2.4　俄罗斯

俄罗斯学者研究了一种三轧法工艺，即热轧、温轧和冷轧[14]。在激烈调整原子有序排列的温度区间以大于总轧制量 75% 的中间温轧可以破坏有序排列，改善塑性，但用这种方法获得 6.5%Si 高硅电工钢所实施的附加处理使工艺过程相当复杂。

苏联中央黑色冶金科学研究所等单位，试图通过控制材料组织、改进热轧制度来制取冷轧高硅电工钢带[15]，经研究发现，不同硅含量的电工钢热轧时存在两种软化机制：动态再结晶和动态多边形化组织。当热变形温度低于 900℃时，原始晶粒中仅发展动态多边形化组织，这种组织有降低加工裂纹的倾向，可以获得足够的塑性。当热变形温度高于 900℃时，发展了动态再结晶组织，这种组织对高硅电工钢的轧制是不利的。变形温度低于 770℃时，出现了宽的亚晶界和晶粒内部高的位错密度，使多边形化组织变得不完善。基于上述实验结果制定了高硅电工钢的热轧制度板坯加热至 950℃，保温 1h，经 6～8 道次轧制到最终厚度，终轧温度控制在 770～800℃，空冷。这种热轧坯显示出很好的塑性，在实验工厂条件下，通过冷轧已制造出 300kg6.5%Si 钢带。

2.2.2.5　美国

美国 AK 钢铁资产公司公布了一种铸轧无取向高硅电工钢的方法[16]，其具体步骤如下：首先制备高硅电工钢熔体；再通过使钢熔体快速凝固成带材铸造出带钢，并且形成铸态晶粒结构；在带钢铸造或者适当下游加工期间快速冷却后轧制钢带，使铸造钢带的厚度减小，轧制操作包括至少一次热轧操作，在热轧操作期间，至少有一次热轧的压下量大于 5% 但小于 90%，并且最大程度降低铸态晶粒结构的再结晶，并且在热轧期间，所述钢带的压下量大于 10% 但小于 60%；同时轧制过程还至少包括一个冷轧操作，在冷轧操作期间，钢带的压下量在 5% ~ 90%。

2.2.3　CVD 快速连续渗硅法

2.2.3.1　日本钢管公司（NKK）

日本钢管公司于 1993 年 7 月开发出用化学气相沉积法（CVD）生产 6.5%Si 的高硅电工钢工艺[17]，1994 年用此法正式取代原轧制法生产出厚度为 0.05mm、0.1mm、0.20mm、0.30mm，最大宽度为 640mm 的产品，月产 100t，现在扩大产能，据说年产能可达 2000t，其产品典型磁性见表 1。CVD 工艺是利用传统的取向和无取向电工钢片的表面和硅化物之间的高温化学反应使硅富集在电工钢片上，这是迄今为止制备高硅电工钢合金最为突出和成功的工艺。2004 年，日本钢管与川崎制铁合并，目前以川崎制铁（JFE）上海分公司名义在国内推销其产品，在国内不售母材，以 "JNEX-core" 超级铁芯出售，其价格按不同形状、重量、加工难易程度面议，据说波动在每吨 15 万 ~ 40 万元之间。

其工艺流程为：

原料：0.1 ~ 0.35mm 厚 3%Si 无取向电工钢带。

工艺：来卷表面处理→开卷→在 $H_2 + N_2$ 保护下快速加热至 1000℃→进入渗硅区（以大于 50℃/min 升温至 1050 ~ 1200℃，通入 5% ~ 30%$SiCl_4$，在 H_2、N_2 或 Ar 气保护下，每个喷嘴流量（标准状态）为 1.5 ~ 2.5m^3/h，喷嘴流速为 0.5 ~ 3.5m/s，渗硅反应 $SiCl_4 + 5Fe \rightarrow Fe_3Si + 2FeCl_2 \uparrow$，渗硅时间为 3 ~ 10min）→扩散均热区（在 $N_2 + H_2$ 保护下约 1200℃均匀化处理 5 ~ 10min）→渗硅量检测（Si 控制在 6.6% ± 0.2%）→冷却→涂层→卷取。

CVD 生产线示意图见图 1。

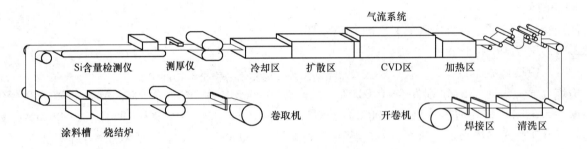

图 1　CVD 生产线示意图

2.2.3.2　神户制钢公司

1993 年日本高格不咸，石田昌义发表研究成果。

原料：0.25mm 含 3%Si 的钢板→扩散（(1100 ~ 1200)℃ × (1 ~ 3)h）→磁测（$\mu_m = 28000 ~ 48000$，$P_{1.0/50}$ 小于 0.4W/kg）。

酸洗-渗硅：

用 SiH_4 或 SiH_6 在 Ar 保护中分压 67 ~ 267Pa，渗硅温度 T 大于 $200 \lg P_1 + 1300$（P_1-SiH_4 分压）×4h。

至今为止，真正使 6.5%Si 形成工业化生产，并有正式产品用于电器、电子工业，且在市场销售的只有日本钢管开发的连续渗硅法（CVD）生产的产品。因 NKK 与 JFE 合并，因此以日本 JFE 名义开发了两种超级铁芯（super core）：JNEX-铁芯（低噪声、低铁损、高磁性）和 JNHF-铁芯（超低铁损、高频范围超过 5000Hz）。超级铁芯对于降低铁损，特别是涡流损耗的效果非常明显，再加上其具有高饱和磁通密度的特性，能制造出重量轻、损耗小、轻便、高效的电器。用其制造的高频变压器可使噪声降低约 6dB，噪声降低到 20 ~ 30dB。超级铁芯在日本和世界各国得到了广泛应用，如日本的松下电器、丹麦的诺基亚、韩国的三星电子、美国的摩托罗拉等，用其制作的精密马达铁芯分别用于高频电机、汽车变频电机、音响-随身听、电动玩具、手机电源马达等电子产品中。丰田汽车制造企业用来制作升压变频器用电抗线圈；三菱电机、三洋的太阳光发电器和美国的玩具制造商也用其制造电器铁芯。除此之外，这种超级铁芯还可用于其他方面：低噪声低铁损小尺寸材料——UPS、电动汽车传动装置、汽车液压燃油装置、PAM 矫正有源滤波器、铁路客车供电装置、切换电源发电机、摄影机、微型涡轮机、感应加热器、焊机、X 射线电源等。

3 结论

利用轧制方法是实现高硅电工钢工业化生产的方法之一，国内外从 20 世纪 60 年代开始对此展开了深入而系统的研究，在脆性机理和加工工艺方面取得了卓有成效的研究成果，但终因高硅电工钢的脆性问题依然没有得到很好的解决，目前仍然不能实现轧制方法的大规模工业化生产。为适应高频电子产品的发展，市场现实与潜在的需要，建议在国内先建一条 CVD 连续渗硅试验线消化现有技术，在此基础上建成大生产线以满足国内市场的需要。虽然，渗硅介质 $SiCl_4$ 毒性很强，对生产设备的密封度要求也很高，但是，环保要求如此高的日本早在 1993 年就利用 CVD 方法实现了高硅电工钢的大规模工业化生产，且截止到目前没有看到日本利用该方法生产高硅电工钢过程中出现环境污染的报道，说明这些问题都是可以控制并解决的。

参考文献

[1] 何忠治. 电工钢[M]. 北京：冶金工业出版社，1997.

[2] P. Beckley. Electrical Steels[M]. South Wales：European Electrical Steels，2009：17.

[3] 谢建新，林均品，付华栋，等. 高硅电工钢韧化增塑方法与高效轧制加工研究[J]. 冶金工程与技术，244～254.

[4] 刘海涛，曹光明，李成刚，等. 电工钢薄带连铸短流程制造理论与工业化技术研究进展 [J]. 材料科学与工程，575～582.

[5] Yuan W J，Li J G，Shen Q. A Study on Magnetic Properties of High Si Steel Obtained through Powder Rolling Processing[J]. Journal of Magnetism and Magnetic Materials，2008，320：76～80.

[6] 王聪，单爱党，林栋梁，等. 中温拉伸 Fe-6.5Si 合金形变机制的实验观察[J]. 理化检验-物理分册，2001，37(2)：47～49.

[7] 王聪. Fe-6.5wt% Si 合金的力学性能及其形变机制的研究[D]. 上海：上海交通大学，2003，24～26.

[8] 林栋梁，林晖. 高硅钢及其制备方法：200310108897.1[P].

[9] 宋洪伟，林栋梁，陈家光，等. 定向凝固 Fe-6.5% Si 合金的显微组织和力学性能[J]. C 磁性材料：361～365.

[10] 魏鼎. 合金元素对 6.5% wtSi 高硅钢组织及塑性的影响[D]. 武汉：武汉科技大学，2010，30～39.

[11] Noboru Tsuya，Ken-Ichi Arai. Rapidly Quenched Ribbon-form Silicon and Silicon-iron[J]. Jpn. J. Appl. Phys.，1979，18(1)：207～208.

[12] Ken-Ichi Arai，Noboru Tsuya. Ribbon-form Silicon-iron Alloy Containing around 6.5 Percent Silicon[J]. IEEE Transactions on Magnetics，1980，MAG-16(1)：126～129.

[13] Ishizaka T，Yamabe K，Tankahashi. Cold Rolling and Magnetic Properties of 6.5% Percent Silicon-iron Alloys[J]. 日本金属学会杂志，1966(30)：552.

[14] 谢燮撰. 高硅电工钢[J]. 中小型电机，1994，21(3)：60～61.

[15] 林均品，叶丰，陈国良，等. 6.5wt% Si 高硅钢冷轧薄板制备工艺、结构和性能[J]. 前沿科学，2007，2(2)：13～28.

[16] 舍恩 J W，械斯托克 R. 非取向电工钢带的连铸方法：CN 100475982C[P].

[17] Haiji H，Okada K，Hiratani T，et al. Magnetic Properties and Workability of 6.5% Si Steel Sheet[J]. Journal of Magnetism and Magnetic Materials，1996(160)：109～114.

我国非晶态合金材料发展现状浅述

张 华

（中国金属学会电工钢分会非晶材料学术委员会，江苏 盐城 224000）

摘　要： 非晶态合金是具有新型微观组织结构的金属功能材料，有优异磁性、耐蚀性、耐磨性，高的强度、硬度和韧性，高的电阻率和机电耦合性能等。我国非晶材料基础研究扎实，部分领域研究处于领先地位，软磁、结构件、涂层等产业化能力和规模领先其他国家。对影响磁性能的关键性问题的基础研究能力不足，水平和国外有差距。

关键词： 非晶态合金；现状；研究

Brief Introduction about the Developing Status Quo of Domestic Amorphous Alloy Material

Zhang Hua

（Academic Committee of Amorphous Materials for Electrical Steel
of Chinese Society for Metals，Yancheng 224000，China）

Abstract： Amorphous alloy is a new microstructure of metallic functional materials，and have excellent magnetic properties，corrosion resistance，wear resistance，high strength，hardness and toughness，high resistivity and electromechanical coupling properties. Domestic amorphous alloy materials basic research is solid，some of the research is in lead，and Industrial capacity and scale is ahead of others such as soft magnetic，structural parts，coating and so on. However，the basic research ability on improving magnetic is insufficient.

Key words： amorphous alloys；status quo；research

1　非晶态合金的概念

非晶态合金（英文名：amorphous alloy）是近 30 年出现的具有新型微观组织结构的金属功能材料，以大于每秒一百万度的冷却速度快速凝固而成，其原子在凝固过程中来不及按周期排列，故形成了长程无序的非结晶状态，与通常情况下金属材料的原子排列呈周期性和对称性不同，因而称之为非晶合金，又称之为金属玻璃或玻璃态合金，具有优异的磁性、耐蚀性、耐磨性，高的强度、硬度和韧性，高的电阻率和机电耦合性能等。由于它的性能优异、工艺简单，从 20 世纪 80 年代开始成为国内外材料科学界的研究开发重点，是冶金材料学的一次革命。近年来，我国非晶材料产业发展取得长足发展，基础研究基础扎实，部分领域研究处于领先地位，产业发展呈现多元化多形态发展，非晶软磁、结构件、涂层等产业化规模领先其他国家。

2　发展现状

2.1　基础研究扎实有效

我国在块体非晶合金的研究开发方面基本与国际同步。近年来，国家"973"计划、国家自然基金等都对该领域进行了部署，形成了以中科院物理所、中科院金属所、北京科技大学、北京航空航天大学、浙江大学、大连理工大学等为代表的优势研究团队。国内学者在块体非晶合金领域做出了重要贡献，发现很多新的非晶合金体系，并发现一系列具有功能特性的块体非晶合金新体系和一系列大塑性非晶合金体系，这些结果已获得国际同行的认可。更重要的是，国内已经形成一支由五名"千人"、十四名杰青和二十多个研究组组成的非晶合金研究队伍。过去十几年的研究积累及国内蓬勃发展的制造业和较低的产业化门槛值，使得非晶合金的应用研究、非晶合金材料研究在中国取得突破性进展，带动由中国引导的另一个非晶合金材料研究高潮的出现。

根据在 Web of Science 数据库中下载的 2004 ~ 2013 年的金属玻璃论文数据的统计结果，国内发表的有关金属玻璃的 SCI 论文 10 年来稳居世界第一，2013 年发表的金属玻璃的 SCI 论文相当于美国、日本、德国和法国 2013 年在金属玻璃方面发表的论文的总和。金属玻璃文章的引用量近 3 年来也居世界第一。国内学者在高端期刊如 Nature，Science，Nature Mater，Phys. Rev. Lett.，Nature Communication，Adv. Mater，PNAS 等发表的文章数目逐年增加。据统计，Top1% 高被引论文数和 Top5% 高被引论文数 2013 年已经和美国相当，超过德国和日本。

2.2　产业化发展快速推进

我国非晶态合金材料产业化发展速度之快，让世人为之瞩目。短短不到 10 年时间，非晶合金产业发展从不到 10 亿元人民币年产值，形成了近千亿元人民币年产值。产业链形成，产业体系正逐步完善，新技术、新工艺不断涌现。非晶合金节约环保等特点符合国家产业政策，得到国家部委有关部门的关注和高度重视。

2.3　非晶软磁功能产业体系形成

安泰科技在国家的支持下，通过多年研发，成为我国配电用非晶带材龙头企业。目前，我国共有安泰科技、青岛云路、浙江兆晶、河南登封等 4 家企业掌握了配电用非晶带材生产技术。我国配电用非晶带材质量达到或者接近国外同规格水平，某些关键指标甚至超过国外。非晶合金变压器兼具了节能性和经济性，其显著特点是空载损耗很低，符合国家产业政策和电网节能降耗的要求，是目前节能效果最为先进、使用成本也较为经济的配电变压器产品。有研究表明，如果把我国现有的配电变压器全部换成非晶态合金变压器，那么每年可为国家节约电 90 亿千瓦时，这就意味着，每年可以少建一座 100 万千瓦火力发电厂，减少燃煤 364 万吨，减少二氧化碳等废气排放 900 多万立方米。我国电科院韩筛根研究员对用国产和进口带材做成铁心的非晶变压器跟踪检测多年，获得大量数据。数据显示，我国非晶带材质量安全可靠，性能稳定。预计到 2015 年，我国变压器产量将在去年基础上增加 25% 左右。预计未来 10 年非晶合金变压器的市场容量将达到千亿元，年均市场容量超过 100 亿元。非晶电机产业化进展快。非晶电机具有可调的转矩，且噪声小和无过热现象；安全性能高，能安全地在易爆场所工作。高环保、体积小、质量轻，成本花费等同于普通电机，应用范围更广。我国非晶电机产业化企业湘电集团和安泰科技，去年供应市场的数量在数千台。纳米晶和非晶磁粉芯体系庞大。纳米晶制成的铁心与传统的铁心（如铁氧体铁心）相比，磁感高、损耗小、性能稳定。主要用于高频电子信息领域，应用重点是作为开关电源、电磁干扰（EMI）滤波器中的各类高品质铁心材料。目前用量巨大的市场在新能源（太阳能、风能）、电动汽车等新兴产业涌现的新应用领域。在新兴应用领域里，纳米晶薄带主要用作太阳能光伏逆变器、电动汽车车载充电机的共模电感及高频变压器铁心材料。我国纳米晶生产企业有 370 多家，上下游产业链形成产值近 800 个亿。纳米晶恶性竞争开始显现，无序发展和盲目扩张使得利润减低，60% 企业处于亏损。

2.4　块体非晶结构件产业开始形成

块体非晶也称为液态金属。中国在许多体系开发了低成本高形成能力的金属体系，并拥有自主知识产权。目前，Zr 基块体非晶合金材料已经成为当前最活跃的金属材料领域之一。产业化方面，经过多年的推广，块体非晶合金已经广泛应用在电子产品、体育产品、医疗器械、航空航天和军事领域中。国内相关企业如比亚迪、宜安科技、富士康、华为等，先后进入块体非晶产业化领域。专家预测，仅作为结构件，块体非晶 2015 年需求产值在 500 亿元人民币以上，且年增长率在 35% 以上。作为消费电子产品最大生产国，中国对非晶结构件的需求量更是惊人。手机是块体非晶最大的潜在用户。单智能机金属壳这一市场就将会从 2012 年的 8 亿美元的市场规模，持续上升到 2016 年的 83 亿美元，四年内 10 倍空间将形成。2016 年手机金属机壳透率将达到 38% 左右。其他电子穿戴产品数量基本和手机等量。块体非晶的应用领域十分宽广，随着技术的进步，市场前景无限。

2.5　非晶涂层应用优势得到认可

非晶涂层（amorphous coating）是指材料熔化后，以急冷方式冷却，在基材表面形成的非晶层。近年来，国内外对热喷涂非晶合金涂层材料进行了大量研究，尤其在镍基和铁基体系上，取得显著成果。非晶涂层具有高抗腐蚀、高硬度、高抗磨损性能等特点。如采用气雾化粉末和低压等离子喷涂技术在钢基体上喷涂了 $Ni59Zr20Ti16Si2Sn3$ 多晶和非晶涂层，并对其抗腐蚀性能进行了比较，结果表明，在 0.5mol/L 的 H_2SO_4 中，成分相同的多晶合金涂层腐蚀率为 $2000\mu m/a$ 左右，而非晶合金涂层降低到几微米/年，抗腐蚀性能提高了上千倍。火电厂锅炉"四管"（水冷壁管、过热器管、再热器管、省煤器管）、石油装备以及部分水电企业开始注意使用非晶涂层。截至 2015 年 4 月底，目前国内有超过 15 家火电企业、11 家石油装备企业和部分水电企业采用非晶涂层解决腐蚀和耐磨等问题。科盾公司利用非晶涂层材料，给石油系统某企业生产的设备零（部）件，结合强度达到 70MPa，涂层孔隙率小于 1%，摩擦系数为 0.09，实际运行 7 个月，磨损量为 0.013 ～ 0.015mm，在腐蚀环境下的耐磨表现非常好，得到行业的一致公认。一直做非晶铁心的北京中机联供，开始投资非晶涂层粉末研发和生产，今年 6 月有望开始生产非晶涂层材料。

3　产业发展需解决的问题

3.1　非晶制品标准落后

现有的非晶带材国家标准已经落后，不适宜当前的材料发展和运用技术的现状和需求；非晶变压器标准已经落后；块体非晶结构件也没有整套生产管理使用标准。

3.2　重应用轻开发

非晶软磁产品重应用轻开发，有自主知识产权的不多。高性能的下游产品开发能力薄弱。无论是软磁生产装备还是块体非晶装备，协同创新能力不够，装备总体较落后，工艺进步不快。

3.3　产品质量稳定性有待提高

软磁产品质量稳定性需要进一步提升，影响磁性能关键性问题的基础研究能力不足，和国外有差距。低端配电变压器生产数量多，质量把关不严，市场恶性竞争。部分挂网产品稳定性需要进一步提升。电机高频控制系统等部分关键技术需要联合攻关解决。

参考文献（略）

薄规格高磁感取向电工钢（HiB）生产中的轧辊和纵剪刀具质量的研究

卢　涛

（武汉昊立工程技术有限公司，湖北　武汉　430080）

摘　要：薄规格高磁感取向电工钢（HiB），主要是指 0.23mm、0.20mm 等规格。目前，从国家电网获得的信息看，国家将大力推广新型节能变压器，对电工钢的性能、厚度等都有了新的需求，0.23mm 的取向电工钢是未来需求的重要之一。本文主要针对薄规格高磁感取向电工钢所用轧辊和纵剪机组圆盘剪刀具的质量进行研究，重点介绍了武汉昊立工程技术有限公司生产的轧辊和纵剪机组圆盘剪刀具的特点及水平，并与国内外同类产品加以对比。

关键词：薄规格；高磁感取向电工钢；轧辊和纵剪刀具；质量控制

Thin High Magnetic Induction Oriented Electrical Steel（HiB）Production Study on the Quality of the Roller and Cutting Tools

Lu Tao

（Wuhan Haoli Engineering Co., Ltd., Wuhan　430080，China）

Abstract：Thin high magnetic induction oriented electrical steel（HiB），mainly refers to the 0.23mm，0.20mm and other specifications. At present，information obtained from the national grid，countries will vigorously promote the new energy-saving transformer，the performance of electrical steel and thickness of have new demand and 0.23mm oriented electrical steel is one of the important future demand. This paper mainly for thin gauge high magnetic sense oriented electrical steel（HiB）used in roll and longitudinal shear tool to study the quality of the unit disc shears，focusing on the introduction of Wuhan Hao Li Engineering Technology Co.，Ltd. is the production of roll and longitudinal shearing unit disc shear tool features and level，and with the domestic and foreign similar products to be compared.

Key words：thin gauge；high magnetic induction；electrical steel；roll and cutting tool quality control

1　引言

电工钢产品是国民经济和人民生活不可缺少的原材料，在生态文明建设中，对国家节能降耗、低碳环保、增强国家科技实力起着十分重要的作用。电工钢产业必须适应经济"新常态"，变压器行业的技术进步和发展，对电工钢产品的更新换代提出了更高的要求。新型高磁导率 HiB 可以有效地减少空载损耗、降低电工钢的磁致伸缩、噪声，减少环境污染，HiB 钢就成为高压变压器、电网建设的主流需求；变压器行业产品的升级换代和节能降耗，要求淘汰 S9 型变压器，推广 S13 节能型变压器，对电工钢片依然要求减少空载损耗、降低电工钢的磁致伸缩和噪声。总而言之，需要提供更多薄规格高磁感取向电工钢，铁损在 1.1W/kg、1.0W/kg、0.95/kg、0.85W/kg、0.70W/kg、0.65W/kg 的产品，厚度在 0.27mm、0.23mm、0.20mm、0.18mm 以及 0.15mm 的产品。

薄规格高磁感取向电工钢的轧制对轧辊的强韧性、硬度均匀性和淬透性有很高的要求，目前能提供满足极薄带轧制要求的轧辊制造厂家不多，一些厂家在冷轧工序往往因为轧辊的质量造成轧辊裂纹、剥落甚至断辊、断带，既无产量也无质量，更谈不上板形和表面质量。

不仅如此，薄规格高磁感取向电工钢的纵剪难度也很大，无论是它的生产厂家，还是变压器等使用厂家，纵剪线的精度水平都不高，纵剪机组最重要的工具——圆盘剪刀片的材质和精度都难以胜任薄规格高磁感取向电工钢的纵剪要求。

2 轧辊使用现状

薄规格高磁感取向电工钢（HiB）的冷轧一般都选用高精度的多辊轧机，对辊系要求很高，要求工作辊和中间辊有很高的强韧性、硬度均匀性和淬透性。但是国内能够达到上述要求的轧辊生产厂家很少，仍需要进口轧辊。

目前国内电工钢生产厂家基本都采用二十辊轧机进行轧制，按照轧制受力分析，工作辊在二十辊轧机每支（上、下各 1 支）承受 100% 轧制力，每支（上、下各 2 支）第一中间辊承受 75% 轧制力，每支（上、下各 2 支）第二中间辊承受 25% 轧制力。可知工作辊、第一中间辊最为重要，故本分析报告所指轧辊特指工作辊及第一中间辊。

3 轧辊存在的不足

随着电工钢产品升级换代，薄规格高磁感取向电工钢（HiB）的极大的变形抗力和更高的板形要求使得原有轧辊已暴露出部分不足，难以适应产品质量的高要求，主要表现在：

（1）强韧性较低、抗冲击性能差及抗裂性差，组织不理想及辊身硬度、断面硬度的不均匀性太差。由于轧辊强韧性太低，在轧制薄规格高磁感取向电工钢时，往往难以承受薄规格高磁感取向电工钢极大的变形抗力，造成轧辊的裂纹、掉肉甚至断裂，从而中断轧制过程而不得不换辊，不可避免地打乱辊系配置及轧制条件，也很难轧制出高质量板形的电工钢产品。

轧辊在轧制过程中本来可以逐道次降低板厚公差和消除板形边浪、中间浪，由于其强韧性较低、组织不理想及辊身硬度、断面硬度的不均匀性太差的共同原因，体现在轧制过程中就是出现掉肉、断裂、耐磨性差等问题。导致其无法起到其应有的作用，反而加大了轧制难度。

（2）目前国内众多制造商提供的轧辊强韧性较低、抗冲击性能差及抗裂性差，主要体现在以下性能指标上不理想。$\sigma_{0.2} \leqslant 1400MPa$，残余奥氏体（表面到中心）含量 $\geqslant 15\%$；金相组织不理想，沿轴线和圆周表面的硬度及断面硬度不均匀度高。

4 武汉昊立轧辊和纵剪机组圆盘剪刀具的特点及性能指标

4.1 轧辊

根据目前薄规格高磁感取向电工钢（HiB）产品的实际情况及轧辊使用状况，特提出符合目前形势下保障薄规格高磁感取向电工钢产品的专用轧辊，以工作辊为例，其应具备的主要性能指标如下：

（1）强度要求见表 1。

表 1 高磁感取向电工钢专用轧辊强度要求

序　号	力 学 性 能	强度要求
1	σ_s 或 $\sigma_{0.2}$/MPa	≥1600
2	σ_b/MPa	≥1700
3	冲击韧性/J	2.0

（2）组织要求：要求为回火马氏体，其晶粒度级别 ≥11 级；辊身从表面到中心，残余奥氏体含量应 ≤10%。

（3）表面硬度要求见表 2。

表2　高磁感取向电工钢专用轧辊表面硬度要求

序　号	硬 度 要 求	肖氏硬度 Hs
1	整体淬透	82 ~ 90
2	沿辊身长度方向硬度差	2
3	沿辊身圆周方向硬度差	2

（4）断面硬度要求应符合表3。

表3　高磁感取向电工钢专用轧辊断面硬度要求

序　号	硬 度 要 求	洛氏硬度 HRC
1	整体淬透	60 ~ 65
2	沿表面到中心方向硬度差	3

该公司经过多年的摸索与实践，比对国外一流轧辊制造厂家的工作辊的技术参数的优势所在，进行相关总结，同时亦可制造出相应指标的轧辊。只有具备相应参数的轧辊才有很高的强韧性、硬度均匀性和淬透性，能够满足薄规格高磁感取向电工钢以及精密合金等产品的冷轧需要。

4.2　纵剪机组圆盘剪刀具

在剪切薄规格和极薄带时（≤0.23mm）时，刀片的间隙和重叠量调整难度会很大。目前纵剪机组有进口的通轴式乔格线，也有通轴式仿乔格线、悬臂式乔格线、通轴式用三点式锁紧刀具等，五花八门。对于刀片的间隙和重叠量调整极为要害的是刀具的轴向端跳和径向跳动（轴向端跳要求小于0.005mm，径向跳动要求小于0.003mm），除了进口的乔格刀具，国内制造厂家一般都达不到要求。

表4为日本新日铁提供给武钢的操作标准。

表4　刀片间隙和重叠量调整

序　号	规格品种	电工钢片厚度/mm	刀片间隙/mm	刀片重叠量长度 /mm	刀片重叠量高度 /mm
1	W50	0.50	0.03 ~ 0.05	12 ~ 14	0.50
2	W35	0.35	0.02 ~ 0.04	12 ~ 14	0.35
3	Q35	0.30	0.01 ~ 0.03	12 ~ 14	0.35
4	Q30	0.28	0.005 ~ 0.02		0.15
5	Q28	0.23	0.005 ~ 0.02		0.007
6	Q23	0.20 及以下			

根据表4可以看出，薄规格高磁感取向电工钢的剪切难度当厚度在0.23mm以下时达到了相当高的标准，对纵剪机组和相应刀具的精度有极高要求。就纵剪机组而言，必须保证其刀轴精度在0.002mm以内方可满足剪切要求。现主要针对圆盘剪刀具（纵剪机组符合要求的前提下）详细阐述。

4.2.1　自动锁扣式纵剪刀具

该类刀具主要应用于通轴式乔格纵剪机组。在通轴分条纵剪线领域（乔格及仿乔格线），自锁刀具代表着最高技术。自锁刀具紧密牢固的面接触方式，可有效保护刀轴的磨损。目前国内部分单位使用进口通轴式乔格纵剪机组已达二十多年，整个刀轴磨损只有1μm，除了与其操作认真、正常维护有关外，与一直使用自锁刀具有密切关系。高档次的自锁刀具的精度优于其他类刀具，同时其刀座使用寿命长，可达10~20年，只需要在后期更换刀片；其初期投入较大，但在整体性能、稳定性及操作便捷性方面具有优越性，后期维护成本低，性价比亦优于其他类刀具。

其与三点式刀具相比，三点式刀具锁紧方式由于是点式接触，不牢固，经常会与刀轴产生错动，会造成刀轴不可挽回的磨损，导致刀轴精度下降、剪切质量下降的恶性循环，三点式刀具轴孔间隙大又导致精度低，刃口端跳大、锁紧力小而且不稳定，影响生产，三点式刀具只能一次性使用，自锁刀具可以使用二十年以上，刀片用完可以换上新的刀片，性价比大大高于三点式刀具。

特别是目前针对薄规格高磁感取向电工钢（厚度≤0.23mm）的剪切要求方面，只有自动锁扣式纵剪刀具可以满足相应技术指标，具体数据如下：

自锁刀具在通轴分条纵剪机组刀轴上任意点锁紧，刃口端跳≤0.005mm；圆盘剪刀片径向跳动≤0.010mm。在国产线刀轴（不圆度、圆柱度≤0.005mm）上，刃口端跳≤0.010mm。

4.2.2　圆盘剪刀具系列

该类刀具主要应用于悬臂式乔格纵剪机组。针对薄规格高磁感取向电工钢（厚度≤0.23mm）的剪切要求方面，此类圆盘剪刀具需满足以下技术指标：

刀片的平面度及平行度≤0.002mm；刀片内孔的不圆度及椭圆度≤0.002mm；刃口端跳为≤0.002mm。

目前能满足以上要求的纵剪刀具的国内厂家寥寥无几，武汉昊立公司集多年自锁刀具及圆盘剪刀片制造生产的经验及各项先进工艺，在这类纵剪刀具上完全达到国外厂家精度水平，并对碳化钨材质上把握得更加优异。

5　结论

（1）根据目前薄规格高磁感取向电工钢（HiB）产品的实际情况及轧辊使用状况，特提出符合目前形势下保障薄规格高磁感取向电工钢产品的专用轧辊，只有具备相应参数的轧辊才有很高的强韧性、硬度均匀性和淬透性，能够满足薄规格高磁感取向电工钢以及精密合金等产品的冷轧需要。

（2）在通轴分条纵剪线领域（乔格及仿乔格线），自锁刀具代表着最高技术。自锁刀具紧密牢固的面接触方式，可有效保护刀轴的磨损，自锁刀具在通轴分条纵剪机组刀轴上任意点锁紧，刃口端跳≤0.005mm，圆盘剪刀片径向跳动≤0.010mm。在国产线刀轴（不圆度、圆柱度≤0.005mm）上，刃口端跳≤0.010mm。可以满足薄规格高磁感取向电工钢（厚度≤0.23mm）的剪切要求。

生产厂家配置悬臂剪时，针对薄规格高磁感取向电工钢（厚度≤0.23mm）的剪切要求方面，此类圆盘剪刀具需满足以下技术指标：

刀片的平面度及平行度≤0.002mm，刀片内孔的不圆度及椭圆度≤0.002mm，刃口端跳≤0.002mm。

参考文献（略）

UCMW 轧机横向辊印研究与控制

刘玉金，周晓琦，陈　伟，王宇鹏，孙　勃，张　亮

（首钢股份公司迁安钢铁公司，河北 迁安 064404）

摘　要：针对首钢 1450mm 酸连轧机组 UCMW 轧机在换辊后产生的横向辊印，通过系统研究 UCMW 轧机的自动换辊程序，优化轧制准备过程中弯辊缸的动作时序，彻底消除了横向辊印，杜绝了辊印批量降级品的发生，提升了无取向电工钢的表面质量。

关键词：横向辊印；换辊；弯辊

The Transverse Roller Marks Study and Control on UCMW Mill

Liu Yujin, Zhou Xiaoqi, Chen Wei, Wang Yupeng, Sun Bo, Zhang Liang

（Shougang Qian'an Iron & Steel Co., Ltd., Qian'an 064404, China）

Abstract：Point to the transverse roller marks of UCMW mill, roll change program was studied. By optimizing the action sequence of work roll bender and intermediate roll bender in roll change prepare process, the transverse roller marks is completely eliminated, quality degradation products were eradicated, surface quality of non oriented electrical steel was promoted.

Key words：transverse roller marks；roll change；bender

1　引言

　　首钢 1450mm 酸连轧机组是由日本三菱-日立公司提供，主要生产中低牌号无取向电工钢，产品主要厚度为 0.35～0.65mm[1]。轧制电工钢的连轧机选用 UCMW 机型，以实现稳定、大压下量轧制，通过工作辊正负弯辊、中间辊正弯辊、中间辊窜辊、工作辊窜辊和轧辊倾斜等控制手段，获得良好的横断面轮廓和板形[2]。

　　UCMW 轧机换辊可在有带钢和无带钢两种模式下自动进行。工作辊和中间辊的换辊装置为带侧移小车的电动横移推拉式，位于轧机工作侧。用天车将新的工作辊和中间辊吊运到换辊小车上，从轧机中抽出旧辊，侧移使新辊与轧机中心线对中，将新辊插入轧机，换辊小车退回最后位。

　　在新辊更换后，起车轧制，下线钢卷上表面存在横向辊印，抽出轧辊，在辊面发现存在撞伤。本文针对首钢 1450mm 酸连轧机在生产实际中出现的横向辊印问题进行了分析，通过系统研究 UCMW 轧机的自动换辊程序，优化弯辊缸的动作时序，彻底消除了横向辊印，杜绝了辊印批量降级品的发生，提升了无取向电工钢的表面质量。

2　横向辊印形貌

　　酸轧机组辊印缺陷位于带钢上表面，距离工作侧边部 60～150mm，长 30～60mm，有手感，周期与 5 号机架工作辊辊径相对应，换辊后第一卷上离线检查台发现。下机的上工作辊和上中间辊辊面存在撞伤。

　　横向辊印形貌和轧辊辊面撞伤如图 1 所示。

3　UCMW 轧机换辊研究

3.1　UCMW 轧机设备结构

　　UCMW 轧机主要由机架装配、轧线调整装置、辊系、窜辊装置、弯辊平衡装置、液压压上装置、主

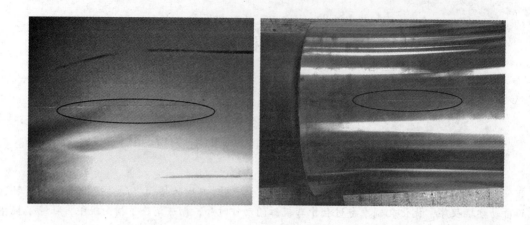

图 1　横向辊印形貌

传动装置及导板装置组成，其结构如图 2 所示。

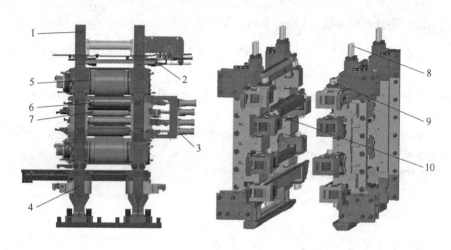

图 2　UCMW 轧机结构图

1—机架；2—轧线调整装置；3—窜辊装置；4—压上缸；5—上支撑辊；6—上中间辊；
7—上工作辊；8—支撑辊平衡缸；9—中间辊弯辊缸；10—工作辊弯辊缸

UCMW 轧机主要技术参数见表 1。

表 1　UCMW 轧机主要技术参数

项　目	参　数	项　目	参　数
最大轧制力/kN	19600	中间辊窜辊量/mm	385
工作辊弯辊力/kN·侧$^{-1}$	$-200 \sim +400$	工作辊尺寸/mm × mm	$\phi(385 \sim 425) \times 1450$
中间辊弯辊力/kN·侧$^{-1}$	$0 \sim +480$	中间辊尺寸/mm × mm	$\phi(440 \sim 490) \times 1450$
工作辊窜辊量/mm	385	支撑辊尺寸/mm × mm	$\phi(1150 \sim 1300) \times 1420$

3.2　UCMW 轧机换辊流程

（工作辊 + 中间辊）换辊前确认项目：（1）确认换辊小车在磨辊间停车极限位置，新辊在入口侧或出口侧极限位置；（2）换辊小车、推拉小车的安全销拔出；（3）工作辊/（工作辊和中间辊）钩子释放；（4）核对新辊信息，如信息不正确则及时退回磨辊间，并在交接班记录本上记录；（5）检查确认扁头已对正、扁头无毛刺异物等、扁头涂油完成且均匀、轧辊在轨道内无偏移、轧辊摆放位置正确；（6）确认备辊辊面质量良好；（7）确认盖板安全销状态；（8）确认卷帘门两侧的安全盖板手动取出。项目确认完毕后，结合订单质量组织轧机停车进行换辊。换辊时间从换辊小车到等待位到主令液压接通，1 或 2 个机架换辊时间≤5min，5 个机架工作辊和中间辊全部更换，换辊时间≤7min。

换辊流程如图 3 所示。

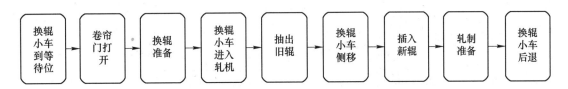

图 3　UCMW 轧机换辊流程图

3.3　UCMW 轧机换辊轧制准备程序解析

横向辊印为更换新辊后产生，在插入新辊时，工作辊和中间辊处于换辊辊道，工作辊和中间辊辊面无接触，因此对换辊过程中的轧制准备程序进行解析。

轧制准备时序如图 4 所示。首先一级系统向二级系统进行轧辊数据请求，获得设定数据后，工作辊和中间辊窜辊至设定值，然后中间辊弯辊和工作辊弯辊由 BANLANCE 状态切换为 OFF 状态，延时 8s 后，轧制线调整装置进线，压上缸关闭，主令液压接通，支撑辊平衡缸 UP，延时 3s 后中间辊和工作辊弯辊由 OFF 状态切换为 BALANCE 状态，延时 5s 后，防缠导板动作到二级设定值，轧制准备过程结束。

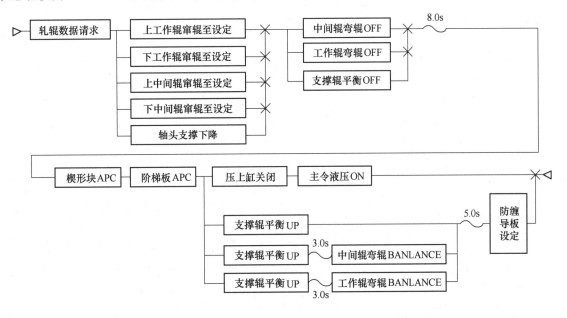

图 4　轧制准备

在轧制准备过程中，工作辊和中间辊弯辊缸状态同时切换，当弯辊缸动作速度不一致时，将导致工作辊和中间辊非平稳接触，造成工作辊和中间辊辊面撞伤。换辊后起车轧制时，辊面伤痕印到带钢上即产生横向辊印。

4　轧制准备时序优化

为防止由于弯辊缸动作不一致造成的工作辊和中间辊辊面的非平稳接触，对 UCMW 轧机的轧制准备时序进行优化。

　　原程序：支撑辊 OFF、中间辊 OFF、工作辊 OFF 同时给定信号；优化后：工作辊先 OFF，5s 后中间辊 OFF，4s 后支撑辊 OFF。

　　原程序：支承辊 BALANCE，延时 3s 后，中间辊和工作辊同时 BALANCE；优化后：支撑辊 BALANCE，延时 5s 后，中间辊 BALANCE，5s 后，工作辊 BALANCE。

　　优化后程序如图 5 所示。

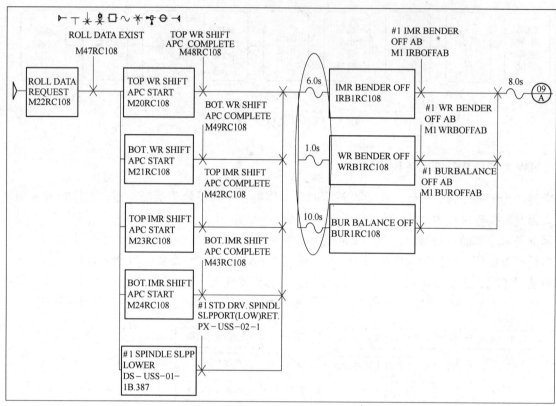

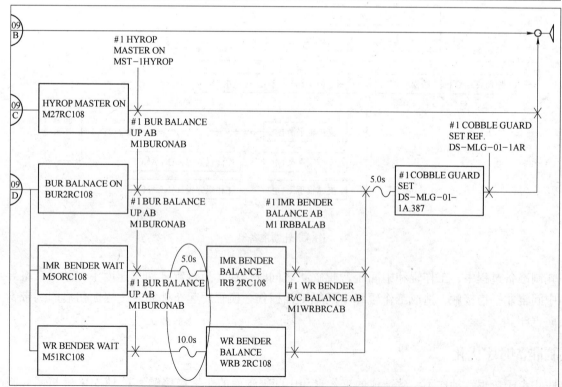

图 5　程序优化

5 结语

首钢 1450mm 酸连轧机组 UCMW 轧机在换辊过程中工作辊和中间辊存在非平稳接触，造成下线钢卷上表面存在横向辊印。本文通过系统研究 UCMW 轧机的自动换辊程序，优化轧制准备过程中弯辊缸的动作时序，彻底消除了横向辊印，杜绝了辊印批量降级品的发生，提升了无取向电工钢的表面质量。

参考文献

[1] 康阳. UCMW 轧机的结构分析[J]. 冶金设备，2014，215(6):35~36.
[2] 许健勇. 关于带钢冷轧机选型的探讨[J]. 钢铁，2008(5):1~6.

一种新型电工钢消除应力退火用罩式炉

向　前，黄柏华，李忠武，邱　忆

（武汉钢铁股份有限公司质量检验中心，湖北　武汉　430080）

摘　要：本文介绍了一种新型电工钢消除应力退火用罩式炉。通过对罩式炉进出样系统、加热及温度控制系统等方面的技术创新，消除了试样进出过程中的吊装操作，实现了全程自动化操作及故障诊断，减少了人为干预，保证了整个炉腔内温度控制的精确性和一致性。

关键词：罩式炉；进出样；温度控制

An New Bell Furnace for Stress Annealing of Electrical Steels

Xiang Qian, Huang Bohua, Li Zhongwu, Qiu Yi

（Quality Inspection Center of Limited Corporation, WISCO, Wuhan 430080, China）

Abstract：In this paper, it introduced an new bell furnace using for electrical steels' stress annealing. During some technological innovations, such as the system of loading and unloading samples, the heating and temperature control system etc, this new bell furnace eliminated the lifting operation in loading and unloading samples, made the automated operation and fault diagnosis come ture, redued the human intervention and guaranteed the temperature accuracy and coherence in the whole furnace chamber.

Key words：bell furnace；loading and unloading samples；temperature control

1　引言

当前，取向电工钢磁性能检测基本上沿用国家标准 GB/T 3655—2008，首先加工制取爱泼斯坦（Epstein）方圈试样，然后对试样进行消除应力退火后再利用爱泼斯坦方圈进行检测。根据国家标准 GB/T 2521—2008 的要求，消除应力退火应在保护气氛中，在（800±20）℃ 的额定温度下保温 2h，消除试样因剪切加工带来的加工应力。

目前，通用的消除应力退火装置一般为罩式炉，而消除应力罩式炉基本存在以下问题：

（1）大多数罩式炉均须配备小型吊车或其他吊装装置，通过吊装装置吊装罩式炉内外罩，但吊装操作属于特殊工种，对人员资质、罩式炉附件配置等均有较高要求；

（2）试样进出消除应力退火罩式炉的方式一般是：固定罩式炉炉台，将试样放在炉台上，通过吊装装置吊装罩式炉内外罩实现炉体封闭；

（3）罩式炉的温度控制一般是在炉台底部增设热电偶，探测炉腔内部温度以便控制升温、保温、降温等步骤，炉腔温度均匀性控制不高。

为克服通用罩式炉试样进出均须通过吊装装置来实现，以及吊装操作带来的人员、现场等方面的特殊要求，笔者提出采取底装进出样方式，固定罩式炉加热罩和冷却罩，通过罩式炉炉台的升降，实现试样的进出，这样由于进出样方式的改变，也带来了整个温度控制系统的变革。

2　罩式炉

本罩式炉主要由炉体、炉盖、炉罐、真空系统、电动升降系统、加热元件、操作平台、电气控制等部分组成。

2.1 罩式炉结构

2.1.1 外观结构

消除应力退火用罩式炉炉体结构为钟罩式底装料式结构，该结构的特点是：底装料可自动升降和进出，装、卸试样简洁、安全，无须天车（行车）干预，具体如图1所示。

消除应力退火用罩式炉系统采用美国霍尼韦尔公司 DCS 控制器作为测控主机，研华工控机作为人机界面，并采用力控监控组态软件实现远程监控，具有丰富的操作、灵活的参数修改功能，以及通讯和控制接口功能。集散控制系统（DCS）做程序编辑，触摸屏做面板操作，实现炉体运转控制和状态监视。

2.1.2 内部构造

消除应力退火用罩式炉内部构造示意图如图2所示。

图1　罩式炉结构示意图

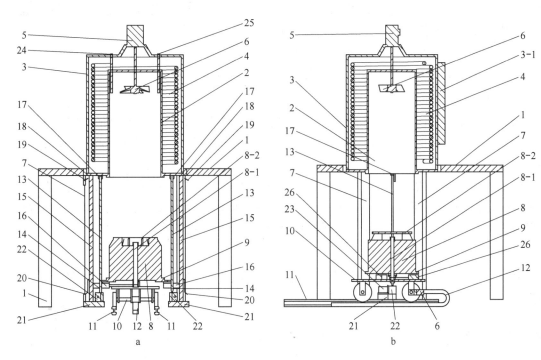

图2　罩式炉结构剖面示意图
a—正视图；b—侧视图

1—炉台架钢结构；2—加热罩；3—冷却罩；3-1—电热丝配电箱；4—加热丝；5—轴流风机；6—扇叶；7—内罩支架；8—炉台；8-1—通气管；8-2—试样台；9—密封圈；10—炉盖小车；11—轨道；12—拖链；13—丝杆；14—丝母；15—直线圆滑轨；16—炉盖托架；17—丝杆固定座；18—直线圆滑轨固定座；19—上极限；20—下极限；21—固定座；22—蜗轮蜗杆；23—电机；24—热电偶；25—排气管；26—炉盖垫块

2.2 罩式炉构造特点

2.2.1 罩式炉进出样系统

罩式炉由炉台 Cr25Ni20 耐热钢板焊接成型，可以根据试样尺寸或用户需求定制。

在罩式炉架钢结构下方设有炉台小车运行轨道，首先使炉台小车运行至轨道外端，然后将试样放置在炉台小车上的试样台上，再使小车沿轨道运行至罩式炉炉腔底部，通过固定丝杆实现小车的升降。由于炉台小车上有密封圈，可以实现炉腔内完全密封，若密封不完全，极限开关报警，可以手动调节手轮至完全密封。

2.2.2 罩式炉加热及温度控制系统

在罩式炉架钢结构上设有加热罩，加热丝采用0Cr25A15电阻丝绕成螺旋状，加热丝铺设在加热罩腔体搁丝砖上。

温度控制系统采用K型双支热电偶作为传感器，以脉冲信号控制固态继电器（SSR）模块作为加热输出，输出给集散控制系统（DCS）的温度模块，经过PID运算后，达到对炉温的动态控制。温度控制系统采样精度为±0.1℃，分辨率为±0.1℃。

同时，在罩式炉炉腔上方正中位置设有扇叶，保证加热时整个炉腔温度均匀分布，同时，炉腔四周设有6个测温法兰，法兰实时测温，并将温度传输至温度控制系统，系统对整个炉腔温度实现实时监控。

2.2.3 保护气体控制系统

取向电工钢消除应力退火用罩式炉一般应在氮气保护气氛下工作，通常是采用100% N_2氮气保护（N_2纯度至少为99.9%，O_2含量≤1000×10^{-4}%），N_2工作压力为0.25MPa，控制在0.1~0.4MPa，露点应在0℃以下，主要是防止试样在含氧环境中氧化，保证试样不渗碳。因此，一般在升温前要先通入保护气体以赶净炉内的空气，直至热处理完成后降温至200℃才能停止。

本罩式炉保护气氛控制系统由充气系统（含流量计、流量显示仪表控制、电磁阀以及安全阀等）和压缩空气系统（气路三大件及管路阀门等）组成，工作压力≥0.6MPa。

2.2.4 冷却水循环系统

冷却水循环系统主要是通过水循环带走炉体热量，加快消除应力退火降温段的降温速度，这比传统罩式炉空冷方式缩短退火周期将近8h。冷却水循环系统由水冷分配阀、水压继电器、压力表及连接管和回水管路组成。进水温度≤25℃，出水温度≤45℃。

供水系统的水质要求：软水pH值7~8.5，悬浮性固体≤10mg/L。在主进水口设有水压传感器，水压>0.3MPa时有过压报警，水压<0.1MPa时有低压报警。同时，冷却水循环系统与温度控制系统相互联系，只需要设置水循环的启动及终止温度，即可实现冷却水循环系统的自动控制。

2.2.5 数据通讯

上位机系统与温度控制系统、DCS控制系统以以太网方式实时通讯，数据实时保存，可在上位机系统中以曲线形式或报表形式查看、打印温度控制曲线。

2.3 罩式炉工作流程

本罩式炉这个运行过程基本实现了自动化控制，整个操作过程简单、方便，不需要太多的人为干预，也不需要其他环境要求。其主要工作流程如下：

（1）在炉台小车试样台上装排好待退火试样；

（2）按住炉台小车进开关，自动移进到位；

（3）按住炉台小车上升按钮直到炉台升到位后停止；

（4）接上炉台上的进气管，打开冷却水管及气阀；

（5）设置运行参数，启动控制程序，自动运行，检查罩式炉运转情况和温度曲线状态；

（6）升保温结束后，循环水启动开始降温，当炉温降至200℃时，关闭气阀，按住下降按钮至炉台降到位，让试样自然冷却；

（7）按炉台小车退按钮，炉台小车自动退到轨道最外端，卸取试样。

3 结论

本罩式炉的研制成功，一方面克服了原通用罩式炉需要配备吊车等吊装装置及专业操作人员，消除了吊装的空间需求及吊装操作可能带来了现场危险因素；另一方面，利用导轨实现炉台的进退、升降，通过程序实现了全程自动化操作及故障判断，减少了人为干预；还有，通过在罩式炉加热罩腔体内安装加热丝和扇叶，保证整个炉腔内的温度控制的精确性和一致性，做到对消除应力退火温度的精确控制，炉腔内温度偏差在 ±1℃ 以内。

这也是电工钢消除应力退火罩式炉技术的一大进步，目前已在武汉钢铁股份有限公司质量检验中心中大规模应用，并由武汉钢铁股份有限公司质量检验中心申报了实用新型专利。

参考文献（略）

切割铣样机在电工钢冶炼制样中的应用与参数优化

王明利，陈　刚，杨　毅，刘晓光，杜士毅

（首钢股份公司迁安钢铁公司，河北　迁安　064404）

摘　要：自动切割铣样机是德国 Herzog 公司生产的金属圆柱样和提桶样加工设备，主要用于金属样品的切割和铣屑制样，在钢铁行业电工钢样品处理中有着重要应用。本文针对该仪器在生产过程中发生的典型崩片故障进行了统计分析，通过使用六西格玛质量管理方法和工具解决了崩片问题并对仪器参数进行了优化，提高了设备的稳定性和性能。

关键词：切割铣样机；电工钢冶炼制样；崩片故障；六西格玛；参数优化

The Application and Parameters Optimization of Cutting and Milling Machine in Electrical Steel Smelting Sample-making

Wang Mingli, Chen Gang, Yang Yi, Liu Xiaoguang, Du Shiyi

（Shougang Qian'an Iron & Steel Co., Ltd., Qian'an　064404, China）

Abstract：Automaitc cutting and milling machine produced by Herzog corporation in Germany is a metal cylindrical sample and pail sample processing equipment. The machine is mainly used for samples cutting and milling, has important application in silicon sample processing in steel industry. In this paper, a typical problem of the machine cutting-disc burst problem was statisticed and analyzed. Solving the problem by using the six sigma quality management methods and tools, the program parameters were optimized to improve the stability and performance of the equipment.

Key words：cutting and milling machine; electrical steel smelting sample-making; cutting disc burst malfunction; six sigma; parameter optimization

1　引言

目前国内各大钢厂在炼钢工序中对电工钢样品的分析取样主要使用圆柱样或提桶样，使用圆柱样或提桶样的优点是样品中间部分各成分含量较为均匀，能很好地反映实际冶炼工艺情况。提桶样的处理是样品分析环节中至关重要的一项，直接决定着样品分析的准确性和稳定性，目前国内全自动分析系统中主要使用德国 Herzog 公司生产的自动切割铣样机对圆柱样或提桶样进行加工。该仪器制样时间短，设备稳定性好，已被宝钢等多家大型钢厂使用，进行电工钢样品的处理。我公司炼钢全自动分析中心也使用 Herzog 公司的全自动切割铣样机对电工钢提桶样进行加工。随着电工钢产量的增多，现场取样的参差不齐，以及仪器使用时间的增长，切割铣样机的崩片问题越来越显著，给电工钢样品的正常分析带来很大影响。本文通过使用六西格玛质量管理方法中的 DOE 等实验方法对影响切割铣样机制样的参数进行分析和优化[1]，提高了设备的性能和稳定性。

2　切割铣样机简介

机械手将电工钢提桶样送入切割铣样机的自动进样口以后，切割铣样机通过传送装置将样品送到切割位置进行切割，切割过程中使用转速为4600r/min的砂轮片按照设定的切割速度进行切割，第一刀将提桶样从中间部位切切掉样品大头扔到废样桶里，第二刀切割出厚3mm的圆片样，通过自动输出口送入自动冲孔机进行冲粒供氧氮分析仪进行氧、氮成分的分析；切割剩余的样品小头（约25~30mm）进行铣样后通过自动输入输出口送给机械手传送到光谱仪进行合金成分的分析，切割铣样机的工作流程如图1所示。

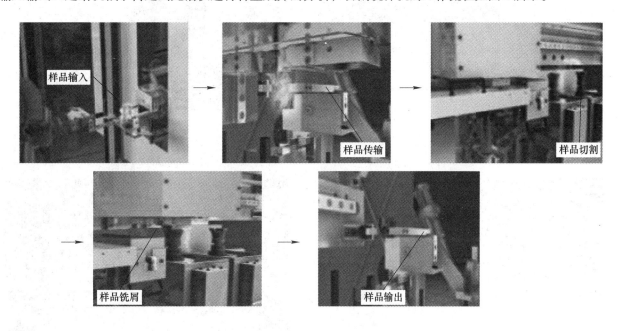

图1　自动切割铣样机工作流程图

切割铣样机的主要工艺参数有：
（1）切割片转速：0~4700r/min；
（2）切割速度：最大为0.24m/s；
（3）铣刀转速：100~1875r/min。
样品规格尺寸：
提桶样（如图2所示）：
大端直径B：40mm；
小端直径A：36mm；
样品高度D：最大为70mm；
第一刀切割高度F：0~30mm；
第二刀切割高度G：8mm。

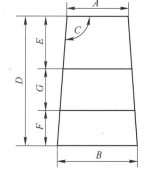

图2　提桶样尺寸规格

3　切割铣样机故障的主要表现

切割铣样机故障的主要表现具体如下：
（1）自动进样口翻转夹钳对样品进行翻转传送后样品发生倾斜，导致仪器主夹钳夹对样品夹持力不够，样品在切割过程中受力发生偏移导致切割片崩片（图3）。
（2）样品在切割位置发生偏移，撞在下料管处发生报警或撞到切割片上发生崩片（图4）。
（3）切割片在切割过程中发生崩片（图5）。

4　提高切割铣样机稳定性的改善措施

通过对影响切割铣样机崩片故障现象进行统计分析，找出导致这些故障的主要原因，针对这些影响因素使用六西格玛质量管理方法进行分析和试验方法的设计，使用Minitab工具进行统计、分析，根据实验结果进行改善，最终达到改善切割铣样机稳定性的目的。

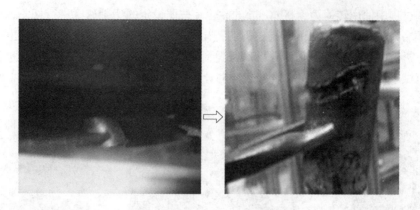

图3　样品加持不正导致崩片照片

图4　样品在切割位发生偏移
撞到下料管处发生报警照片

图5　切割片在切割过程中
发生崩片照片

4.1　自动进样口翻转夹钳对样品进行翻转传送后样品发生倾斜的处理

样品在自动进样口翻转夹钳处进行翻转传送后发生倾斜可能有两点：

（1）翻转夹钳夹持力不够。样品在翻转过程中发生移动，导致样品倾斜，因此我们增大了翻转夹钳的夹持力。

（2）翻转夹钳翻转速度问题。翻转夹钳夹持的位置在样品中部，桶样的重心位置不在中间，在翻转过程中过快或过慢都会使样品因为惯性而发生一定的倾斜，我们通过实验调节了翻转夹钳的翻转速度，保证样品在翻转过程中保持平衡，同时制订了该部位的检点周期，定期对夹钳翻转情况进行检查测试，保证样品翻转过程中的平衡性。

4.2　样品在切割位置发生偏移，发生碰撞报警或崩片的处理

样品在切割位发生偏移的原因可能有两点：

（1）水平伺服机械卡阻。对水平伺服进项检查，没有发现明显的卡阻现象和异常卡阻声音，排除机械卡阻因素。

（2）水平伺服零位极限检测异常。水平伺服零位极使用的是行程开关，长期使用行程开关的滚轮会有磨损及卡阻情况，对行程开关进行检查没有发现滚轮有明显的磨损和卡阻情况且该故障发生频率不高，不能确定就是零位极限故障导致。为了测试零位极限存在误检测问题，我们对零位极限使用双比率检验进行实验验证，分别对零位极限在正常情况下和使用胶带包裹增加极限与挡块接触两个条件下进行实验（如图6所示），验证零位极限磨损灵敏度下降发生误检测导致样品夹偏的实际影响，双比率检验结果如图7所示。

由双比率检验结果可知，切割铣零位极限在用胶带包裹后夹歪次数显著减少，说明切割铣零位极限导致灵敏度显著下降，样品夹歪，更换零位极限后该故障基本消失。

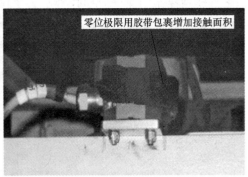

图6 水平伺服零位极限测试照片

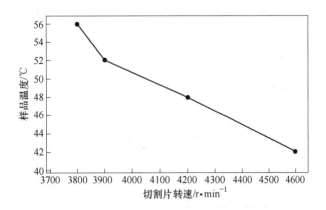

图7 双比率检验结果

4.3 切割片在切割过程中发生崩片

切割片在切割过程中发生崩片的主要原因有以下两点：

（1）切割片转速设置过高。切割铣样机的出厂设置转速为4600r/min，切割片的最高转速为4770r/min，切割铣样机的设置转速接近切割片的最高转速可能导致切割片在切割过程中受力过大极易发生崩片。通过实验我们发现切割片转速在3800～4200r/min之间时崩片数显著减少，但是当降低切割片转速时，样品处理完后温度升高很多，对后续流程的正常分析和数据稳定性产生很大影响，需进一步进行改善，切割片转速对样品温度的影响如图8所示。

图8 样品温度与切割片转速的关系图

（2）切割片切割速度设置过高。切割铣样机的出厂设置切割速度为16%（16%为最大切割速度的百分比），切割速度过高会导致切割片在切割过程中受切割电机和样品的挤压力过大发生形变崩片。通过实验我们发现当降低切割片切割速度时崩片数显著下降，但是降低切割片切割速度会导致制样时间加长，给电工钢样品的及时出数带来很大影响。同时降低切割速度也会使样品温度升高很多，影响后续流程的正常分析，切割速度对样品温度和制样时间影响的箱线图如图9所示。

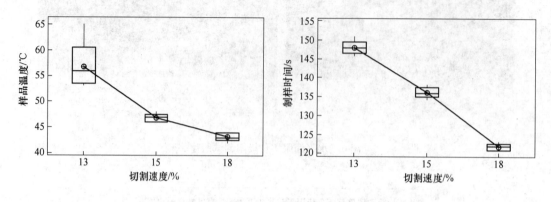

图 9　切割片切割速度对样品温度和制样时间影响的箱线图

我们通过实验和分析，发现切割片转速和切割速度是导致切割片崩片的主要原因，这两个因素之间存在一定的交互作用，并且它们对后续流程和总的样品分析时间产生很大的影响，需要通过 DOE 实验确定一个最佳参数组合在解决崩片问题的前提下保证较快的制样时间和较低的样品温度，提高设备的性能[2,3]。设计方案如表 1 所示。通过实验得出结论：为了使崩片数最小，在切割片切割速度、切割片转速上下限为 8% ~ 18%、3800 ~ 4600r/min 时，由响应优化器分析可得：切割片转速为 4150r/min，切割速度为 13% 为最佳参数组合，需实验验证，如图 10 所示。

表 1　切割片转速、切割速度与崩片数、制样时间和样品温度的 DOE 实验

切割片切割速度/%	切割片转速/r·min⁻¹	崩片数	制样时间/s	样品温度/℃
8	4600	18	210	51
18	3800	38	122	43
13	4200	9	147	38
13	4200	10	147	37
13	4200	9	148	38
8	4600	17	210	51
18	3800	37	122	42
13	4200	10	147	38
8	3800	8	210	57
18	4600	41	121	32
8	3800	9	210	58
18	4600	39	122	33
13	4200	9	147	37
8	4200	6	210	52
18	4200	15	122	35
13	3800	18	147	47

5　结论

本文通过对影响切割铣样机崩片原因进行分析，找出了影响切割铣样机稳定性的关键因素，并运用

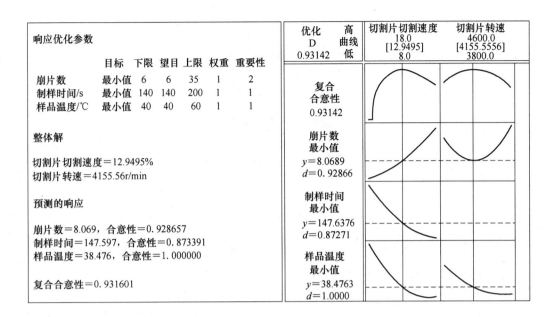

图10　响应优化器给出的最优参数组合

六西格玛质量管理方法应用和 Minitab 统计分析工具对设备运行参数进行分析，解决了切割铣样机的崩片问题，使切割铣样机的崩片数由每月 20 多片降低到每月 0.5 片，提高了设备的性能和稳定性，大大地降低了生产运行成本。

参考文献

[1] 车建国，何帧. 六西格玛管理在企业中的应用[J]. 工程机械，2006，37，74～75.

[2] 纪海慧，瞿元赏，唐庸康. 基于六西格玛设计的塑件齿形锁紧结构优化[J]. 机械设计与制造，2009(10):104～106.

[3] 武建军，罗峰，等. 六西格玛理论在机械产品设计中的应用[J]. 矿山机械，2008 (4)：59～63.

检测与应用

JIANCE YU YINGYONG

方圈试样搭接方式变化对取向电工钢
磁性能测量结果的影响

姚腊红，朱业超

（国家硅钢工程技术研究中心，湖北 武汉 430080）

摘　要：采用电工钢交直流磁性测量仪和爱普斯坦方圈磁性测量方法，研究了方圈试样非均匀排列、仿产品不同规格厚度与改变试样接触方式以及方圈试样数量变化对磁感应强度测量结果的影响。结果表明：低场下试样的非均匀排列会造成磁感显著降低；试样的搭接方式和搭接部位的尺寸对磁感测量结果有影响，接触面积越小，测量值越低。构成方圈的样品数量对测量结果也有一定的影响。

关键词：磁性测量；电工钢片；爱普斯坦方圈；方圈试样；试样形态

The Influence of the Change of Square Coil Specimen on the
Magnetic Energy of Oriented Electrical Steel

Yao Lahong, Zhu Yechao

（National Engineering Research Center for Silicon Steel，Wuhan　430080，China）

Abstract：It was investigated in this paper the influence of non-uniform alignment of square ring samples，modeling the variation of sample thickness，adjustment the contact operating form of samples and the variation of the qualities of square ring samples on the measuring results of permeability using a AC-DC magnetic properties measuring device and Epstein square ring measuring method.

Key words：magnetic measurement；electrical steel sheet；Epstein frame；ring specimen；specimen shape

1　引言

电工钢片是一种应用最为广泛的金属软磁材料，磁感应强度是其最主要的性能指标之一。磁感应强度标准的测量方法是采用25cm爱普斯坦方圈。方圈由四个线圈组成，尺寸为 30mm×300mm 的试样装入线圈中，试样在线圈中角部应按双层搭接方式进行叠片且方圈的每一边中的试样数应相同[1]。然而电工钢片在制作成变压器或互感器铁芯时，会有很多种叠片方式，如单相变压器有对搭接、90°接合叠层等方法，三相变压器一般采用45°接合叠片[2]，不同叠片方式对磁感应强度实际结果有何影响，未见公开报道。K. Senda 等人研究了电工钢片局部磁性能的不均匀性及测试方法[3]，而对于试样非均匀排列对磁性的影响未见报道。

本研究通过改变方圈内试样放置的数量、形态，测量同一试样在不同的磁场下的磁极化（感应）强度。通过所获得的磁性数据，加深从事材料性能检测人员在进行磁性检验时对测试条件的认识；同时通过该试验进一步证明电工钢应用中合理的设计，正确的装配是获得所制造设备技术指标的关键。

2　试验方法

试验条件如下：

设备：DC　MAGNETIC　INSTR UMENT、25cm方圈。

试样：0.30mm HiB 取向电工钢片。

3 试验结果与讨论

3.1 方圈试样呈非均匀排列磁性测量

表1和表2分别表示方圈试样在不同排列方式下分别在高场（磁场强度 800～5000A/cm）和低场（磁场强度 100～800A/m）时磁感应强度测试结果。其中：状态（1+1+1+1）×7 是常规 28 片方圈样排列方式，即在 Epstein 方圈的 A、B、C、D 四柱，每层每柱各一片样，共7层；其他各态均由一同一（（1+1+1+1）×6）形态和一变化形态组成测量试样，变化形态 0+1+2+1 表示 A 柱不放样品，B 柱放 1 片样，C 柱放 2 片样，D 柱放 1 片样；变化状态 0+2+0+2 表示 A 柱和 C 柱不放样，B 柱和 D 柱放 2 片样；变化形态 0+2+2+0 表示 A 柱和 D 柱不放样，B 柱和 C 柱放 2 片样。

表1 不同排列方式下试样在磁场 $H_s \geqslant$ 800A/m 时磁感应强度测试结果

试验编号	$H_s/A \cdot m^{-1}$				状 态
	800	1000	2500	5000	
1/2	1.909/1.907	1.918/1.917	1.949/1.947	1.958/1.956	(1+1+1+1)×7
3/4	1.900/1.901	1.912/1.913	1.946/1.946	1.955/1.956	0+1+2+1
5/6	1.871/1.871	1.891/1.891	1.940/1.941	1.953/1.953	0+2+0+2
7/8	1.891/1.890	1.905/1.904	1.943/1.943	1.954/1.954	0+2+2+0

表2 不同排列方式下试样在磁场 $H_s \leqslant$ 800A/m 时磁感应强度测试结果

试验编号	$H_s/A \cdot m^{-1}$				状 态		
	100	300	500	800			
1	1.788	1.859	1.885	1.907 / 1.908	(1+1+1+1)×7		
2	1.713	1.833	1.873	1.901 / 1.901			0+1+2+1
3	1.601	1.724	1.806	1.872 / 1.871	(1+1+1+1)×6	+	0+2+0+2
4	1.608	1.771	1.826	1.860			0+2+2+0
5	1.639	1.803	1.857	1.892 / 1.890			

表3 为 24 片方圈样采用不同的搭接方式，在磁场强度为 50～800A/cm 时的磁感应强度。其中：状态 6+6+6+6 表示四组各 6 片试样叠好后放在 A、B、C、D 四柱；形态 (1+2+1+2)×4 表示样片按每层 A 柱和 C 柱各 1 片、B 柱和 D 柱各 2 片的规律放 4 层；形态 (1+3+1+3)×3 表示样片按每层 A 柱和 C 柱各 1 片、B 柱和 D 柱各 3 片的规律放 3 层。

表3 方圈样采用不同的搭接方式、不同磁场强度下的磁感应强度

试验编号	$H_s/A \cdot m^{-1}$					状 态	
	50	100	300	500	800		
24-6	1.696	1.792	1.866	1.891	1.911		6+6+6+6
24-4	1.261	1.317	1.443	1.543	1.679	搭接	(1+2+1+2)×4
24-5	0.906	0.953	1.069	1.165	1.300		(1+3+1+3)×3

综合表1～表3的数据可以看出：

由同一副试样的个体按表中形态组成方圈测量单元后，在磁场强度大于 800A/m 时，磁性变化在 2.0% 范围以内；在磁场强度达到 5000A/m 时，磁性变化仅为 0.2%。而在该钢种应用的工作点 $J(B)=$ 1.7T 时（$H_s \approx$ 100A/cm），磁性变化高达 10% 以上。试样呈非均匀状态时磁性均为下降状态。

试验说明：材料在进行磁性检测时，试样截面（磁化方向）一定要保持均匀、一致，在这一前提下，测量数值为材料的真实性能。

同时，提醒电工钢应用工作者：要想在应用中充分发挥磁芯的磁性，磁芯回路的形态是一个特别值得关注的问题。

3.2　仿产品不同规格厚度与改变试样接触方式试验

本试验旨在了解电工钢材料性能应遵循的条件。

注：鉴于首轮试验磁场强度大于 800A/m 时，状态的改变对磁性的影响较小这一现象，后期试验磁场强度主要在小于 800A/m 下进行。

3.2.1　仿不同规格厚度试验

将一副 24 片试样通过叠片方式在方圈内搭接分别组成下列五种形态：

a：(0.30mm)×4×6，b：(0.60mm)×4×3，c：(0.90mm)×4×2，d：(1.20mm)×4 和 e：3 + 6 + 3 + 6 + 3 + 0 + 3 + 0。其中形态 a 表示每层 4 个柱各放 1 片厚度为 0.30mm 的样品，共放 6 层；形态 b 表示每层 4 个柱各放 1 片厚度为 0.60mm 的样品（由 2 片 0.30mm 厚的样品叠拼而成），共放 3 层；形态 c 表示每层 4 个柱各放 1 片厚度为 0.90mm 的样品（由 3 片 0.30mm 厚的样品叠拼而成），共放 2 层；形态 d 表示每层 4 个柱各放 1 片厚度为 1.20mm 的样品（由 4 片 0.30mm 厚的样品叠拼而成），共放 1 层；形态 e 表示方圈第 1 层 A 和 C 柱分别由 3 片样品叠拼而成，B 和 D 柱由 6 片样品叠拼而成，第 2 层 B 和 D 柱不放样品，A 和 C 柱分别由 3 片样品叠拼而成。

虽然试样在方圈内呈上述五种形态方式存在，但方圈每臂中试样总数量、所在的位置均相同。测量结果见表 4。由表 4 可见，在上述五种形态下，相同磁场强度下的磁感没有显著差异，即虽然改变"单片"试样厚度，但采用同一连结方式组成测量回路，各形态磁性测量结果相差无几。

表 4　方圈样在不同叠片方式下磁感应强度测试结果

状　态	$H_s/A \cdot m^{-1}$					备　注
	50	100	300	500	800	
a	1.722	1.790	1.861	1.887	1.910	方圈每柱中试样总数量相同
b	1.730	1.797	1.865	1.891	1.912	
c	1.728	1.798	1.866	1.890	1.910	
d	1.696	1.792	1.866	1.891	1.911	
e	1.733	1.802	1.868	1.892	1.913	

3.2.2　接触方式试验

改变方圈试样的接触方式，观察同一试样的磁性测量结果。其中：形态 6 + 6 + 6 + 6 表示每柱一层样品，每层样品由 6 片叠拼而成，在这种形态下采用了对接（图 1a）和换位对接（图 1b）两种接触方式；形态(3 + 3 + 3 + 3)×2 示每柱两层样品，每层样品由 3 片叠拼而成，在这种形态下采用了对接、搭接（图 2）的方式。

24 片方圈样在上述三种接触方式下磁感应强度测量结果见表 5。由表 5 可见：相同形态下，采用不同搭接方式（形态 6 + 6 + 6 + 6），在较低磁场强度下，磁感应强度测量结果差异显著，随着磁场强度增加到 800A/m，这种差异变得不明显。而采用对、搭接方式，测量结果与其他两种方式相比存在显著的差异。可见，改变试样的连接方式对磁性测量结果影响显著。

表 5　方圈样在不同接触方式下磁感应强度测试结果

试验编号	$H_s/A \cdot m^{-1}$					状　态	备　注
	50	100	300	500	800		
4-3	0.167	0.347	1.190	1.687	1.832	6 + 6 + 6 + 6	对接（图 1a）
4-5	0.202	0.500	1.302	1.698	1.830		换位对接（图 1b）
4-4	0.994	1.111	1.396	1.638	1.804	(3 + 3 + 3 + 3)×2	对搭接（图 2）

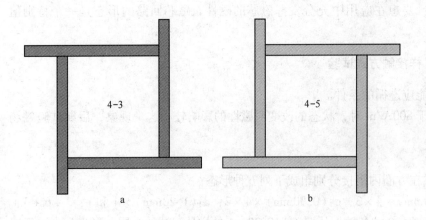

图 1　对接（a）和换位对接（b）接触方式示意图

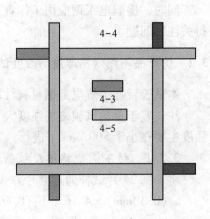

图 2　对接、搭接接触方式示意图

本试验说明：

（1）在研发、生产中同一品种、工艺且不同厚度规格的产品，其磁化曲线数值相同。

（2）在电工钢应用中，合理的组成磁回路，是获得电磁性能的关键所在。

3.3　改变搭接部位尺寸试验

试样搭接示意图见图3。以六种方式调整搭接部位，即全搭接、1/2搭接、1/3搭接、1/6搭接、1/20搭接和对接。

不同搭接部位尺寸情况下，磁感应强度测量结果见表6。

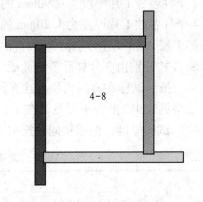

图 3　试样搭接方式示意图

表 6　不同搭接部位尺寸情况下，磁感应强度测量结果

项目编号	$H_s / A \cdot m^{-1}$					方　式
	50	100	300	500	800	
24-6	1.696	1.792	1.866	1.891	1.911	全搭接
4-6	1.213	1.718	1.859	1.888	1.911	1/2 搭接
4-7	0.696	1.454	1.845	1.881	1.906	1/3 搭接
4-8	0.532	1.094	1.824	1.872	1.901	1/6 搭接
4-9	0.339	0.680	1.584	1.817	1.872	1/20 搭接
4-10	0.230	0.500	1.396	1.771	1.854	对　接
最大值	1.696	1.792	1.866	1.891	1.911	
最小值	0.230	0.500	1.396	1.771	1.854	
最小值/最大值/%	14	28	75	94	97	

根据表6绘制出试样不同搭接条件下的磁化曲线图4、不同磁场下磁极化强度与搭接条件的变化曲线图5。

由表6测量数据与图4和图5中所绘制的磁性曲线可见，方圈试样的连接方式对测量结果产生很大的影响，即从试样采用全搭接到对接的变化过程中，试样的磁性及其变化曲线是不相同的。随试样搭接部位面积的减少、测量所获取的磁性数据呈下降趋势；同时，在磁场较低的区间，磁性下降的数值较大。尤其在50A/m（变压器磁感应强度设计点）这一测试点，对接与全搭接磁感应强度下降高达1.5T（特斯拉），二状态磁感强度比值仅为14%，在100A/m测试点，对接与全搭接磁感值下降也高达1.3T，二状态磁感强度比值也只有28%。

本试验可得出以下结论：单片试样在组成测量试样时，构成测量试样回路时单片试样之间的连接状态，对磁性测量结果形成一定的影响。其影响程度与测试点、连结方式相关性较大。

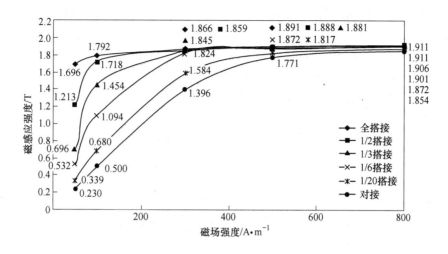

图4　不同搭接方式下磁感应强度随磁场强度的变化

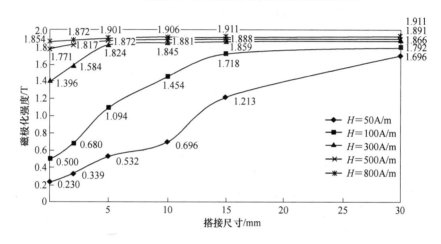

图5　不同磁场强度下磁极化强度随搭接尺寸的变化曲线

3.4　方圈试样数量变化试验

本试验旨在了解利用一固定的测量框架（方圈），通过改变测量试样的数量，观察不同厚度试样在同一框架内测量所表现的特点。试验数据见表7。

表7　方圈样数量不同情况下，磁感应强度测量结果

项目编号	$H_s/A \cdot cm^{-1}$						方　式
	50	100	300	500	800	1000	
20-1	1.490	1.759	1.863	1.890	1.912	1.922	7×4
20-2	1.544	1.767	1.864	1.890	1.910	1.920	6×4
20-3	1.688	1.788	1.864	1.889	1.910	1.919	5×4
20-4	1.678	1.762	1.833	1.858	1.881	1.889	4×4
20-5	1.707	1.785	1.855	1.881	1.902	1.912	3×4
20-6	1.686	1.771	1.849	1.878	1.901	1.909	2×4
20-7	1.655	1.751	1.836	1.866	1.893	1.905	1×4
20-8	1.660	1.751	1.835	1.866	1.893	1.906	1×4
最大值	1.707	1.788	1.864	1.890	1.912	1.922	
最小值	1.490	1.751	1.833	1.858	1.881	1.889	
极　差	0.217	0.037	0.031	0.022	0.031	0.023	
最小值/最大值/%	87	98	98	98	98	98	

从表7数据可看出：同一副试样经拆分组成不同厚度测量样品，在同框架内按同一磁化条件进行磁化曲线测量，不同厚度试样的磁化曲线存在一定的差别，与前几个试验相同，在取向电工钢片工作点附近磁性偏差最大，形成这一差别的原因可能来自以下几个方面：

（1）试样本身。不同试样之间均存在磁性偏差。

（2）不同试样截面的磁场强度与设定磁场强度比值有一定的差别。

（3）试样的变化可能造成测量设备对测量信号感应能力产生微弱变化。

（4）取向电工钢片工作点附近磁性偏差最大原因源于该区间处在高 B 与高 μ 区域。

4　结论

上述试验结果证明：

（1）磁性材料的性能测量不仅要有优良的测量设备，同时要规范被测试样的技术条件及其他各种因素（温度、湿度、震动等），才能获取较真实磁特性；

（2）材料性能的测量严格执行国家标准进行操作，尤其对检验试样的制备要倍加关注；

（3）试验结果清楚地告诉从事磁性材料应用工作者，合理的设计、装配电力、电器的磁铁芯，是获得最理想的电磁性能的最佳手段；

（4）广大电工钢材料制造、应用者，需要认识到在同一磁性测量原理、同一测量设备的前提下，测量对象的形态差别会导致出现不同的磁性数据，不同工作性质的技术工作者应根据自己的工作特点来选择符合自己的测量方式。

参考文献

[1] 国内外冷轧电工钢标准汇编. 武汉钢铁集团公司，2001，217~222.

[2] 田口悟. 电工钢板. 武汉钢铁集团公司冷轧硅钢片厂，1981，100~101.

[3] Senda K, Kurosawa M, Ishida M, et al. Local Magnetic Properties in Grain-oriented Electrical Steel Measured by the Modified Needle Probe Method[J]. Journal of Magnetism and Magnetic Materials，2000，215~216：136~139.

探索无取向电工钢室温拉伸试验方法

张　旭，黄　双，邱　忆，向　前，张俊鹏，叶国明，徐利军

（武钢股份质检中心，湖北　武汉　430080）

摘　要：本文旨在建立无取向电工钢力学性能的测试方法，从拉伸试验机控制和试样类型的角度出发，对力学性能指标影响因素进行了阐述和分析，从试验理论和试验实施的角度对 GB/T 228.1—2010 的试验速率方法 A 应变控制和方法 B 应力控制进行了评价，简析了刚度对试验的影响，并归纳出适合无取向电工钢室温拉伸的方法，旨在为无取向电工钢拉伸测试方法的建立提供思考和拓展方向。

关键词：无取向电工钢；拉伸试验；应变控制；应力控制；刚度

Exploration on the Method of Non-oriented Electrical Steel of Tensile Testing at Ambient Temperature

Zhang Xu, Huang Shuang, Qiu Yi, Xiang Qian, Zhang Junpeng, Ye Guoming, Xu Lijun

（Quality Inspection Center of Limited Corporation, WISCO, Wuhan　430080, China）

Abstract：This article mainly based on creating a mechanical properties testing method of non-oriented electrical steel. Standing on the perspective of controlling principle and style of the samples, the influence to the mechanical properties was analyzed, and method A strain control & B stress control were evaluated theoretically and practically, also the stiffness. The new testing method of non-oriented electrical Steel was concluded, and a continueation/suggestion for mechanical properties testing fields was provided.

Key words：non-oriented electrical steel; tensile test; strain control; stress control; stiffness

1　引言

目前，无取向电工钢力学性能的测试方法，各个钢厂和用户有显著差异，这与产品规格、试验设备条件等有很大关系。不同的测试方式和标准的运用对无取向电工钢力学性能指标有直接影响，而金属材料室温拉伸试验国家新版标准 GB/T 228.1—2010[1] 金属材料室温拉伸试验对拉伸速率的规定做了较大的修订，增加了方法 A 应变速率的控制方式和附录 F 关于刚度的修正公式，自实施以来引起了业内各界的讨论和关注。因此，如何用恰当的试验方法准确地得到力学性能数据需要明确。笔者就对应变速率控制的理解、标准变更和试样类型进行逐一阐述分析，建立合理的无取向电工钢拉伸试验方法，以便为产品技术协议的沟通建立依据，服务生产。

2　对试样类型及加工方式的确认

根据室温拉伸试验国家标准 GB/T 228.1—2010[1] 附录 B《厚度 0.1mm ~ <3mm 薄板和薄带使用的试样类型》的相关要求，无取向电工钢片的拉伸试样可采用的试样规格如表 1 所示。

表1　无取向电工钢片的拉伸试样可采用的试样规格

试样编号	平行部的原始宽度 b_0/mm	试样类型	比例系数	原始标距/mm	r/mm
P01	10	比例试样	11.3		≥20
P02	12.5	比例试样	11.3	$11.3\sqrt{S_0}$≥15	≥20
P03	15	比例试样	11.3		≥20
P4	20	比例试样	5.65	$5.65\sqrt{S_0}$	≥20
P5	12.5	非比例试样	—	50	≥20
P6	20	非比例试样	—	80	≥20
P7	25	非比例试样	—	50	≥20

注：1. 产品或技术协议规定的条件下选择非比例试样，一般选择比例试样作为试样尺寸。

2. 对于厚度小于0.5mm的产品，有必要采取特殊措施。在其平行长度上可以带小凸耳以便装夹引伸计，上下两凸耳中心线的宽度为原始标距。

　　如表1所示，为了找寻适合生产的试样规格，我们选取不同厚度的（0.35mm、0.5mm和0.65mm）试样3种，每种厚度牌号制取3种试样规格各15组；根据国标要求，我们优先采用P4试样以满足试验要求，同时，考虑到薄钢板厚度的因素，对0.35mm厚无取向试样采用P02比例试样，根据试样宽度的变化跟踪力学性能指标，试验的试样规格及分组见表2。

表2　无取向电工钢片的试样规格分组

试样厚度/mm	试样类型		
	比例试样	非比例试样	
0.35	P02×15	P6×15	P7×15
0.5	P4×15	P6×15	P7×15
0.65	P4×15	P6×15	P7×15

2.1　试样强度的影响

　　试验在ZWICK50KN全自动拉伸试验机上完成，测试结果见表3。

表3　无取向电工钢片的各系列拉伸试样强度的对比

试样厚度 /mm	屈服强度/MPa				抗拉强度/MPa			
	P02	P4	P6	P7	P02	P4	P6	P7
0.35	407	—	413	412	535	—	535	537
0.5	—	235	233	235	—	385	383	382
0.65	—	221	218	219	—	375	377	374

　　从表3可以看出：

　　（1）0.35mm厚板材P02试样屈服强度明显低于P6、P7试样，而抗拉强度几乎无差，造成这种结果的原因可能是试样材质的敏感性和试样的平行部位加工方式；

　　（2）对于0.5mm与0.65mm试样强度值几乎无差，说明随着试样宽度的增加，对于强度选择的试样类型P4和非比例试样无影响。

　　下面，将从伸长率的测量来分析试样规格的选取。

2.2　试样伸长率的分析

　　对上面试验的延伸做统计分析，修约后数据见表4和图1~图3。

表4　无取向电工钢片的各系列拉伸试样伸长率的对比

试样厚度/mm	伸长率/%			
	P02	P4	P6	P7
0.35	20.5	—	26.5	26.5
0.5	—	55.5	53	56
0.65	—	52	49.5	52.5

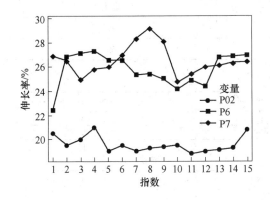

图1　0.35mm规格厚度伸长率

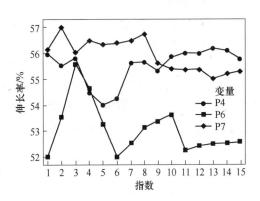

图2　0.5mm规格厚度伸长率

由表4和图1～图3可以看出，随着平行部位原始宽度的变化，试样越宽，延伸有增大的趋势：

（1）对于0.35mm试样，P02延伸明显低于P6和P7，这主要是由于当试样平行长度不变时，试样原始标距越长，轴向应力区在标距内所占比例就越小，所测得的延伸也越小；反之，原始标距越短，所测得的延伸就越大。

（2）对于0.5mm和0.65mm试样，同宽度条件下，P4试样略好于P6试样，而25mm宽度的P7试样最好，但总体相差不大。

（3）对于非比例P7试样，由于其L_e/b_0和L_c/b_0都远远小于12.5mm和20mm宽度试样，因此慎重选用。

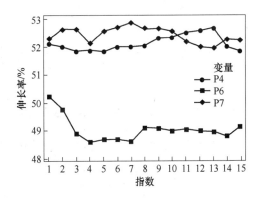

图3　0.65mm规格厚度伸长率

就加工方式而言，由于宽度方向上相同的P4和P6试样加工方式不同，比例P4试样采用冲取成型的方式，而非比例P6试样采用的是数控铣床加工，虽然从边部光泽度来看，铣床加工的更好，但伸长率却并不比通过毛刺刀处理边部毛刺的P4试样好，且数控铣床一次加工规格单一，不灵活，耗费成本和时间也相对较多，所以在没有特殊加工要求的情况下，优先选取比例试样P4。

3　应变速率控制对试样的影响

国标GB/T 228.1—2010[1]中新增的方法A应变速率控制模式分为两种类型：第一种是应变速率$\dot{e}L_e$是基于引伸计的反馈得到的；第二种是根据试样平行长度估计的应变速率$\dot{e}L_c$，即通过控制平行长度L_c与需要的应变速率$\dot{e}L_e$相乘得到的横梁位移速率来实现（$V_c = L_c \times \dot{e}L_c$）。而此前一直被我们使用的方法B应力控制模式也依然可以使用，但哪种方式更有利于我们对试样性能的精确控制需要探讨。

3.1　方法A对方法B的优势

如表5所示，实际上，老方法应力控制即现有国标中的方法B的速率是可以转换的，0.00025～0.0025s^{-1}应变速率范围对应的应力速率范围是51.5～515MPa/s，只不过，对于国标中规定的"如仅测定下屈服强度,在试样平行长度内的应变速率应尽可能保持恒定。"而对于有些材料,试样大部分区间是落在远超过 60 MPa/s,这就会产生矛盾,因此方法 A 规定的在测试下屈服 R_{eL} 规定的范围 2 应变速率 $0.00025\,s^{-1} \pm 20\%$,用引伸计进行纯应变控制不存在问题,但考虑到试验机的能力与横梁位移时的分辨率能否转换为我们需要的应变速率值,后面将会对试验机进行验证。

表5　方法 B 应力速率

材料弹性模量 E/MPa	应力速率 R/MPa·s^{-1}	
	最小	最大
< 150000	2	20
≥ 150000	6	60

　　不仅如此,按理来说,对屈服阶段的稳定性控制是我们追求的目标。我们对方法 A 和方法 B 的不同速率做了测试,结果如图 4 和图 5 所示。

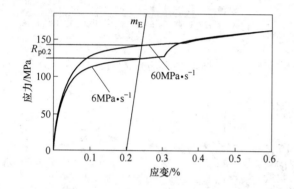

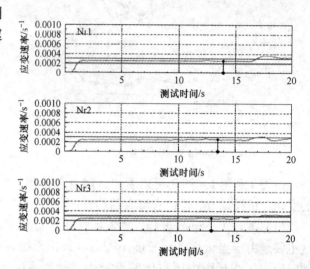

图4　方法 B 对应的屈服段波动　　　　　　　　图5　方法 A 对应的屈服段波动

　　由图 4 和图 5 可见:由应力速率控制模式变化范围内的屈服段变化较大,不能很准确地反映出材料的特性,而对于可实现方法 A 的试验机来说,可以恒定地将屈服段速率控制在 $0.00025\,s^{-1} \pm 20\%$ 内,对于我们进行试验具有指导性的意义。

3.2　试验机速率的验证

　　实现应变速率控制必须有相应能力的试验机进行测试,我们使用的是德国 ZWICK 50KN 全自动拉伸试验机,配备高精度免维护交流伺服马达;从 300N 开始,精度 1 级;从 1500N 开始,精度 0.5 级;线性精度 < 0.25% 从 600N 开始;线性精度 < 1% 从 150N 开始;150% 过载无变形(无机械损伤),横梁移动速度精度为 0.002%。设备配备有全自动纵向引伸计,精度达到 0.5 级,采用接触式测量,夹持压力 < 0.05N,不损伤薄片材料;而试验机的配套检定证书也确保了实现方法 A 应变速率控制的溯源性。只不过,在试验过程中,国标 GB/T 228.1—2010[1]方法 A 规定测定 R_p 和 R_{eh},测定下屈服强度 R_{eL} 和 $R_{p0.2}$,测定抗拉强度 R_m 和伸长率 A 推荐的速率为 GB/T 228 A224,即 $0.00025\,s^{-1} \pm 20\%$ 保持恒定在屈服整个阶段,塑性阶段推荐采用速率 4 即 $0.0067\,s^{-1} \pm 20\%$,如图 6 所示。

　　实际上,按照标准图示,速率范围可以随意选用比如 GB/T 228A234,但考虑到试验的屈服段稳定和转换模式时的速度,不应在应力-伸长率曲线上引入不连续性而歪曲抗拉强度 R_m 或最大力延伸 A_{gt} 值,所以我们选用 GB/T 228A224 作为选择方案进行验证,对 GB/T 228.1—2010 中 10.3 进行设定,采用"根据平行长度估计的应变速率 $\dot{e}L_c$"来实现速率控制,由于此设备配备有电子引伸计,因此通过设定速度为:上屈服强度测定采用范围 2 速度,即 $v_c = 0.00025\,s^{-1}$;下屈服强度测定采用范围 2,即 $v_c = 0.00025\,s^{-1}$;抗拉强度、断后延伸测定采用范围 4,即 $v_c = 0.0067\,s^{-1}$,如表 6 和图 7 所示。

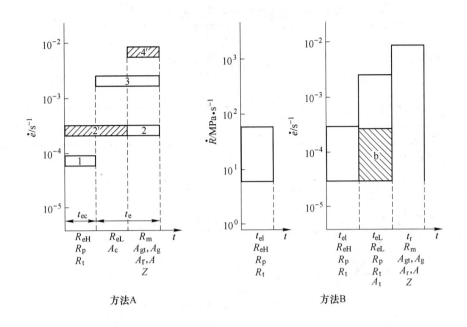

图6　两种试验方法的速度控制

表6　应变速率验证

设备名称	设备编号	试验阶段	设定试验速率/s^{-1}	实际时间周期/s	实际应变量/%	实际速率/s^{-1}	标准速率范围/s^{-1}	是否符合标准
ZWICK	702345	速率一	0.00025	14	0.31	0.000214	0.00025±20%（0.0002~0.0003）	是
		速率二	0.00025	29	0.86	0.0002966	0.00025±20%（0.0002~0.0003）	是
		速率三	0.0067	39	28.45	0.0072948	0.0067±20%（0.00536~0.00804）	是

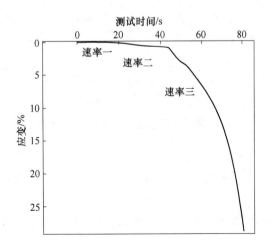

图7　实际应变量与时间曲线

由表6和图7可以看出，试验机的实际速率在国标方法 GB/T 228A224 的范围内，比中心速率略慢，下面我们选取0.5mm不同牌号的P4试样各15组分别用方法A和方法B进行试验，观察速率对性能指标的影响，结果见表7和图8~图10。

表 7　不同速率控制方法下试样性能数据表

牌 号	方法 A			方法 B		
	屈服强度 R_{eL} /MPa	抗拉强度 R_m /MPa	延伸率 A/%	屈服强度 R_{eL} /MPa	抗拉强度 R_m /MPa	延伸率 A/%
A	235	385	55	233	384	54.5
B	465	535	26.5	460	535	25.5
C	270	390	48	268	391	48

注：试验采用全程引伸计控制。

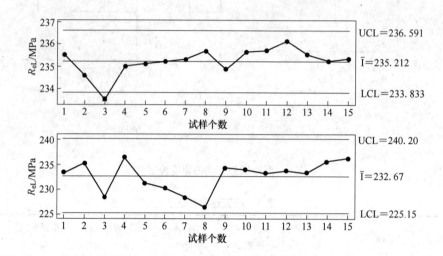

图 8　牌号 A 屈服的方法 A 和 B 控制图

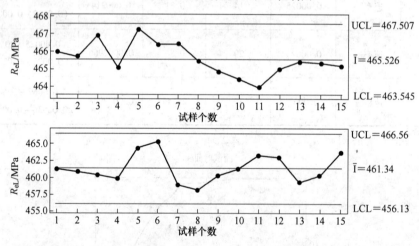

图 9　牌号 B 屈服的方法 A 和 B 控制图

由表 7 和图 8 ~ 图 10 可以看出：

方法 B 比方法 A 屈服的波动大且偏差大约 10MPa，而方法 A 相对波动区间小，可以得到相对稳定的屈服值；

从牌号情况看，牌号越高，屈服波动越大，这可能与试验机的刚度与柔度有关，但对性能几乎无影响。

3.3　对试验机刚度的补充说明

新国标 GB/T 228.1—2010[1] 在附录 F 里给出了刚度的公式 $èm = V_c / \left(\dfrac{m \times S_o}{C_m} + L_c \right)$，不同刚度的修正

对试验机测试能力也有影响，相同方面，柔度作为补偿的一个因素，其公式直接是刚度的倒数。实际上，

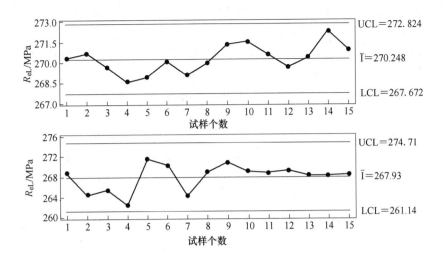

图10　牌号 C 屈服的方法 A 和 B 控制图

横梁的相对位移是刚性的，而包括夹具试样的夹持条件与状态的试样链是柔性的，而且与结构状态是相关变量。即测得的 m 值实质是试样材料的特性，而不同材料是不同的。

对于薄钢带无取向电工钢片的性能，由于强度不高，试验机最大承受力为表盘的 4/5，即 40kN 的力载荷就可以完全满足试验本身的要求，但刚性的定义目前在国际上各大试验机制造商也无法给予明确的定义和保证，因而在技术协议传递的过程中也很少提到这一概念。我们做了一次试验，在应变控制方法 A 的速率控制下，用不同刚度的试验机对不同的试样做测试，结果如图11所示。

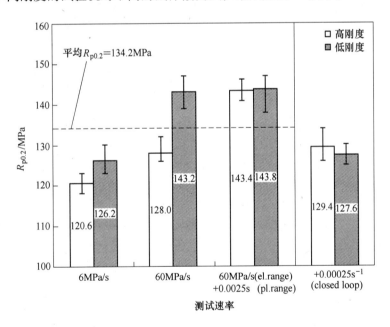

图11　不同刚度下试验机用不同速率控制的对比

可以看出，对于方法 A 控制的材料，其屈服强度几乎不受刚度影响，因此我们也不再对刚度这一概念进行过多讨论，在无取向电工钢力学性能测试这一领域已可满足生产需求。

4　结论

通过以上分析，我们可以得到无取向电工钢室温拉伸试验方法的结论：

（1）对于 0.5mm 及以上厚度规格的试样，我们选择比例试样 P4 作为试样类型，除非产品协议另有规定，否则不建议采取 P7 的非比例试样；

（2）对于 0.35mm 及以下规格厚度，我们选择非比例试样 P6 试样作为试样类型，除非产品协议另有规定，否则不建议采取 P7 的非比例试样；

（3）试验机的刚度并没有对无取向电工钢测试有影响，我们对实验的速率选用应变控制方法 A 即 GB/T 228 A224 作为试验方案，可以保证测试性能的稳定和准确；

（4）对于仅进行强度测试要求的试验，方法 A 和方法 B 均可以使用。

参考文献

［1］中华人民共和国国家标准. 金属材料拉伸试验，第一部分：室温试验方法［S］. GB/T 228.1—2010.

［2］李和平，周星，徐惟诚，等 . GB/T 228.1—2010 中应力速率的三种理解及在宣贯和实施过程中出现的问题［S］. 理化检验-物理分册，2013，49（8）：494～496.

直流偏磁对无取向电工钢片磁性能的影响研究

石文敏[1,2]，刘　静[2]，王小燕[1]，冯大军[1]，党宁员[1]

（1. 国家硅钢工程技术研究中心，湖北　武汉　430080；
2. 武汉科技大学材料与冶金学院，湖北　武汉　430081）

摘　要：电工钢片一般情况下的励磁条件都为正弦的，但是随着能源-电力行业技术的不断发展进步，电机和变压器中经常会出现直流偏磁现象，本文着重就不同条件下的偏磁场对无取向硅钢片的磁性能影响进行了研究，实验结果表明磁感点较低时直流偏磁会使原本对称的磁滞回线发生扭曲，并发生整体右移和拉长现象，同时铁损升高，而磁感达到 1.5T 时铁损几乎没有变化。

关键词：直流偏磁；偏磁场；磁性能；无取向电工钢片

The Effect of DC-Biased on the Magnetic Properties of Non-oriented Electrical Steel

Shi Wenmin[1,2], Liu Jing[2], Wang Xiaoyan[1], Feng Dajun[1], Dang Ningyuan[1]

（1. National Engineering and Research Center for Silicon Steel, Wuhan　430080, China;
2. College of Material and Metallurgy, Wuhan University of Science and Technology, Wuhan　430081, China）

Abstract：The excitation conditions of electrical steel are generally sinusoidal, but DC-biased excitation is sometimes experienced in motor and transformer with the advent power electronics incent years, dc. The effect of DC-biased on the magnetic properties of electrical steel is studied, the results show that DC-biased magnetization generates distorted asymmetrical hysteresis loop, and the loop extends and shifts right when the magnetic induction is relatively low, and the iron loss increases under DC-biased field. But the magnetic induction has almost no changed when the magnetic induction reached 1.5T.

Key words：DC-biased; biased magnetic field; magnetic properties; non-oriented electrical steel

1　引言

电工钢片一般情况下的励磁条件都为正弦的，但是随着能源-电力行业技术的不断发展进步，电机和变压器中经常会出现谐波和直流偏磁现象[1]，目前生产商提供的磁性数据经常不够，我们并不了解爱泼斯坦方圈标准测试数据和直流偏磁条件下铁芯数据的区别，叠片铁芯直流偏磁条件下数据的真实和有效性需要解决。图 1a 给出了直流偏磁条件下磁滞回线和物理意义的定义，图 1b 和图 1c 分别给出了磁通密度 B 和磁场强度 H 的波形图[2,3,4]，ΔB 代表磁通密度偏磁量，H_{dc} 代表偏磁量磁场，H_b 为磁通密度最大时对应的瞬时磁场强度，此时电工钢中的平均涡流为零，B_m 为直流磁通密度分量的幅值，B 的直流分量波形按照正弦波形控制。本文将以无取向电工钢为试验材料，研究不同偏磁场对材料性能的影响。

2　试验过程

测试材料为 0.30mm 高牌号无取向电工钢，规格为 30mm×300mm 方圈试样，测试设备为 Brockhaus

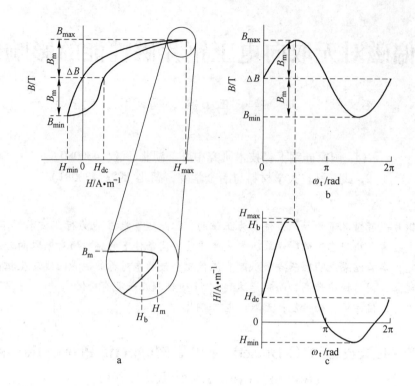

图1　直流偏磁磁化条件下的扭曲不对称磁滞回线

公司生产的 MPG-200D 磁性测量系统。考虑到实际电机中会有谐波存在，因此测试时添加了 10% 的 3 次谐波分量，随后分别添加了 10A/m、20A/m、40A/m 和 60A/m 的偏磁场，测试基波频率为 400Hz，测试磁感点分别为 1.0T 和 1.5T。

3　试验结果与分析

3.1　偏磁量对磁场和磁密曲线的影响

图2 和图3 给出了不同条件下添加偏磁场后的磁场和磁密曲线，可以看出 $B_m = 1.0T$ 时，添加偏磁场后磁场曲线严重扭曲，尤其是上半部分整体向上移动，随着偏磁场的增大，磁场峰值不断增大，而 $B_m = 1.5T$ 时，添加偏磁场后磁场曲线部分整体向上移动，但相对偏移幅度略有降低。由于磁感设定为固定值，因此添加偏磁场后磁密曲线基本没有变化。

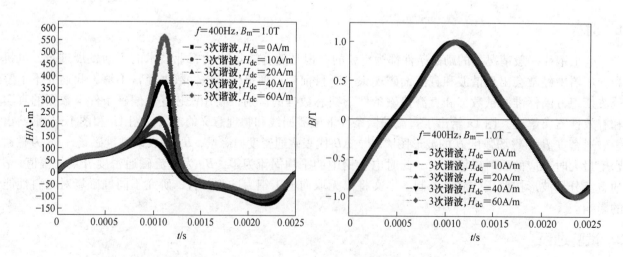

图2　$B_m = 1.0T$ 时添加偏磁场后的磁场和磁密曲线

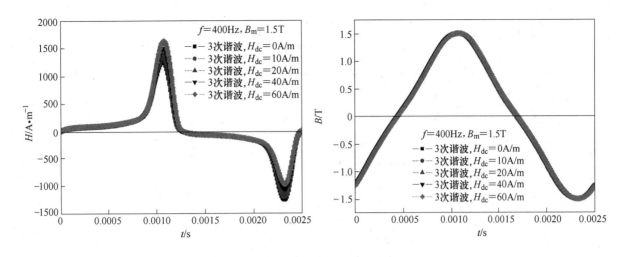

图 3 $B_m = 1.5T$ 时添加偏磁场后的磁场和磁密曲线

3.2   偏磁量对磁滞回线的影响

图 4 给出了不同条件下添加偏磁场后的磁滞回线，当 $B_m = 1.0T$ 时，添加偏磁场后磁滞回线的右上部分明显向右拉长，且偏磁场越大，向右拉长越严重，当 $B_m = 1.5T$ 时，添加偏磁场后磁滞回线的位置基本没有变化，仅仅左下角向右略微收缩，偏磁场越大，收缩程度略微增大。

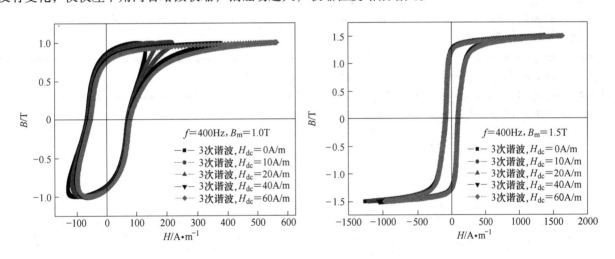

图 4   不同条件下添加偏磁场后的磁滞回线

3.3   偏磁量对铁损的影响

图 5 给出了添加偏磁场后的铁损变化，$B_m = 1.0T$ 时，随着偏磁场的提高，铁损逐渐升高，主要是由磁滞损耗增加导致，涡流损耗几乎没有变化[1]。而当 $B_m = 1.5T$ 时，随着偏磁场的提高，铁损几乎没有变化。这是因为 $B_m = 1.0T$ 时，磁感远未趋近饱和，添加偏磁场对磁滞回线形状影响明显，而当 $B_m = 1.5T$ 时，磁感趋近饱和，添加偏磁场对磁滞回线形状无明显影响。

4   结论

（1）添加直流偏磁会直接提高磁场的峰值，使磁场变化波形整体上移。

（2）在较低磁感点下，添加直流偏磁会造成磁滞回线的右上部分明显向右拉长，而在接近饱和磁感时，添加直流偏磁对磁滞回线的形状无明显影响。

（3）在较低磁感点下，添加直流偏磁会造成材料铁损上升，而在接近饱和磁感时，添加直流偏磁对

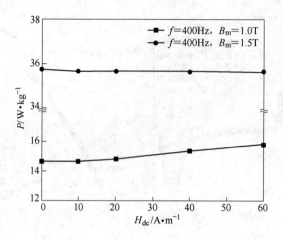

图5　添加偏磁场后的铁损变化

铁损影响不大。

参考文献

［1］ Daisuke Miyagi, Tsutomu Yoshida, et al. Development of Measuring Equipment of DC-biased Magnetic Properties Using Open-Type Single-Sheet Tester. IEEE Transactions on Magnetics, 2006, 42(10):2846～2848.

［2］ Zhao Zhigang, Li Yongjian, Liu Fugui, et al. Magnetic Property Modelling of Laminated Silicon Steel Sheets under DC-biasing Magnetization［C］. The Sixth International Conference on Electromagnetic Field Problems and Applications (ICEF), Dalian, 2012：1～4.

［3］ Zhao Zhigang, Liu Fugui, et al. Modeling Magnetic Hysteresis under DC-Biased Magnetization Using the Neural Network. IEEE Transactiona on Magnetics, 2009, 10, 45(10):3958～3961.

［4］ Enokizono M, Takeshima Y, et al. Measuring Magnetic properties under DC-biased Magnetization Using Single-sheet Tester［J］. Journal of Magnetics Society, Japan, 2000, 24(4-2):875～878.

定转子产生高度差的原因及对电机性能的影响分析

李广林，胡志远，陈凌峰，孙茂林，王付兴，陈喜亮

（首钢股份公司迁安钢铁公司，河北 迁安 064404）

摘　要：定转子高度差控制是电机制造工艺的关键点之一。本文从多方面分析定转子产生高度差的原因，同时指出高度差对电机运行效率和运行平稳性的影响。

关键词：定转子；高度差；影响；性能

The Analysis of the Causes of the Height Difference of Stator and Rotor and the Influence on the Performance of Motor

Li Guanglin, Hu Zhiyuan, Chen Lingfeng, Sun Maolin, Wang Fuxing, Chen Xiliang

（Shougang Qian'an Iron & Steel Co., Ltd., Qian'an 064404, China）

Abstract：The height difference control of stator and rotor is one of the key points of motor manufacturing process. The analysis of the stator and rotor from many causes of height difference The reason which causes the height difference of stator and rotor are analyzed in many aspects in this paper, and pointed out that the effect of height difference on operation efficiency and stable operation of motor.

Key words：stator and rotor; height difference; effects; performance

1　引言

定转子是电机的重要组成部分，俗称电机的心脏，其是由电工钢板冲片叠高叠压而成。在定转子冲片叠高叠压过程中，受电工钢材料同板差精度的影响、冲压设备状态以及冲压设定参数的影响，会使定转子产生两侧高度差，见图1。一方面，定转子高度差对电机运行性能有直接的不利影响；另一方面，为消除定转子高度差，对电机生产制造过程也产生了不利的影响。

本文从多方面分析定转子产生高度差的原因，同时指出高度差对电机运行效率和运行平稳性的影响。

图1　转子高度差

2　高度差产生的原因分析

定转子产生高度差的主要原因有四个方面：一是电工钢材料本身同板差不良；二是电工钢材料力学性能与冲压磨具不匹配；三是冲压设备状态欠佳；四是冲压设定参数不合理。

2.1　因同板差超标而导致的高度差问题

电机定转子是由电工钢材料冲片叠高叠压而成的，电工钢材料本身的尺寸控制精度的优良对电机定转子的高度差存在直接的影响。不论是热轧电工钢还是冷轧电工钢，均在一定程度上表现为中间部分厚、两侧部分偏薄，即电工钢材料均存在一定的同板差[1]。

因此，当电工钢材料存在较大的同板差时，经冲片叠高叠压而成电机定转子就会产生一定的高度差。尤其是当电机是定转子高度较高或直径较大的大型电机时，电工钢材料同板差对电机定转子高度差产生的影响尤为突出。此外，对于诸如冰箱压缩机、高精密电机或超高速电机等产品，由于其加工和使用性能的要求，对电工材料的同板差的需求标准也相当高。因而需要对电工钢材料的同板差依据产品实际需求有针对性地制定标准，目前最严格的标准为：电工钢条料同板差在 5μm 以内。

2.2　因材料力学性能与冲压模具不匹配导致的高度差问题

为确保冲压叠片的尺寸精度，对于不同牌号和性能的电工钢材料，应选用相应的冲压模具材料。如电工钢片牌号 W400、W360、W315 以上的这类硬性料，因铁损低、伸长率小和脆性大等性能，需要选用抗弯强度、抗冲击韧性为主的粗晶粒硬质合金。牌号 W620、W540、W470 以上的这类中性料，需要选用抗弯强度和耐磨性兼顾的中细晶粒硬质合金。牌号 W1000、W1300 这类铁损高、伸长率大的软性料，需要选用耐磨性为主、抗弯强度为辅的细晶粒硬质合金[2]。

但在实际生产中，有些制造厂家为减少投资成本、提高生产效率，通常会利用同一副冲压模具同时冲压 W1300、W800、W470 以及 W350、W300 等低、中、高全系列的电工钢牌号。这就造成电工钢材料与冲压模具材料之间存在严重的不匹配，导致冲压出的电工钢叠片存在变形、翘曲，叠扣点断裂、变形等缺陷，从而使得电机定转子在叠压叠高后，因局部叠压不严实或叠扣不扣而存在两侧高度差。叠片变形图示见图 2。

此外，当电工钢材料与冲压模具材料之间存在不匹配时，还会加剧冲压模具的磨损，同样会造成冲片尺寸精度超差，并最终影响到定转子的质量。

图 2　叠片变形图示

2.3　因冲压设备状态欠佳导致的高度差问题

电机定转子叠片外形结构复杂，加工尺寸精度要求高。而冲压设备运行状态是确保加工尺寸精度的基础，当设备状态欠佳时，必然会影响到定转子叠片外形尺寸和精度。

例如，当冲模在冲床安装不恰当或冲模刃口磨钝时，使冲模模刃周围间隙不均匀，会使冲片产生毛刺。过大的毛刺会导致片间压紧不严实，从而使叠压叠高后的定转子产生高度差，并会因毛刺损坏片间绝缘而加剧涡流损耗，影响电机效率。

此外，为提高冲压叠片工序的生产效率，目前自动叠铆技术已在高速冲床上得到广泛的应用。自动叠铆是指按产品技术要求的叠铆方式使冲片间达到预定的过盈联接，依靠级进模精确的送料步距，使冲片准确地压合在一起而达到冲片间预定的叠合力[3]。因而，冲压步距位置精度直接影响到定转子铁芯自动叠铆结合力的大小。当步距位置精度控制不佳时，使叠铆点达不到合适的过盈量，轻者会使定转子因叠扣不严而产生两侧高度差，重者会造成定转子因铆接力不够而出现断裂现象。

2.4　因冲压参数设置不合理导致的高度差问题

定转子冲片冲压参数设置的合理与否，同样直接影响到冲片外形尺寸的精度，例如，目前有一类型的冲床，其定转子冲片叠压的压力是由收紧模的收紧量决定的，适中的收紧模的收紧量能够使收紧模与定转子之间形成较适中的背压力和收紧增压的效果，收紧量越大，转子与收紧凹模作用力越大，从而叠铆力越大。但收紧量太大时，定转子发生塑性变形，不能恢复。从而，一方面会使定转子叠片间因叠片变形而导致局部叠压不严；另一方面，会因破坏叠铆点过盈量而导致定转子叠压不严实，两者均会造成定转子产生两侧高度差[4]。

此外，冲压深度关系到铁芯叠装的质量，冲压深度过浅，铁芯叠装易松动，出现散片；冲压深度过深，叠压点连接强度降低，冲片出现变形，导致局部叠压不严而产生高度差[5]。

再者，冲模模刃周围间隙也是影响叠厚高度差的主要参数之一。因为间隙过大或过小均会使冲片产生毛刺，过大的毛刺会导致片间压紧不严实，从而使叠压叠高后的定转子生产高度差，并会因毛刺损坏片间绝缘而加剧涡流损耗，影响电机效率[6]。

3　对电机性能的影响分析

定转子高度差对电机性能的影响是多方面的，从类型上划分，大致分为对电机运行效率和运行稳定性的影响，分别分析如下。

3.1　对电机运行效率的影响

定转子高度差通常是通过影响叠片系数而影响电机运行效率的。在制造过程中的电工钢片同板差超标、冲片变形、冲片毛刺等缺陷均会使定转子产生高度差，从而使叠片系数降低。叠片系数偏低意味着铁芯体积不变、电工钢片用量减少，铁芯的有效截面积减小。一方面铁芯的有效截面积减小使得通过铁芯有效截面积内的磁通密度增大，导致铁芯损耗（铁损）升高。另一方面，铁芯的有效截面积减小使得空气隙增大，主磁通量减少，使激磁电流增大，从而使电机电枢损耗（铜损）增大。尤其是对微型、小型电机来说，改善叠片系数比改善电工钢片本身的磁性更重要。

此外，当定转子存在高度差时，通常会造成内圆、槽壁和槽口不齐，严重时，需要磨内圆、锉槽壁和槽口，既增加工时，又会使铁损增大[7]。再者，定转子高度差会使定子与转子间的气隙不均，增大电机损耗，影响电机运行效率。

3.2　对电机运行稳定性的影响

在电机正常工作时，转子处于旋转状态。转速一般在每分钟几千转，有的甚至高达每分钟几万转，这就要求转子旋转必须具备较高的平稳性，而这种运行平稳性取决于转子动平衡。

转子的高度差是影响动平衡的主要因素，转子高度差过大会导致转子存在较大的不平衡，轻则造成电机振动、噪声；重则导致定转子铁芯相互碰撞、摩擦，最终缩短电机使用寿命。此外，当定子也存在高度差时，更会加剧动平衡不良对电机运行稳定性的不利影响。

此外，定子两侧高度差也会造成定子外圆不平整，尤其是对于封闭式电机，定子铁芯外圆与机座的内圆接触不好，影响热的传导，使电机温升高。因为空气导热能力很差，仅为铁芯的0.04%，所以即使有很小的间隙存在也使导热受到很大的影响[8]。

4　结论

（1）定转子产生高度差的主要原因有四个方面：一是电工钢材料本身同板差不良；二是电工钢材料力学性能与冲压磨具不匹配；三是冲压设备状态欠佳；四是冲压设定参数不合理。

（2）定转子高度差对电机运行效率和运行平稳性有直接的影响，需要结合产生原因，有针对性地消除定转子高度差。

参考文献

[1] 徐慧娟. 电动工具转子动平衡合格率低的原因及解决办法[J]. 沿海企业与科技，2011，135(8)：30～31.

[2] 张顺福，王文，杨健. 双排定转子铁芯自动叠铆级进模的设计和制造[J]. 电加工与模具，2004(1)：36～39.

[3] 欧阳波仪，成百辆. 电机定转子冲片自动叠铆级进模设计[J]. 模具工业，2006，32(1)：31～35.

[4] 张智义，李亚东，等. 冷轧无取向硅钢自动叠铆失效分析[A]. 第十一届中国电工钢专业学术年会论文集，2010.

[5] 袁崇，电机定转子铁芯自动叠装模设计[J]. 模具工业，2007，33(3)：20～22.

[6] 于芳. 冲模对电机定转子冲片质量的影响[A]. 天津市电机工程学会2009年学术年会论文集[C]. 2009：142～144.

[7] 宋子明. 电动机定转子冲片的冲裁加工精度[J]. 中小型电机，2003，30(5)：47～48.

[8] 康凯. 定转子冲片毛刺超差探因[J]. 防爆电机，2004，121(4)：42～43.

试样的张紧力对电工钢反复弯曲检测结果的影响

沈　杰[1]，周　星[1]，张关来[2]

（1. 上海宝钢工业技术服务有限公司检化验中心，上海 201900；
2. 上虞市宏兴机械仪器制造有限公司，浙江 上虞 312368）

摘　要：本文重点介绍，与美国标准（ASTM A720）和日本标准（JIS C2550）电工钢反复弯曲方法相关的，一种新的可准确施加且可变换张紧力的反复弯曲试验装置，利用该装置进行了不同张紧力下不同规格电工钢样品的反复弯曲试验。本文试说明试样张紧力对反复弯曲试验的结果有明显的影响，而日本标准（JIS C2550）中的电工钢反复弯曲方法推荐的 70N 张紧力，是电工钢反复弯曲检测标准方法在试样张紧力要求方面具有良好操作性的最佳选择。

关键词：电工钢；反复弯曲；张紧力

The Influence of the Tension in Specimenson the Results of Reverse Bending Test for Electrical Steel

Shen Jie[1], Zhou Xing[1], Zhang Guanlai[2]

（1. Test, Inspection and Analysis Center, Baosteel Industry Technical Service Co., Ltd., Shanghai 201900, China；2. Hongxing Mechanical Instrument Manufacture Co., Ltd., Shangyu 312368, China）

Abstract：This paper introduced a new design of the reverse bending device based on the principle of ASTM A720 and JIS C2550, some reverse bending tests worked on comparing the results with different tensions and different grades of electrical steel. The author try to point that the tension has a great effect on the results of reverse bending test, and the tension of 70N recommended by JIS C2550 is a best choose for standard method on considering practical maneuverability.

Key words：electrical steel；reverse bend；tension

1　引言

用反复弯曲方法表征的电工钢延展性，是一项电工钢常规检验的指标。用户在电工钢材料冲压中出现的开裂情况，与延展性（反复弯曲）指标有一定的关联性。现行薄板反复弯曲方法国家标准（GB/T 235）和国际标准（ISO 7799）中对于试样张紧力的要求过于宽泛，造成标准执行中各相关方认识不统一，容易在日常比对检验中产生歧义和争议，且在电工钢检验的工业实践中，较多机构采用源于针对电工钢反复弯曲的美国标准（ASTM A720）和日本标准（JIS C2550）的方法，检测设备也与薄板反复弯曲方法国家标准和国际标准的规定略有不同。目前电工钢产品标准[1]引用国家标准 GB/T 235—1988[2]（该标准2013 年修订过，主要内容未变）进行反复弯曲检测，该标准是金属薄板反复弯曲通用检测方法标准，这两个版本的标准都源于国际标准[3]，其内容与欧洲以外的大部分电工钢的生产和应用机构的实际情况有出入，国际上对此也有争议，主要是标准对于反复弯曲方法的试样张紧力要求：是否施加张紧力，以及如施加张紧力则不应超过材料标称抗拉强度的 2%，该要求太宽泛，在执行标准时各相关方的认识和操作都难以统一，在有争议时很难达成一致，从产品质量控制的角度来讲该宽泛的要求也是不合适的。ASTM A720-02（2007）[4]和 JIS C2550—2000[5]推荐采用一种以弹簧施加张紧力的方法进行反复弯曲试验，而且

JIS C 2550—2000 推荐采用的试验张紧力"约70N",明确定量,可操作性很强。为对反复弯曲试验中试样张紧力的影响有明确认识,同时也为了改善工业检测现场的装置,提高检测方法的可靠性,笔者研制了一种新的反复弯曲试验装置,该装置原理上与美国标准 ASTM A720 和日本标准 JIS C2550 硅钢反复弯曲方法一致,但是施力方式更合理可靠,可准确施加且可变换张紧力,并保证在整个反复弯曲过程中作用在试样上的张紧力恒定不变。利用该装置对电工钢产品所有厚度规格在不同张紧力下反复弯曲进行了试验研究,一方面明确张紧力对反复弯曲次数的影响程度,另一方面确定并验证70N张紧力的合理性。

2 张紧力可准确施加且可变换的反复弯曲试验装置

2.1 张紧力可变换反复弯曲试验装置的设计及原理

该张紧力可变换反复弯曲试验装置的设计宗旨是操作方便、张紧力变换和施加方式简单可靠。

装置采用砝码和组合滑轮来实现上述功能。利用砝码的标准质量严格控制施加的张紧力,砝码可更换、自由添加或者减少,组合滑轮将砝码的质量转化为施加在检测试样上端的张紧力,保证在整个反复弯曲试验中始终保持张紧力恒定地施加在试样上,具体结构参见图1。

2.2 张紧力可变换反复弯曲试验装置

装置可以应用于工业检验现场,其操作简单、使用方便,并考虑了一些工业现场检测的需求。砝码顶部有内螺纹孔便于自由拆卸与钢丝绳的连接,更换不同质量的砝码即可施加不同的张紧力。不同质量等级的砝码如图2所示。

采用踏板式设计可轻松抬起砝码,便于更换样品和砝码(图3)。

通过安置在 R 块两边的感应器自动计算弯曲次数,省去人工计数,减少可能的差错(图4)。

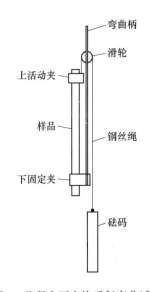

图1 张紧力可变换反复弯曲试验装置施力方式示意图

3 不同张紧力的反复弯曲试验

为了最大限度地测试不同张紧力水平对反复弯曲检测结果的影响,试验中用来施加张紧力的砝码分为 5 个等级:1kg,3kg,5kg,7kg,10kg,对应施加的张紧力为 10N,30N,50N,70N,100N,反复弯曲的 R 块半径为 5mm。试验样品的种类涵盖了目前电工钢的所有厚度规格,取向电工钢 3 个厚度规格(0.23mm,0.27mm,0.3mm)、无取向电工钢 3 个厚度规格(0.35mm,0.5mm,0.65mm)。所有试验样品制作成纵向,尺寸为:长 320mm,宽 30mm。

试验样品共 6 个厚度规格,每个厚度规格分别进行 10 ~ 100N 共 5 个张紧力组合的试验,此外为消除测量中的波动因素对测量结果分析的影响,每个张紧力测试 10 个样品。共计进行了 30 组、300 次的反复弯曲检测试验。

4 试验结果分析

图5 ~ 图10 给出 0.23mm、0.27mm、0.3mm、0.35mm、0.5mm、0.65mm 等 6 个厚度规格样品的反复弯曲次数随着张紧力变化的情况,其中,数据点(均值)的上下区间分别对应该张力水平下不同试样的最大和最小弯曲数。

从 6 个厚度规格电工钢样品的反复弯曲次数随着张紧力的变化情况来看,在 10 ~ 70N 区间反复弯曲次数随着张紧力的增加总体趋势降低;在 70 ~ 100N 区间,反复弯曲次数随着张紧力增加总体趋于平稳;特别需要说明的是,如不施加

图2 不同质量等级的砝码

图3　可自由收放的踏板　　　　　　　　　　　图4　自动感应计数器

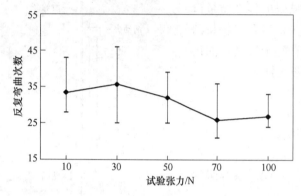

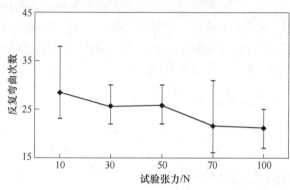

图5　0.23mm规格样品反复弯曲次数随张紧力变化图　　　图6　0.27mm规格样品反复弯曲次数随张紧力变化图

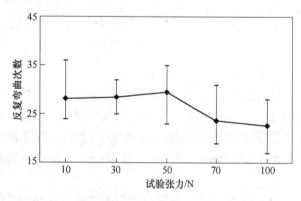

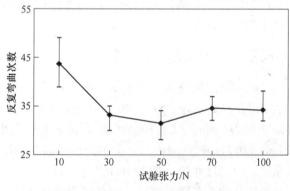

图7　0.3mm规格样品反复弯曲次数随张紧力变化图　　　图8　0.35mm规格样品反复弯曲次数随张紧力变化图

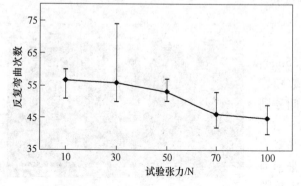

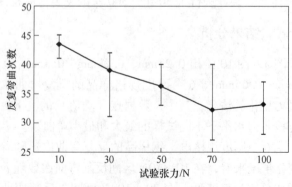

图9　0.5mm规格样品反复弯曲次数随张紧力变化图　　　图10　0.65mm规格样品反复弯曲次数随张紧力变化图

张紧力，试样处于自由状态，弯曲过程中变形位置不确定，这一情况对薄试样更加明显，反复弯曲试验结果失真。为保证弯曲过程中试样在固定的位置变形，需要施加适当的张紧力，日本标准（JIS C2550）推荐的70N是合理的。

张紧力对于反复弯曲次数有直接、较大影响，总体趋势是张紧力越大反复弯曲次数相对减少，这一结果与傅志强等的研究结果一致[6]。

5　总结

反复弯曲试验中施加张紧力的目的是尽量地拉紧和固定样品，使反复弯曲过程中弯曲位置不移动，不完全是现行国际标准和国家标准表述的是为保证试样和弯曲弧面的连续接触，对于是否施加张紧力和如何施加方面现行标准规定太宽泛，与电工钢工业检测的实际情况有矛盾，需要进行适当的调整，明确张紧力的要求，如日本标准（JIS C2550）推荐的70N，以减少争议，更好地服务于产品质量的提高。

参考文献

［1］GB/T 2521—2008 冷轧取向和无取向电工钢带（片）［S］.
［2］GB/T 235—1988 金属材料　厚度等于或小于3mm 薄板和薄带　反复弯曲试验方法［S］.
［3］ISO 7799—1985 Metallic materials；Sheet and strip 3 mm thick or less：Reverse bend test［S］.
［4］ASTM A720—02（2011），Standard Test Method for Ductility of Non-oriented Electrical Steel［S］.
［5］JIS C2550—2000 電磁鋼帯試験方法［S］.
［6］傅志强，姚久红，朱锦波．冷轧无取向硅钢片反复弯曲试验的影响因素［J］．特殊钢，2008，29（3）：69，70.

铁基非晶带材工频磁性能单片法国际循环比对试验
（第1轮）相关情况介绍

周　星[1]，邹学良[2]，马长松[3]，周新华[2]，沈　杰[1]

（1. 上海宝钢工业技术服务有限公司检化验中心，上海 201900；

2. 长沙天恒测控技术有限公司，湖南 长沙 410100；3. 宝钢中央研究院硅钢研究所，上海 201900）

摘　要：铁基非晶带材是用于配电变压器铁芯并受到广泛关注的一种新材料。铁基非晶带材的磁性测量方法还没有国际标准。为建立相应的国际标准，2014 年国际电工委员会（IEC）磁性合金和钢技术委员会（TC68）实施了第一轮国际循环比对试验，该项目由日本标准化国家委员会组织。本文从项目参与者的角度介绍该项目和试验结果的一些情况。

关键词：非晶；磁性能；单片法；循环比对试验

Introduction on an International Round Robin Test（First Round）of Fe-based Amorphous Strip with a Single Sheet Tester for Magnetic Properties in Power Frequency

Zhou Xing[1], Zou Xueliang[2], Ma Changsong[3], Zhou Xinhua[2], Shen Jie[1]

（1. Test, Inspection and Analysis Center, Baosteel Industry Technical Service Co., Ltd., Shanghai 201900,
China; 2. Changsha Tunkia Co., Ltd., Changsha 410100, China; 3. Institute of Silicon Steel,
Central Research Institute of Baosteel, Shanghai 201900, China）

Abstract：Fe-based amorphous strip is a kind of widely concerning new materials used for electrical power distribution transformer. In measuring the magnetic properties of the Fe-based amorphous strip, there is no international standard. In order to work out a new international standard for this purpose, IEC technical committee 68（IEC/TC68）progresses an international round robin test（RRT, first round）organized by Japanese national committee in 2014. This article introduced the situation of the RRT with single sheet tester and some results as a point view on a participator of the RRT.

Key words：amorphous materials; magnetic properties; single sheet test; round robin test

1　引言

铁基非晶带材作为一种高效节能的新材料在配电变压器上已有产业化的应用，其生产工艺和检测技术日益受到广泛关注。铁基非晶带材的磁性能检测方法没有国际标准，我国有相应材料的磁性能测量方法标准[1]，铁基非晶带材生产大国的日本也有相应材料的磁性能测量方法标准[2]。值得注意的是，针对配电变压器工频下使用的铁基非晶带材的磁性能检测，我国标准和日本标准的技术内容有很大差别，我国标准采用卷绕式环样，日本标准采用单片样。

由于铁基非晶带材有较明显的磁致伸缩效应，宜采用单片样进行磁性能检测。与取向电工钢带材的单片磁性能检测相比，铁基非晶带材单片样检测的技术要求和实现难度都很高：一方面，铁基非晶带材的厚度很薄，一般为 0.025mm，只有取向电工钢带材的 1/10 左右；另一方面，铁基非晶带材的比总损耗很低，工频下 1.4T 的典型值约为 0.1W/kg，该值是取向电工钢带材工频下 1.7T 典型值的 1/10 左右。此两个因素叠加，要求磁测设备的灵敏度比普通用于取向电工钢带材的磁性能检测设备的灵敏度高出近 100 倍。考虑到铁基非晶带材的试样较小，其对磁性能检测设备的灵敏度要求还要高；在磁导计的制作、电子小信号处理及干扰抑制处理等方面也有很高的要求。此外，单片样检测在磁场检测上有两种方法，一个是电流法（MC），另一个是磁场线圈法（H-coil）。电流法是电工钢磁性能单片检测 IEC 国际标准使用的唯一方法[3]，而磁场线圈法是日本和美国电工钢磁性能单片检测标准使用的方法之一[4,5]，磁场线圈法的磁导计制作和相关测量手段的建立要求相对较高。

近几年，日本在国际标准化框架下，提出建立铁基非晶带材的磁性能检测方法国际标准的提议。为建立相应的国际标准，国际电工委员会（IEC）磁性合金和钢技术委员会（TC68）2014 年实施了第一轮基于单片法的国际循环比对试验，项目由日本标准化国家委员会的相关技术委员会组织。该项目是软磁材料磁性能测试国际标准化平台上的一次高水平的比对试验。计划参加本轮国际循环比对试验的有日本、中国、德国、英国、美国、意大利和比利时等国的不同实验室，但是由于种种原因最终只有日本 4 家实验室、中国 1 家实验室、欧洲 1 家实验室（组织方未说明具体国家）完成试验并提交结果。作者代表中国参加了该项目，本文从项目参与者的角度介绍该项目和试验结果的一些情况。

2　循环比对试验方案

2.1　样品

本次环比对试验样品由日立金属提供，共 10 片，分两组，每组 5 片，牌号为：Metglas 2605HB1M，厚 0.025mm，宽 60mm，长 270mm；样品经过热处理，密度取 7.33kg/dm³，室温下 $H_m = 800A/m$ 时饱和磁感为 1.63T。

2.2　磁导计

磁导计由项目组织者提供，如图 1 所示。考虑到各国之间运输的方便性，项目组织者提供的磁导计采用了较小尺寸。磁导计的磁轭用烧结铁氧体制作，上下两部分，C 型立式设计，可构成单磁轭和双磁轭两种磁路方式。整体尺寸：高 65mm，宽 65mm，长 270mm。磁轭极面宽度为 65mm，厚度为 15mm，极面间内部长度为 240mm。初级励磁线圈 215 匝，磁场线圈 1990 匝，次级感应线圈 50 匝。

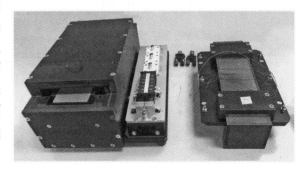

图 1　循环对比试验的磁导计

2.3　磁测仪

磁测仪由本文部分作者所在的长沙天恒测控技术有限公司研制。

磁测电路及信号处理的整体设计与文献［6］类似，如图 2 所示，包括励磁单元、电流法初级信号处理单元、磁场线圈法信号处理单元、次级感应电压信号处理单元和计算机控制及软件等。

2.4　检测项目

单磁轭和双磁轭，电流法和磁场线圈法，频率 50Hz 和 60Hz，磁感应强度 1.3T、1.4T 和 1.5T 下的比总损耗和比视在功率，磁场 80A/m 下的磁感应强度，以及磁滞回线。

电流法磁路长度约定为 240mm。试验前要求对样品按最大磁场 100A/m 进行退磁。每个样品要求在不重新装样的情况下测量三次。

中国方面按要求分别报出 5 个样品的频率 50Hz 的测量结果，包括两种方法的测量结果，即单磁轭磁场线圈法和双磁轭电流法，具体检测项目为磁感应强度 1.3T、1.4T 和 1.5T 下的比总损耗和比视在功率，

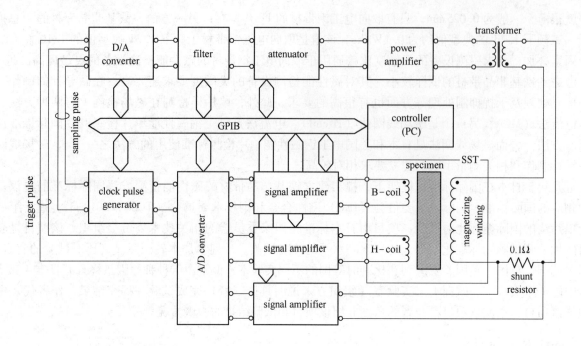

图 2　比对试验的磁测电路及信号处理原理图

磁场 80A/m 下的磁感应强度，以及磁滞回线。

3　循环比对试验

3.1　检测结果

第一轮循环比对试验最终的日本、中国和美国的七家实验室反馈的试验结果，有正式报告[7] 和国际电工委员会（IEC）磁性合金和钢技术委员会（TC68）工作文件[8]，相关结果见图 3 ~ 图 5。

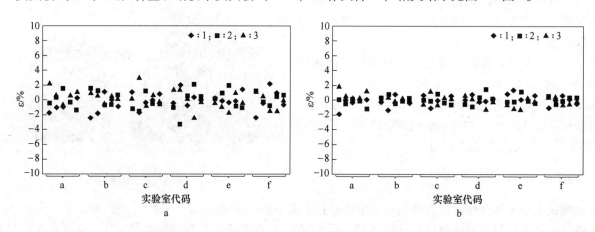

图 3　不同实验室 5 个样品三次测量的结果（缺 1 家实验室的数据）
a—磁场线圈法；b—电流法

图 3 为不同实验室在不重新装样的情况下 5 个样品三次测量磁感水平 1.3T 的比总损耗的波动情况，其值是相对于各实验室各样品均值的比值。图 3 结果表明，磁场线圈法结果相对于电流法结果表现出略大的离散性。

图 4 为不同实验室测量的 50Hz 下磁感水平 1.3T 的比总损耗的结果的均值及标准偏差，其中均值是相对于参比实验室（日本同志社大学）的比值。图 4 结果表明，磁场线圈法的均值及标准偏差相对于电流法的均值及标准偏差，各实验室间均值差异和实验室内标准偏差都略表现出较大的倾向。

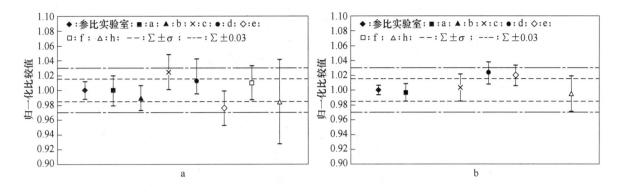

图 4　不同实验室测量 1.3T 的比总损耗结果均值及标准偏差

a—磁场线圈法；b—电流法

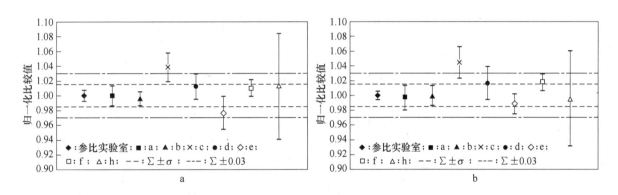

图 5　不同实验室磁场线圈法测量 1.4T 和 1.5T 的比总损耗的结果均值及标准偏差

a—1.4T；b—1.5T

图 5 为不同实验室磁场线圈法测量的 50Hz 下磁感水平 1.4T 和 1.5T 的比总损耗的结果的均值及标准偏差，其中均值是相对于参比实验室（日本同志社大学）的比值。图 5 和图 4a 的结果表明，各实验室间各磁感水平下磁场线圈法的均值及标准偏差基本一致。对应磁感水平 1.4T 和 1.5T 的电流法相关的结果与磁感水平 1.3T 的情况类似。

七家实验室反馈的 80A/m 磁场下磁感应强度的测量结果都落在 ±0.4% 范围内，项目组织方未报告具体数据情况。

3.2　结果分析

从磁感 1.3T 水平的比总损耗的结果看，磁场线圈法结果相对于电流法结果表现出略大的离散性，这可能是在电子小信号情况下，磁场线圈本身更容易受到干扰。

各实验室磁场线圈法测量各磁感水平下的比总损耗结果相对情况基本一致，反映了各实验室量值控制的整体状态，同时，各实验室磁场线圈法测量的比总损耗的结果的均值及标准偏差的对照情况，也是各实验室间磁测状态的整体反映。

从项目组织者反馈的信息看，中国方面出具的结果及表征的状态，无论是磁场线圈法结果，还是电流法结果与参比实验室结果的差异均落在合理的范围内。

3.3　基础试验的结果和分析

图 6 给出本次试验中某一试样不同磁感水平下磁场线圈法和电流法的磁滞回线的对比图。由图 6 可见，尽管磁场线圈法更接近材料磁性能的真实状态，但其测量相对于电流法而言，易受干扰，磁滞回线不是很规整，这一点与比总损耗的结果反映的磁场线圈法结果相对于电流法结果表现出略大的离散性的情况是一致的。

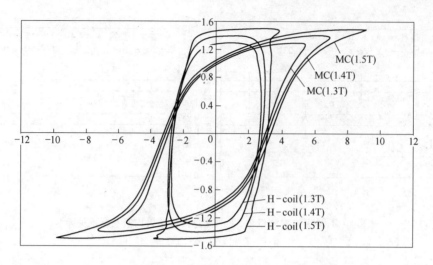

图 6　同一试样不同磁感水平下磁场线圈法和电流法的磁滞回线的对比图

　　图 7 为 5 个试样对应的比总损耗和磁感的测量结果。其中，比总损耗磁场线圈法的测量值比电流法的测量值低约 10%；磁感的磁场线圈法的测量值比电流法的测量值低约 0.1%。这一结果与文献［9］给出的电工钢对应的测量结果相比有些不同，比总损耗磁场线圈法的测量值比电流法的测量值低的幅度更大，而磁感的磁场线圈法的测量值与电流法的测量值的方向相反，电工钢磁感磁场线圈法的测量值比电流法的测量值高且幅度略大。由于铁基非晶带材的厚度极薄，与电工钢薄规格产品相比有近 10 倍的差异，造成这种情况的原因究竟是厚度，还是材质，需要进一步试验和研究。

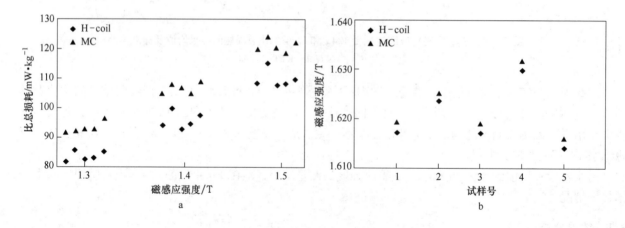

图 7　5 个试样的比总损耗和磁感结果
a—磁场线圈法和电流法不同磁感的比总损耗结果；b—80A/m 磁感的结果

　　图 8 给出了 10 个试样的不同磁感水平下比总损耗单磁轭和双磁轭及磁场线圈法和电流法的结果，可见不同试样单磁轭和双磁轭的测量结果基本相同。从操作方便性上讲，单磁轭相对双磁轭有较大优势。

4　总结

　　国际电工委员会（IEC）磁性合金和钢技术委员会（TC68）实施的第 1 轮铁基非晶带材的磁性能检测方法国际循环比对试验，试验方案和试验结果表明，参加本次试验的各实验室的磁测状态的一致性是好的。由于本轮试验采用组织方统一配置的磁导计，还不能反映各实验室之间检测值的真实状态，IEC/TC68 委员会计划 2015 年开展新一轮国际循环比对试验（第 2 轮），并要求各实验室采用自配的磁导计。

　　作为中国方面的参与者，参加本轮国际循环比对试验获益匪浅，一方面了解了国际先进的相关磁测技术的状态，另一方面相关的磁测技术的实践对电工钢磁性能检测也非常有借鉴意义。

　　尽管铁基非晶带材的磁性能检测方法国际标准方法的具体内容还有待进一步协调和讨论，但从已获

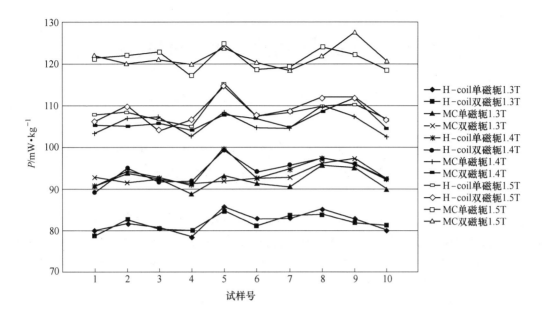

图8 10个试样的比总损耗单磁轭和双磁轭及磁场线圈法和电流法的结果

得的信息看，建立新国际标准的框架是明晰的。值得注意的是，在铁基非晶带材的工频磁性能检测方面，我国的国家标准与拟建立的国际标准内容出入很大，需要铁基非晶带材生产和检测的各相关机构早做准备，尽快与国际标准化的相关技术的发展步调一致。

参考文献

［1］ GB/T 19346—2003 非晶纳米晶软磁合金交流磁性能测试方法［S］.

［2］ JIS H7152—1996 アモルファス金属単板磁気特性試験方法［S］.

［3］ IEC 60404-3-2010 Magnetic Materials—Part 3：Methods of Measurement of the Magnetic Properties of Electrical Steel Strip and Sheet by Means of a Single Sheet Tester［S］.

［4］ JIS C2556—1996 電磁鋼板単板磁気特性試験方法［S］.

［5］ ASTM A804-04（2009）e1 Standard Test Methods for Alternating—Current Magnetic Properties of Materials at Power Frequencies Using Sheet-Type Test Specimens［S］.

［6］ Hagihara H, Tanaka M, Takahashi Y, et al. Standard Measurement Method for Magnetic Properties of Fe-based Amorphous Magnetic Materials［J］. IEEE Transaction on Magnetics, 2014, 50(4).

［7］ Tanaka M, Hagihara H, Takahashi Y, et al. A Single Sheet Tester of Fe-based Amorphous Strip Used for Round Robin Test for IEC Standardization［C］. 12th International Workshop on 1&2 Dimensional Magnetic Measurement and Testing. Torino, Italy, 10-12 September 2014.

［8］ Ishihara Y. Proposal for a New Standard for the Testing of Fe-based Amorphous Strip by Means of a Single Sheet Tester［R］. IEC \TC68 Document N261, 4 November 2014.

［9］ 藤原耕二，淺野拓也，中野正典，高橋則雄 . 500mm 幅大形試料用単板磁気特性試験器の改良［J］. 日本電気学会マグネティックス研究会資料，MAG-04-86,(2004). 33～38.

关于电工钢表面绝缘电阻测量的探讨

向　前[1,2]，张献伟[3]，黄　双[1]，张俊鹏[1]

（1. 武钢股份质量检验中心，湖北　武汉　430080；2. 武汉科技大学，湖北　武汉　430081；
3. 武钢股份硅钢事业部，湖北　武汉　430080）

摘　要：本文针对表面绝缘电阻测量标准在实际使用过程中存在的理解误区，利用国际标准对表面绝缘电阻和层间电阻两大测试指标进行详细比较，提出将电工钢涂层绝缘电阻的评价指标统一规范为"表面绝缘电阻"，因为层间电阻虽然强调的是对叠片状态的评价，但实际测量过程、方式却等效于"双面表面绝缘电阻"。同时，对表面绝缘电阻的计算公式和触头面积引起的争议进行了详细说明，供需双方应该明确并加以规范。

关键词：电工钢；表面绝缘电阻；层间电阻

Discussion on Test for the Determination of Surface Insulation Resistance of Electrical Steel

Xiang Qian[1,2]，Zhang Xianwei[3]，Huang Shuang[1]，Zhang Junpeng[1]

（1. Quality Inspection Center of Limited Corporation，WISCO，Wuhan　430080，China；
2. Wuhan University of Science and Technology，Wuhan　430081，China；
3. Cold Rolled Silicon-Steel Plant，WISCO，Wuhan　430080，China）

Abstract：Against the wrong directions towards the understanding of using the surface insulation resistance standard, it indicated that the surface insulation resistance was the unique evaluating index by making use of the international standard to define and compare the surface insulation resistance with interlaminar resistance, because of the interlaminar resistance emphasized the evaluation of stacking phase, but its process and method was equivalent to two-sided surface insulation resistance. Meanwhile, the debate about computational formula and total buttons' area was explained precisely, and clearly consultation was needed between supply and requisition parties.

Key words：electrical steel；surface insulation resistance；interlaminar resistance

前期，在国家标准 GB/T 2521 的修订审定会中，电工钢表面绝缘电阻的相关表述引起了与会行业代表的热议。表面绝缘电阻，作为衡量电机、变压器等设计重要参考指标，首次参考引用自 IEC 60404-11：1999 版标准 "Magnetic materials—Part 11：Method of test for the determination of surface insulation resistance of magnetic sheet and strip"，IEC 60404-11：2012 版沿用，GB/T 2522—2007 也等同采用。但是，GB/T 2522—1988 使用的是 "层间电阻" 的概念，由于目前电工钢行业不同用户的认知和需求，这两个标准在同时使用，致使行业内出现了较大的争议。

1　表面绝缘电阻的概念

在探讨表面绝缘电阻之前，需要明确两个概念的解释，这对正确运用电工钢绝缘电阻的测试方法大有裨益。

表面绝缘电阻，参照标准 A717/A717M-12[1] "Standard Test Method for Surface Insulation Resistivity of Single-Strip Specimens"，是指金属触头与试样基体金属间单一绝缘层的有效电阻（the effective resistivity of a single insulative layer tested between applied bare metal contacts and the base metal of the insulated test specimen）。

而层间电阻是指两个紧密接触的邻近绝缘涂层的平均电阻（the average resistance of two adjacent insulating surfaces in contact with each other）。

从概念上讲，表面绝缘电阻是对一个绝缘涂层面进行评价，结果是单个的有效值，而层间电阻是对紧密接触的两个绝缘涂层面进行评价，结果是两面的平均值，从用户角度来讲，评价层间电阻可能对叠片电机、变压器等的生产更具指导意义。

2 国内外标准的解读

目前，国内外电工钢涂层绝缘电阻的评价标准均采用表面绝缘电阻，各标准（最新版）间的解读存在细微差异，见表1。

表1 电工钢表面绝缘电阻、层间电阻评价的不同点

测试标准	IEC 60404-11[2]	JIS C2550-4[3]	A717/A717M	GB/T 2522
测量指标	表面绝缘电阻	表面绝缘电阻	表面绝缘电阻	表面绝缘电阻
标准来源	—	等效采用 IEC 60404-11：1999	—	等效采用 IEC 60404-11：1999
测量方法	富兰克林法（包括A法、B法）	富兰克林法（包括A法、B法）	富兰克林法（只有A法）	富兰克林法（包括A法、B法）
触头面积（10个）	$645(1\pm1\%)mm^2$	$645(1\pm1\%)mm^2$ 或 $1000(1\pm1\%)mm^2$	$645(1\pm1\%)mm^2$	$645(1\pm1\%)mm^2$
试验温度	室温	室温	室温和150°C	室温
试验电源	A法：0.50V B法：0.25V	A法：0.50V B法：0.25V	A法：0.50V	A法：0.50V B法：0.25V
试验压力	2MPa	2MPa	2.1MPa(300psi)	2MPa
试样	大于触头部件的长度和宽度，评价单面涂层：1块或10块试样；评价双面涂层：1块或5块试样	大于触头部件的长度和宽度，评价单面涂层：1块或10块试样；评价双面涂层：1块或5块试样	最小 50×130mm，最少5块	大于触头部件的长度和宽度，评价单面涂层：1块或10块试样；评价双面涂层：1块或5块试样
测量公式	$R=0.5A(1/I-1)$ 或 $R=0.25/I_B$	$R=0.5A(1/I-1)$ 或 $R=0.25/I_B$	$R=0.5A(1/I-1)$	$R=0.5A(1/I-1)$ 或 $R=0.25/I_B$

从表1可知，除ASTM标准外，其他国内外表面绝缘电阻测试标准与IEC 60404测试标准基本上一脉相承。

3 表面绝缘电阻和层间电阻

表面绝缘电阻和层间电阻的评价方法为富兰克林法，目前，绝大多数电工钢生产厂家及用户均使用测试标准中A方法，本文也主要探讨A方法，两种评价指标的测试原理均一致（见图1）。

虽然表面绝缘电阻、层间电阻的评价原理一致，但是在具体操作过程中仍存在差异（见表2）。

从表2可以看出，表面绝缘电阻、层间电阻的评价原理、操作方法是一致的，最大的区别：一是表面绝缘电阻触头面积变小了，相应地测量代表面积也变小了；二是层间电阻表征的只是试样紧密接触的两面的绝缘程度，实际测量等效为试样上、下两面，定义的测试面与表面绝缘电阻不一致。

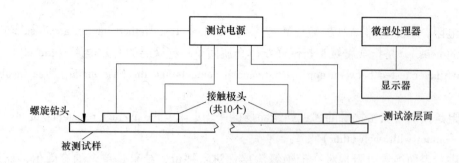

图 1　表面绝缘电阻、层间电阻测试原理图

表 2　电工钢表面绝缘电阻、层间电阻评价的不同点

项　目	表面绝缘电阻	层　间　电　阻	备　注
测试面	单面评价：测试试样的某一面； 双面评价：试样上下两面，但等效为同一个面	测试试样上下两面	实际检测过程中，将层间电阻定义中的紧密接触的两面等效为试样的上下两面，因为叠片使用时一般也是上下面叠加
触头	触头面积 645(1±1%)mm²	触头面积 1000(1±1%)mm²	层间电阻测试面积稍大
铜板电流	测试应为(1±1%)A	测试应为(1±2%)A	
操作过程	把试样放在试样台和 10 个触头之间，施加压力 2MPa，施加电压 500mV，读取电流 A 值	把试样放在试样台和 10 个触头之间，施加压力 2MPa，施加电压 500mV，读取电流 A 值	
测试次数	单面评价：1 块试样某面测量 10 次或 10 块试样某面各测量 1 次； 双面评价：1 块试样上下两面各测量 5 次或 5 块试样上下两面各测量 1 次	上下两面各测量 3 次	部分厂家使用层间电阻时，将"上下两面各测量 3 次"变更为"5 次"
计算公式	$C = 0.5A(1/I - 1)$ C:表面绝缘电阻($\Omega \cdot mm^2$) A:10 个触头总面积(mm^2) I:10 个触头、10 次测量的电流平均值(A)	$R_s = A(1/I - 1)$ R_s:层间绝缘电阻($\Omega \cdot mm^2$) A:10 个触头总面积(mm^2) I: 10 个触头、6 次(10 次)测量的电流平均值 (A)	计算公式仅系数不同，这是因为表面电阻的计算公式表示试样单面的绝缘系数，层间电阻的计算公式表示双面($2A$)的绝缘系数，因此后者系数是前者的 2 倍
单　位	$\Omega \cdot mm^2$/面	$\Omega \cdot mm^2$/片	

4　理解误区

在进行电工钢涂层绝缘电阻评价时，经常出现以下几种误区。

4.1　评价指标的理解

实际检测过程中，部分用户及厂家将层间电阻定义中的"紧密接触的两面"等效为"试样的上下两面"，因为电工钢叠片使用时一般也是上下面叠加在一起的。

但是，在 IEC 60404-11 及 GB/T 2522 表面绝缘电阻检测标准中，也引入了"评价双面涂层绝缘电阻"的概念，这与"等效的层间电阻"测试过程基本一致，这也是表面绝缘电阻标准在执行过程中与层间电阻产生混淆的原因，也是一直以来"层间电阻"这个概念一直存在的原因。依作者看来，表面绝缘电阻标准实际上涵盖了层间电阻的测量方式，只是两者在最终计算时所表征的意义出现了差异。

因此，建议将电工钢涂层绝缘电阻的评价指标统一规范为"表面绝缘电阻"，因为层间电阻虽然强调的是对叠片状态的评价，但实际测量过程、方式却等效于"双面表面绝缘电阻"。

4.2　测量结果的计算

作者接触到部分用户，在评价电工钢双面涂层绝缘电阻时，由于上、下表面各测量5次，分别计算了上、下表面的表面绝缘电阻。出于评价叠片间绝缘电阻的考虑，将上、下表面的表面绝缘电阻值相加。

实际上，用户想要表征的是电工钢在叠片状态下的电阻C_1，类似于层间电阻C_2，假设上、下表面5点测量的平均电流分别为I_1、I_2，则C_1与C_2的关系如下：

$$C_1 = A\left(\frac{0.5}{I_1} - 0.5\right) + A\left(\frac{0.5}{I_2} - 0.5\right)$$

$$C_2 = 2A\left(\frac{0.5}{\frac{I_1 + I_2}{2}} - 0.5\right) \tag{1}$$

$$C_1 - C_2 = 0.5A\frac{(I_1 - I_2)^2}{I_1 I_2(I_1 + I_2)}$$

假设电工钢钢板上、下表面状态一致，即平均测试电流无限近似相等，即$I_1 \approx I_2$，则$C_1 - C_2 \approx 0$。在这个推导中，C_1与C_2的计算方式是不一样的，C_1是上、下表面的表面绝缘电阻叠加，C_2是上、下表面的平均，即层间电阻。若两者计算公式相同，统计上就会相差2倍左右。

同时，应注意的是，当$I_1 \neq I_2$时，$C_1 - C_2$始终是大于零的，这就是说"上、下表面的表面绝缘电阻叠加"总是大于层间电阻，这说明层间电阻的计算方式是不能完全体现电工钢的应用状态，两者是有差异的，这也是国际上电工钢带（片）绝缘电阻测量标准取消"层间电阻"这一表述的原因。

但是，表面绝缘电阻评价虽然更加准确，但也给用户使用带来了一定的困惑，因为层间电阻的表述更加直观，可以直接应用于设计，特别是电工钢上、下表面状态经常出现不一致的状况。因此，表面绝缘电阻的使用，也给生产厂提出更高的要求，要保证钢带上、下表面均匀、一致，这样将表面绝缘电阻乘以2倍纳入设计才不会产生较大偏差。

4.3　触头面积的选择

用表面绝缘电阻或者层间电阻来评价电工钢钢板涂层绝缘电阻时，还有一个重要的差异点，就是两者的触头面积是不一致的。作者分别用64.5mm^2和100mm^2的触头测试同一试样，各测量10次，由于绝缘电阻试验是破坏性试验，试验过程中，一半先进行64.5mm^2触头试验，另一半先进行100mm^2触头试验，统计两次测量平均电流差值，如图2所示。

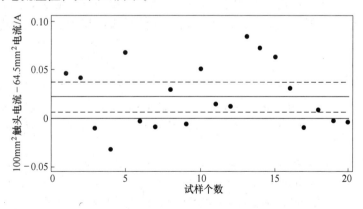

图2　相同试样在不同测试触头下的电流差值

以图2为例，100mm^2触头测试的平均电流较64.5mm^2触头略微偏大，两者差值95%的置信区间为$[0.007, 0.038]$，具有显著差异。

这主要是因为，金属触头、试样的表面在微观状态下总是凸凹不平的，如图3所示，当两面接触时，在外加压力下，试样表面涂层发生变形，实际接触面变成了多个微小的点或面，并非宏观重叠接触的面积，通常将两者宏观重叠的面积称为名义接触面或视在接触面，而将实际接触面称为接触斑点，真正传导电流的就是这些接触斑点，即导电斑点[4]。因此，在相同试样及测试条件下，$100mm^2$ 的接触面的导电斑点理论上较 $64.5mm^2$ 的接触面要多一些，即导电性更强，相应地测试电流会偏大一些。

假设试样表面均匀一致，记 $64.5mm^2$ 触头导电斑点数为 n_1，平均测试电流为 I_1，$100mm^2$ 触头导电斑点数为 n_2，平均测试电流为 I_2，则平均测试电流与导电斑点数呈正比，导电斑点数又与视在接触面积呈正比，如公式（2）所示：

$$\frac{I_1}{I_2} \approx \frac{n_1}{n_2} \approx \frac{A_1}{A_2} \qquad (2)$$

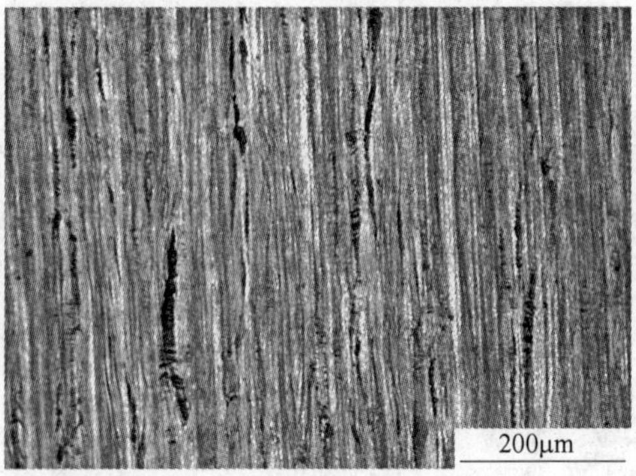

图 3　试样微观状态下的表面形态

现评价该试样某一面的表面绝缘电阻，记 $64.5mm^2$ 触头表面绝缘电阻为 R_1，$100mm^2$ 触头表面绝缘电阻为 R_2，则：

$$R_1 = A_1\left(\frac{0.5}{I_1} - 0.5\right) \qquad R_2 = A_2\left(\frac{0.5}{I_2} - 0.5\right) \qquad (3)$$

同一试样，相同测试条件下，不同触头面积表征的某一面的表面绝缘电阻 R_1、R_2 间的关系为：

$$R_1 - R_2 = A_1\left(\frac{0.5}{I_2 A_1/A_2} - 0.5\right) - A_2\left(\frac{0.5}{I_2} - 0.5\right) = 0.5(A_2 - A_1) \qquad (4)$$

由公式（4）可知，两种触头的表面绝缘电阻值相差约为 $177.5\Omega \cdot mm^2$，$64.5mm^2$ 触头表征的表面绝缘电阻值略微偏大。这只是在理论上定性地描述两种触头面积的测量是有差异的，实际测量情况与这一结论相差较大，因为样品表面状态、触头平面等对测量结果的影响是很大的，直接构成了测量结果的偏离。鉴于当前行业内两种触头面积并行使用，因此，供需双方应明确指定。

5　结语

本文针对表面绝缘电阻测量标准在实际使用过程中存在的理解误区，从定义、测试标准、过程、计算公式等方面对表面绝缘电阻和层间电阻进行详细比较、讨论，提出应将电工钢涂层绝缘电阻的评价指标统一规范为"表面绝缘电阻"，因为层间电阻虽然强调的是对叠片状态的评价，但实际测量过程、方式却等效于"双面表面绝缘电阻"。同时，上、下表面的表面绝缘电阻叠加总是大于等于层间电阻，这说明层间电阻的计算方式不能完全体现电工钢的应用状态。另外，触头面积越大，测试电流也会越大，表面绝缘电阻相应地越小，但由于样品表面状态的不均匀，致使触头面积和表面绝缘电阻间并没有绝对的数值关系。

参考文献

[1] ASTM A717/A717M-12. Standard Test Method for Surface Insulation Resistivity of Single-Strip Specimens[S].

[2] IEC 60404-11：2012. Magnetic materials—Part 11：Method of Test for the Determination of Surface Insulation Resistance of Magnetic Sheet and Strip[S].

[3] JIS C2550-4：2011. Test Methods for Electrical Steel Sheet and Strip—Part 4：Methods of Test for the Determination of Surface Insulation Resistance of Electrical Strip and Sheet[S].

[4] 汪方龙，蒋全兴，周忠元. 金属材料表面直流接触电阻测试方法[J]. 机械设计与研究，2005(2).

电机用取向电工钢不同角度磁性能的探讨

张俊鹏，黄 双，邱 忆，徐利军，向 前，张 旭，叶国明

（武汉钢铁股份有限公司质量检验中心，湖北 武汉 430083）

摘 要：本文从磁化特性和铁芯损耗两个方面试验和探讨了不同角度剪切取向电工钢的各向异性。对各角度剪切的取向电工钢试样磁性能进行了细化研究，结果表明：低磁场条件和高磁场条件下不同角度样品磁化特性和铁芯损耗性能有显著差异，影响铁芯损耗各向异性的主要因素为磁滞损耗的变化。

关键词：取向电工钢；各向异性

Discussion on the Magnetic Performance in Different Angles of the Electrical Steel Used in Motor

Zhang Junpeng, Huang Shuang, Qiu Yi, Xu Lijun, Xiang Qian, Zhang Xu, Ye Guoming

（Quality Inspection Center of Limited Corporation, WISCO, Wuhan 430083, China）

Abstract：Anisotropy is a build-in attribute of oriented silicon steel used in motor. It was investigated in this paper of the anisotropy on the magnetization characteristic and the core loss. It was found that for the magnetization characteristic and the core loss it was different in the low magnetic field and high magnetic. The anisotropy of the core loss belong to the change of the magnetic hysteresis loss.

Key words：oriented silicon steel；anisotropy

1 引言

磁性能各向异性是取向电工钢的一种特殊属性，其表现为材料在不同方向磁场磁化时展现出不同的磁化特性同时带来额外的磁化能量损失，因此取向电工钢片在不同的磁通方向下性能存在显著差异。一般情况下取向电工钢主要应用于变压器，设计时会使其磁通方向与轧制方向相同，达到最易磁化的目的。现在随着行业发展，对材料使用要求日趋苛刻，部分取向电工钢开始用来制造特殊变压器和旋转电机，这就使取向电工钢片材料的使用和研究趋于特殊化，并促使用户对了解取向电工钢片磁性能各向异性提出的需要。

2 试验方法

本文中试验使用样品为武钢生产的 0.35mm 规格厚度取向电工钢片，检测方法为爱泼斯坦方圈法。为了达到对电机用取向电工钢不同角度磁化特性研究的目的，试验采用不同角度剪切制取方圈样品，以轧制方向剪切样品为 0°，剪切从 0° 开始间隔 10° 剪切样品至 90°，试验样品在 780℃ 退火 2h 后进行检测。试验采用两幅试样作为平行试样，本文参考数据为平行试样数据平均值。

3 磁极化强度的各向异性

为了对各个角度样品磁化差异性进行研究，进行了如下试验。使用爱泼斯坦方圈检测样品在磁场强度 H 为 10～12000A/m 区间内的磁极化强度 J，并根据磁场强度 H 和磁极化强度 J 的关系绘制磁化曲线图，如图 1 所示。

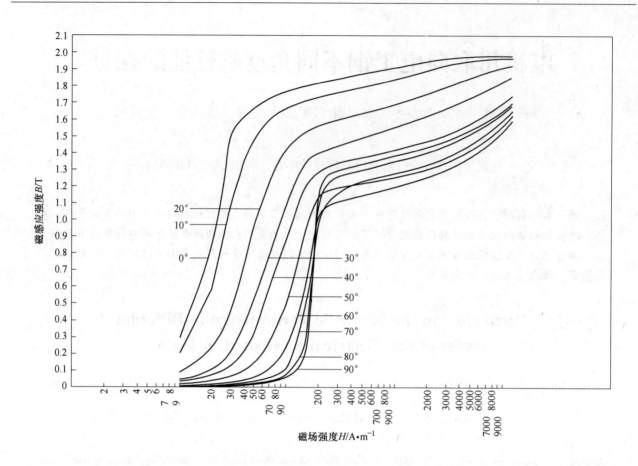

图 1 不同角度样品退火后磁化曲线图

由图 1 的磁化曲线可知，样品经过 5000A/m 以上时的磁场饱和磁化以后，变化趋势为从剪切角度 0°的样品至剪切角度 60°样品 J_{5000} 逐渐减小直到 60°达到最小值，然后从剪切角度 60°样品开始逐步回升直至 90°，最难磁化的为角度 60°的样品，变化趋势如图 2 所示。

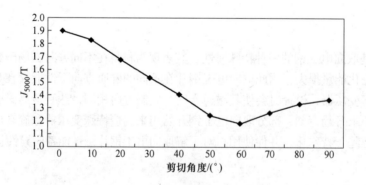

图 2 不同角度样品 J_{5000} 曲线图

在 10～100A/m 之间的初始磁化状态，以磁极化强度 J_{5000} 为参考表现出的磁化特性为从剪切角度 0°的样品至 90°样品逐渐降低，最难磁化的样品为剪切角度 90°样品，变化趋势如图 3 所示。

4 磁导率的各向异性

在 H 为 10～12000A/m，对样品表现的磁导率特性进行研究，并根据样品的磁导率 μ 和磁场强度 H 的关系绘制磁导率曲线，如图 4 所示。

由图 4 的磁导率曲线可知，不同角度样品的磁导率特性也有显著的差异。不同角度样品磁导率峰值 μ

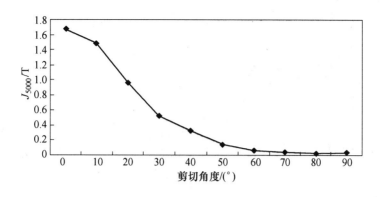

图3　不同角度样品 J_{5000} 曲线图

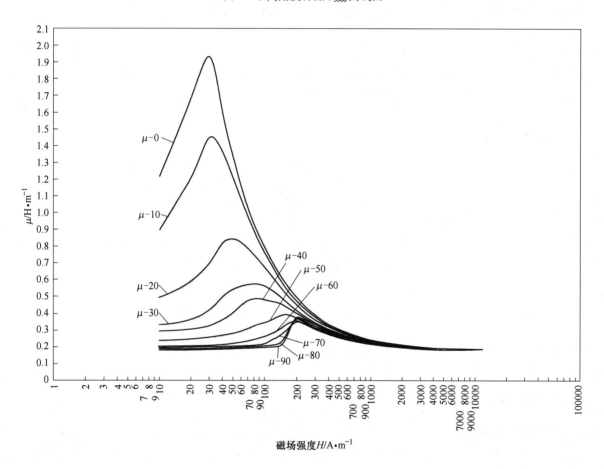

图4　不同角度样品退火后磁导率曲线图

从剪切角度0°样品至70°逐渐减小然后从70°～90°逐步回升，磁导率峰值最小样品为70°样品。达到磁导率峰值所需磁场 H 从剪切角度0°样品至90°逐步升高，其所需磁场为中低磁场，这与不同角度样品从0°～90°在低磁场逐步难以磁化的结论是相符的。

5　直流磁滞回线的各向异性

5.1　剩磁感应强度的各向异性

对上述不同角度的样品滞留磁滞回线图进行分析得到，不同角度样品的剩磁感应强度 B_r，具体情况如图5所示。

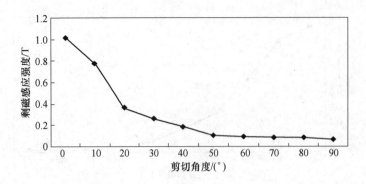

图 5　不同角度样品剩磁感应强度变化图

由图 5 可知，样品剩磁感应强度随着样品剪切角度的增加而下降。

5.2　矫顽力的各向异性

同样的再对不同角度的样品滞留磁滞回线图进行分析得到，不同角度样品的矫顽力 H_c，具体情况如图 6 所示。

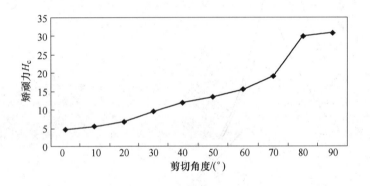

图 6　不同角度样品剩磁感应强度变化图

矫顽力是软磁材料磁化时一个重要参数，其大小与样品磁滞损耗大小成正比，由试验结果可以看出随着样品剪切角度的增加，样品矫顽力也逐渐上升。

6　铁芯损耗的各向异性

为了对各个方向剪切样品铁芯损耗差异性进行研究，开展了试验检测样品在退火后 50Hz 交变电压下，磁感应强度 B 在 $0.1 \sim 1.8T$ 区间内的检测铁芯损耗 P，并根据 50Hz 条件下的损耗 P 和磁感应强度 B 绘制铁损曲线，如图 7 所示。

由图 7 的铁损曲线可以看到，磁感应强度 B 在 $0 \sim 0.7T$ 的区间内，样品铁芯损耗随着剪切角度的增加而增加，剪切角度 90° 样品铁芯损耗最大，以 $P_{0.5/50}$ 为例，变化趋势如图 8 所示。

而当磁感应强度 B 在 $1.0T$ 以上的区间时，样品铁损在剪切角度 0° 样品至 60° 区间内为上升趋势，而在 $60° \sim 90°$ 的区间内随剪切角度增加而减小，以 $P_{1.7/50}$ 为例，变化趋势如图 9 所示。

这里铁损的变化趋势与磁化的难易程度的变化趋势是基本一致的，即越是难以磁化其铁损就越大。

7　铁损分离的各向异性

通过检测不同方向爱泼斯坦方圈试样变换频率测试积分磁滞回线面积，达到分离磁滞损耗和涡流损耗、附加损耗的目的：

$$P = P_H + P_E$$

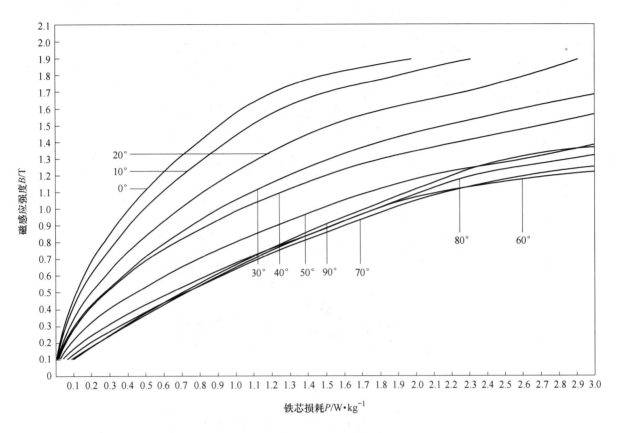

图 7　不同角度样品退火后铁损曲线图

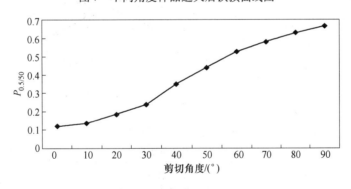

图 8　不同角度样品 $P_{0.5/50}$ 变化图

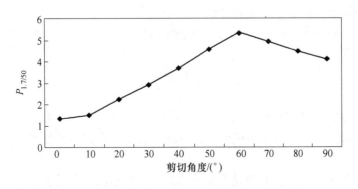

图 9　不同角度样品 $P_{1.7/50}$ 变化图

实验分离了磁感应强度 B 在 1.0T、1.5T、1.7T 的情况下的铁芯损耗，具体情况如图 10～图 12 所示。

由图 10～图 12 可知，在三个磁感应强度下的磁滞损耗曲线与涡流附加损耗曲线成喇叭口状，涡流附加损耗也随着样品角度的增加而增加，但是其变化的趋势和幅度并没有磁滞损耗明显，即影响不同角度

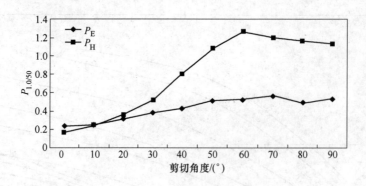

图 10　不同角度样品 $P_{1.0/50}$ 铁损分离图

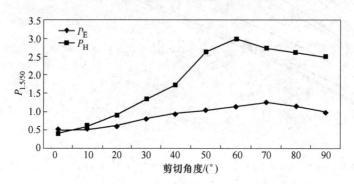

图 11　不同角度样品 $P_{1.5/50}$ 铁损分离图

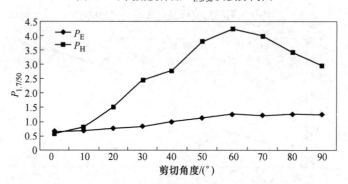

图 12　不同角度样品 $P_{1.7/50}$ 铁损分离图

铁芯损耗变化的主要因素是样品磁滞损耗的变化。

　　同时在三个磁感强度条件下，角度为60°样品磁滞损耗最大，其变化趋势与总体铁芯损耗变化趋势及矫顽力的变化趋势是一致的。

8　结论

　　（1）取向电工钢表现出的各向异性为在试样剪切角度0°～90°的区间内，低磁场条件下随着试样剪切角度的增加其磁化特性和铁芯损耗性能逐渐恶化，在高磁场条件下剪切角度60°样品磁化特性和铁芯损耗性能最差。

　　（2）影响铁芯损耗各向异性的主要因素为不同角度磁化时磁滞损耗的变化。

参考文献

[1]　Slawomir Tumanski. 磁性测量手册[M]. 赵书涛，葛玉敏，译. 北京：机械工业出版社，2013.

蓄热式燃烧机在吸入式辐射管烧嘴上的应用研究

蒯 军，谢 宇，张 亮，李 立，董文亮，翁晓羽，张广治，马家骥

（首钢股份公司迁安钢铁公司，河北 迁安 064404）

摘 要：本文针对冷轧连退线在生产过程中，退火炉存在的高耗能、高噪声、高温问题，重点对其燃烧系统进行了深入的研究，并对初期设计的辐射管烧嘴进行了改造，将蓄热式燃烧机应用到吸入式辐射管烧嘴上，取得了良好的效果。

关键词：蓄热式燃烧机；吸入式；辐射管烧嘴；电工钢；应用研究

The Application Research of Regenerative Burner on the Inhaled Tradiant Tube Burner

Kuai Jun, Xie Yu, Zhang Liang, Li Li, Dong Wenliang,
Weng Xiaoyu, Zhang Guangzhi, Ma Jiaji

（Shougang Qian'an Iron & Steel Co., Ltd., Qian'an 064404, China）

Abstract：In the production process of the continuous annealing line for cold-rolled, based on annealing furnace existing high energy consumption, high noise and high temperature, we study the combustion system in-depth and transform the initial design of the radiant tube burner, the regenerative burner is applied and achieved good results.

Key words：regenerative burner; inhaled; radiant tube burner; electrical steel; application research

1 引言

迁钢冷轧连退线在生产期间，退火炉存在高耗能、高噪声、高温（工作环境恶劣）等突出的问题；同时由于原先设计的辐射管烧嘴加热时，其横向加热温度不均匀，处理后的电工钢带钢两边瓢曲严重，出炉的板形质量不好，影响成材率。这样一方面造成生产成本增加，竞争力下降；另一方面，现场工作环境恶劣，对操作人员的身体素质有着严重的影响。

本文针对冷轧连退生产中，退火炉存在的"三高"问题，就燃烧系统进行深入的研究，将蓄热式燃烧机及控制技术首次应用到吸入式辐射管烧嘴上，取得了非常显著的成效。

2 辐射管烧嘴

迁钢冷轧退火线由中冶南方设计，辐射管加热炉所采用的加热方式同其他钢厂完全一致，均为普通吸入式辐射管烧嘴，结构如图1所示。

这种烧嘴结构，就造成了其存在一定的缺陷：

（1）能耗高。此种U形辐射管采用的是单端燃烧，比例控制方式，燃烧废气经辐射管内的热交换器回收极少一部分余热后经喷射引风的引射器排到排烟管道后再由烟囱排放到大气中。这样就造成了大量能量的浪费，成本较高，同时限制了机组的提速。

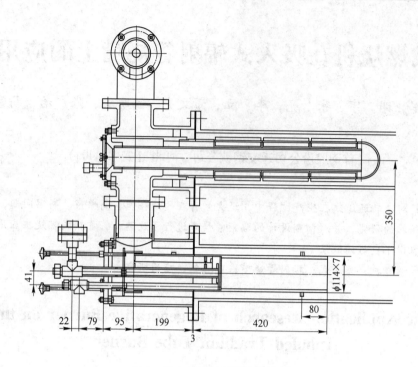

图1　吸入式辐射管烧嘴结构图

（2）工作环境恶劣。由于此种辐射管烧嘴能耗较高，而热效率较低，大量的废气通过烟道排走，而废气的温度达到500℃以上，对周围环境造成较强的热辐射，工作环境极其恶劣。

（3）噪声高。此种辐射管烧嘴采用的是人工点火，内部没有检测火焰燃烧的装置。出于安全考虑，也为了检测烧嘴燃烧状态是否良好，设计在外部安装了一个点火指示器，管道和内部烧嘴一致，起到一个检测作用。这样就造成了现场的噪声非常大，达到70dB以上，造成重度污染。

（4）加热温度不均。由于此种辐射管烧嘴是一边燃烧，这样沿退火炉宽度方向上的温度分布是不均匀的，导致带钢宽度方向的温度分布不均匀。辐射管温度分布呈单峰状，沿长度方向表面温差达100℃以上。这种温差使得带钢的温度分布也呈单峰状，即中部温度高，边部温度低。由于边、中部温差，带钢内存在不均匀应力，从而产生浪形。

3　蓄热式燃烧机

3.1　工作原理

高效蓄热式燃烧技术，是利用一对由燃烧器及蓄热体组合的加热单元交互切换运转；当其中一组燃烧器使用经过蓄热体预先加热的高温空气进行高温燃烧时，另一组燃烧器则作为高温烟气的排气通道，使高温烟气经过蓄热体，由蓄热体回收热能，而后利用此热能对空气与煤气进行预热。

蓄热式煤气辐射管燃烧机主要由燃烧器、蓄热体及切换系统三者组合而成。其中一对燃烧器作周期性交互运转，当燃烧器A进行燃烧时，燃烧器B则作为炉气排放的通道。此时空气经蓄热体得到预热后进入燃烧器A，而高温烟气通过燃烧器B由蓄热体吸收其热能后排出；在进入下一个周期时，切换阀动作，燃烧器B开始运转燃烧，原先的燃烧器A反过来作为高温烟气排放通道，空气则利用原先蓄热体吸收的热能先行预热后进入燃烧器B，如此周而复始进行切换运转的动作。蓄热式燃烧机工作原理如图2所示。

3.2　功能描述

3.2.1　远程点火技术

蓄热式辐射管燃烧机采用远程点火技术替代常规烧嘴的长明点火烧嘴，因为长明点火烧嘴不适

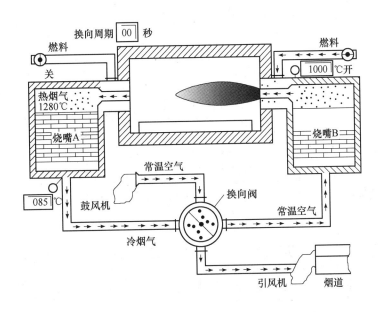

图2　蓄热式燃烧机工作原理图

应于蓄热式辐射管烧嘴，主要原因是：蓄热式烧嘴的喷口深入烧嘴的深度非常深，而蓄热式烧嘴喷口的温度非常高，长明点火烧嘴的温度本身也高，长明点火烧嘴的细长特性决定了点火烧嘴的寿命短。远程点火的特点是电子点火的火花发生地和主烧嘴点燃地距离为1m以上，因此点火稳定性会很强。

3.2.2　点火程序

当排烟温度未达到设定温度时，蓄热式辐射管燃烧机处于自动点火状态，启动自动点火程序。

3.2.3　二位七通空气/烟气/煤气换向阀

采用二位七通空气/烟气/煤气换向阀，对煤气和空气/烟气进行同时同轴换向，确保空煤气同时到达同一烧嘴燃烧，废气同时从另一烧嘴排出，确保蓄热式燃烧系统的稳定性、可靠性和安全性。

3.2.4　燃烧机的全自动运行

单台蓄热式辐射管燃烧机既可独立运行，又可受主控室上位机控制。燃烧机的控制器可以控制燃烧机的运行，包括切换阀动作控制、点火程序控制和烟气温度监测等，同时控制器采用RS485通讯，可以与主控室进行通讯，稳定可靠。

3.3　控制系统

RYK-2012A系列蓄热式辐射管控制系统主要由上位工业控制计算机、数据通讯柜和多台RYK-2012A系列烧嘴控制器组成。烧嘴控制器安装于现场辐射管附近，具有烧嘴吹扫、高压点火、自动换向、烟气温度检测、自动程序控制等功能。操作画面实时监控现场烧嘴工作状态，显示烟气温度、燃烧状态，具有超温、超时、传感器故障报警的功能，并可查询历史曲线。蓄热式辐射管控制系统组建高速数据通讯网，与上位工业控制计算机和烧嘴控制器进行实时数据通讯，组成集散控制系统，对生产过程进行数据采集、时序控制、监控操作和故障报警及连锁。蓄热式燃烧机控制程序如图3所示。

4　技术攻关

4.1　提高节能效率

由于蓄热式燃烧机为后续改造设备，出于中冶南方数据保密的原因，导致各种参数控制可能存在一定的误差，从而造成蓄热式烧嘴内部关键因素的蓄热体尺寸存在一定的偏差，造成节能效率低下。经过现场测绘以及多次试验，最终对蓄热体尺寸进行了优化，从而实现了极限节能。

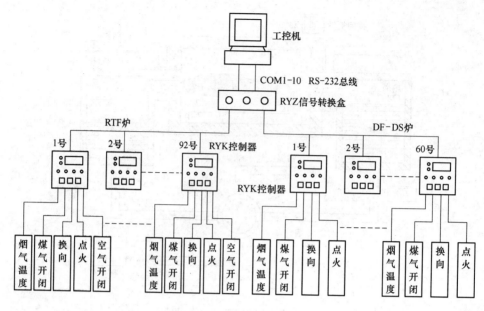

图3　蓄热式燃烧机控制程序

4.2　优化程序控制

针对设计方设计的换向周期，有针对性地对此参数进行试验，对不同的换向周期进行试验，同时对烧嘴的燃烧状态进行关注，包括火焰长度及刚度、辐射管温度均匀性、烟气成分等，从而摸索出最佳的换向周期，从而保证烧嘴的稳定燃烧。

同时对程序进行了控制优化，可以实现蓄热式燃烧机的 ON/OFF 操作，且可以实现燃烧机的时序点火操作，保证各个烧嘴煤气流量的稳定性，从而实现烧嘴在换向时的稳定燃烧。

4.3　降低 CO/NO$_x$ 含量的排放

通过对换向阀进行重新加工制造，保证气密性；通过对蓄热体上增加孔洞，从而增加空气流速；同时增加煤气管道直径，从而降低煤气流速。这样使得空气和煤气达到充分的燃烧，降低 CO 含量。空燃比控制在 5:1 的前提下（与中冶南方烧嘴相同），CO 含量都能得到非常良好的控制，且 NO$_x$ 含量依然较低，达到前期预订目标。这样，既满足环保要求，同时降低 CO 含量，避免蓄热体发生严重积碳问题，延长蓄热式烧嘴使用周期。

4.4　设备改造

设备改造的过程如下：

（1）对烧嘴控制器电路板与盒子尾部的接线端子采用焊接方式，从根本上解决接触不实导致假的超温报警故障发生；

（2）通过对控制器的塑料外壳改为金属外壳，可以尽量避免干扰，同时将通讯地址写死，避免丢失故障，从而避免地址丢失故障和通讯故障发生；

（3）增加换向阀动作检测装置。

本次设计的烧嘴换向阀无位置检测机构，生产中若气缸发生故障或者换向阀动作卡阻不到位，均无法在画面上显示，这样就会出现可能左边的烧嘴在点火，而右边的烧嘴在通煤气，煤气没有燃烧就进入烟道，在烟道内着火，存在安全隐患，且会造成生产的被迫停止。对烧嘴换向阀增加位置检测装置。

5　蓄热式燃烧机应用实效

5.1　实现了极限节能

迁钢冷轧使用该烧嘴后，只计算 RTF 第一段，就节能 23.4%，节能效率显著，且为下一步机组提速奠定了坚实的基础。

该蓄热式燃烧机具有蓄热和间壁换热的高效余热回收的复合结构，具有蓄热量大，换热速度快，结构强度好，耐高温高压，抗氧化与腐蚀，阻力损失小，经济耐用等特点。由于其多孔性结构，换热体积比表面积非常高，蜂窝通道呈直线，压力损失小，不易发生粉尘堵塞。该装置采用了空气蓄热和煤气间壁换热的综合传热模式，有效地回收了烟气余热，在使用过程中，可将1000℃以上的高温烟气温度降低到200℃以下，空气预热温度在1000℃以上，使用该装置既达到了双蓄热的效果，又解决了传统蓄热方式无法解决的安全问题，在技术上是一个很大的进步。

5.2　改善工作环境

5.2.1　减小噪声

采用了该蓄热式燃烧机后，由于其本身自带火焰检测装置，所以原先的点火指示器就不再需要，这样现场噪声大大降低，达到30dB，满足操作要求。

5.2.2　降低烧嘴附近环境温度

采用了该蓄热式燃烧机后，换热效率提高，烟气温度降低至原先的1/3，炉壳温度也得到极大的降低，从而大大改善操作人员的工作环境。

5.2.3　实现远程点火

采用该蓄热式燃烧机后，可以实现远程点火控制，这样操作人员就不需要去现场进行点火控制，在DCS画面上就可以实现对烧嘴的开关操作，大大降低操作人员工作量，提高操作人员的积极性。

5.3　提高温度均匀性

迁钢冷轧初期采用的U形辐射管烧嘴，由于其只在一边燃烧，这样就造成了辐射管沿退火炉宽度方向上的温度分布是不均匀的，导致带钢宽度方向的温度分布不均匀，沿长度方向表面温差达150℃以上，从而对带钢产生浪形。

改为此蓄热式燃烧机后，双边燃烧，且提高火焰长度，这样提高辐射管加热温度分布的均匀性，从而达到改善板形的目的。

5.4　延长辐射管使用寿命

在蓄热式煤气辐射管燃烧机中，利用混合煤气的远程点火器交替点火方式，替代现有的长明火点火方式，这样可以有效地防止燃烧机出现局部高温，延长辐射管的使用寿命。

6　结论

（1）采用该蓄热式燃烧机后，冷轧连退线目前节能效果非常显著，节能达到30%以上；同时由于加热能力提高，目前机组已经提速到160m/min进行生产，大大降低生产成本，提高产品竞争力；

（2）采用该蓄热式燃烧机后，现场高温、噪声高等问题全部解决，操作人员的工作环境得到极大的改善；也可以实现远程点火，工作量得到降低，操作人员的工作积极性得到提高，为更好地生产高质量的产品奠定基础；

（3）采用该蓄热式燃烧机后，由于辐射管加热均匀性得到提高，带钢出炉板形得到非常明显的改善，目前80%以上的钢卷，浪形急峻度可以控制在0.8%以下，大大地提高了产品的质量。

参考文献（略）

铁基非晶薄带冷却速率估算

马长松，黄　杰，孙焕德，谢世殊

（上海市宝山钢铁股份有限公司宝钢研究院硅钢研究所，上海 201900）

摘　要：单辊法制备铁基非晶薄带的重要工艺参数就是冷却速率，由于快速凝固，采用直接实验检测冷却速率存在很大难度。本文对单辊法凝固过程进行简化，采用一维傅里叶热传导方程进行求解，并结合目前使用较多的 BeCu 和 CrZrCu 辊进行讨论，计算结果表明 CrZrCu 辊的冷却能力优于 BeCu 辊的冷却能力，同时估算了 30μm 厚度的铁基非晶薄带自由侧在凝固结束时的冷却速率为 $1.3 \times 10^5 \mathrm{K/s}$（BeCu）和 $1.4 \times 10^5 \mathrm{K/s}$（CrZrCu）。

关键词：冷却速率；铁基非晶薄带；单辊法

Calculation of Cooling Rate of Fe-based Amorphous Ribbons

Ma Changsong, Huang Jie, Sun Huande, Xie Shishu

（Silicon Steel Department, Baoshan Iron & Steel Co., Ltd., Shanghai 201900, China）

Abstract：The cooling rate is a key parameter of Fe-based amorphous ribbons fabricated by melt-spinning. However, it is very difficult for the measurement of the value of cooling rate due to the rapid solidification process. In this paper, the process of melt-spinning is simplified to modeled by one dimensional Fourier heat conduction equation. Furthermore, the different type of copper roller BeCu and CrZrCu were also disscussed. The results showed that the cooling capacity of CrZrCu was better than that of BeCu。The caculated cooling rate of 30μm thick Fe-based amorphous ribbon on the free surface was $1.3 \times 10^5 \mathrm{K/s}$(BeCu) and $1.4 \times 10^5 \mathrm{K/s}$(CrZrCu).

Key words：cooling rate；Fe-based amorphous ribbons；melt-spinning

1　引言

非晶态材料因内部原子不规则排列，具有高强度、高耐蚀性等特点，是一种新型材料[1]。目前工业化应用较广的非晶态材料为铁基非晶薄带，它相对于传统电工钢而言，铁损可降低 80% ~ 90%，因而广泛应用于配电变压器等领域[2]。铁基非晶薄带采用平面流注法生产，就是通常所说的单辊法，即熔化的钢水通过特定的狭缝后，被高速旋转的铜辊冷却，形成厚度 20 ~ 40μm 的非晶薄带。

单辊法中重要的工艺问题就是要达到一定的冷却速率，能够保证熔体冷却后形成非晶结构，如果冷却速率不足，则制出的带材不再是非晶结构，通常表现是在 X 射线衍射图上非晶漫散峰上出现有晶体峰。然而，由于单辊法属于快速凝固，采用直接实验检测冷却速率存在很大难度。人们通常采用一定的简化条件，建立数学物理模型的方法进行冷却速率解析[3]。王晓军等[4]从一维传热的角度，利用傅里叶传热方程计算了 Mg 基非晶薄带的冷却速率，类似的，Al 基、Cu 基、Fe 基薄带的冷却速率均有报道[5~8]。

本文以铁基非晶薄带为研究对象，设定成分为工业化生产的主要成分之一的 $Fe_{78}Si_9B_{13}$。通过采用一维傅里叶传热方程的数学解析求解，估算该成分的冷却速率，并对铜辊的类型对冷却速率的影响进行了讨论，以期对该成分的生产和研究提供参考。

2 物理模型

铁基非晶薄带的厚度远小于薄带的长、宽方向的尺寸，故热传导问题可简化为一维的傅里叶热传导。其次由于带材薄，可将接触的铜辊简化为半无限体，如图1所示。图1为铁基非晶薄带的传热模型，即从铁基非晶薄带的生产过程抽象出薄带和铜辊接触的一维传热模型，其中薄带侧标记为1，铜辊侧标记为2，虚线箭头代表传热方向，也即 x 轴方向，其中薄带侧为负，界面处为0。

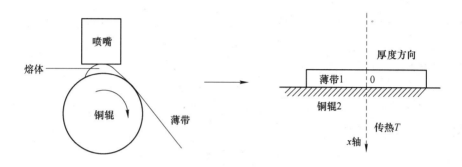

图1　铁基非晶薄带的传热模型

进一步做如下假设：（1）仅考虑薄带厚度方向的传热，不考虑凝固过程中其他方向的传热，如热辐射等；（2）不考虑凝固潜热；（3）铜辊与薄带接触良好，无界面热阻；（4）热导率和比热容不随温度变化。则傅里叶热传导公式为：

$$\frac{\partial T}{\partial t} = \alpha \frac{\partial^2 T}{\partial x^2} \tag{1}$$

$$\alpha = \frac{\lambda}{c\rho} \tag{2}$$

式中，T 为温度，K；t 为冷却时间，s；x 为距界面的厚度，m；ρ 为密度，kg/m³；c 为比热容，J/(kg·K)；λ 为热导率，W/(m·K)。

3 求解与讨论

公式（1）的解析解为：

$$T = A + B\mathrm{erf}\left(\frac{x}{2\sqrt{\alpha t}}\right) \tag{3}$$

式中，A、B 为积分常数；$\mathrm{erf}(x)$ 为误差函数，相关性质为：

$$\mathrm{erf}(x) = \frac{2}{\sqrt{\pi}}\int_0^{\pi} e^{-\beta^2}$$

$$\mathrm{erf}(0) = 0$$

$$\mathrm{erf}(+\infty) = 1$$

$$\mathrm{erf}(-\infty) = -1$$

$$\frac{d(\mathrm{erf}(x))}{dx} = \frac{2}{\sqrt{\pi}}\exp(-x^2)$$

对于铁基非晶薄带（$x<0$），边界条件为：

$x = 0(t>0)$，$T_1 = T_2 = T_i$（T_1 为薄带侧的温度，T_2 为铜辊侧的温度，T_i 为界面温度），可得 $A_1 = T_i$；
$t = 0(x<0)$，$T_1 = T_{10}$（T_{10} 为薄带侧初始温度），可得 $B_1 = T_{10} - T_i$，则：

$$T_1 = T_i + (T_i - T_{10})\mathrm{erf}\left(\frac{x}{2\sqrt{\alpha_1 t}}\right) \tag{4}$$

同样，对于铜辊（$x < 0$），可得：

$$T_2 = T_i + (T_{20} - T_i)\,\text{erf}\left(\frac{x}{2\sqrt{\alpha_2 t}}\right) \tag{5}$$

式中，T_{20}为铜辊侧初始温度，对式（4）、式（5）求导，可得：

$$\left[\frac{\partial T_1}{\partial x}\right]_{x=0} = \frac{T_i - T_{10}}{\sqrt{\pi\alpha_1 t}} \tag{6}$$

$$\left[\frac{\partial T_2}{\partial x}\right]_{x=0} = \frac{T_{20} - T_i}{\sqrt{\pi\alpha_2 t}} \tag{7}$$

在 $x = 0$ 处，利用热量流的连续性，可得：

$$\lambda_1\left[\frac{\partial T_1}{\partial x}\right]_{x=0} = \lambda_2\left[\frac{\partial T_2}{\partial x}\right]_{x=0} \tag{8}$$

带入式（6）、式（7），可得：

$$T_i = \frac{b_1 T_{10} + b_2 T_{20}}{b_1 + b_2} \tag{9}$$

$$b_1 = \sqrt{\lambda_1 c_1 \rho_1}$$

$$b_2 = \sqrt{\lambda_2 c_2 \rho_2}$$

使用表1、表2中的参数[9~11]进一步求解，其中表2中初始温度的数据参照文献［9］模拟的结果。表2中列出了单辊法中常用的 BeCu 辊和 CrZrCu 辊的热力学数据，并列出了纯 Cu 的数据作为参考。

表1　材料的热力学数据

材　料	初始温度 T/K	导热系数 $/W \cdot (m \cdot K)^{-1}$	比热容 $/J \cdot (kg \cdot K)^{-1}$	密度 $/kg \cdot m^{-3}$	熔化潜热 $/kJ \cdot mol^{-1}$	摩尔质量 $/g \cdot mol^{-1}$	熔点/K
Fe	—	80	449	7874	13.8	55.845	1811
Si	—	150	710	2330	50.2	28.0855	1687
B	—	27	1030	2460	50	10.811	2348
$Fe_{78}Si_9B_{13}$	1533	77	600	7180	21.782	47.489	1443

表2　铜辊的热力学数据

材　料	初始温度 T/K	导热系数$/W \cdot (m \cdot K)^{-1}$	比热容$/J \cdot (kg \cdot K)^{-1}$	密度$/kg \cdot m^{-3}$
BeCu	480	250	419	8750
CrZuCu	480	300	497.8	8914
纯 Cu	—	400	384.4	8920

可得，使用 BeCu 辊铁基非晶薄带的温度范围和冷却速率为：

$$T_1 = 875.53 - 657.47\,\text{erf}\left(\frac{118.27x}{\sqrt{t}}\right) \tag{10}$$

$$\frac{\partial T_1}{\partial t} = 370.94\mathrm{e}^{-\frac{13987x^2}{t}} \times \frac{118.27x}{t\sqrt{t}} \tag{11}$$

使用 CrZrCu 辊铁基非晶薄带的温度范围和冷却速率为：

$$T_1 = 830.62 - 702.38\,\text{erf}\left(\frac{118.27x}{\sqrt{t}}\right) \tag{12}$$

$$\frac{\partial T_1}{\partial t} = 396.28\mathrm{e}^{-\frac{13987x^2}{t}} \times \frac{118.27x}{t\sqrt{t}} \tag{13}$$

假设带材厚度为 30μm（对应带材自由面侧），带入公式（11）、公式（13），可得到对应不同时间带材自由面侧的冷却速率，如图 2 所示，使用 BeCu 辊和 CrZrCu 辊薄带的冷却速率，随时间延长均急剧降低。对应同一时间，使用 CrZrCu 辊薄带的冷却速率大于使用 BeCu 辊薄带的冷却速率，说明 CrZrCu 辊的冷却能力优于 BeCu 辊的冷却能力。

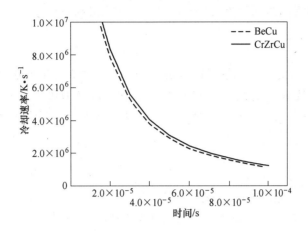

图 2　冷却速率与时间的关系

冷却速率公式（11）、公式（13）中含有时间项，可根据铸件凝固的平方根定律计算时间，公式如下：

$$t = \frac{\xi^2}{K^2} \tag{14}$$

$$\xi = x$$

$$K = \frac{2b_2(T_i - T_{20})}{\sqrt{\pi}\rho_1[L + c_1(T_{10} - T_m)]}$$

式中，t 为半无限大铸件凝固厚度为 ξ 时所需的时间；K 为凝固常数；L 为凝固潜热。

将式（14）带入公式（11）、公式（13）中，可得到使用 BeCu 辊铁基非晶薄带的冷却速率为：

$$\frac{\partial T_1}{\partial t} = 370.94 \mathrm{e}^{-13987K^2} \times \frac{118.27K^3}{x^2} \quad (K = 0.0248) \tag{15}$$

使用 CrZrCu 辊铁基非晶薄带的冷却速率为：

$$\frac{\partial T_1}{\partial t} = 396.28 \mathrm{e}^{-13987K^2} \times \frac{118.27K^3}{x^2} \quad (K = 0.0338) \tag{16}$$

根据公式（15）、公式（16），可以做出冷却速率与薄带厚度的关系，如图 3 所示。由图 3 可知，随

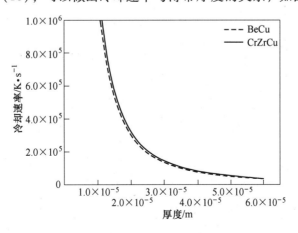

图 3　冷却速率与带材厚度的关系

厚度增加，薄带自由侧冷却速率降低。对应同一厚度薄带，使用 CrZrCu 辊薄带的冷却速率大于使用 BeCu 辊薄带的冷却速率，如薄带厚度为 30μm，条带在自由侧的冷却速率为 $1.3 \times 10^5 K/s$（BeCu）和 $1.4 \times 10^5 K/s$（CrZrCu）。根据温度-时间转变曲线（TTT 曲线），铁基非晶薄带的成分均存在临界冷却速率，单辊法的冷却速率必须超过此冷却速率才能形成非晶。文献［12］报道 $Fe_{79}Si_{10}B_{11}$ 的临界冷却速率为 $1.8 \times 10^5 K/s$，参照此临界冷却速率，薄带厚度必须小于 30μm 才能得到非晶。

4　结论

单辊法制备铁基非晶薄带的重要工艺参数就是冷却速率，本文对单辊法凝固过程进行简化，采用一维傅里叶热传导方程进行求解，计算结果表明 CrZrCu 辊的冷却能力优于 BeCu 辊的冷却能力，并估算了 30μm 厚度的铁基非晶薄带自由侧在凝固结束时的冷却速率为 $1.3 \times 10^5 K/s$（BeCu）和 $1.4 \times 10^5 K/s$（CrZrCu）。

参考文献

［1］张勇. 非晶和高熵合金［M］. 北京：科学出版社，2010.

［2］王立军，张广强，李山红，等. 铁基非晶合金应用于电机铁芯的优势及前景［J］. 金属功能材料，2010，17(5):58~62.

［3］胡汉起. 金属凝固原理［M］. 北京：机械工业出版社，2012.

［4］王晓军，陈学定，俞伟元，等. 估算单辊甩带法制备镁基非晶薄带的冷却速度［J］. 兰州理工大学学报，2004，30(3):11~13.

［5］王宥宏，孙占波，宋晓平. CuCr 合金快淬带的凝固数值模拟［J］. 中国有色金属学报，2005，15(7):1045~1050.

［6］周志明，唐丽文，曹敏敏，等. 单辊旋铸 CuFe15 合金的冷却速度模拟［J］. 金属锻铸焊，2009，38(19):10~12.

［7］刘峰，张晋渊，张珂，等. Fe83B17 非晶薄带冷却速率的量化与表征［J］. 西安工业大学学报，2010，30(1):34~39.

［8］He Shiwen, Liu Yong, Liu Zuming, et al. Calculation of Cooling Rate of Amorphous Aluminum Alloy Melt-spun Ribbons［J］. Trans. Nonferrous Met. Soc. China, 2006, 16: 140~143.

［9］http://periodictable. com.

［10］Liu Heping, Chen Wenzhi, Qiu Shengtao, et al. Numerical Simulation of Initial Development of Fluid Flow and Heat Transfer in Planar Flow Casting Process［J］. Metall. Mater. Trans. B, 2009, 40: 411~429.

［11］石孝永，何宝威，白继明. 磁性非晶带用铬锆铜冷却辊制作新工艺［J］. 科技信息，2013，36:7.

［12］Willy H J, Zhao L Z, Wang G, et al. Predictability of Bulk Metallic Glass Forming Ability Using the Criteria Based on Characteristic Temperatures of Alloys［J］. Physica B, 2014, 437: 17~23.